4주완성 합격마스터

산업안전지도사
1차 필기

2과목 | 산업안전일반

안우현(안길웅) 편저

도서출판 **오스틴북스**

머리말

안녕하세요, 산업안전지도사 객관식 시험 교재를 선택하신 여러분, 환영합니다.

이 교재는 산업안전지도사 1차 객관식 시험에 대비하여 필요한 핵심 지식과 능력을 습득하는 데 도움을 드리기 위해 편리하게 구성되었습니다. 여러분의 목표는 단순히 시험을 통과하는 것이 아니라 안전 관리와 관련된 핵심 개념을 체득하여 현장에서 실질적인 안전성을 확보하는 것입니다.

이 교재를 통해 여러분은 합격을 위한 필수적인 요소들을 체계적으로 학습하고 준비할 수 있을 것입니다. 산업안전지도사 1차 객관식 시험은 100점 만점 중 60점을 획득해야 합격할 수 있는 시험이며, 이를 위한 공부 방법과 전략을 이 교재에서 찾아보실 수 있습니다.

1. 합격을 위한 최소한의 기준
    산업안전지도사 1차 객관식 시험은 100점 만점 중 60점을 얻어야 합격할 수 있습니다. 따라서 우리의 공부 목표는 60점 이상을 획득하는 것입니다. 이 교재는 그 목표를 달성하기 위한 필수적인 지식과 기술을 제공할 것입니다.
2. 직관적인 학습 방법
    이 교재는 판서지 내용을 표현하면서, 마치 숲과 나무를 관찰하듯이 직관적으로 이해할 수 있도록 시각화하고자 노력했습니다. 여러분은 전체 내용을 한눈에 파악하고 필요한 정보를 쉽게 찾아볼 수 있을 것입니다. 더불어 다양한 예시와 기출 문제를 활용하여 실력을 향상시키는데 도움이 될 것입니다.
3. 한 달의 꾸준한 노력
    마지막으로, 이 교재를 통해 한 달 동안 꾸준히 공부하면 합격점을 달성할 수 있을 것입니다. 한달 동안 꾸준한 노력을 통해 빠르게 성과를 얻을 수 있는 공부를 하게 될 것입니다. 자신의 목표를 분명하게 설정하고, 매일 조금씩 학습하면 어려운 시험도 극복할 수 있을 것입니다.

산업안전지도사의 역할은 근로자의 생명과 안전을 보호하는 중요한 역할입니다. 이 교재를 통해 여러분은 더 나은 작업 환경을 조성하고 안전성을 향상시키는데 일조할 수 있을 것입니다.

산업안전지도사 1차 객관식 시험을 향한 여정을 함께 나아가겠습니다. 모든 학습자분들의 노력을 응원하며, 행운을 빕니다. 여러분들의 산업안진지도사 합격을 기원합니다.

저자 안우현(안길웅)

1. 시험일정 및 시행지역

가. 시험일정
  ※ 홈페이지((www.q-net.or.kr/site/indusafe)참조

나. 시행지역
  - 1차 시험: 서울, 부산, 대구, 광주, 대전
  - 2·3차 시험: 서울에서만 시행
  ※ 시험장소는 원서접수 시 산업안전지도사 홈페이지에서 확인 가능

2. 응시자격 및 결격사유

가. 응시자격: 없음
- 단, 지도사 시험에서 부정행위를 한 응시자에 대해서는 그 시험을 무효로 하고, 그 처분을 한 날부터 5년간 시험응시자격을 정지함

나. 지도사 등록 결격사유(산업안전보건법 제145조 제3항)
  - 다음 각 호의 어느 하나에 해당하는 사람
    1. 피성년후견인 또는 피한정후견인
    2. 파산선고를 받고 복권되지 아니한 사람
    3. 금고 이상의 실형을 선고받고 그 집행이 끝나거나(집행이 끝난 것으로 보는 경우를 포함한다) 집행이 면제된 날부터 2년이 지나지 아니한 사람
    4. 금고 이상의 형의 집행유예를 선고받고 그 유예기간 중에 있는 사람
    5. 산업안전보건법을 위반하여 벌금형을 선고받고 1년이 지나지 아니한 사람
    6. 산업안전보건법 제154조에 따라 등록이 취소된 후 2년이 지나지 아니한 사람

3. 응시원서 접수방법

- Q-Net 산업안전지도사 자격시험 홈페이지를 통한 인터넷 접수만 가능

산업안전지도사

4. 시험과목 및 시험방법

구 분	시 험 과 목	문항수	시험시간	시 험 방 법
1차 시험 (3과목)	① 공통필수 I (산업안전보건법령) ② 공통필수 II (산업안전일반) ③ 공통필수 III (기업진단·지도)	과목 당 25문항 (총 75문항)	90분	객 관 식 (5지 택일형)
2차 시험 (전공필수 - 택1)	① 기계안전공학 ② 전기안전공학 ③ 화공안전공학 ④ 건설안전공학	-단답형 5문항 -논술형 4문항 (3문항 작성, 필수2/택1)	100분	단답형 및 논술형
3차 시험	면접시험: 전문지식과 응용능력, 산업안전·보건제도에 대한 이해 및 인식 정도, 지도·상담 능력 등	1인당 20분 내외		면 접

※ 시험관련 법률 등을 적용하여 정답을 구하여야 하는 문제는 "시험시행일" 현재 시행중인 법률 등을 적용하여야 함

5. 합격기준(산업안전보건법 시행령 제105조)

구분	합격결정기준
1,2차 시험	매 과목 100점을 만점으로 하여 매 과목 40점 이상, 전 과목 평균 60점 이상 득점한 자
3차 시험	10점 만점에 6점 이상 득점한 자

6. 1차시험 출제기준(산업안전보건법 시행령 별표32)

과목명	주요항목	세부항목
산업안전 보건법령	1. 산업안전보건법 2. 산업안전보건법 시행령 3. 산업안전보건법 시행규칙 4. 산업안전보건기준에 관한 규칙	1. 총칙 등에 관한 사항 2. 안전·보건관리체제 등에 관한 사항 3. 안전보건관리규정에 관한 사항 4. 유해·위험 예방조치에 관한 사항(산업안전보건기준에 관한 규칙 포함) 5. 근로자의 보건관리에 관한 사항 6. 감독과 명령에 관한 사항 7. 산업안전지도사 및 산업위생지도사에 관한 사항 8. 보칙 및 벌칙에 관한 사항

시험안내

과목명	주요항목	세부항목
산업안전일반	1. 산업안전교육론	1. 교육의 필요성과 목적 2. 안전·보건교육의 개념 3. 학습이론 4. 근로자 정기안전교육 등의 교육내용 5. 안전교육방법(TWI, OJT, OFF.J.T 등) 및 교육평가 6. 교육실시방법(강의법, 토의법, 실연법, 시청각교육법등)
	2. 안전관리 및 손실방지론	1. 안전과 위험의 개념 2. 안전관리 제이론 3. 안전관리의 조직 4. 안전관리 수립 및 운용 5. 위험성평가 활동 등 안전활동 기법
	3. 신뢰성공학	1. 신뢰성의 개념 2. 신뢰성 척도와 계산 3. 보전성과 유용성 3. 신뢰성 시험과 추정 4. 시스템의 신뢰도
	4. 시스템안전공학	1. 시스템 위험분석 및 관리 2. 시스템 위험분석기법(PHA, FHA, FMEA, ETA, CA 등) 3. 결함수분석 및 정성적, 정량적 분석 4. 안전성평가의 개요 5. 신뢰도 계산 6. 위해위험방지계획
	5. 인간공학	1. 인간공학의 정의 2. 인간-기계체계 3. 체계설계와 인간요소 4. 정보입력표시(시각적, 청각적, 촉각, 후각 등의 표시장치) 5. 인간요소와 휴먼에러 6. 인간계측 및 작업공간 7. 작업환경의 조건 및 작업환경과 인간공학 8. 근골격계 부담 작업의 평가
	6. 산업재해 조사 및 원인분석	1. 재해조사의 목적 2. 재해의 원인분석 및 조사기법 3. 재해사례 분석절차 4. 산재분류 및 통계분석 5. 안전점검 및 진단

산업안전지도사

과목명	주요항목	세부항목
기업진단·지도	1. 경영학(인적자원관리, 조직관리, 생산관리)	1. 인적자원관리의 개념 및 관리방안에 관한 사항 2. 노사관계관리에 관한 사항 3. 조직관리의 개념에 관한 사항 4. 조직행동론에 관한 사항 5. 생산관리의 개념에 관한 사항 6. 생산시스템의 설계, 운영에 관한 사항 7. 생산관리 최신이론에 관한 사항
	2. 산업심리학	1. 산업심리 개념 및 요소 2. 직무수행과 평가 3. 직무태도 및 동기 4. 작업집단의 특성 5. 산업재해와 행동 특성 6. 인간의 특성과 직무환경 7. 직무환경과 건강 8. 인간의 특성과 인간관계
	3. 산업위생개론	1. 산업위생의 개념 2. 작업환경노출기준 개념 3. 작업환경 측정 및 평가 4. 산업환기 5. 건강검진과 근로자건강관리 6. 유해인자의 인체영향

7. 1차 시험 통계자료

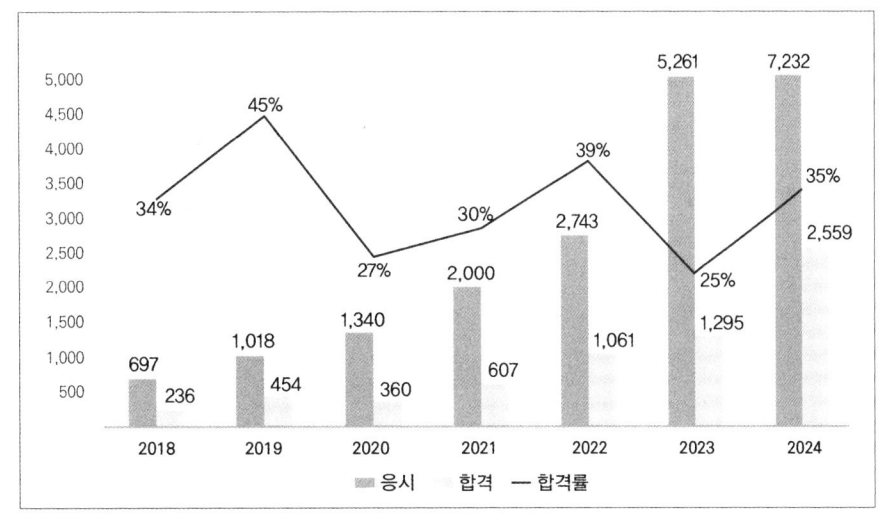

▶▶▶ 차 례

제1장 안전관리 ·· **11**
  1. 안전이론 ·· 12
  2. 안전활동기법 ·································· 26

제2장 안전교육 ·· **35**
  1. 안전교육 ·· 36

제3장 산업재해 조사 및 원인분석 ············ **63**
  1. 산업재해조사 ·································· 64
  2. 재해통계 및 분석 ··························· 80

제4장 인간공학 ·· **95**
  1. 인간공학 개요 및 휴먼에러 ············ 96
  2. 인체계측 ······································· 114
  3. 작업환경 ······································· 128

2025
산업안전지도사 1차 필기
2과목 산업안전일반

제5장 시스템공학 ········· 145
   1. 인간기계시스템 ········· 146
   2. 신뢰도 ········· 158
   3. 시스템 안전 ········· 180

제6장 사업장 안전보건 ········· 209
   1. 위험성평가 고시 ········· 210

제7장 제조물 책임법 ········· 243

부록 과년도 기출문제 ········· 253

4주완성 합격마스터
산업안전지도사 1차 필기
2과목 산업안전일반

제 1 장

안전관리

제01장 안전관리

1. 안전이론

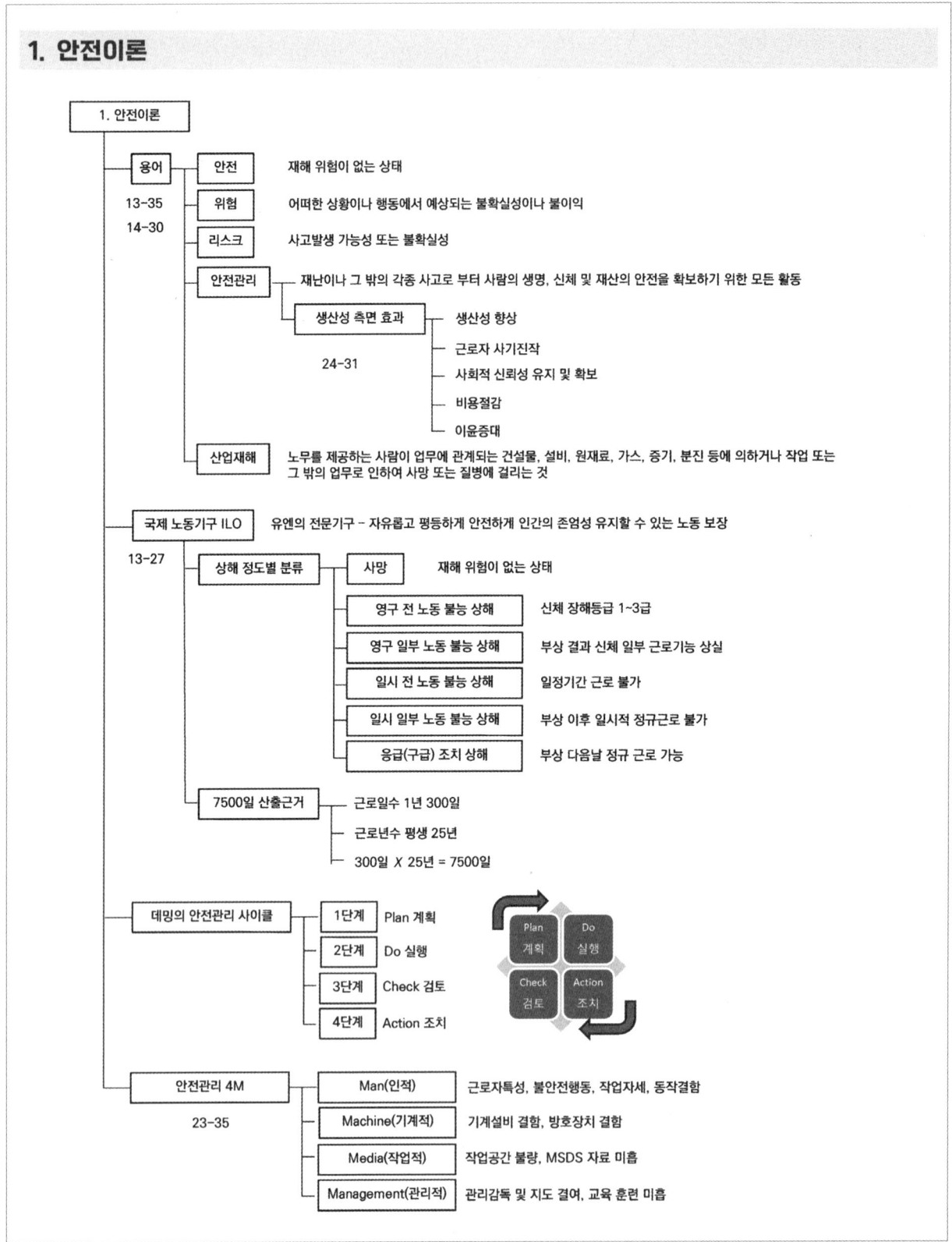

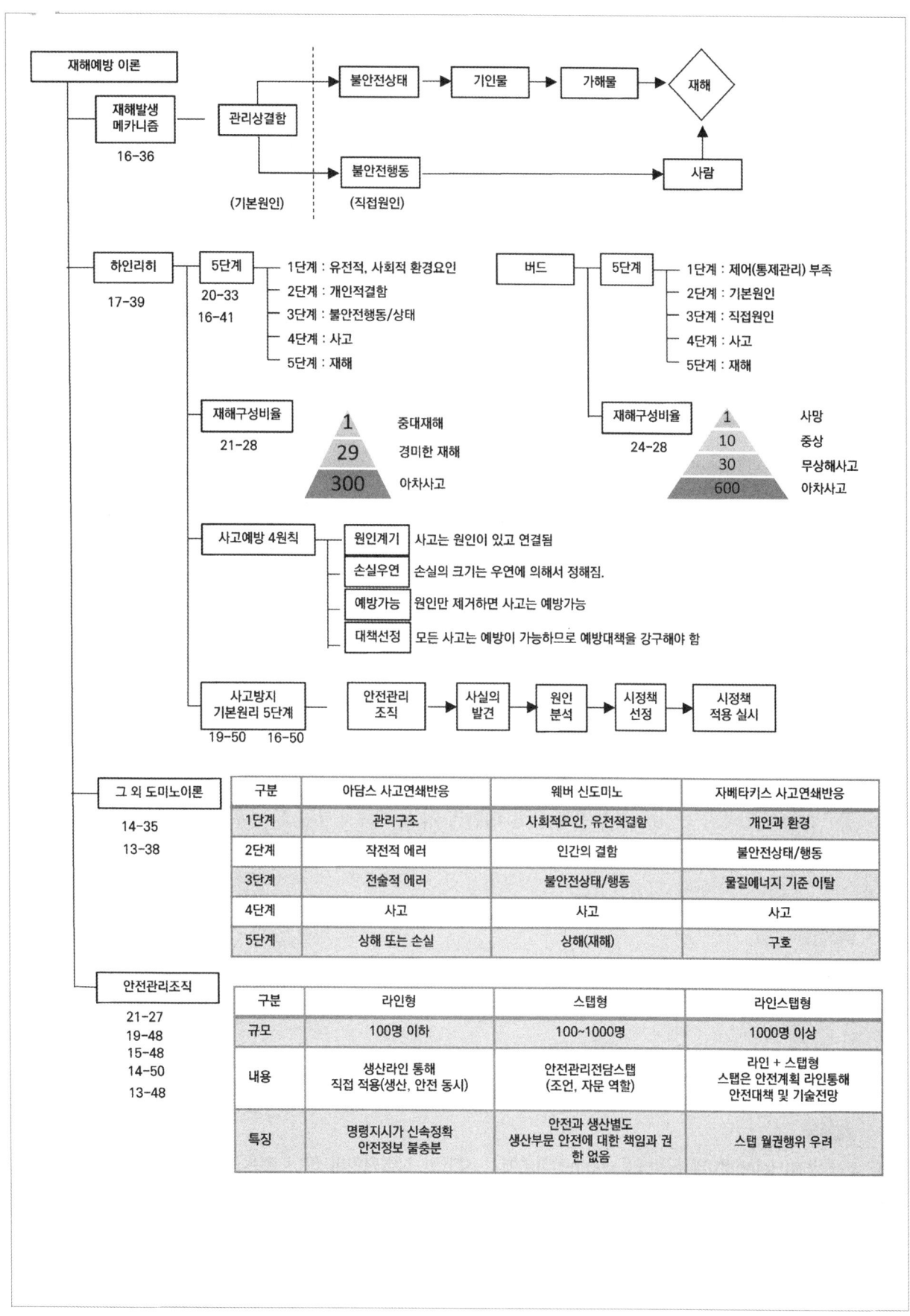

예제 문제

2024년

31 다음에서 설명하고 있는 안전관리의 생산성 측면 효과로 옳지 않은 것은?

> 안전관리란 생산성의 향상과 손실(Loss)의 최소화를 위하여 행하는 것으로 비능률적 요소인 사고가 발생하지 않는 상태를 유지하기 위한 활동이다.

① 근로자의 사기진작
② 사회적 신뢰성 유지 및 확보
③ 이윤 증대
④ 비용 절감
⑤ 생산시설의 고급화 및 다양화

2013년

27 국제노동기구(ILO)의 산업재해 정도에 따른 분류에 관한 설명으로 옳지 않은 것은?

① "영구 전노동 불능"은 부상의 결과로 근로의 기능을 완전히 영구적으로 잃는 상해를 말하며, 신체장애 등급은 1~3등급에 해당된다.
② "일시 일부노동 불능"은 의사의 진단으로 일정 기간 정규 노동에는 종사할 수 없으나 휴무 상태가 아닌 일시 가벼운 노동에 종사할 수 있는 상해를 말한다.
③ "일시 전노동 불능"은 의사의 진단으로 일정 기간 정규 노동에 종사할 수 없는 상해를 말한다.
④ "영구 일부노동 불능"은 부상의 결과로 신체의 일부가 영구적으로 노동 기능을 상실한 상해를 말하며, 신체장애 등급은 4~16등급에 해당된다.
⑤ "구급(응급)조치"는 응급처치 또는 1일 미만의 자가 치료를 받고, 그 후부터 정상 작업에 임할 수 있는 상해를 말한다.

2023년

35 산업재해발생의 기본 원인 4M에 해당하지 않는 것은?

① Man
② Method
③ Machine
④ Media
⑤ Management

2020년

33 하인리히(Heinrich)의 도미노(Domino)이론에서 사고의 직접원인이 아닌 것은?

① 불안전한 자세 및 위치
② 권한 없이 행한 조작
③ 당황, 놀람, 잡담, 장난
④ 부적절한 태도
⑤ 불량한 정리정돈

정답 및 해설

▶ 2024년 31번 ■ 안전관리가 생산성 측면에서 가져오는 효과
　　　　　　　　1. 생산성 향상
　　　　　　　　2. 근로자의 사기진작
　　　　　　　　3. 사회적 신뢰성 유지 및 확보
　　　　　　　　4. 비용절감
　　　　　　　　5. 이윤증대
　　　　　　　　　　　　　　　　　　　　　　　　　　　　　　　답 ⑤

▶ 2013년 27번 ■ 국제노동기구(ILO)
　　　　　　　　1) 상해 정도별 분류
　　　　　　　　　① 사망
　　　　　　　　　② 영구 전 노동 불능 상해 – 신체 장해등급 1~3급
　　　　　　　　　③ 영구 일부 노동 불능 상해 – 부상결과 신체 일부 근로기능 상실
　　　　　　　　　④ 일시 전 노동 불능 상해 – 일정기간 근로 불가
　　　　　　　　　⑤ 일시 일부 노동 불능 상해 – 부상 이후 일시적 정규근로에 종사할 수 없는 휴업재해
　　　　　　　　　⑥ 응급(구급)조치 상해 – 부상 다음날 정규근로 종사 가능
　　　　　　　　　　　　　　　　　　　　　　　　　　　　　　　답 ④

▶ 2023년 35번 ■ 안전관리 4M
　　　　　　　　① Man(인적) : 근로자 특성, 불안전행동, 작업자세, 동작결함
　　　　　　　　② Machine(기계적) : 기계설비 결함, 방호장치 결함
　　　　　　　　③ Media(작업적) : 작업공간 불량, MSDS 자료 미흡
　　　　　　　　④ Management(관리적) : 관리감독 및 지도 결여, 교육 훈련 미흡
　　　　　　　　　　　　　　　　　　　　　　　　　　　　　　　답 ②

▶ 2020년 33번 ■ 하인리히 재해발생 5단계
　　　　　　　　하인리히(Heinrich)의 재해발생 5단계는 산업 안전에서 재해가 발생하는 과정을 설명한 모델이다. 하인리히는 사고가 단순히 운이 나빠서 일어나는 것이 아니라 일정한 과정에 따라 발생한다고 주장했다.
　　　　　　　　1. 사회적 환경과 유전적 요소 : 사고를 일으킬 수 있는 인간의 성향은 개인의 유전적 요소나 사회적 환경으로부터 영향을 받는다. 불안정한 행동을 유발할 수 있는 기질과 습관이 형성될 수 있다.
　　　　　　　　2. 개인의 결함 : 유전적 요소나 사회적 환경으로 인해 개인에게 결함이 생길 수 있다. 이는 성격적 문제, 판단력 부족, 성급함, 무책임한 행동 등을 포함한다.
　　　　　　　　3. 불안정한 행동 또는 상태 : 개인의 결함으로 인해 작업장에서 불안전한 행동(안전 규칙을 따르지 않거나, 부주의한 행동)이나 불안정한 상태(기계의 결함이나 작업 환경의 문제)가 나타난다.
　　　　　　　　4. 사고 : 불안정한 행동이나 상태로 인해 사고가 발생한다.
　　　　　　　　5. 재해 : 사고의 결과로 재해가 발생한다.
　　　　　　　　④ 개인적 결함은 신체적 또는 정신적 결함으로 부적절한 태도가 해당한다.
　　　　　　　　　　　　　　　　　　　　　　　　　　　　　　　답 ④

2016년

41 하인리히(Heinrich)의 재해발생 5단계에 관한 설명으로 옳지 않은 것은?

① 제1단계: 사회적 환경과 유전적 요소(social environment and inherit)
② 제2단계: 개인적 결함(personal faults)
③ 제3단계: 조직의 결함(organization faults)
④ 제4단계: 사고(accident)
⑤ 제5단계: 재해(disaster)

2019년

50 하인리히(H.W.Heinrich)의 사고방지를 위한 기본 원리 5단계를 순서대로 옳게 나열한 것은?

ㄱ. 안전관리조직	ㄴ. 시정책의 분석평가
ㄷ. 사실의 발견	ㄹ. 시정방법의 선정
ㅁ. 실행	

① ㄱ → ㄷ → ㅁ → ㄹ → ㄴ
② ㄱ → ㅁ → ㄷ → ㄹ → ㄴ
③ ㄷ → ㄹ → ㄴ → ㅁ → ㄱ
④ ㄷ → ㅁ → ㄹ → ㄴ → ㄱ
⑤ ㄷ → ㅁ → ㄱ → ㄹ → ㄴ

2017년

39 하인리히(Heinrich)가 주장한 재해발생과 재해예방에 관한 이론으로 옳은 것을 모두 고른 것은?

ㄱ. 재해는 원인만 제거하면 예방이 가능하다.
ㄴ. 사고의 발생과 그 원인은 우연적인 관계가 있다.
ㄷ. 재해예방을 위한 가능한 안전대책은 존재한다.
ㄹ. 재해는 연쇄작용으로 발생되며 사회적 환경과 개인적 결함, 불안전한 상태 및 개인의 불안전한 행동에 의해 순차적으로 사고가 유발된다.

① ㄱ, ㄴ
② ㄴ, ㄷ
③ ㄷ, ㄹ
④ ㄱ, ㄴ, ㄹ
⑤ ㄱ, ㄷ, ㄹ

▶ 2016년 41번　■ 하인리히 재해발생 5단계
하인리히의 5단계 모델은 사고가 체계적이며, 사고 발생 이전 단계에서 이를 방지할 수 있다는 개념을 바탕으로 하고 있다.

③ 개인적 결함으로 인해 작업장에서 불안전한 행동이나 상태가 발생한다. 이는 기계 결함이나 부적절한 작업 절차 등으로 이어져 사고가 발생하게 된다.

답 ③

▶ 2019년 50번　■ 하인리히 사고방지 기본원리 5단계
① 안전관리 조직
② 사실의 발견
③ 원인분석
④ 시정책의 선정
⑤ 시정책의 적용실시

하인리히의 사고방지 기본원리 5단계는 사고를 예방하기 위한 체계적인 접근을 제시한 이론으로 이 과정이 반복적으로 이루어져야 사고를 효과적으로 줄일 수 있다고 강조했다.

답 ①

▶ 2017년 39번　■ 하인리히 사고예방 4원칙
① 원인계기 - 사고는 원인이 있고 연결됨.
② 손실우연 - 손실의 크기는 우연에 의해서 정해짐.
③ 예방가능 - 원인만 제거하면 사고는 예방가능
④ 대책선정 - 모든 사고는 예방이 가능하므로 예방대책을 강구해야 함.

하인리히 사고예방 4원칙은 안전 사고의 근본적인 원인과 예방 방법을 설명하고, 사고를 예방하기 위해서는 원인에 대한 종합적인 분석이 필요함을 강조했다.

답 ⑤

2016년

36 다음은 안전보건관리 이론 중 재해발생 메커니즘(모델, 구조)을 도식화한 것이다. ( )의 내용이 올바르게 연결된 것은?

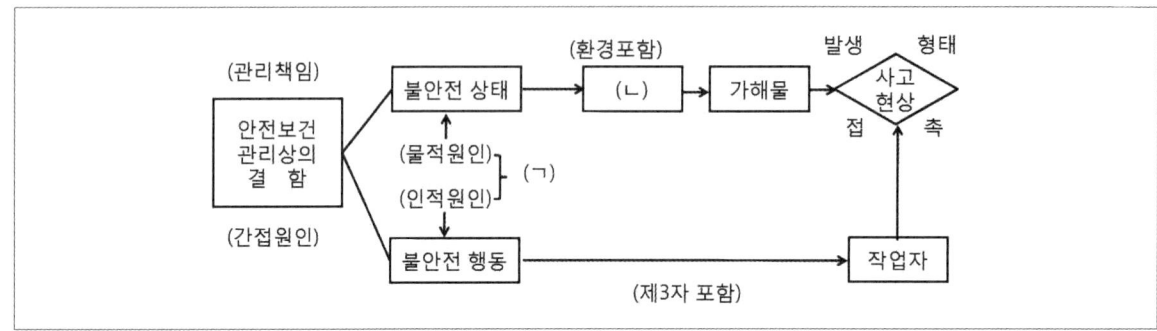

① ㄱ: 간접요인, ㄴ: 추락물
② ㄱ: 직접원인, ㄴ: 낙하물
③ ㄱ: 간접요인, ㄴ: 기인물
④ ㄱ: 직접원인, ㄴ: 기인물
⑤ ㄱ: 간접요인, ㄴ: 낙하물

2014년

30 안전 용어에 관한 설명으로 옳지 않은 것은?

① 재해는 시스템의 전부 또는 일부의 손실, 작업자의 상해, 관련설비 또는 하드웨어의 재산적 피해와 무상해, 무손실 사고를 모두 포함한다.
② 안전은 사망, 부상, 직업성 질병, 장비 또는 재산의 파손이나 유실, 환경의 파손 등을 가져올 수 있는 조건으로부터 벗어난 상태이다.
③ 시스템안전공학은 시스템의 위험요소를 확인하고, 이를 제거하기 위해 관련 지식, 기술 및 기능을 이용하여 과학적 및 기술적 기준을 기업 등에 적용하기 위한 시스템공학의 한 분야이다.
④ 리스크는 사고발생의 가능성 또는 불확실성이라는 의미로도 사용할 수 있다.
⑤ J. Stephenson(스테픈슨)은 리스크를 위험의 심각도와 확률을 모두 고려해 평가 되는 위험의 크기라고 정의하였다.

2013년

35 안전과 위험에 대한 개념 설명으로 옳지 않은 것은?

① 안전이란 재해와 위험이 없는 바람직한 상태에 도달하는 것을 말한다.
② 재해가 발생하는 것은 위험에 의한 결과적인 현상을 말한다.
③ 위험이란 근로자가 작업장소에서 접촉하는 물건 또는 환경과의 상호관계를 나타내는 것으로 그 결과로 부상이 발생하는 것이다.
④ 안전에 대응하는 반대 개념은 재해가 발생하는 것이다.
⑤ 안전은 상해, 손실, 위해 또는 위험에 노출되는 것으로부터의 자유를 말한다.

▶ 2016년 36번

■ 재해발생 메커니즘 모델
재해발생 메커니즘 모델은 재해가 발생하는 과정을 이해하고 이를 예방하기 위해 만들어진 여러 이론과 모델 중 하나이다.
1. 하인리히의 도미노 이론 – 하인리히는 재해가 여러 가지 원인이 연결되어 발생하는 도미노 현상과 유사하다고 설명
2. 버드의 재해사고 이론 – 버드(Bird)는 하인리히의 이론을 확장하여 관리적 요인을 강조한 이론을 제시
3. 아담스의 사고 발생 모형 – 아담스(Adams)는 사고 발생에 있어서 사람, 장비, 환경 간의 상호작용을 강조한 모델을 제시
4. 스위스 치즈 모델 – 스위스 치즈 모델은 사고와 재해가 여러 단계의 방어 시스템이 작동하지 않을 때 발생한다고 설명

■ 재해발생 원인 및 대책
1) 직접원인: 불안전한 행동, 불안전한 상태, 천재지변
2) 간접요인: Engineering, Education, Enforcement
3) 대책: 사고예방 5단계, Harvey's 3E, 시설적 대책, 법령준수

답 ④

▶ 2014년 30번

■ 재해
1) 재해란 안전사고로 발생하는 인명의 상해나 재산상의 손해
2) 사전에서 "재해"란 재앙으로 말미암아 받은 피해, 지진·태풍·가뭄·해일·화해·전염병 따위에 의해 받게 되는 피해를 말한다.
3) 자연재해대책법 제2조(정의)에서 "재해"라 함은 태풍, 홍수, 호우, 폭풍, 해일, 폭설, 가뭄 또는 지진(지진해일을 포함한다) 기타 이에 준 하는 자연현상으로 인하여 발생하는 피해를 말한다.

답 ①

▶ 2013년 35번

■ 용어의 이해
안전에 대응하는 반대개념은 위험이다. 안전과 위험은 상호 보완적이며, 위험 요소를 식별하고 관리하는 것이 안전을 확보하는 중요한 방법이다. 안전은 위험을 최소화하는 과정과 결과로 이해할 수 있다.

답 ④

2016년
50 사고예방대책 기본원리 5단계 중 2단계인 '사실의 발견'에 해당하지 않는 것은?

① 근로자의 의견수렴 및 여론조사
② 작업분석
③ 점검 및 검사
④ 과거의 사고에 관한 조사
⑤ 기술적 개선

2014년
35 애드워드 아담스(Edward Adams)의 사고연쇄반응 이론을 설명한 것으로 옳은 것은?

① 연쇄이론은 기본 에러, 관리부족, 전술적 에러, 사고, 상해의 순으로 진행된다.
② 작전적 에러는 관리자의 의사결정이 그릇되거나 잘못된 행동으로 인한 것이다.
③ 기본 에러는 불안전한 행동 및 불안전한 상태를 말한다.
④ 사고의 바로 직전에는 관리구조의 부재가 존재한다.
⑤ 사고와 상해는 필연적 관계로 존재한다.

2013년
38 재해 발생 관련 이론에 관한 설명으로 옳은 것은?

① 자베타키스(Zabetakis)의 사고연쇄성이론 5단계 중에서 2단계는 '작전적 에러'이고, 3단계는 '전술적 에러'이다.
② 웨버(Weaver)의 사고연쇄성이론 5단계 중에서 2단계는 '인간의 결함'을 정의하고, '무엇이 재해를 일으켰는지'를 찾으려고 하는 것이다.
③ 아담스(Adams)의 사고연쇄성이론 5단계 중에서 3단계는 '에너지 및 위험물의 예기치 못한 폭주'이다.
④ 버드(Bird)의 사고연쇄성이론 5단계 중에서 1단계는 '사회적 환경과 유전적 요소'이다.
⑤ 하인리히(Heinrich)의 재해발생이론에서 1단계는 '제어의 부족'이다.

2024년
28 버드(F.Bird)의 재해 구성비율에 해당하는 것은?

① 1 : 20 : 200
② 1 : 29 : 300
③ 1 : 10 : 29 : 300
④ 1 : 10 : 30 : 600
⑤ 1 : 10 : 40 : 600

▶ 2016년 50번   ■ 제2단계(사실의 발견)
사고예방대책 기본원리 5단계 중 2단계인 '사실의 발견'은 사고가 발생한 원인과 관련된 사실을 명확히 확인하는 단계이다. 이 단계에서는 사고의 원인과 경위, 그리고 사고와 관련된 여러 요소를 체계적으로 조사하고 기록한다.

⑤ 기술적 개선은 시정책 선정이다. 시정책 선정이란 사고 예방을 위해 확인된 원인과 문제점에 대해 구체적인 대책을 마련하고 적용하는 과정을 의미한다. 이 과정에서는 사고를 유발한 근본 원인을 제거하거나 완화하기 위한 실질적이고 효과적인 조치를 선택하는 것이 목표이다. 답 ⑤

▶ 2014년 35번   ■ 애드워드 아담스의 사고연쇄반응 이론
애드워드 아담스(Edward Adams)의 사고연쇄반응 이론(Accident Causation Chain Reaction Theory)은 사고가 단순한 하나의 원인으로 발생하는 것이 아니라 여러 요인들이 연쇄적으로 작용해 사고가 발생한다고 설명하는 이론이다. 이 이론은 사고 발생 과정을 체계적으로 분석하여 이를 예방하기 위한 기초 자료로 활용될 수 있다.
1단계: 관리 구조 – 조직의 관리 시스템에서의 실패가 사고의 근본 원인.
2단계: 작전적 에러 – 작업 과정에서의 절차적 오류나 부주의로 인해 위험이 증가.
3단계: 전술적 에러 – 위험을 인지하고도 적절한 대응을 하지 못하는 의사결정의 오류.
4단계: 사고 – 실제 물리적인 사고가 발생.
5단계: 상해 또는 손실 – 사고로 인해 작업자 부상이나 재산적 손실이 발생.
② 사고가 발생했더라도 적절한 안전 장비나 시스템이 작동하거나, 사고가 경미하여 상해나 손실이 발생하지 않는 경우도 있기 때문에 사고와 상해가 필연적 관계로 존재하지 않는다. 답 ②

▶ 2013년 38번   ■ 재해발생 관련 이론
① 자베타키스의 사고연쇄성이론 5단계 중에서 2단계는 '불안전상태/행동'이고, 3단계는 '물질에너지 기준 이탈'이다. '물질에너지 기준 이탈'은 사고가 발생하기 직전에 나타나는 직접적인 요인으로, 물질이나 에너지가 정상적인 통제 범위를 벗어나게 되는 상황을 의미한다.
③ 아담스의 사고연쇄성이론 5단계 중에서 3단계는 '전술적 에러'이다. '전술적 에러(Tactical Error)'는 작업자가 작업 중에 잘못된 판단을 내리거나 부주의한 행동을 하는 인간적인 실수를 의미한다.
④ 버드의 사고연쇄성이론 5단계 중에서 1단계는 '관리상 결함(제어의 부족)'이다.
⑤ 하인리히의 재해발생이론에서 1단계는 '개인의 결함'이다. 답 ②

▶ 2024년 28번   ■ 버드의 재해구성비율
버드의 재해 구성 비율 (1:10:30:600)
1: 심각한 재해 (주요 사고나 사망)
10: 경미한 부상 (치료가 필요한 부상, 그러나 생명에는 지장이 없는 사고)
30: 물적 손실 사고 (인명 피해는 없으나 장비나 기계에 손상이 발생한 사고)
600: 무상해 사고 (사고는 발생했지만 인명 피해나 물적 손실이 없는 사고)
버드의 재해구성비율은 심각한 사고가 발생하기 전에 많은 경미한 사고와 물적 손실, 그리고 그보다 더 많은 무상해 사고가 발생한다는 것을 의미한다. 즉 기업이나 조직에서 안전 관리를 할 때, 심각한 사고 예방을 위해 경미한 사고나 무상해 사고에 대한 예방 조치를 강화할 필요가 있음을 강조한다. 답 ④

28. 다음 (　) 에 들어갈 것으로 옳은 것은?

> (　)는 330건의 사고가 발생하는 가운데 중상 또는 사망 1건, 경상 29건, 무상해 사고 300건의 비율로 재해가 발생한다는 법칙을 주장하였다.

① 버드(F. Bird)
② 아담스(E. Adams)
③ 시몬즈(R. Simonds)
④ 하인리히(H. Heinrich)
⑤ 콤페스(P. Compes)

27. 안전관리 조직에 관한 내용으로 옳지 않은 것은?

① 라인스태프형은 명령 계통과 조언·권고적 참여가 혼돈되기 쉬운 단점이 있다.
② 라인형은 1,000명 이상의 대규모 사업장에 주로 활용된다.
③ 라인형은 안전에 대한 지시 및 전달이 비교적 신속하다.
④ 스태프형은 권한다툼이나 조정 때문에 라인형 보다 통제수속이 복잡하며 시간과 노력이 더 소모된다.
⑤ 안전관리 조직 형태는 라인형(Line type), 스태프형(Staff type), 라인스태프형(Line-Staff type)으로 구분할 수 있다.

48. 안전관리 조직에 관한 설명으로 옳지 않은 것은?

① 안전관리 조직 형태는 라인형(Line type), 스태프형(Staff type), 라인스태프형(Line-staff type)으로 구분할 수 있다.
② 라인형은 회사내에 별도의 안전전담부서가 있으며 안전계획에서 실시까지 담당한다.
③ 스태프형은 안전에 관한 전문지식축적과 기술개발이 용이한 장점이 있다.
④ 라인스태프형은 명령 계통과 조언·권고적 참여가 혼돈되기 쉬운 단점이 있다.
⑤ 소규모 사업장일수록 라인형이 적합하며, 규모가 큰 사업장일수록 라인스태프형이 적합하다.

▶ 2021년 28번 ■ 하인리히 재해구성비율

하인리히(Heinrich)의 재해 구성 비율(Heinrich Accident Triangle 또는 Heinrich's Law)은 산업 재해 발생 패턴을 분석하여 사고와 재해의 발생 빈도를 설명하는 이론이다. 하인리히는 많은 경미한 사고가 발생하는 작업 환경에서는 중대한 사고도 발생할 가능성이 높다는 점을 강조했다.

하인리히의 재해 구성 비율 (1:29:300)

1: 중대한 재해 (사망이나 심각한 부상)

29: 경미한 부상 (치료가 필요하지만 생명에는 지장이 없는 부상)

300: 무상해 사고 (사고는 발생했지만 부상이나 물적 피해가 없는 상황)

하인리히는 많은 경미한 사고와 무상해 사고가 일어나는 곳에서는 중대한 사고가 발생할 확률이 높다는 것을 보여주기 위해 이 비율을 제시했다. 작은 사고들이 반복적으로 일어나면 그 중 하나가 결국 중대한 사고로 이어질 가능성이 커진다는 뜻이다.

답 ④

▶ 2021년 27번 ■ 안전보건 관리조직

② 라인형은 100명이하의 사업장에 적합하며, 1,000명 이상의 대규모 사업장에는 라인스탭형이 적합하다.

답 ②

▶ 2019년 48번 ■ 안전보건 관리조직

② 라인형은 회사내에 별도의 안전부서가 없으며, 생산과 안전을 동시에 실시하는 형태이다.

라인형 안전보건 관리조직은 직계식 조직과 유사한 조직으로, 조직 내에서 명령과 책임이 명확하게 한 방향으로 전달되는 계층적인 구조를 가진 안전 관리 조직 유형이다.

답 ②

2015년

48 안전보건관리조직에 관한 설명으로 옳은 것은?

① 공사금액 100억원인 건설업의 사업장은 산업안전보건위원회를 설치해야한다.
② 산업안전보건위원회의 위원 중 산업보건의는 노사합의에 의해서만 선정된다.
③ 안전보건관리조직 중 라인 조직형은 권한이 직선식으로 행사되므로 200명~300명 정도의 중견 기업에 적합하다.
④ 안전보건관리조직 중 라인-스탭 복합형은 1,000명 이상의 대기업에 적합하다.
⑤ 상시근로자 100명인 자동차 및 트레일러 제조업을 하는 사업장의 산업안전보건위원회는 안전관리자나 보건관리자 중에 1명만 있으면 된다.

2014년

50 안전조직의 형태는 라인, 스탭, 라인스탭으로 크게 분류된다. 각 조직에 대한 설명으로 옳은 것은?

① 스탭 조직에서 생산부문은 안전에 대한 책임과 권한이 약하다.
② 라인 조직은 대기업에서 많이 사용된다.
③ 라인스탭 조직에서는 안전활동이 생산과 유리될 우려가 크다.
④ 라인 조직은 안전과 생산을 별개로 취급하기 쉽다.
⑤ 라인 조직은 외부의 전문적 안전정보가 빠르게 습득된다.

2013년

48 근로자 40명이 근무하는 사출성형제품 생산 공장에 가장 적합한 안전 조직은?

① 안전관리의 계획부터 실시까지 모든 안전업무가 생산라인을 통해 직접적으로 적용 되는 조직
② 안전업무를 관장하는 참모를 두고, 안전관리 계획·조사·검토 등의 업무와 현장에 기술지원을 담당하도록 편성된 조직
③ 안전업무 전담 참모를 두고, 생산라인에서도 부서장으로 하여금 안전업무를 수행하게 하는 조직
④ 산업안전보건위원회를 활성화한 조직
⑤ 정보수집과 사업장 특성에 적합한 안전기술 연구개발을 할 수 있는 조직

▶ 2015년 48번   ■ 안전보건 관리조직
① 건설업 사업장 산업안전보건위원회는 공사금액 120억 이상(토목공사업 150억 이상) 설치해야 한다.
② 산업안전보건법 시행령 제35조 2항에 의거 산업보건의는 해당 사업장에 선임되어 있는 경우에 산업안전보건위원회의 사용자위원으로 구성할 수 있다.
③ 라인형은 100명 이하의 소규모 조직에 적합하다.
⑤ 자동차 및 트레일러 제조업을 사업장의 산업안전보건위원회는 상시근로자 50명이상인 경우에 구성해야 한다.

■ 산업안전보건법 시행령 [별표 9] 〈개정 2024. 6. 25.〉
산업안전보건위원회를 구성해야 할 사업의 종류 및 사업장의 상시근로자 수(제34조 관련)

사업의 종류	사업장의 상시근로자 수
1. 토사석 광업 2. 목재 및 나무제품 제조업; 가구제외 3. 화학물질 및 화학제품 제조업; 의약품 제외(세제, 화장품 및 광택제 제조업과 화학섬유 제조업은 제외한다) 4. 비금속 광물제품 제조업 5. 1차 금속 제조업 6. 금속가공제품 제조업; 기계 및 가구 제외 7. 자동차 및 트레일러 제조업 8. 기타 기계 및 장비 제조업(사무용 기계 및 장비 제조업은 제외한다) 9. 기타 운송장비 제조업(전투용 차량 제조업은 제외한다)	상시근로자 50명 이상

답 ④

▶ 2014년 50번   ■ 안전보건 관리조직
② 라인 조직은 소기업에서 많이 사용된다.
③ 라인스태프 조직에서는 안전활동이 생산과 유리될 우려가 적으며, 안전활동이 활발하다.
④ 라인 조직은 안전과 생산을 동시에 취급한다.
⑤ 라인 조직은 외부의 안전정보를 습득하기 어렵다.

라인형은 책임과 권한이 명확하고 빠른 의사결정으 장점을 갖지만, 창의적 문제해결이 어려워 유연성이 부족하고 안전보건 전문가의 실질적인 권한이 제할 될 수 있어 전문성이 부족한 단점이 있다.

답 ①

▶ 2013년 48번   ■ 안전보건 관리조직
① 안전관리의 계획부터 실시까지 모든 안전업무가 생산라인을 통해 직접적으로 적용되는 조직은 라인조직이다.

답 ①

2. 안전활동기법

- **2. 안전활동기법**
  - **무재해운동**
    - **목적**
      - 사업주와 근로자가 함께 참여하여 산업재해 예방하고 자율안전 추구
      - 사업장 내 모든 잠재적 요인을 사전에 발견, 파악하고 근원적으로 산업재해 감소
    - **기본 3원칙** (17-48)
      - 무의 원칙
      - 참가의 원칙
      - 선취의 원칙
    - **3요소**
      - 최고경영자 안전철학
      - 관리감독자 안전보건 적극추진
      - 자율활동 활발화
    - **1배수 목표시간 계산**
      - $1배수 = \dfrac{연평균\ 근로자수 \times 1인당\ 연평균\ 근로시간}{연간\ 총재해자수} = \dfrac{1인당\ 연평균\ 근로시간 \times 100}{재해율}$
    - **목표달성 시간계산방법** (15-49)
      - 실근로자수 × 실근무시간
      - 개시 신청 후 ~ 재해발생 전일까지
      - 사무직 또는 실근로 산정기간 곤란 경우 1일 8시간
      - 건설현장 근로자(사무직 제외) 1일 10시간 산정
  - **지적확인**
    - 부주의로 인한 오판단, 오조작 방지 목적
    - 오감이용 작업공정 요소요소에 자신의 행동에 [OOOO 좋아] 하고 지적하여 큰소리로 확인하는 것
  - **터치앤콜** — 어깨동무 등으로 피부를 맞대고 소리치는 것
  - **브레인 스토밍**
    - **정의** — 자유분방하게 아이디어 대량 발언하는 방법
    - **4원칙** (21-41)
      - 비판금지
      - 자유분방
      - 대량발언
      - 수정발언 - 타인의 아이디어 수정 또는 덧 붙이기
  - **위험예지훈련**
    - **정의** — 작업 중 발생할 수 있는 위험요인 발굴한 개선대책 수립하여 안전확보
    - **4라운드** (20-29)
      - 현상파악 - 어떤위험?
      - 본질추구 - 이것이 위험 포인트다
      - 대책수립 - 당신이라면 어떻게 하겠는가?
      - 목표설정 - 우리는 이렇게 하자
  - **원포인트 위험예지훈련** — 위험예지훈련 4라운드 중 2,3,4라운드를 모두 원포인트로 요약하여 실시
  - **H.K.T 위험인식훈련**
    - **위험인식 3단계법**
      - 1라운드 - 상황파악
      - 2라운드 - 핵심행동
      - 3라운드 - 실천행동
  - **TBM 작업전 안전점검회의** — 작업 전 근로자들이 함께 모여 10분 내외로 작업요인과 위험요인 재확인하고 안전한 작업절차 확인

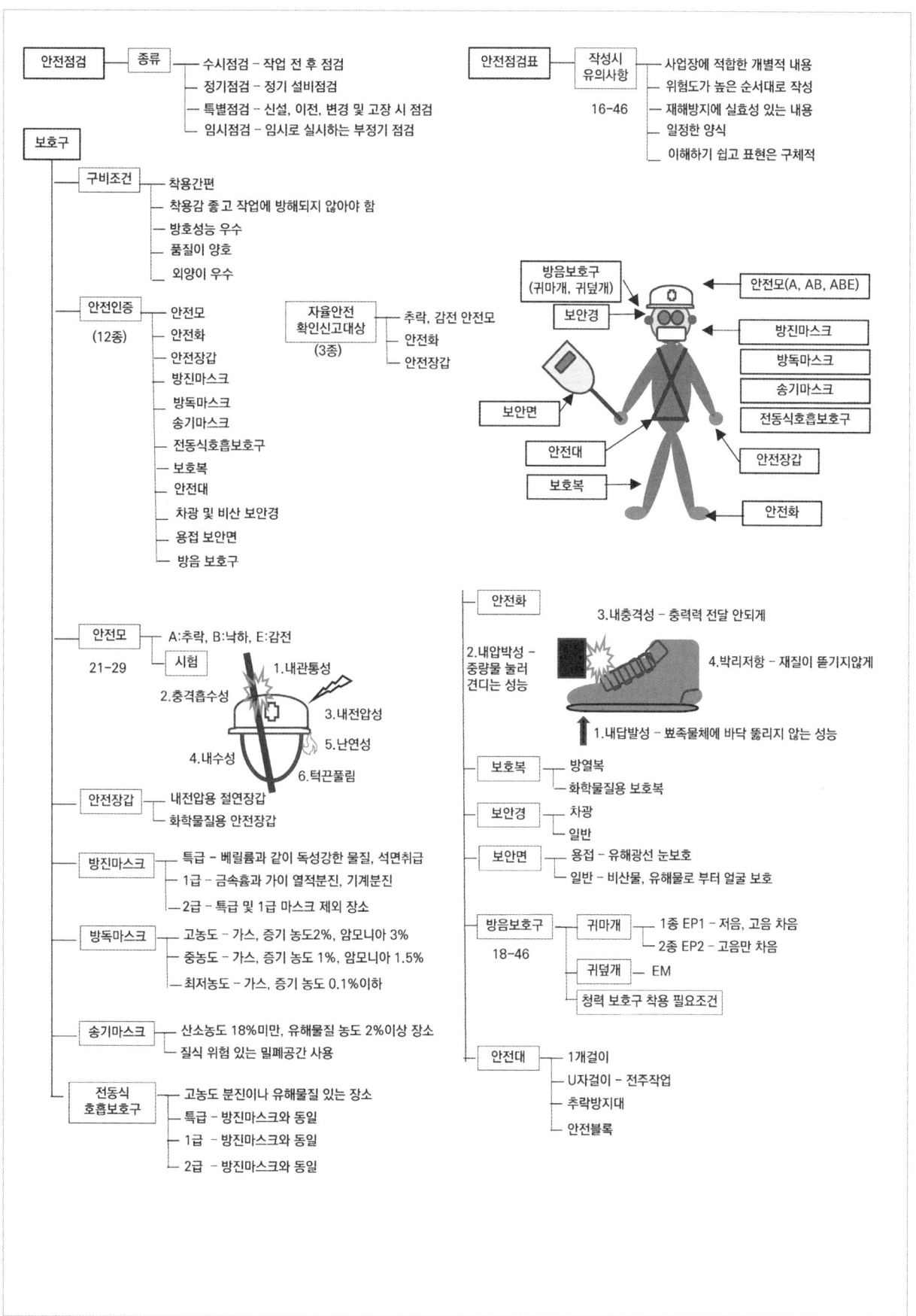

예제 문제

2017년

48 무재해운동의 3원칙 중 다음에 해당하는 것은?

> 단순히 사망재해나 휴업재해만 없으면 된다는 소극적인 사고가 아닌, 사업장 내의 잠재위험요인을 적극적으로 사전에 발견하고 파악·해결함으로써 산업재해의 근원적인 요소들을 없앤다는 것을 의미함

① 무의 원칙 ② 보장의 원칙 ③ 참여의 원칙
④ 조사의 원칙 ⑤ 안전제일의 원칙

2015년

49 무재해 시간의 계산방식으로 옳지 않은 것은?

① 무재해 시간의 산정은 실근로자의 수와 실근무시간을 곱한다.
② 3일 미만의 경미한 부상은 무재해로 간주한다.
③ 사무직은 하루 통산 8시간을 근무시간으로 산정한다.
④ 무재해 개시 후 재해가 발생하면 처음(0시간)부터 다시 시작한다.
⑤ 업무시간 외에 발생한 재해 중 작업 개시전의 작업준비 및 작업종료 후의 정리정돈 과정에서 발생한 재해도 포함한다.

2021년

41 브레인스토밍 기법에 관한 내용으로 옳은 것을 모두 고른 것은?

> ㄱ. 타인의 아이디어를 비판하지 않을 것
> ㄴ. 자유로운 분위기를 조성할 것
> ㄷ. 타인의 아이디어에 내 아이디어를 덧붙여 아이디어를 제시하는 것은 금지할 것
> ㄹ. 다수의 아이디어를 낼 수 있도록 할 것

① ㄱ, ㄴ ② ㄴ, ㄷ ③ ㄱ, ㄴ, ㄹ
④ ㄱ, ㄷ, ㄹ ⑤ ㄱ, ㄴ, ㄷ, ㄹ

정답 및 해설

▶ 2017년 48번

■ 무재해 이념의 3원칙
① 무의 원칙
② 참가의 원칙
③ 선취의 원칙

무재해 이념의 3원칙은 사고와 재해를 예방하고 완전히 무재해 상태를 달성하기 위한 기본적인 원칙을 제시한 개념으로 재해를 예방하기 위한 체계적이고 협력적인 접근을 강조한다.

답 ①

▶ 2015년 49번

■ 무재해 운동 시간 산정방법(산업안전공단 무재해 추진실무)

구분	산정방법	비고
무재해 시간	실 근무시간	무재해 운동 개시보고 후부터 재해발생 전일까지의 실 근로자수에 실 근로 시간 수를 곱한 시간 수
	실 근로자수	사무직 또는 사무직 외의 근로자로서 실 근로시간의 산정이 곤란한 자의 경우에는 1일8시간으로 산정
무재해 일수	휴업한 일수를 제외한 실 근로일수	공휴일 등 휴일에 단 1명의 근로자라도 근무한 사실이 있으면 기간에 산정 하루3교대 작업시라도 1일로 계산 이미 직업병으로 판정된 자의 근로시간, 근로일수는 무재해 시간 기간산정에서 제외

무재해운동 시간 산정은 재해 발생 없이 안전한 작업 환경을 얼마나 오랫동안 유지했는지를 나타내는 지표로, 안전 관리의 성과를 평가하고 안전한 작업 환경을 촉진하는 데 중요한 역할을 한다.

답 ⑤

▶ 2021년 41번

■ 브레인스토밍
1. 비판 금지 (No Criticism) - 아이디어에 대한 비판이나 평가를 하지 않는다.
2. 자유분방 (Freewheeling Welcome) - 자유롭고 파격적인 아이디어를 환영한다.
3. 대량발언 (Quantity over Quality) - 아이디어의 수를 최대한 많이 제시한다.
4. 수정발언 (Combination and Improvement) - 아이디어를 결합하거나 발전시킨다.

브레인스토밍은 자유롭고 개방적인 환경에서 많은 아이디어를 내는 것이 목표이며, 이를 수행하기 위해 4원칙을 준수해야 한다. 많은 아이디어를 얻기 위해서는 리더의 역할과 분위기 조성이 중요하다.

답 ③

2020년

29 위험예지훈련 4라운드를 순서대로 바르게 나열한 것은?

> ㄱ. 이것이 위험요점이다. ㄴ. 우리는 이렇게 한다.
> ㄷ. 당신이라면 어떻게 할 것인가? ㄹ. 어떤 위험이 잠재하고 있는가?

① ㄱ - ㄹ - ㄷ - ㄴ
② ㄷ - ㄹ - ㄱ - ㄴ
③ ㄹ - ㄱ - ㄷ - ㄴ
④ ㄹ - ㄷ - ㄱ - ㄴ
⑤ ㄹ - ㄷ - ㄴ - ㄱ

2016년

46 안전점검표(checklist) 작성 시 유의사항이 아닌 것은?

① 사업장에 적합한 독자적인 내용일 것
② 중점도가 낮은 것부터 순서대로 작성할 것
③ 재해방지에 실효성 있게 개조된 내용일 것
④ 일정양식을 정하여 점검대상을 정할 것
⑤ 점검표의 내용은 이해하기 쉽도록 표현하고 구체적일 것

2021년

29 보호구 안전인증 고시에서 정하고 있는 추락 및 감전 위험방지용 안전모의 성능기준에 관한 내용 중 안전모의 시험성능기준 항목이 아닌 것은?

① 내관통성
② 충격흡수성
③ 내약품성
④ 턱끈풀림
⑤ 내수성

▶ 2020년 29번 ■ 위험예지훈련 4라운드
1라운드 - 현상파악 : 작업환경에서 위험요소가 무엇인지를 파악하는 단계
2라운드 - 본질추구 : 파악된 위험요소의 근본 원인을 분석하는 단계
3라운드 - 대책수립 : 파악된 위험요소를 제거하거나 줄이기 위한 구체적인 대책 수립하는 단계
4라운드 - 목표설정 : 대책을 실행에 옮기기 위한 구체적인 목표와 행동방침을 설정하는 단계

위험예지훈련 4라운드 방식은 4라운드 방식은 작업 현장에서 발생할 수 있는 위험을 사전에 예측하고, 그에 대한 대책을 마련하기 위한 단계적 훈련 방법이다. 이 훈련은 주로 안전사고 예방을 위해 작업자들이 팀을 이루어 실행하며, 작업 중 발생할 수 있는 위험 요소를 체계적으로 파악하고 해결책을 제시하는 것을 목표로 한다.

답 ③

▶ 2016년 46번 ■ 안전점검표 작성 시 유의사항
1. 점검 항목의 구체화
2. 작업 환경에 맞는 항목 설정
3. 간결하고 명료한 표현
4. 체크리스트 형식의 사용
5. 주기적인 업데이트
6. 법규 및 규정 준수
7. 위험도 평가 요소 포함
8. 실제 점검 가능성 고려
9. 점검 담당자 명시
10. 점검 기록의 체계적 관리

답 ②

▶ 2021년 29번 ■ 안전모 시험성능 기준
1. 내관통성 시험
2. 충격 흡수 성능 시험
3. 내전압 성능 시험
4. 내수성
5. 난연성
6. 턱끈풀림

답 ③

2018년
46 개인보호구에 관한 설명으로 옳지 않은 것은?

① 개인보호구는 근로자의 몸에 맞출 수 있도록 조절될 수 있어야 한다.
② ABE형 안전모는 규정된 시험 절차에 따라 내전압성 성능시험을 통과해야 한다.
③ 금속 흄 등과 같이 열적으로 생기는 분진 발생 장소에서는 1급 방진 마스크를 사용하는 것이 적절하다.
④ 차음해야 할 소음이 저음부터 고음까지 고른 경우에는 2종 귀마개(EP-2)를 사용해야 한다.
⑤ 청력보호구는 보호구 착용으로 8시간 시간가중평균 90dB(A) 이하의 소음 노출수준이 되도록 차음효과가 있어야 한다.

2025년
32 T.B.M(Tool Box Meeting)의 실시순서 5단계를 옳게 나열한 것은?

㉠ 작업지시	㉡ 도입
㉢ 점검 및 정비	㉣ 확인
㉤ 위험예측	

① ㉠-㉡-㉢-㉣-㉤
② ㉠-㉡-㉣-㉢-㉤
③ ㉡-㉠-㉢-㉤-㉣
④ ㉡-㉢-㉠-㉤-㉣
⑤ ㉡-㉣-㉢-㉠-㉤

▶ 2018년 46번　　■ 개인보호구
　　　　　　　　　④ 1종 귀마개(EP-1): 저음부터 고음까지 넓은 주파수 범위에서 소음을 차단하는 데 효과적이다. 저주파수부터 고주파수까지 균일한 소음 차단이 요구되는 환경에서는 1종 귀마개를 사용하는 것이 적합하다. 2종 귀마개(EP-2): 주로 고주파 소음에 대한 차단 효과가 높다. 저주파 소음 차단 성능이 낮기 때문에, 저주파 소음이 포함된 환경에서는 적합하지 않다.

답 ④

▶ 2025년 32번　　■ T.B.M(Tool Box Meeting)의 실시순서 5단계
　　　　　　　　　1단계 ⓒ 도입
　　　　　　　　　2단계 ㉠ 작업지시
　　　　　　　　　3단계 ⓓ 위험예측
　　　　　　　　　4단계 ⓒ 점검 및 정비
　　　　　　　　　5단계 ㉣ 확인

답 ④

4주완성 합격마스터
산업안전지도사 1차 필기
2과목 산업안전일반

제 2 장

안전교육

제02장 안전교육

1. 안전교육

```
안전교육
├─ 목표 ── 안전에 대한 바람직한 행동의 변화와 태도 및 능력을 기르는 것
│
├─ 3요소 ── 주체 – 강사
│  18-27    객체 – 교육생
│           매개체 – 교재
│
├─ 교육지도 ── 한번에 한가지씩(교육 성과는 양보다 질)
│  8원칙      인상의 강화(구체적 진행)
│  한인 오기는  오관(감각기관)의 활용
│  동쉬에 반상회 기능적인 이해(요점 위주)
│  한다.      동기부여
│  24-32     쉬운 부분에서 어려운 부분으로
│  17-32     반복에 의한 습관화 진행
│  15-39     상대방 입장에서(피교육자 중심)
│
├─ 실시계획 ─┬─ 기본방향 ── 사고사례 중심교육 – 동종재해예방
│            │              표준작업교육 – 안전습관
│            │              안전의식 향상 교육 – 바람직한 행동 변화 유도
│            │
│            └─ 계획 수립 시 포함사항 ── 교육 목표
│                                        교육 대상
│                                        강사
│                                        교육 방법
│                                        교육 시간과 시기
│                                        교육 장소
│
├─ 단계별 교육 ── 1단계(지식교육) – 강의 및 시청교육 지식 전달
│  22-27 16-39   2단계(기능교육) – 현장실습 교육 통해 경험 체득
│  14-42 13-34   3단계(태도교육) – 안전행동 습관화
│
└─ 교육 방법 ─┬─ 기능교육 4단계 ── 1단계 – 준비
              │   20-28            2단계 – 일을 시범 보이는 단계
              │                    3단계 – 일을 연습시켜보는 단계
              │                    4단계 – 피드백(환류) 잘못 수정하고 중요사항 복습
              │
              ├─ 태도교육 4단계 ── 1단계 – 듣는다.
              │                    2단계 – 이해시킨다.
              │                    3단계 – 시범을 보인다.
              │                    4단계 – 평가한다.
              │
              └─ 하버드학파 5단계 ── 1단계 – 준비 – 학습 몰입 기반 마련
                  24-30              2단계 – 교시 – 학습내용이나 기술을 체계적으로 전달
                  14-26              3단계 – 연합 – 새로운 지식이나 기술을 학습지의 기존 지식과 연결
                                     4단계 – 총괄 – 학습한 내용 종합적으로 검토하고 일반화
                                     5단계 – 응용 – 학습한 지식 실제 상황에 적용
```

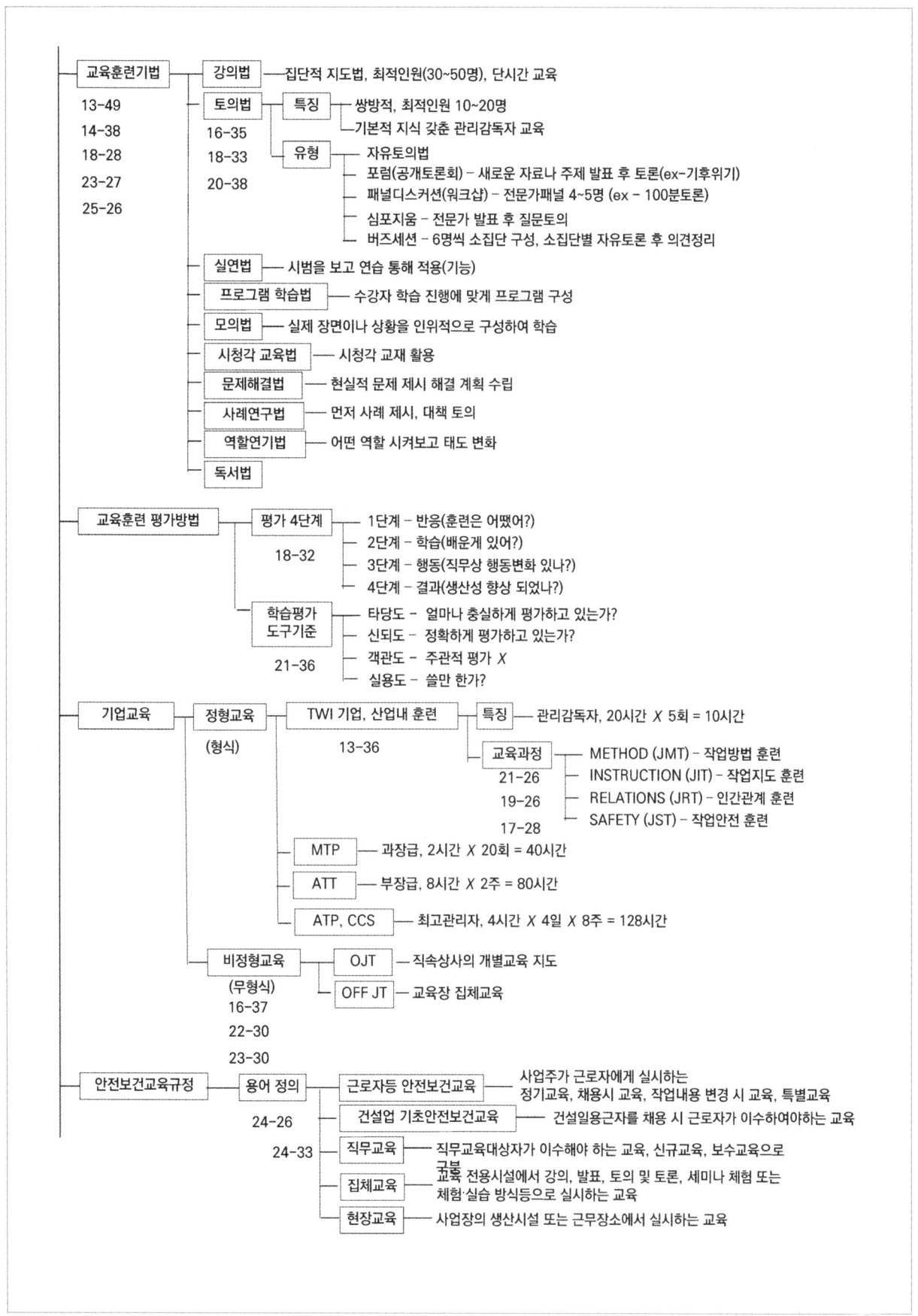

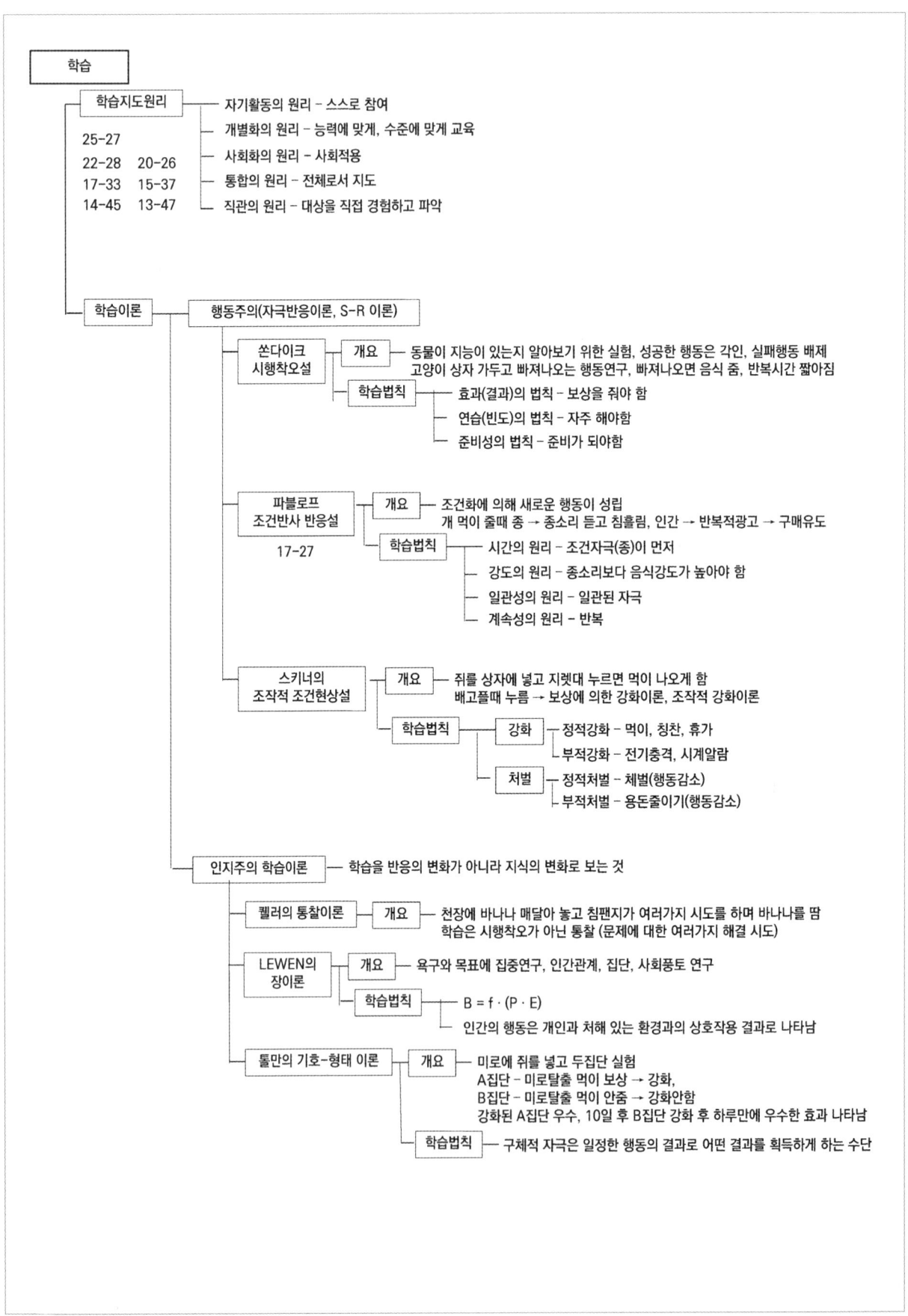

MEMO

예제 문제

2018년

27 교육의 3요소에는 주체, 객체, 매개체가 있다. 이 중 교육의 객체(object of education)에 해당하는 것은?

① 교육생　　　　② 강사　　　　③ 교재
④ 설문지　　　　⑤ 교육기관

2024년

32 안전교육의 지도원칙으로 옳지 않은 것은?

① 피교육자 중심 교육
② 동기부여
③ 어려운 부분에서 쉬운 부분으로 진행
④ 오관(감각기관) 활용
⑤ 기능적 이해

2015년

39 안전교육의 방법으로 옳지 않은 것은?

① 동기부여를 하는 방향으로 교육한다.
② 어려운 것에서 시작하여 쉬운 것으로 교육한다.
③ 오감(五感)을 활용해 교육한다.
④ 한 번에 하나씩 교육한다.
⑤ 반복하여 교육한다.

2017년

32 교육지도의 원칙에 관한 내용으로 옳지 않은 것은?

① 교육내용을 충분히 이해할 수 있도록 상대방의 입장을 고려하여 교육한다.
② 학습의욕을 고취하기 위하여 어려운 내용에서부터 쉬운 내용의 순서로 교육한다.
③ 교육의 성과는 양보다 질을 중시한다는 점에서 순서에 따라 한 번에 한 가지씩 교육한다.
④ 지식, 기술, 기능 및 태도가 몸에 익혀지도록 반복교육을 실시한다.
⑤ 인간의 5가지 감각기관을 복합적으로 활용하여 교육한다.

정답 및 해설

▶ 2018년 27번
- **안전교육 3요소**
  1. 주체 (교육자 또는 강사) - 안전교육을 시행하는 사람이나 기관을 의미한다. 주체는 교육을 기획하고 진행하며, 교육 내용 전달의 책임을 진다.
  2. 객체 (교육 대상자) - 안전교육을 받는 사람, 즉 교육의 대상이 되는 근로자나 직원이다. 객체는 주체로부터 전달된 안전 지식을 습득하고, 이를 바탕으로 안전한 행동을 실천해야 한다.
  3. 매개체 (교육 방법 또는 도구) - 교육 내용을 전달하는 수단이나 방법을 의미한다. 매개체는 교육의 효과를 높이고, 이해를 돕는 중요한 요소이다.

답 ①

▶ 2024년 32번
- **안전교육의 지도 원칙 8원칙 (한인 오기는 동쉬에 반상회 한다.)**
  안전교육 지도 8원칙은 산업안전 분야에서 효과적인 안전 교육을 수행하기 위해 고려해야 할 핵심 지침이다. 이를 통해 안전 사고 예방을 돕고, 근로자의 안전 의식을 고취시킬 수 있다. 안전교육 지도 8원칙은 산업 현장에서 효과적인 안전교육이 사고 예방과 근로자 안전의식을 강화하는 데 얼마나 중요한 역할을 하는지를 강조한다.

  ③ 교육의 효과를 극대화하기 위해서는 쉬운 부분에서 어려운 부분으로 점진적으로 교육하는 것이 일반적으로 더 효과적이다.

답 ③

▶ 2015년 39번
- **안전교육의 지도 원칙 8원칙 (한인 오기는 동쉬에 반상회 한다.)**
  24년 32번 해설 참조

답 ②

▶ 2017년 32번
- **안전교육의 지도 원칙 8원칙 (한인 오기는 동쉬에 반상회 한다.)**
  24년 32번 해설 참조

답 ②

2022년

27 안전교육의 단계별 과정 중 태도 교육의 내용이 아닌 것은?

① 작업동작 및 표준작업 방법의 습관화
② 공구·보호구 등의 관리 및 취급 태도의 확립
③ 작업 전후 점검 및 검사요령의 정확화 및 습관화
④ 작업지시·전달 등의 언어·태도의 정확화 및 습관화
⑤ 작업에 필요한 안전 규정 숙지

2014년

42 안전보건교육에 관한 설명으로 옳지 않은 것은?

① 지식교육의 내용은 안전의식의 향상, 안전책임감 주입, 기초지식 주입, 전문적 기술기능 등이다.
② 안전교육에는 사고 사례 중심의 안전교육, 표준안전작업을 위한 안전교육 등이 있다.
③ 안전보건교육계획을 수립할 때에는 필요한 정보의 수집, 현장 의견의 반영, 법 규정에 의한 교육 등을 고려하여야 한다.
④ 안전보건교육계획에 포함해야 할 사항은 교육목표, 교육의 종류 및 교육대상 등이 있다.
⑤ 교육실시 계획에 포함해야 할 사항은 교육대상자의 범위 결정, 교육과정의 결정, 교육방법 및 형태의 결정 등이 있다.

2016년

39 안전·보건교육 중 기능교육의 특징이 아닌 것은?

① 작업 능력 및 기술 능력 부여
② 광범위한 지식의 전달
③ 교육 기간의 장기화
④ 작업 동작의 표준화
⑤ 대규모 인원에 대한 교육 곤란

▶ 2022년 27번　■ 안전 교육의 3단계
　　1. 지식교육 (Knowledge Education) – 근로자들이 안전과 관련된 이론적 지식을 습득하도록 돕는 단계로 안전의 중요성과 기본 원칙, 법적 요구 사항, 위험 요소의 종류 및 관리 방법 등을 교육한다. 또한 사고 사례 분석, 안전 규정, 법률적 책임, 회사의 안전 정책 등 이론적인 부분을 포함한다.
　　2. 기능교육 (Skill Education) – 근로자들이 안전한 작업 방법과 기술을 익혀 현장에서 바로 적용할 수 있도록 하는 단계로 안전 장비 사용법, 기계 및 장비의 안전한 조작 방법, 비상 상황에서의 대처 방법 등을 실습 위주로 교육한다. 이론 교육에서 배운 내용을 실제 작업 환경에서 적용할 수 있는 기술과 능력을 기르도록 한다.
　　3. 태도교육 (Attitude Education) – 근로자들이 안전을 중요하게 생각하고, 이를 실천하는 올바른 태도를 형성하도록 하는 단계로 안전 규정 준수에 대한 중요성, 안전한 작업 방식의 필요성, 협동과 책임의식, 동료 근로자에 대한 배려 등을 교육한다. 이를 통해 근로자들은 안전에 대한 긍정적인 태도를 갖추고, 이를 습관화할 수 있게 한다.

　　안전교육 3단계는 단순한 정보 전달이 아닌, 지식-기술-태도라는 세 가지 요소가 결합되어 근로자가 안전에 대해 종합적으로 준비할 수 있도록 하는 체계적인 방법이다. 지식을 기반으로 실질적인 기능을 익히고, 이를 실천하기 위한 올바른 태도를 갖추는 것이 산업현장에서의 사고 예방에 중요한 역할을 한다.

답 ⑤

▶ 2014년 42번　■ 안전 교육의 3단계
　　① 지식교육 (Knowledge Education) – 근로자들이 안전과 관련된 이론적 지식을 습득하도록 돕는 단계로 안전의 중요성과 기본 원칙, 법적 요구 사항, 위험 요소의 종류 및 관리 방법 등을 교육한다. 또한 사고 사례 분석, 안전 규정, 법률적 책임, 회사의 안전 정책 등 이론적인 부분을 포함한다.

답 ①

▶ 2016년 39번　■ 기능 교육의 특징
　　② 광범위한 지식의 전달은 지식교육이다.
　　기능교육 (Skill Education) – 근로자들이 안전한 작업 방법과 기술을 익혀 현장에서 바로 적용할 수 있도록 하는 단계로 안전 장비 사용법, 기계 및 장비의 안전한 조작 방법, 비상 상황에서의 대처 방법 등을 실습 위주로 교육한다. 이론 교육에서 배운 내용을 실제 작업 환경에서 적용할 수 있는 기술과 능력을 기르도록 한다.

답 ②

2013년

34 안전교육의 3단계 중에서 2단계에 해당되는 교육과 그 특성을 올바르게 나타낸 것은?

① 안전기능교육: 습관과 형성
② 안전기능교육: 경험과 적응
③ 안전지식교육: 습득과 전달
④ 안전지식교육: 경험과 적응
⑤ 안전태도교육: 습관과 형성

2020년

28 피교육자의 능력에 따라 교육하고 급소를 강조하며, 주안점을 두어 논리적·체계적으로 반복교육을 실시하는 교육진행 단계는?

① 도입단계
② 확인단계
③ 적용단계
④ 응용단계
⑤ 제시단계

2018년

32 교육훈련평가의 4단계에서 각 단계별로 내용이 올바르게 연결된 것은?

① 제 1단계 - 반응단계
② 제 2단계 - 행동단계
③ 제 3단계 - 결과단계
④ 제 4단계 - 학습단계
⑤ 제 4단계 - 행동단계

▶ 2013년 34번 ■ 안전교육 3단계 특성
지식교육 습득과 전달, 기능교육 경험과 적응, 태도교육 습관과 형성   답 ②

▶ 2020년 28번 ■ 교육방법의 4단계
교육방법 4단계(도입, 제시, 적용, 확인)는 교육의 효과를 극대화하기 위한 체계적인 접근 방식이다. 이 단계들은 지식 전달과 실천을 연결하여 교육 내용을 학습자에게 명확히 이해시키고, 실제로 적용할 수 있도록 돕는다.
1. 도입 (Introduction) – 학습자의 흥미와 관심을 유도하며, 교육의 필요성을 인식시키는 단계로 교육의 목표와 중요성, 교육의 주제와 관련된 사전 지식을 설명한다.
2. 제시 (Presentation) – 학습할 내용을 명확하고 구체적으로 전달하는 단계로 교육의 핵심 내용을 설명하고 시각 자료, 동영상, 실습 도구 등을 활용해 구체적으로 제시한다.
3. 적용 (Application) – 학습자가 배운 내용을 실제 상황에 적용해보는 단계로 배운 내용을 바탕으로 실습이나 과제를 수행하게 하여, 학습자가 실제로 이를 적용할 수 있도록 한다.
4. 확인 (Confirmation) – 학습 내용이 제대로 이해되고 적용되었는지 평가하는 단계로 학습자들의 실습 결과를 평가하거나 퀴즈, 질의응답, 피드백 등을 통해 교육 내용을 다시 한 번 점검한다   답 ⑤

▶ 2018년 32번 ■ 교육훈련 평가 4단계
교육훈련 평가 4단계는 커크패트릭의 4단계 평가 모델로 알려져 있으며, 교육훈련 프로그램의 효과를 체계적으로 평가하기 위한 중요한 방법론이다. 이 모델은 교육이나 훈련 후 학습자의 반응부터 실제 성과까지 다양한 차원에서 교육의 효과를 평가하는 구조로 되어 있다. 각 단계는 훈련의 성공 여부와 그 영향을 더 깊이 분석할 수 있도록 도와준다.
1. 반응 (Reaction) – 교육훈련에 대한 학습자의 즉각적인 반응과 만족도를 평가하는 단계로 설문조사, 인터뷰 등을 통해 학습자의 감정적 반응을 수집한다.
2. 학습 (Learning) – 교육훈련을 통해 학습자가 새로운 지식, 기술, 태도를 얼마나 습득했는지 평가하는 단계로 교육이 끝난 후, 학습자가 무엇을 배웠는지를 평가한다. 지식, 기술, 태도 변화가 목표로 한 수준에 도달했는지를 확인한다.
3. 행동 (Behavior) – 학습자가 교육훈련에서 배운 내용을 실제 업무나 생활에서 얼마나 적용하고 있는지 평가하는 단계로 학습자가 직장에서 배운 지식이나 기술을 실제로 어떻게 적용하는지를 평가한다.
4. 결과 (Results) – 교육훈련이 조직의 목표에 얼마나 기여했는지를 평가하는 단계로 교육훈련이 조직의 생산성, 효율성, 수익성, 사고율 감소 등 구체적인 성과와 어떤 연관이 있는지를 평가한다. 답 ①

2014년

26 안전교육에 관한 설명으로 옳지 않은 것은?

① 안전교육은 안전사고를 사전에 방지하기 위한 필수요소 중의 하나이다.
② 안전교육의 3요소는 강사, 수강자, 교재이다.
③ 단계별 안전교육은 '지식교육 - 기능교육 - 태도교육' 순이다.
④ 강의식 교육은 많은 인원의 수강자를 동시에 교육시킬 수 있는 장점이 있다.
⑤ 하버드학파의 5단계 교수법은 preparation(준비) - presentation(발표) - generalization(보편화) - association(조합) - application(응용)의 순서로 한다.

2024년

30 안전보건교육 방법에서 하버드학파의 5단계 교수법을 순서대로 옳게 나열한 것은?

ㄱ. 준비시킨다(Preparation)	ㄴ. 총괄시킨다(Generalization)
ㄷ. 교시한다(Presentation)	ㄹ. 연합한다(Association)
ㅁ. 응용시킨다(Application)	

① ㄱ → ㄴ → ㄷ → ㄹ → ㅁ
② ㄱ → ㄴ → ㄹ → ㄷ → ㅁ
③ ㄱ → ㄷ → ㄹ → ㄴ → ㅁ
④ ㄱ → ㄷ → ㄹ → ㅁ → ㄴ
⑤ ㄱ → ㄹ → ㄷ → ㅁ → ㄴ

2013년

49 교육훈련기법에 관한 설명으로 옳지 않는 것은?

① 강의법은 안전지식의 전달방법으로 초보적인 단계에서 효과가 큰 방법이며, 단 시간에 많은 내용을 교육하는 경우에 적합하다.
② 시범은 어떤 기능이나 작업과정을 학습시키기 위해 필요로 하는 분명한 동작을 제시하는 방법이다.
③ 반복법은 이미 학습한 내용이나 기능을 반복해서 이야기하거나 실연하도록 하는 방법이다.
④ 토의법은 쌍방적 의사전달방식에 의한 교육으로 적극성·협동성을 기르는데 유효하다.
⑤ 실연법은 실제의 장면이나 상태와 극히 유사한 상태를 인위적으로 만들어 그 속에서 학습하도록 하는 방법이다.

▶ 2014년 26번　■ 하버드 학파의 5단계 교수법
하버드 학파의 5단계 교수법은 학습자 중심의 교육을 강조하며, 학습자가 스스로 문제를 해결하고 개념을 적용할 수 있도록 돕는 구조이다.
1. 준비 (Preparation) - 학습몰입 기반 마련
2. 교시 (Presentation) - 학습 내용이나 기술을 체계적으로 전달
3. 연합 (Assodiation) - 새로운 지식이나 기술을 학습자의 기존 지식과 연결
4. 총괄 (Generalization) - 학습한 내용 종합적으로 검토하고 일반화
5. 응용 (Application) - 학습한 지식 실제상황에 적용

답 ⑤

▶ 2024년 30번　■ 하버드 학파의 5단계 교수법
하버드 학파의 5단계 교수법은 학습자 중심의 교육을 강조하며, 학습자가 스스로 문제를 해결하고 개념을 적용할 수 있도록 돕는 구조이다.
1. 준비 (Preparation) - 학습몰입 기반 마련
2. 교시 (Presentation) - 학습 내용이나 기술을 체계적으로 전달
3. 연합 (Assodiation) - 새로운 지식이나 기술을 학습자의 기존 지식과 연결
4. 총괄 (Generalization) - 학습한 내용 종합적으로 검토하고 일반화
5. 응용 (Application) - 학습한 지식 실제상황에 적용

답 ③

▶ 2013년 49번　■ 교육훈련기법
⑤ 실제의 장면이나 상태와 극히 유사한 상태를 인위적으로 만들어 그 속에서 학습하도록 하는 것은 시뮬레이션 기법이다.
실연법(실습법, Demonstration Method)은 교육훈련 기법 중 하나로, 교사나 숙련된 작업자가 직접 시범을 보이면서 학습자들이 해당 작업이나 행동을 관찰하고 따라하게 하는 방식이다. 이 방법은 특히 기술 습득과 관련된 교육에서 효과적으로 사용된다. 실연법은 학습자들이 이론적 지식뿐만 아니라 실제 작업에서 필요한 기술과 절차를 직접 체험하고 학습할 수 있도록 도와준다.

답 ⑤

2014년
38 안전교육방법에 관한 설명으로 옳지 않은 것은?

① 시범법은 어떤 기능이나 작업과정을 학습시키기 위해 필요로 하는 분명한 동작을 제시하는 교육방법이다.
② 토의법은 쌍방적 의사전달 방식에 의한 교육으로 적극성·지도성·협동성을 기르는 데 유효하다.
③ 강의법은 많은 인원의 수강자를 단기간의 교육시간에 비교적 많은 교육 내용을 전수하기 위한 방법이다.
④ 사례연구법은 먼저 사례를 제시하고 문제가 되는 사실들과 그의 상호관계에 대해서 검토하며, 대책을 토의하는 방식이다.
⑤ 반복법은 학습자가 이미 학습된 지식이나 기능을 교사의 지휘나 감독 아래 직접 연습하는 교육방법이다.

2018년
28 A기업은 학습지도 방법의 형태 중 '교재에 의한 피교육자의 자율적 학습' 방법을 선택하여 근로자에게 안전·보건교육을 실시하고 있다. A 기업의 학습지도 방식에 해당하는 것은?

① 강의식 ② 필기식 ③ 독서식
④ 시범식 ⑤ 계도식

2016년
35 토의식 교육 시 유의사항이 아닌 것은?

① 교육생이 토의될 주제를 충분히 파악해야 한다.
② 진행자는 토의될 구체적인 문제나 이유에 대하여 말로 설명하지 않고 서면으로 하여야 한다.
③ 진행자는 교육생들이 토의결과에 대하여 명료화 내지 요약을 하도록 요구해야 한다.
④ 진행자는 진행에 충실하고 강의나 설명을 가급적 하지 않는다.
⑤ 진행자는 주제를 이해하지 못하는 교육생을 배려하여야 한다.

2018년
33 B기업은 근로자들에게 안전지식을 높이고 의식을 함양하기 위해서 안전교육을 다음과 같은 방식으로 실시하였다. B기업에서 채택하고 있는 교육의 진행 방식으로 옳은 것은?

> 새로운 자료나 교재를 제시하고 거기에서 나온 문제점을 피교육자로 하여금 제기하게 하거나, 의견을 여러 가지 방법으로 발표하게 하고, 다시 깊이 파고들어서 토의를 진행하는 방법이다.

① Forum ② On the Job Training(OJT)
③ Panel Discussion ④ Buzz Session
⑤ Case Study

▶ 2014년 38번　■ 교육훈련기법 실습법
학습자가 이미 학습된 지식이나 기능을 교사의 지휘나 감독 아래 직접 연습하는 교육 방법은 실습법(Practice Method) 또는 훈련법(Drill Method)이라고 한다. 실습법은 학습자가 이미 배운 내용을 실제로 적용하고, 반복 연습을 통해 숙련도를 높이는 데 매우 효과적인 방법이다.

답　⑤

▶ 2018년 28번　■ 교육훈련기법 독서식
A 기업의 학습지도 방식에 해당하는 것은 자율학습(독학, 자기주도 학습)이다. '교재에 의한 피교육자의 자율적 학습'은 교사가 직접 교육을 주도하기보다는, 피교육자가 스스로 교재를 통해 학습 내용을 파악하고 학습을 진행하는 방식이다. 이러한 학습지도 방법은 피교육자의 자기주도성을 강조하며, 학습자가 스스로 학습 속도와 방법을 조절할 수 있다는 특징이 있다.

답　③

▶ 2016년 35번　■ 교육훈련기법 토의법
토의법(Discussion Method)은 학습자들이 서로 의견을 나누고 논의하는 과정을 통해 학습 내용을 심화하고 문제를 해결하는 교육훈련 기법이다. 이 방법은 학습자들의 참여와 상호작용을 촉진하여, 주어진 주제에 대해 다양한 시각을 공유하고, 비판적 사고를 발전시키는 데 매우 효과적이다.
토의법의 주요특징으로는 참여중심, 문제해결 능력 강화, 비판적 사고 촉진, 협동적 학습 등이 있다.
토의법은 학습자들이 주도적으로 문제를 해결하고, 상호작용을 통해 학습 내용을 보다 깊이 있게 이해할 수 있도록 돕는 강력한 교육훈련 기법이다.

답　②

▶ 2018년 33번　■ 토의법 유형 포럼
포럼(Forum)은 특정 주제에 대해 다양한 의견을 자유롭게 발표하고, 서로 토론하는 공개 토론의 한 형태를 말한다. 포럼은 공개 토론이나 토의의 형식을 띠며, 다양한 참가자들이 의견을 제시하고 상호작용하는 방식으로 진행된다. 포럼의 특징은 개방적 발표, 문제 제기 및 토의, 심층 토의, 다양한 참여자 등이 있으며 다양한 시각을 공유하고 참가자들의 능동적참여를 유도하며 비판적 사고를 촉진하는 장점이 있다. 반면에 참가자가 많거나 논의가 길어질 경우 효율성이 부족하며, 일부 참가자만 활발하게 참여하여 참여 불균형을 초래할 수 있다. 포럼 방식은 참가자들이 자유롭게 의견을 발표하고, 여러 의견을 종합하며 문제 해결 방안을 모색하는 형식이다.

답　①

2023년
27 교육훈련 기법에서 강의법(Lecture method)의 장점으로 옳지 않은 것은?

① 수강자의 학습참여도가 높고 적극성과 협조성을 부여하는 데 효과적이다.
② 오래된 전통 교수방법이며 안전지식의 전달방법으로 유용하다.
③ 시간과 장소의 제약이 비교적 적다.
④ 수업의 도입이나 초기단계에 적용이 효과적이다.
⑤ 많은 인원을 대상으로 교육할 수 있다.

2020년
38 교육훈련 기법에서 토의법의 종류가 아닌 것은?

① 강의법(Lecture Method)
② 문제법(Problem Method)
③ 포럼(Forum)
④ 심포지움(Symposium)
⑤ 사례연구(Case Study)

2021년
36 학습평가 기본기준 4가지에 해당하지 않는 것은?

① 타당성
② 신뢰성
③ 객관성
④ 실용성
⑤ 주관성

▶ 2023년 27번

■ 강의법

강의법(lecture method)은 교사가 주도적으로 지식이나 정보를 학습자에게 전달하는 전통적인 교육 방식이다. 강의법은 대규모 인원에게 동일한 내용을 효율적으로 전달하는 데 유용하며, 교사가 중심이 되어 진행되는 교육 방식이다. 강의법의 장점은 한 명의 교사가 다수의 학습자에게 짧은 시간 안에 많은 정보를 전달할 수 있고, 학습 주제를 논리적이고 체계적으로 설명할 수 있어, 중요한 개념을 쉽게 정리할 수 있다. 또한 대규모 교육에서 인적 자원이나 시간적 비용을 절감할 수 있다.

답 ①

▶ 2020년 38번

■ 토의법 유형

1. 자유토론(Free Discussion) - 특정 주제에 대해 학습자들이 자유롭게 의견을 나누고 토론하는 방식
2. 원탁토의(Round Table Discussion) - 참가자들이 원형 테이블에 앉아 대등한 위치에서 특정 주제에 대해 의견을 나누는 방식
3. 패널토의(Panel Discussion) - 소수의 전문가나 학습자가 패널로 구성되어 특정 주제에 대해 토론하고, 나머지 참가자들은 패널의 토론을 경청하고 질문하는 방식
4. 심포지엄(Symposium) - 특정 주제에 대해 여러 명의 발표자가 각자의 관점에서 발표한 후, 그 발표 내용에 대해 학습자들이 토론하는 방식
5. 브레인스토밍(Brainstorming) - 주제나 문제에 대해 학습자들이 자유롭게 아이디어를 내고, 그 아이디어를 평가 없이 모두 수집하는 방식
6. 배심토의(Debate) - 찬반 양측이 나뉘어 서로의 입장에 대해 논리적으로 논쟁하는 방식이다. 한 가지 주제에 대해 각자의 주장을 펼치고 상대의 주장을 논리적으로 반박하며 토론이 진행되는 방식
7. 대담토의(Colloquium) - 소수의 전문가가 특정 주제에 대해 질의응답 형식으로 토의하는 방식이다. 주로 청중이 질문을 하고, 이에 대해 전문가가 답변하는 형식
8. 회의식 토의(Conference) - 참가자들이 일정한 시간 동안 모여서 특정 주제에 대해 논의하고 결론을 도출하는 방식
9. 버즈 세션(Buzz Session) - 대규모 학습자를 소규모 그룹으로 나누어 특정 주제에 대해 짧은 시간 동안 집중적으로 토론하게 한 후, 각 그룹의 결과를 다시 전체로 모아서 토론하는 방식
10. 피라미드 토의(Pyramid Discussion) - 처음에는 소수의 인원이 모여 토론을 시작하고, 점차 그룹의 크기를 늘려가며 토론을 확장하는 방식

답 ①

▶ 2021년 36번

■ 학습평가 도구기준

학습평가 도구의 기준은 타당도, 신뢰도, 객관도, 실용도로 나뉘며, 각 기준은 학습자가 평가 도구를 통해 정확하고 공정하게 평가받을 수 있는지 여부를 결정하는 중요한 요소들이다. 이 기준들은 학습평가 도구의 질과 효과성을 판단하는 척도로 사용된다.

1. 타당도(Validity) - 타당도는 평가 도구가 측정하고자 하는 내용을 얼마나 정확하게 측정하고 있는가를 의미하며 평가 도구가 학습자가 배운 내용을 평가하는 데 적합한지 여부를 나타낸다.
2. 신뢰도(Reliability) - 신뢰도는 평가 결과의 일관성을 의미한다. 동일한 평가 도구를 여러 번 사용했을 때 일정한 결과를 도출할 수 있는지 여부를 평가한다. 평가 도구가 안정적이고 일관된 결과를 제공해야 신뢰도가 높다고 볼 수 있다.
3. 객관도(Objectivity) - 객관도는 평가자의 주관적인 판단이 평가 결과에 영향을 미치지 않고, 평가 도구가 공정하고 일관되게 적용되는지를 의미한다. 여러 평가자가 동일한 평가 도구를 사용했을 때 같은 결과를 도출할 수 있는가를 평가한다.
4. 실용도(Practicality) - 실용도는 평가 도구가 실제 교육 환경에서 적용 가능한지 여부를 의미한다. 평가 도구가 사용하기 쉬운지, 비용이나 시간 면에서 효율적인지를 평가한다.

답 ⑤

2023년

30 현장이나 직장에서 직속상사가 부하직원에게 일상 업무를 통하여 지식, 기능, 문제해결능력 및 태도 등을 교육 훈련하는 방법으로 개별교육에 적합한 것은?

① TWI(Training Within Industry)
② OJT(On the Job Training)
③ ATP(Administration Training Program)
④ MTP(Management Training Program)
⑤ Off JT(Off the Job Training)

2013년

36 안전교육방법에 관한 설명으로 옳은 것은?

① ATT(American Telephone & Telegram Co.)는 대상 계층이 한정되어 있고, 먼저 훈련을 받은 자는 직급에 관계없이 훈련을 받지 않은 자에 대하여 지도자가 될 수 있다.
② OJT(On the Job Training)는 외부 전문가를 강사로 초빙하여 직장의 설정에 맞게 실제적 훈련이 가능하다.
③ Off JT(Off the Job Training)는 훈련에만 전념하게 하고 교육훈련목표에 대해 집단적 노력을 모을 수 있다.
④ TWI(Training Within Industry)는 주로 제일선 감독자를 교육대상자로 하며 교육내용은 작업방법훈련, 작업지도훈련, 인간관계훈련, 작업안전훈련이 있다.
⑤ MTP(Management Training Program)는 TWI 보다 약간 낮은 계층을 목표로 하고, TWI와는 달리 관리문제에 보다 더 치중하고 있다.

2021년

26 TWI(Training Within Industry)의 교육훈련내용이 아닌 것은?

① 작업적응훈련(JAT)
② 작업방법훈련(JMT)
③ 작업안전훈련(JST)
④ 작업지도훈련(JIT)
⑤ 인간관계훈련(JRT)

▶ 2023년 30번
- OJT(On-the-Job Training)
  OJT는 현장에서 실제 업무를 수행하면서 상사나 선임자가 부하 직원에게 필요한 기술이나 지식, 태도를 교육하는 방법이다. 이를 통해 학습자는 실무 경험을 쌓으며 업무 능력을 향상시킬 수 있다   답 ②

▶ 2013년 36번
- OJT(On The Job Training), OFFJT(Off The Job Training)
  ① 대상 계층이 한정되어 있고, 먼저 훈련을 받은 자가 직급에 관계없이 훈련을 받지 않은 자에게 지도자가 될 수 있는 교육 방식은 TWI(Training Within Industry)이다.
  ② 외부 전문가를 강사로 초빙하여 직장의 설정에 맞게 실제적인 훈련을 진행하는 방법은 Off-JT(Off-the-Job Training)이다.
  ③ 훈련에만 전념하게 하고 교육훈련목표에 대해 집단적 노력을 모을수 있는 방법은 합숙훈련(Residential Training)이다.
  ⑤ TWI(Training Within Industry)보다 약간 낮은 계층을 목표로 하고, TWI와는 달리 관리 문제에 더 치중하는 교육 방식은 근로자의 JMT(Job Methods Training)이다.   답 ④

▶ 2021년 26번
- TWI(Training with industry, 기업내, 산업내 훈련)
  TWI(Training Within Industry)는 제2차 세계대전 중 미국에서 개발된 산업 현장 관리 및 작업자의 역량 강화를 위한 교육훈련 프로그램이다. 주로 현장 작업자나 중간 관리자의 작업 능률 향상, 리더십 개발, 직무 수행 능력 개선을 목표로 하며, 직장 내 기술 및 업무 수행 방법의 표준화를 통해 효율성을 극대화하는 데 중점을 둔다.
  1. 직무 방법 훈련 (JM: Job Methods Training) – 작업자의 작업 방법을 개선하고, 더 나은 작업 절차를 설계하는 데 중점을 둔다. 작업자와 관리자는 기존 작업 절차를 분석하여 비효율적인 요소를 제거하고, 더 효율적인 작업 방식을 개발한다.
  2. 직무 지도 훈련 (JI: Job Instruction Training) – 작업자들이 효율적으로 작업을 수행하도록 표준화된 작업 방법을 교육하는 데 중점을 둔다. 작업자는 어떻게 작업을 수행해야 하는지 단계별로 배우고, 작업을 수행하는 데 필요한 핵심 요소와 주의사항을 익힌다.
  3. 직무 관계 훈련 (JR: Job Relations Training) – 관리자가 작업자들과의 관계를 개선하고, 효과적인 리더십을 발휘할 수 있도록 돕는다. 팀워크와 협력을 강화하며, 갈등 상황에서 문제를 해결하는 능력을 키우는 것이 주된 목표이다.
  4. 직무 안전 훈련 (JS: Job Safety Training) – 안전한 작업 환경을 유지하고, 산업 재해를 예방하는 데 중점을 둔다. 작업자는 안전 수칙을 준수하고, 작업 중 발생할 수 있는 위험 요소를 인식하며, 사고를 예방하는 방법을 학습한다.   답 ①

2019년

26 TWI(Training Within Industry) 교육훈련내용 중 사람을 다루는 방법(인간관계 관리기법)에 대한 훈련인 것은?

① JIT(Job Instruction Training)
② JMT(Job Method Training)
③ JRT(Job Relation Training)
④ CCS(Civil Communication Section)
⑤ MTP(Management Training Program)

2017년

28 관리감독자를 대상으로 하는 TWI(Training Within Industry)의 교육훈련내용이 아닌 것은?

① 작업준비훈련(JPT)   ② 작업지도훈련(JIT)
③ 작업방법훈련(JMT)   ④ 인간관계훈련(JRT)
⑤ 작업안전훈련(JST)

2016년

37 OJT(on the job training)에 비하여 Off JT(off the job training)의 장점으로 옳은 것은?

① 많은 근로자들을 집중적으로 단시간에 훈련하기에 적합하다.
② 직장 및 직무의 실정에 맞는 실제적 훈련에 적합하다.
③ 훈련에 필요한 업무의 계속성이 끊어지지 않는다.
④ 개개인에게 적절한 지도 훈련이 가능하다.
⑤ 실무지식의 함양에 대한 직원들의 만족도가 상대적으로 높다.

2022년

30 OJT(on the job training)에 비하여 Off JT(off the job training)의 장점으로 옳은 것을 모두 고른 것은?

> ㄱ. 다수의 근로자에게 조직적 훈련이 가능하다.
> ㄴ. 개개인에 적합한 지도훈련이 가능하다.
> ㄷ. 훈련에만 전념할 수 있다.
> ㄹ. 전문가를 강사로 초청할 수 있다.

① ㄱ, ㄴ   ② ㄴ, ㄷ
③ ㄱ, ㄷ, ㄹ   ④ ㄴ, ㄷ, ㄹ
⑤ ㄱ, ㄴ, ㄷ, ㄹ

▶ 2019년 26번　　■ TWI(Training with industry, 기업내, 산업내 훈련)
　　　　　　　　　3. 직무 관계 훈련 (JR: Job Relations Training) - 관리자가 작업자들과의 관계를 개선하고, 효과적인 리더십을 발휘할 수 있도록 돕다. 팀워크와 협력을 강화하며, 갈등 상황에서 문제를 해결하는 능력을 키우는 것이 주된 목표이다.

답 ③

▶ 2017년 28번　　■ TWI(Training with industry, 기업내, 산업내 훈련)
　　　　　　　　　21년 26번 해설참조

답 ①

▶ 2016년 37번　　■ Off-jt(Off-the-Job Training)
　　　　　　　　　Off-JT(Off-the-Job Training)은 OJT(On-the-Job Training)와 달리 업무 현장에서 벗어나 별도의 교육 환경에서 이루어지는 훈련 방식이다. 주로 강의실, 교육 기관, 워크숍 등을 통해 이루어지며, 업무와 직접적인 연관이 없는 이론적 학습, 기술 향상, 관리 교육 등을 목적으로 실시한다.

　　　　　　　　　Off-JT는 OJT와 달리, 직무 환경에서 벗어나 보다 체계적이고 집중적인 교육이 이루어질 수 있는 환경을 제공한다. 또한 이론적 학습, 관리자 교육, 창의적 사고 등을 기르기에 적합하며, 다양한 교육 방법을 통해 학습자의 역량을 전방위적으로 개발하는 데 효과적이다. OJT는 현장 중심의 실습형 교육에 효과적이지만, Off-JT는 이론적, 전략적, 관리적 측면에서 더욱 깊이 있는 교육을 제공한다.

답 ①

▶ 2022년 30번　　■ Off-jt(Off-the-Job Training)
　　　　　　　　　16년 37번 해설 참조

답 ③

2024년
26 안전보건교육규정에서 정의하는 교육에 관한 내용으로 옳지 않은 것은?

① "비대면 실시간교육"이란 정보통신매체를 활용하여 강사와 교육생이 쌍방향으로 실시간 소통하면서 이루어지는 교육을 말한다.
② "인터넷 원격교육"이란 정보통신매체를 활용하여 교육이 실시되고 훈련생관리 등이 웹상으로 이루어지는 교육을 말한다.
③ "현장교육"이란 사업장의 생산시설 또는 근무장소에서 실시하는 교육을 말한다.
④ "안전보건관리담당자 양성교육"이란 안전보건총괄책임자 자격을 부여하기 위한 양성교육을 말한다.
⑤ "전문화교육"이란 직무교육기관이 근로자 등 및 직무교육대상자의 전문성을 높이기 위해 업종 또는 관련 분야별로 개발·운영하는 교육을 말한다.

2024년
33 안전보건교육규정에서 정하고 있는 "직무교육의 방법"의 일부 내용이다. ( )에 들어갈 것으로 옳은 것은?

> 교육형태: 다음 각 목에 따른 교육형태 중 어느 하나 또는 혼합한 방식으로 할 것. 다만, 총 교육시간의 (ㄱ)분의 (ㄴ) 이상을 가목이나 나목 또는 (ㄷ) 목의 형태로 할 것
> 가. 집체교육
> 나. 현장교육
> 다. 인터넷 원격교육
> 라. 비대면 실시간 교육

① ㄱ : 2, ㄴ : 1, ㄷ : 다
② ㄱ : 2, ㄴ : 1, ㄷ : 라
③ ㄱ : 3, ㄴ : 1, ㄷ : 다
④ ㄱ : 3, ㄴ : 3, ㄷ : 다
⑤ ㄱ : 3, ㄴ : 2, ㄷ : 라

2022년
28 학습지도원리에 해당하지 않는 것은?

① 자발성의 원리
② 개별화의 원리
③ 사회화의 원리
④ 도미노 이론의 원리
⑤ 직관의 원리

▶ 2024년 26번　■ 안전보건교육규정
[시행 2024. 4. 17.] [고용노동부고시 제2024-20호, 2024. 4. 17., 일부개정]
"안전보건관리담당자 양성교육"이란 법 제19조 및 영 제24조제2항제3호에 따른 교육으로서 안전보건관리담당자 자격을 부여하기 위한 안전보건교육을 말한다.

답 ④

▶ 2024년 33번　■ 안전보건교육규정
[시행 2024. 4. 17.] [고용노동부고시 제2024-20호, 2024. 4. 17., 일부개정]
제15조(직무교육의 방법)
② 직무교육기관이 직무교육과정을 개설·운영할 때에는 다음 각 호의 사항을 준수하여야 한다.
　1. 교육내용: 규칙 별표 5에 따른 교육내용의 범위에서 직무교육대상자가 직무를 수행하는 데 필요한 실무적인 사항, 사례, 새로운 기술 등에 초점을 맞춰 직무교육기관이 정할 것
　2. 교육시간: 규칙 별표 4에 따른 교육시간 이상으로 할 것
　3. 교육형태: 다음 각 목에 따른 교육형태 중 어느 하나 또는 혼합한 방식으로 할 것. 다만, 총 교육시간의 3분의 2 이상을 가목이나 나목 또는 라목의 형태로 할 것
　　가. 집체교육
　　나. 현장교육
　　다. 인터넷 원격교육
　　라. 비대면 실시간교육
　4. 교재: 규칙 제36조제1항에 따라 직무교육대상자별 교육내용에 적합한 교재를 사용할 것
　5. 강사: 영 별표 12제2호와 이 고시 별표 1제5호에 따른 기준을 만족하는 사람(소속 강사가 아닌 사람을 포함한다)으로 할 것. 다만, 강사가 직접 출연할 수 없는 동영상이나 만화 등을 활용한 인터넷 원격교육을 할 때에는 본문에 따른 강사가 교육내용을 감수하는 등 교육과정 제작에 참여하도록 할 것

답 ⑤

▶ 2022년 28번　■ 학습지도의 원리
① 자기활동의 원리 - 스스로 자발성 참여
② 개별화의 원리 - 모든 학습자에게 능력, 수준에 맞게
③ 사회화의 원리 - 사회의 바로 적용
④ 통합의 원리 - 전체로서 지도
⑤ 직관의 원리 - 대상을 직접 파악
학습지도의 원리는 학습자가 능동적으로 참여하고, 개별적 차이를 고려하며, 사회적 맥락에서 통합적으로 학습하도록 유도하는 데 중요한 지침을 제공한다. 직접적 경험을 통한 학습은 특히 학습자가 학습 내용을 정확히 이해하고 실생활에 적용할 수 있도록 돕는 중요한 방법이다.

답 ④

2020년

26 학습지도의 원리로 옳은 것을 모두 고른 것은?

> ㄱ. 개별화의 원리 ㄴ. 직관의 원리
> ㄷ. 구체화의 원리 ㄹ. 통합의 원리
> ㅁ. 주관화의 원리

① ㄱ, ㄴ, ㄹ ② ㄱ, ㄷ, ㅁ ③ ㄱ, ㄹ, ㅁ
④ ㄴ, ㄷ, ㄹ ⑤ ㄴ, ㄹ, ㅁ

2017년

33 학습지도원리의 내용에 해당하지 않는 것은?

① 자발성의 원리: 학습자 스스로 학습에 참여해야 한다는 원리
② 집단화의 원리: 학습자의 공통된 요구 및 능력 위주로 지도해야 한다는 원리
③ 사회화의 원리: 공동학습을 통해서 협력적이고 우호적인 학습을 진행한다는 원리
④ 통합의 원리: 학습을 통합적인 전체로서 지도해야 한다는 원리
⑤ 직관의 원리: 구체적인 사물을 직접 제시하거나 경험시킴으로써 큰 효과를 거둘 수 있다는 원리

2015년

37 안전교육의 학습지도이론에 관한 내용으로 옳지 않은 것은?

① 자발성의 원리: 학습자 자신이 스스로 자발적으로 학습에 참여하는데 중점을 둔 원리
② 개별화의 원리: 학습자가 지니고 있는 각자의 요구와 능력 등에 알맞은 학습활동의 기회를 마련해 주어야 한다는 원리
③ 직관의 원리: 이론을 통해 학습효과를 거둘 수 있다는 원리
④ 사회화의 원리: 학습내용을 현실사회의 사상과 문제를 기반으로 하여 학교에서 경험한 것과 사회에서 경험한 것을 교류시키고 공동학습을 통해서 협력적이고 우호적인 학습을 진행하는 원리
⑤ 통합의 원리: '학습을 총합적인 전체로서 지도하자' 원리로, 동시학습(Concomitant Learning)의 원리와 같음

2014년

45 학습지도의 원리를 설명한 것으로 옳지 않은 것은?

① 학습자가 스스로 학습에 참여하는 것이 '자기활동의 원리'이다.
② 학습자의 요구와 능력에 적합한 학습활동의 기회를 제공하는 '개별화의 원리'가 있다.
③ 현실사회의 문제와 사상을 기반으로 한 학습내용을 공동 학습으로 하는 '사회화의 원리'가 있다.
④ 전문적인 지적·정의적·기능적 분야를 기술적으로 지도하는 '전문화의 원리'가 있다.
⑤ 어떤 사물의 개념을 설명함에 있어 구체적인 사물을 직접 제시·경험시키는 '직관의 원리'가 있다.

▶ 2020년 26번
■ 학습지도의 원리

22년 28번 해설 참조

답 ①

▶ 2017년 33번
■ 학습지도의 원리
② 개별화의 원리 – 학습은 모든 학습자에게 동일하게 적용되기보다는, 학습자의 능력, 흥미, 필요에 맞춰 개별화되어야 한다는 원리이다. 학습자의 수준이나 배경에 따라 맞춤형 교육을 제공하는 것이 중요하다. 핵심은 맞춤형 학습과 개별 학습자 고려이다. 학습자의 차이점을 인정하고, 그에 맞는 지도 방식을 제공함으로써 학습 효과를 극대화할 수 있다.

답 ②

▶ 2015년 37번
■ 학습지도의 원리
③ 직관의 원리 – 학습자는 대상을 직접 경험하고 파악함으로써 학습을 진행해야 한다는 원리이다. 교사가 설명으로만 가르치는 것이 아니라, 학습자가 직접 보고, 느끼고, 경험함으로써 지식을 이해하도록 돕는 것이 중요하다. 학습자가 실제 대상을 경험함으로써 더 깊고 정확하게 이해하게 되며, 감각을 활용한 학습이 더 효과적이다.

답 ③

▶ 2014년 45번
■ 학습지도의 원리
④ 전문적인 지적(인지적), 정의적(감정적), 기능적(실기적) 분야를 기술적으로 지도하는 교육은 기능 교육 또는 기술적 훈련(Technical Training)에 해당한다. 이 교육은 학습자들이 특정 전문 분야에서 이론적 지식과 실기적 기술, 그리고 태도를 통합적으로 학습하여 숙련되게 적용할 수 있도록 돕는 과정이다.

답 ④

2013년

47 교육심리학의 기본이론 중 학습지도의 원리에 해당하지 않는 것은?

① 학습자 스스로 학습에 자발적으로 참여하여야 한다는 원리
② 학습은 계속 이루어져야 한다는 원리
③ 학습자가 지니고 있는 각자의 요구와 능력 등에 알맞게 학습활동의 기회를 마련해 주어야 한다는 원리
④ 학습을 총합적인 전체로 지도하자는 원리
⑤ 구체적인 사물을 직접 제시하거나 경험을 통해 학습효과를 거둘 수 있다는 원리

2017년

27 파블로프(Pavlov) 조건반사설의 학습원리에 해당하지 않는 것은?

① 강도의 원리: 자극이 강할수록 학습이 보다 더 잘된다.
② 시간의 원리: 조건자극을 무조건자극보다 조금 앞서거나 동시에 주어야 강화가 잘된다.
③ 계속성의 원리: 자극과 반응의 관계는 횟수가 거듭될수록 강화가 잘된다.
④ 일관성의 원리: 일관된 자극을 사용하여야 한다.
⑤ 불확실성의 원리: 학습의 목표가 반드시 달성된다고 확신 할 수 없다.

2025년

26 다음에서 설명하고 있는 안전교육 방법은?

> - 스스로 자신의 성장과 향상 의욕을 고취하고 주도적으로 학습하는 방법
> - 장점: 자율적으로 필요한 시간에 개인의 관심, 흥미, 능력, 환경 등에 적합하게 수행할 수 있고 학습참여와 내용 선택에서도 높은 자율성이 부여됨

① 시범법　　　　② 토의법　　　　③ 실연법
④ 반복법　　　　⑤ 프로그램 학습법

2025년

27 "학습자가 지니고 있는 각자의 요구와 능력 등에 알맞은 학습활동의 기회를 마련해 주어야 한다"는 학습지도 원리에 해당하는 것은?

① 직관의 원리　　② 개별화의 원리
③ 자발성의 원리　④ 목적의 원리
⑤ 통합의 원리

▶ 2013년 47번　■ 학습지도의 원리
② 학습은 계속 이루어져야 한다는 원리는 계속성의 원리(Principle of Continuity)라고 부를 수 있다. 이 원리는 학습이 일회성으로 끝나는 것이 아니라, 지속적으로 반복되고 발전되어야 한다는 것을 강조한다. 학습자가 지속적으로 학습을 이어갈 때, 지식과 기술은 점차 심화되고, 더욱 정교해지며 장기적인 성취를 이룰 수 있다.

계속성의 원리는 학습자가 지식을 습득하고 이를 발전시키는 데 있어 지속적인 노력이 필요하다는 것을 강조하며, 이를 통해 학습자는 끊임없이 성장하고 발전할 수 있다.

답 ②

▶ 2017년 27번　■ 파블로프의 조건반사 반응설(개 먹이 종 실험)
1) 내용 - 조건화에 의해 새로운 행동이 성립(개 먹이 주기 전 종울림, 종소리만으로 개가 침흘림)
2) 학습의 법칙
　ⓐ 일관성의 원리-일관된 자극
　ⓑ 강도의 원리-종소리보다 음식강도가 높아야 함
　ⓒ 시간의 원리-조건 자극(종)이 먼저
　ⓓ 계속성의 원리-반복

파블로프의 조건반사설(Pavlov's Theory of Classical Conditioning)은 고전적 조건형성(Classical Conditioning)이라는 개념으로 학습의 기초 원리를 설명한 이론이다. 이 이론은 자극과 반응의 연관을 통해 학습이 이루어진다는 것을 보여준다. 파블로프는 개 실험을 통해 중립적 자극(예: 종소리)과 무조건 자극(예: 먹이)을 연관 지으면, 나중에는 중립적 자극만으로도 조건 반응(예: 침을 흘리는 행동)이 일어난다는 것을 발견했다.
파블로프의 조건반사설은 자극과 반응의 연관성을 기반으로 한 학습의 중요성을 보여준다. 이를 교육에 적용할 때, 교사는 반복적인 자극과 강화를 통해 학습자가 배운 내용을 강화하고 유지하는 것이 중요하며, 학습 환경을 체계적으로 관리하여 올바른 학습 행동을 유도할 수 있다.

답 ⑤

▶ 2025년 26번　프로그램 학습법은 학습자가 자신의 능력과 속도에 맞춰 주도적으로 학습하는 자기 주도 학습의 한 방법이다.
① 시범법: 교사나 숙련자가 먼저 시범을 보이고 학습자가 관찰하는 방법
② 토의법: 여러 사람이 특정 주제에 대해 의견을 교환하며 학습하는 방법
③ 실연법: 학습자가 직접 행동을 해보며 기술이나 기능을 익히는 방법
④ 반복법: 특정 내용을 계속해서 되풀이하며 암기하는 방법

답 ⑤

▶ 2025년 27번　학습지도 원리 중 개별화의 원리는 학습자 개개인의 능력, 흥미, 적성, 요구 등에 맞춰 학습 기회를 제공해야 한다는 원칙이다.

답 ②

4주완성 합격마스터
산업안전지도사 1차 필기
2과목 산업안전일반

제 3 장

산업재해 조사 및 원인분석

제03장 산업재해 조사 및 원인분석

1. 산업재해조사

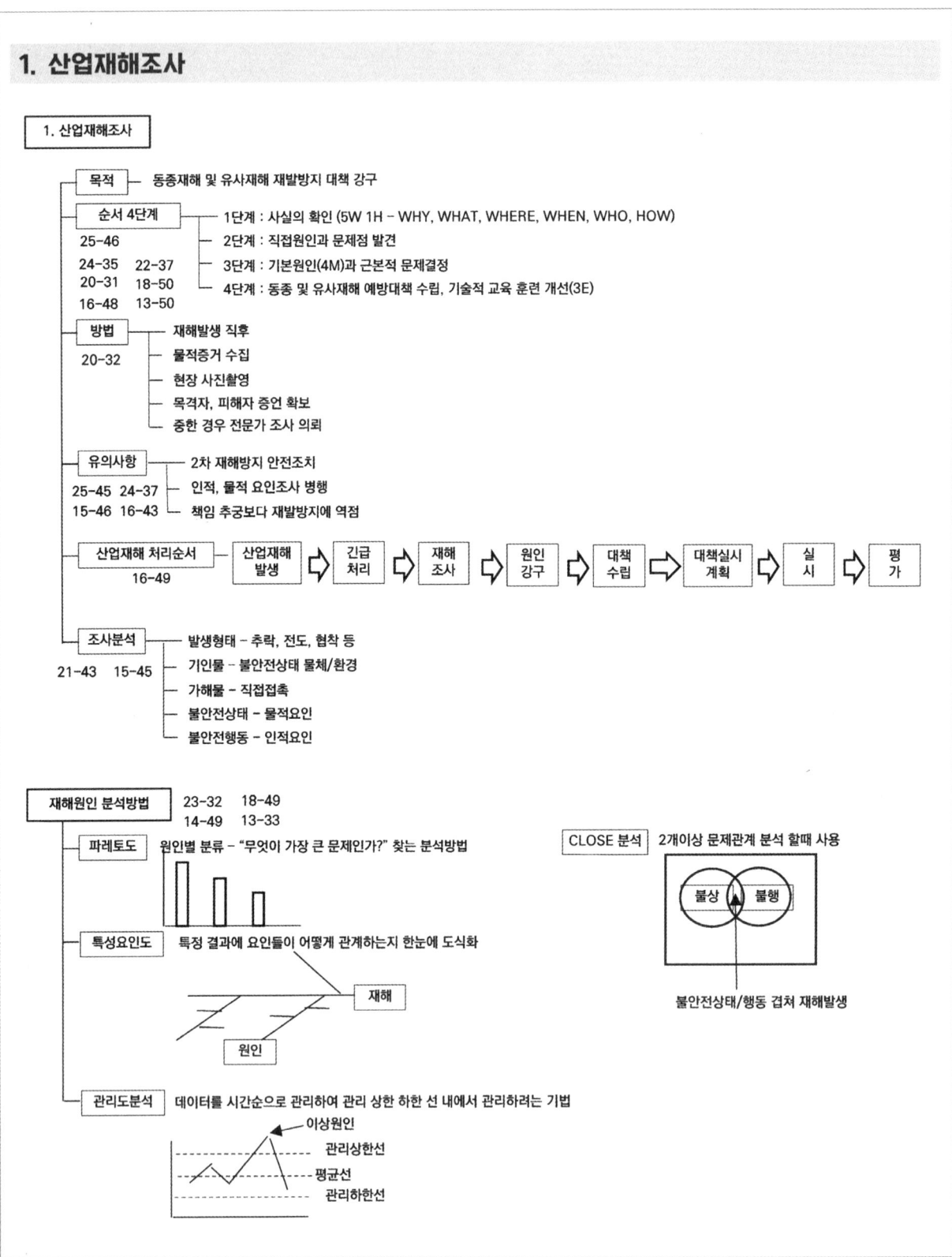

MEMO

예제 문제

2024년

35 재해조사의 1단계(사실 확인)에 포함되는 활동을 모두 고른 것은?

> ㄱ. 재해 발생 작업의 지휘·감독 상황 조사
> ㄴ. 재해 발생의 직접 원인(불안전 상태와 불안전 행동) 판단
> ㄷ. 재해 발생 기계·설비의 위험방호설비 확인

① ㄱ ② ㄴ ③ ㄱ, ㄷ
④ ㄴ, ㄷ ⑤ ㄱ, ㄴ, ㄷ

2020년

31 재해조사의 1단계(사실의 확인)에서 수행하지 않는 것은?

① 재해의 직접원인 및 문제점 파악
② 사고 또는 재해발생 시 조치
③ 불안전 행동 유무에 관한 관계자 사실 청취
④ 작업 중 지도·지휘의 조사
⑤ 작업 환경·조건의 조사

2014년

47 재해조사에 관한 설명으로 옳지 않은 것은?

① 재해조사는 5W1H의 원칙에 입각하여 실시한다.
② FTA나 ETA 기법 등으로 재해분석을 할 수도 있다.
③ 재해조사의 근본적인 취지는 재해 발생 책임자의 규명과 적절한 처벌을 하기 위함이다.
④ 재해조사시 기본 원인을 4M에서 파악한다.
⑤ 재해조사는 '사실의 확인 - 직접원인과 문제점 확인 - 기본원인과 근본적 문제결정 - 대책수립' 순으로 한다.

정답 및 해설

▶ **2024년 35번**

■ **재해조사 순서 4단계**

재해조사 순서에서 제시된 4단계는 재해 발생 시 원인을 분석하고, 향후 유사 재해를 예방하기 위한 대책을 수립하는 과정을 설명하는 것으로, 안전 관리 및 재해 예방의 핵심적인 절차이다. 각 단계는 재해의 원인을 체계적으로 분석하고, 문제를 해결하기 위한 구체적인 방안을 마련하는 데 중점을 둔다.

- 1단계 사실의 확인 – 재해 발생 직후, 재해의 사실을 정확하게 확인하는 단계이다. 여기에는 재해 발생 당시의 현장 상황을 조사하고, 재해 관련 자료를 수집하며, 목격자 진술을 듣는 작업이 포함된다. 구체적 활동으로는 재해 현장의 사진 촬영, 피해 상황 기록, 관련 장비 및 기계 상태 확인, 목격자 진술 청취 등이 있다.
- 2단계 직접원인과 문제점 발견 – 재해를 초래한 직접적인 원인을 분석하는 단계이다. 직접원인은 재해 발생 직전에 작용한 요인들로, 주로 작업자의 행동이나 장비의 상태 등 재해를 일으킨 즉각적인 이유이다. 구체적 활동으로는 작업자의 실수, 방호 장비 미비, 기계의 결함 등 직접적인 재해 원인을 분석 안전 규정 미준수 여부 확인 등이 있다.
- 3단계 기본원인과 근본적 문제 결정 – 재해를 일으킨 근본적인 원인을 규명하는 단계이다. 기본원인은 재해의 직접 원인 뒤에 숨어 있는 더 깊은 문제를 의미하며, 주로 조직의 관리 체계, 작업환경, 교육 부족 등 근본적인 문제가 될 수 있다. 구체적 활동으로는 교육과 훈련 부족, 안전 관리 체계의 미흡, 작업 환경의 문제점 분석, 조직적, 시스템적 문제 발견 등이 있다.
- 4단계 동종 및 유사재해 예방대책 수립 – 확인된 문제점과 원인에 대한 분석을 바탕으로, 동종 및 유사한 재해의 재발을 방지하기 위한 예방 대책을 수립하는 단계이다. 여기에서는 단순히 원인을 제거하는 것만이 아니라, 조직적 변화와 장기적인 개선책을 마련하는 것이 중요하다. 구체적 활동으로는 작업자 교육 및 훈련 강화, 방호 장치 추가 설치 및 설비 개선, 관리 시스템 강화 및 주기적인 안전 점검 계획 수립 등이 있다.

답 ③

▶ **2020년 31번**

■ **재해조사 순서 4단계**

24년 35번 해설 참조

답 ①

▶ **2014년 47번**

■ **재해조사의 근본취지**

재해의 발생원인과 결함을 규명하고 예방 자료를 수집하여 동종 재해 및 유사 재해의 재발 방지 대책을 강구

■ **재해조사 방법**

재해조사 방법은 재해가 발생했을 때 그 원인과 문제점을 정확하게 파악하고, 재발을 방지하기 위한 대책을 수립하는 과정이다. 재해조사는 체계적이고 철저하게 수행되어야 하며, 다양한 조사 방법을 통해 재해의 원인과 문제점을 분석하게 된다.

1. 현장 조사 (On-site Investigation)
2. 목격자 진술 수집 (Witness Testimony)
3. 작업자 면담 (Interview with Workers)
4. 기록 분석 (Document Review)
5. 사진 및 영상 분석 (Photo and Video Analysis)
6. 원인 분석 도구 사용 (Root Cause Analysis Tools) – 재해의 근본적인 원인을 파악하기 위해 분석 도구를 사용 (FTA(Fault Tree Analysis), 5 Whys 기법, FMEA(Failure Mode and Effects Analysis))
7. 실험 및 재현 (Experiment and Simulation)

답 ③

2022년

37 재해 조사 과정에서 수행해야 할 절차 내용을 순서대로 옳게 나열한 것은?

> ㄱ. 근본적 문제점 결정
> ㄴ. 4M 모델에 따른 기본 원인 파악
> ㄷ. 5W1H 원칙에 따른 사실 확인
> ㄹ. 불안전 상태와 불안전 행동에 해당하는 직접 원인 파악

① ㄱ → ㄴ → ㄷ → ㄹ
② ㄴ → ㄱ → ㄷ → ㄹ
③ ㄷ → ㄴ → ㄹ → ㄱ
④ ㄷ → ㄹ → ㄴ → ㄱ
⑤ ㄹ → ㄷ → ㄱ → ㄴ

2016년

49 산업재해 발생시 처리순서를 올바르게 나열한 것은?

> ㄱ. 긴급처리   ㄴ. 원인분석
> ㄷ. 대책실시계획   ㄹ. 재해조사
> ㅁ. 대책수립   ㅂ. 평가

① ㄱ → ㄹ → ㄴ → ㅁ → ㄷ → ㅂ
② ㄱ → ㄹ → ㅁ → ㄷ → ㄴ → ㅂ
③ ㄹ → ㄱ → ㄴ → ㄷ → ㅁ → ㅂ
④ ㄹ → ㄱ → ㄷ → ㄴ → ㅁ → ㅂ
⑤ ㄹ → ㄴ → ㄱ → ㅁ → ㄷ → ㅂ

2020년

32 재해조사방법에 관한 설명으로 옳지 않은 것은?

① 피해자에 대한 조사자의 기본적 태도는 동정적이고 피해자의 입장을 이해해야 한다.
② 목격자 등이 증언하는 사실 이외의 추측의 말은 참고로만 한다.
③ 사고의 재발방지보다 책임소재 파악을 우선하는 기본적 태도를 갖는다.
④ 재해조사는 재해발생 직후 현장을 보존하며 신속하게 수행한다.
⑤ 피해자에 대한 구급조치를 우선한다.

▶ 2022년 37번   ■ 재해조사 순서 4단계
24년 35번 해설 참조

답 ④

▶ 2016년 49번   ■ 재해 발생 시 조치순서 7단계
「긴급처리 → 재해조사 → 원인강구 → 대책수립 → 대책실시계획 → 실시 → 평가」
1. 긴급처리 (Emergency Response) – 재해 발생 직후 인명 피해를 최소화하고, 사고 현장의 안전을 확보하기 위해 즉각적인 대응이 필요
2. 재해조사 (Accident Investigation) – 해 발생 후, 재해의 원인과 경위를 파악하기 위해 현장 조사를 수행한다. 이를 통해 문제의 근본 원인을 찾는 자료를 수집한다.
3. 원인강구 (Cause Identification) – 재해조사에서 수집된 자료를 분석하여, 재해의 직접적인 원인과 근본적인 원인을 규명하는 단계
4. 대책수립 (Development of Countermeasures) – 파악된 원인을 바탕으로 재발 방지를 위한 구체적인 대책을 수립하는 단계
5. 대책실시계획 (Implementation Plan) – 수립된 대책을 구체적인 실행 계획으로 전환하여, 실질적으로 현장에서 적용되도록 계획을 수립
6. 실시 (Implementation of Countermeasures) – 수립된 대책을 실제로 현장에 적용하여, 유사 재해 발생을 방지하기 위한 조치를 취한다.
7. 평가 (Evaluation) – 시행된 대책의 효과를 평가하고, 추가적으로 보완해야 할 점이 있는지 확인하는 단계

재해 발생 시 조치 순서 7단계는 응급 처리부터 평가에 이르는 전체 과정을 포함하여 재해에 대한 신속하고 체계적인 대응을 목표로 한다. 각 단계는 서로 유기적으로 연결되어 있으며, 이를 통해 재해의 원인을 정확히 파악하고, 재발 방지 대책을 실질적으로 마련하고 실행할 수 있다.

답 ①

▶ 2020년 32번   ■ 재해조사의 근본취지
재해의 발생원인과 결함을 규명하고 예방 자료를 수집하여 동종 재해 및 유사 재해의 재발 방지 대책을 강구

2014년 47번 해설 참조

답 ③

2024년

37 재해 발생 시 조치사항으로 옳지 않은 것은?

① 재해 피해자 구출과 응급조치를 가장 먼저 실시한다.
② 재해 조사를 위하여 현장을 보존하고 촬영 등의 기록을 실시한다.
③ 재해 조사 담당 인력에 안전관리자를 포함시킨다.
④ 재해 조사는 2차 재해 발생 우려가 없는지 확인 후 가능하면 신속히 실시한다.
⑤ 빠른 복구를 위해 재해 조사는 재해 발생 현장으로 대상 범위를 한정하여 실시한다.

2015년

46 재해조사를 수행할 때 유의사항으로 옳지 않은 것은?

① 책임 추궁보다 재발방지를 우선한다.
② 조사는 신속하게 행하고 긴급 조치하여 2차 재해를 방지한다.
③ 목격자 등이 증언하는 추측을 바탕으로 재해조사를 진행한다.
④ 객관적인 입장에서 공정하게 2인 이상이 조사한다.
⑤ 사람과 기계설비 양면의 재해 요인을 모두 도출한다.

2016년

43 재해조사 시의 유의사항으로 옳지 않은 것은?

① 피해자에 대한 구급 조치를 최우선으로 한다.
② 사람과 기계설비 양면의 재해요인을 모두 도출한다.
③ 2차 재해의 예방을 위하여 보호구를 착용한다.
④ 주관적인 입장에서 공정하게 조사하며, 조사는 3인 이상이 한다.
⑤ 조사는 신속하게 행하고 긴급 조치 후, 2차 재해방지에 주력한다.

▶ 2024년 37번 ■ 재해 발생 시 조치순서 7단계
⑤ 빠른 복구가 아닌 재발방지에 역점을 두고 2차 재해 방지 안전조치를 실시하며 신속히 재해조사를 실시한다.

답 ⑤

▶ 2015년 46번 ■ 재해조사 방법
재해조사 방법은 재해가 발생했을 때 그 원인과 문제점을 정확하게 파악하고, 재발을 방지하기 위한 대책을 수립하는 과정이다. 재해조사는 체계적이고 철저하게 수행되어야 하며, 다양한 조사 방법을 통해 재해의 원인과 문제점을 분석하게 된다.

1. 현장 조사 (On-site Investigation)
2. 목격자 진술 수집 (Witness Testimony) - 재해 당시 상황을 직접 목격한 사람들의 진술을 바탕으로 재해의 경위를 명확히 이해하는 것이 목적이다. 방법은 목격자와 피해자에게 재해 발생 당시의 상황을 상세히 설명하도록 요청하고, 그들의 진술을 기록한다. 필요한 경우 다른 목격자들과 교차 검증하여 사건의 정확한 경위를 파악한다. 가능한 한 여러 사람의 진술을 확보하여 다양한 시각에서 사고를 분석한다.
3. 작업자 면담 (Interview with Workers)
4. 기록 분석 (Document Review)
5. 사진 및 영상 분석 (Photo and Video Analysis)
6. 원인 분석 도구 사용 (Root Cause Analysis Tools)
7. 실험 및 재현 (Experiment and Simulation)

답 ③

▶ 2016년 43번 ■ 재해조사 방법
재해조사 방법은 재해가 발생했을 때 그 원인과 문제점을 정확하게 파악하고, 재발을 방지하기 위한 대책을 수립하는 과정이다. 재해조사는 체계적이고 철저하게 수행되어야 하며, 다양한 조사 방법을 통해 재해의 원인과 문제점을 분석하게 된다.

1. 현장 조사 (On-site Investigation) - 재해가 발생한 현장에서 즉각적인 조치와 함께 현장 상황을 조사하는 것이다. 이를 통해 재해 당시의 정확한 상황을 기록하고, 초기 증거를 수집하는 것이 중요하다. 방법은 재해 발생 직후의 현장 사진을 찍어 사고 상황을 기록한다. 사고가 발생한 위치, 기계, 장비 상태 등을 면밀히 조사하고 기록한다. 손상된 기계, 파손된 장비, 안전 장비의 상태 등을 수집하여 분석에 활용한다.
2. 목격자 진술 수집 (Witness Testimony)
3. 작업자 면담 (Interview with Workers)
4. 기록 분석 (Document Review)
5. 사진 및 영상 분석 (Photo and Video Analysis)
6. 원인 분석 도구 사용 (Root Cause Analysis Tools)
7. 실험 및 재현 (Experiment and Simulation)

답 ④

2과목 산업안전일반

2015년

45 다음과 같은 재해사례의 조사·분석 내용이 바르게 연결된 것은?

> 철근을 운반하던 천장 크레인의 손상된 로프가 끊어져 철근이 떨어졌다. 마침 그 밑에 작업모를 착용하고 지나가던 근로자의 머리 위로 철근이 떨어져 3개월 이상의 요양이 필요한 부상을 당하였다.

① 발생형태 - 부딪힘
② 기인물 - 철근
③ 가해물 - 크레인
④ 불안전한 상태 - 적절한 안전모 미착용
⑤ 불안전한 행동 - 위험구역 접근

2021년

31 "미끄러운 기름이 흘러있는 복도 위를 걷다가 미끄러지면서 넘어져 기계에 머리를 부딪쳐서 다쳤다." 이러한 재해상황에 관한 내용으로 옳은 것은?

① 가해물: 복도, 기인물: 기름, 사고유형: 추락
② 가해물: 기름, 기인물: 복도, 사고유형: 끼임
③ 가해물: 기계, 기인물: 기름, 사고유형: 전도
④ 가해물: 기름, 기인물: 기계, 사고유형: 화재
⑤ 가해물: 기계, 기인물: 기름, 사고유형: 감전

2023년

44 재해사례연구의 진행단계에 관한 내용이다. 진행단계를 순서대로 옳게 나열한 것은?

> ㄱ. 재해와 관계가 있는 사실 및 재해요인으로 알려진 사실을 객관적으로 확인한다.
> ㄴ. 재해의 중심이 된 근본적인 문제점을 결정한 후 재해원인을 결정한다.
> ㄷ. 재해 상황을 파악한다.
> ㄹ. 파악된 사실로부터 문제점을 파악한다.
> ㅁ. 동종재해와 유사재해의 예방대책 및 실시계획을 수립한다.

① ㄱ → ㄷ → ㄴ → ㄹ → ㅁ
② ㄱ → ㄷ → ㄹ → ㄴ → ㅁ
③ ㄴ → ㄷ → ㄱ → ㄹ → ㅁ
④ ㄷ → ㄱ → ㄴ → ㄹ → ㅁ
⑤ ㄷ → ㄱ → ㄹ → ㄴ → ㅁ

▶ 2015년 45번　　■ 재해사례의 조사분석
　　　　　　　　　1) 발생형태: 낙하, 비례
　　　　　　　　　2) 기인물: 크레인(불안전한 상태에 있는 물체/환경)
　　　　　　　　　3) 가해물: 철근(사람에게 직접 접촉되어 위해를 가한 물체/환경)
　　　　　　　　　4) 불안전한 상태: 크레인의 손상된 로프
　　　　　　　　　5) 불안전한 행동: 위험구역 접근

답 ⑤

▶ 2021년 31번　　■ 재해사례의 조사분석
　　　　　　　　　1. 가해물 (Aggressor) - 가해물은 직접적으로 재해를 일으킨 물체나 요인을 의미한다. 재해가 발생했을 때 피해를 준 물체나 요인이 무엇인지 파악하는 것이 중요하다. 예시 - 기계에 눌려 발생한 사고에서 기계가 가해물이며, 화학 물질 누출로 인한 화상 사고에서는 화학 물질이 가해물이다.
　　　　　　　　　2. 기인물 (Associated Object or Factor) - 기인물은 재해 발생에 직접적으로 기여한 대상으로, 주로 재해가 발생한 환경이나 작업 조건에서 사고가 발생하게 한 주요 원인을 의미한다. 예시 - 공장에서 작업 중 작업대가 미끄러져 넘어졌다면, 작업대가 기인물이며, 건설 현장에서 작업하다가 추락한 경우, 발판이나 작업 플랫폼이 기인물로 간주될 수 있다.
　　　　　　　　　3. 사고유형 (Accident Type) - 사고유형은 재해가 발생한 방식이나 사고의 형태를 의미한다. 즉, 재해가 어떤 방식으로 발생했는지를 구체적으로 설명하는 것으로, 재해를 분류하는 데 중요한 기준이다.
　　　　　　　　　• 추락: 높은 곳에서 떨어져서 발생한 사고.
　　　　　　　　　• 끼임: 기계나 설비 등에 신체 일부가 끼어서 발생한 사고.
　　　　　　　　　• 넘어짐: 미끄러짐, 걸려서 넘어짐 등으로 발생한 사고.
　　　　　　　　　• 화재 및 폭발: 화재나 폭발로 인해 발생한 사고.
　　　　　　　　　• 물체에 맞음: 떨어지는 물체에 맞거나 충격을 받아 발생한 사고.

답 ③

▶ 2023년 44번　　■ 재해조사 순서 4단계
　　　　　　　　　24년 35번 해설 참조

답 ⑤

2016년

48 재해사례 연구의 진행단계별 설명으로 옳지 않은 것은?

① 전제조건: 재해상황을 파악한다.
② 사실의 확인: 재해와 관계가 있는 사실 및 재해요인으로 알려진 사실을 주관적으로 확인한다.
③ 문제점의 발견: 각종 기준과의 차이에서 문제점을 발견한다.
④ 근본적 문제점의 결정: 재해의 중심이 된 근본적인 문제점을 결정한 후 재해 원인을 결정한다.
⑤ 대책의 수립: 동종재해와 유사재해의 방지 및 실시계획을 수립한다.

2013년

50 재해사례 연구방법의 각 단계를 올바르게 설명한 것은?

① "사실의 확인"은 파악된 사실로부터 기준에서 벗어난 문제점을 적출하고 그것이 문제로 된 이유를 분명히 한다.
② "문제점의 발견"은 문제점이 된 사실을 재해요인으로 분석, 검토하고 재해와 관계 되는 영향의 정도를 평가한다.
③ "근본적 문제점의 결정"은 관리자, 감독자 및 작업자의 권한, 책임 및 직무로 보아 누가 할 것인가, 기준대로 하였는가를 평가하고 판단하여 결정한다.
④ "대책의 수립"은 문제점 가운데 재해의 중심이 된 사항과 재해원인을 결정하고 보고한다.
⑤ "대책의 수립"은 사례연구의 전제조건과 재해 상황의 주된 항목에 관하여 파악한다.

2018년

50 F사 안전보건팀은 작년에 이 회사에서 발생한 재해와 관련하여 다음과 같은 업무를 수행하였다. 재해사례 연구의 진행단계에 따라 각 업무 활동을 순서대로 나열한 것은?

> ㄱ. 재해와 관련된 사실 및 재해요인으로 알려진 사실을 확인하였다.
> ㄴ. 유사 재해가 발생하는 것을 방지하기 위한 대책을 수립하였다.
> ㄷ. 인적, 물적, 관리적 측면에서 문제점을 파악하고 분석하였다.
> ㄹ. 재해 발생의 근본적 문제점을 결정하였다.

① ㄱ - ㄴ - ㄷ - ㄹ
② ㄱ - ㄷ - ㄹ - ㄴ
③ ㄱ - ㄹ - ㄷ - ㄴ
④ ㄹ - ㄱ - ㄷ - ㄴ
⑤ ㄹ - ㄷ - ㄱ - ㄴ

▶ 2016년 48번　■ 재해조사 순서 4단계
　　　　　　　　1단계 사실의 확인 – 재해 발생 직후, 재해의 사실을 정확하게 확인하는 단계이다. 여기에는 재해 발생 당시의 현장 상황을 조사하고, 재해 관련 자료를 수집하며, 목격자 진술을 듣는 작업이 포함된다. 구체적 활동으로는 재해 현장의 사진 촬영, 피해 상황 기록, 관련 장비 및 기계 상태 확인, 목격자 진술 청취 등이 있다.

　　　　　　　　답 ②

▶ 2013년 50번　■ 재해조사 순서 4단계

　　　　　　　　24년 35번 해설 참조

　　　　　　　　답 ②

▶ 2018년 50번　■ 재해조사 순서 4단계

　　　　　　　　24년 35번 해설 참조

　　　　　　　　답 ②

2023년

32 재해의 통계적 원인분석 방법에 해당하지 않는 것은?

① 파레토도   ② 특성요인도   ③ 소시오메트리도
④ 클로즈분석도   ⑤ 관리도

2018년

49 재해원인을 파악하고 분석하는데 쓰이는 기법에 관한 설명으로 옳은 것을 모두 고른 것은?

> ㄱ. 파레토 분석은 여러 관련 요인 중 재해의 주요 원인을 파악하는데 적합하다.
> ㄴ. 관리도는 재해 관련 요인의 특성 변화 추이를 파악하여 목표를 관리하는데 적합하다.
> ㄷ. 특성요인도는 재해 발생 과정을 포괄적으로 파악하여 특성별 수준에 따라 재해 발생 원인을 분석하는데 적합하다.

① ㄱ   ② ㄴ   ③ ㄱ, ㄷ
④ ㄴ, ㄷ   ⑤ ㄱ, ㄴ, ㄷ

2013년

33 파레토(Pareto)도에 대한 설명으로 옳은 것만을 모두 고른 것은?

> ㄱ. 가로축에는 항목별 막대그래프를 왼쪽부터 큰 순서로 기입하고, 세로축에는 그 비율을 나타내는 도표이다.
> ㄴ. 데이터를 재해 원인별 혹은 현상별로 분류하여 막대그래프와 누적 꺾은선 그래프를 함께 표시한 도표이다.
> ㄷ. 여러 가지 원인 및 대책에 있어서 집중적으로 관리하여야 하는 대상을 선정하기에 편리하다.

① ㄱ   ② ㄱ, ㄴ   ③ ㄱ, ㄷ
④ ㄴ, ㄷ   ⑤ ㄱ, ㄴ, ㄷ

2014년

49 사고조사 원인분석 방법 가운데 통계적 재해원인 분석방법의 하나인 '클로즈(close) 분석도'에 해당하는 것은?

① 사고의 유형이나 기인물 등의 분류 항목이 큰 것부터 작은 순서대로 도표화한 것이다.
② 특성과 그 요인의 관계를 도표화하여 분석하는 방법이다.
③ 재해발생 추이를 파악하여 목표관리를 행하는데 관리선을 설정하여 분석한다.
④ 2개 이상의 문제관계를 분석하는데 이용되며, 요인별 결과내역을 교차한 그림을 사용하여 분석한다.
⑤ 관리선은 상·하방관리한계 및 중심선(CL)으로 표시한다.

▶ 2023년 32번   ■ 산업재해 통계적 원인분석 방법

산업재해의 통계적 원인 분석 방법은 재해의 발생 원인을 체계적으로 분석하고, 재발 방지를 위한 대책을 마련하는 데 중요한 역할을 한다. 각 방법은 산업재해 데이터의 다양한 측면을 분석하고, 문제를 시각화하거나 패턴을 발견하는 데 사용된다.

1. 파레토도 (Pareto Chart) - 파레토도는 80:20 법칙에 기반하여, 재해의 주요 원인을 분석하는 데 사용된다. 재해의 원인 중 중요한 소수의 원인(20%)이 전체 재해의 대다수(80%)를 차지한다는 개념을 바탕으로, 어떤 원인이 우선적으로 해결되어야 하는지를 파악하는 데 유용하다.
2. 특성요인도 (Fishbone Diagram, Ishikawa Diagram) - 특성요인도는 재해의 원인과 결과 간의 관계를 시각적으로 나타낸 도구로, 물고기 뼈 모양을 닮아서 Fishbone Diagram이라고도 한다. 재해의 근본 원인을 찾기 위해 사용한다.
3. 크로스 분석 (Cross Tabulation Analysis) - 크로스 분석은 두 개 이상의 변수 간의 관계를 분석하는 방법으로, 산업재해와 관련된 데이터의 상관관계를 파악하는 데 사용된다. 예를 들어, 재해 유형과 작업 환경의 관계, 연령과 재해 발생률 등을 분석할 수 있다.
4. 관리도 (Control Chart) - 관리도는 재해 발생 과정에서 변동의 정도를 분석하여, 과정이 통제 상태에 있는지 또는 이상 상태가 있는지를 판단하는 데 사용된다. 시간 흐름에 따른 데이터 변동을 시각화하여, 통제 가능한 범위 내에서 일어나는지 여부를 분석한다.

답 ③

▶ 2018년 49번   ■ 산업재해 통계적 원인분석 방법

파레토도는 중요한 원인을 파악하여 우선순위 설정에 유용하며, 특성요인도는 근본 원인을 찾고 전체적인 문제 구조를 시각화할 수 있다.
크로스 분석은 변수 간 관계를 분석하여 패턴을 파악하는 데 도움이 되며, 관리도는 재해 발생 상황이 통제 상태에 있는지 여부를 파악하고 이상 상황을 감지하는 데 유용하다.

답 ⑤

▶ 2013년 33번   ■ 산업재해 통계적 원인분석 방법

1. 파레토도 (Pareto Chart) - 각 원인별로 발생 빈도나 중요도를 기준으로 막대 그래프를 작성한다. 주로 빈도 순으로 재해 원인들을 나열하여, 가장 큰 영향을 미치는 원인을 시각적으로 파악한다. 중요한 재해 원인을 파악하여 우선 순위를 설정하고, 해결해야 할 중요한 문제에 집중할 수 있다.

답 ⑤

▶ 2014년 49번   ■ 산업재해 통계적 원인분석 방법

3. 크로스 분석 (Cross Tabulation Analysis) - 두 개 이상의 변수(예: 작업자의 연령대와 재해 유형)를 교차 분석표로 작성하여, 각 변수 간의 관련성을 분석한다. 변수를 교차하여 재해 발생의 패턴이나 상관관계를 찾아내 재해 발생의 경향이나 관련성을 발견할 수 있다.

답 ④

45 재해조사 시 유의사항으로 옳은 것을 모두 고른 것은?

> ㉠ 책임추궁보다 재발방지를 우선하는 태도를 가지고 조사한다.
> ㉡ 재해조사자는 항상 주관적인 입장에서 공정하게 조사하여야 한다.
> ㉢ 목격자의 추측적인 말은 참고로 한다.
> ㉣ 재해조사는 발생 후 가능한 빨리 현장이 변형되지 않은 상태에서 실시한다.

① ㉠, ㉡
② ㉡, ㉢
③ ㉢, ㉣
④ ㉠, ㉡, ㉢
⑤ ㉠, ㉢, ㉣

46 재해사례연구의 순서에서 제3단계에 해당하는 것은?

① 근본적 문제점의 결정
② 재해상황의 파악
③ 사실의 확인
④ 문제점의 발견
⑤ 대책수립

▶ 2025년 45번　■ 재해조사 유의사항
　　　　　　　1. 목적: 책임추궁보다 재발방지 우선
　　　　　　　2. 태도: 객관적·공정한 입장에서 조사
　　　　　　　3. 시기: 재해 발생 직후, 현장이 변형되지 않은 상태에서 실시
　　　　　　　4. 자료수집: 사실 자료 우선, 목격자 진술·추측도 참고하되 검증 필요
　　　　　　　5. 기록: 사진·스케치·메모 등으로 현장 상태와 증거 보존
　　　　　　　6. 원인분석: 직접원인과 간접원인을 모두 파악
　　　　　　　7. 개선대책: 재발방지 대책을 구체적으로 제시
　　　　　　　ⓒ: "주관적인 입장"이 아니라 객관적인 입장에서 조사해야 함
　　　　　　　　　　　　　　　　　　　　　　　　　　　　　　　　　답 ⑤

▶ 2025년 46번　■ 재해사례연구 A순서
　　　　　　　1단계: 사실의 확인
　　　　　　　2단계: 직접원인과 문제점발견
　　　　　　　3단계: 기본원인과 근본적 문제결정
　　　　　　　4단계: 대책 수립

　　　　　　　■ 재해사례연구 B순서
　　　　　　　1단계: 사실의 확인
　　　　　　　2단계: 재해상황의 파악
　　　　　　　3단계: 문제점의 발견
　　　　　　　4단계: 근본적 문제점의 결정
　　　　　　　5단계: 대책수립
　　　　　　　어느 절차 체계를 기준으로 했느냐에 따라 답이 달라질 수 있으므로 ①, ④ 모두 정답 처리함
　　　　　　　　　　　　　　　　　　　　　　　　　　　　　　　　　답 ①, ④

2. 재해통계 및 분석

2. 재해통계 및 분석

연천인율
- 1년간 발생하는 1000명당 재해자수
- 연천인율 = $\dfrac{\text{연간재해자수}}{\text{연평균근로자수}} \times 1000$ 연천인율 = 도수율(빈도율) × 2.4

25-47
24-36
22-42

도수율 (빈도율)
- 근로시간 합계 100만 시간당 재해발생건수
- 도수율 = $\dfrac{\text{연간재해발생건수}}{\text{연근로시간수}} \times 1,000,000$
- 환산도수율 = 도수율 × 0.1 (근로자가 입사하여 퇴직까지 경험할 수 있는 예상 재해건수)

21-49
19-46
18-44
17-41

강도율
- 연근로시간 1,000 시간 당 근로손실일수
- 강도율 = $\dfrac{\text{근로손실일수}}{\text{연근로시간수}} \times 1,000$
- 평균강도율 = $\dfrac{\text{강도율}}{\text{도수율}} \times 1,000$ (재해 1건당 평균 근로손실일수)
- 환산강도율 = 강도율 × 100 (근로자가 입사하여 퇴직까지 경험할 수 있는 예상 근로손실일수)

16-44
15-47
14-32
13-46

사망만인율
- 근로자 1만명당 사망자수의 비율 (21년 한국 0.43 ‰ 퍼밀리아드)
- 사망만인율 = $\dfrac{\text{사망자수}}{\text{상시근로자수}} \times 10,000$ 상시근로자수 = $\dfrac{\text{연간국내공사실적액} \times \text{노무비율}}{\text{건설업 월평균임금} \times 12}$

요양재해율
- 근로자 100명당 발생하는 요양재해자의 수
- 요양재해율 = $\dfrac{\text{요양재해자수}}{\text{산재보험적용근로자수}} \times 1000$

안전활동율
- 100만 시간 당 안전활동건수
- 안전활동율 = $\dfrac{\text{안전활동건수}}{\text{평균근로자수} \times \text{근로시간수}} \times 1,000,000$

종합재해지수
- 재해빈도의 다수와 상해정도 강약을 총합, 재해 위험도를 평가
- FSI = $\sqrt{\text{도수율}(FR) \times \text{강도율}(FR)}$

SAFE T SCORE
- 과거와 현재 안전성적을 비교 평가하는 방법
- SAFE T SCORE = $\dfrac{\text{현재빈도율} - \text{과거빈도율}}{\sqrt{\dfrac{\text{과거빈도율}}{\text{현재총근로시간수}} \times 10^6}}$
  - −2이하 – 과거보다 안전이 좋아졌다.
  - −2 ~ +2 – 과거와 비슷
  - +2이상 – 과거보다 안전이 나빠졌다.

재해손실비

23-48
22-38
19-28
18-34
16-45
15-44

하인리히 방식
- 총재해비용 = 직접비용 + 간접비용
- 직접비 : 간접비 = 1 : 4

버드 방식
- 총 재해비용 = 보험비(1) + 비보험비(5~50) + 비보험 기타비용(1~3) , 간접비 빙산의 원리
- 직접비 : 간접비 = 1 : 5

시몬스 방식 (평균치법)
- 총재해코스트 = 보험코스트 + 비보험코스트
- 비보험코스트 = A × 휴업 상해건수
  B × 통원 상해건수
  C × 구급 조치건수
  D × 무상해 사고건수

컴페스 방식
- 총재해비용 = 개별비용비 + 공용비용비 (현실적 불가)

노구찌 방식
- 시몬스의 평균치법에 근거두고 일본상황에 맞게 응용
- 총재해비용 = 산업재해 + (노동재해 + 제3자상해 + 근로손실재해 + 천재)

MEMO

예제 문제

2024년

36 재해 통계에 관한 내용으로 옳은 것은?

① 강도율 계산 시 사망 재해의 경우 10,000일의 근로손실일수를 산정한다.
② 도수율(빈도율)은 연 근로시간 100,000시간당 재해 발생 건수를 의미한다.
③ 재해율(천인율)은 연 평균 근로자 1,000명당 재해 발생 건수를 의미한다.
④ 종합재해지수(FSI)는 도수율과 강도율을 곱한 값이다.
⑤ 안전성 비교(Safety T Score)는 현재의 안전성을 과거와 비교한 것으로서 -2 이하인 경우 과거에 비해 안전성이 개선된 것을 의미한다.

2021년

49 500명의 근로자가 근무하는 사업장에서 연간 30건의 재해가 발생하여 35명의 재해자로 인해 120일의 근로손실일수가 발생한 경우, 이 사업장의 재해 통계(도수율, 강도율)로 옳은 것은? (단, 1일 8시간, 연 300일 근무하는 것으로 가정한다.)

① 도수율: 0.25, 강도율: 0.1
② 도수율: 2.1, 강도율: 0.1
③ 도수율: 25, 강도율: 1.0
④ 도수율: 0.21, 강도율: 10
⑤ 도수율: 25, 강도율: 0.1

2016년

44 600명이 근무하는 A기업에서 2015년에 9건의 재해발생으로 휴업일수는 150일을 기록하였다. A기업의 재해통계로 옳은 것은? (단, A기업의 작업시간 8hr/일, 잔업시간 2hr/일, 월 25일 근무이며, 소수점 셋째자리에서 반올림하여 소수점 둘째자리까지 구하시오.)

① 도수율: 5, 강도율: 0.07
② 도수율: 5, 강도율: 0.78
③ 도수율: 10, 강도율: 0.78
④ 도수율: 15, 강도율: 0.08
⑤ 도수율: 15, 강도율: 9

정답 및 해설

▶ 2024년 36번   ■ 재해통계
① 강도율은 연근로시간 1,000시간당 근로손실일수를 말하며, 사망재해의 경우 요양재해자의 총 요양기간을 합산하여 계산한다.
② 도수율은 근로자 100만명이 1시간 작업 시 발생하는 재해건수, 근로자 1명이 100만 시간 작업 시 발생하는 재해건수
③ 재해율은 1년간 발생하는 연 평균 근로자 1,000명당 발생하는 재해자 수
④ 종합재해지수는 도수율과 강도율을 곱한 것을 제곱근($\sqrt{\ }$)으로 계산한 값이다.

답 ⑤

▶ 2021년 49번   연근로자를 먼저 계산 후 도수율과 강도율식에 대입
- 연근로시간수 = 근로자수 × 근로시간 × 근무일 = 50명×8시간×300=1,200,000
- 도수율 = $\dfrac{\text{재해건수}}{\text{연근로시간수}} \times 1,000,000$

  도수율 = $\dfrac{30}{1,200,000} \times 1,000,000 = 25$

- 강도율 = $\dfrac{\text{근로손실일수}}{\text{연근로시간수}} \times 1,000$

  강도율 = $\dfrac{120}{1,200,000} \times 1,000 = 0.1$

따라서, 도수율 25, 강도율 0.1

답 ⑤

▶ 2016년 44번   연근로시간수와 근로손실일수를 계산한 후 도수율과 강도율식에 대입
- 근로손실일수 = 휴업일수 × $\dfrac{\text{근무일수}}{365일}$

  연근로시간수 = 600(근로자수)×(8+2(근로시간))×25일*12개월(근무일) = 1,800,000

- 도수율 = $\dfrac{9}{1,800,000} \times 1,000,000 = 5$

  근로손실일수 = 150(휴업일수) × $\dfrac{25일 \times 12개월(근무일)}{365일} = 123$

  강도율 = $\dfrac{123}{1,800,000} \times 1,000 = 0.068 ≒ 0.07$(소수점 셋째자리 반올림)

따라서, 도수율 5, 강도율 0.07

답 ①

2017년

41 2,000명이 근무하는 기업의 작년 1년간 산업재해자가 48명 발생하여 근로손실일수가 2,400일이었다면 이 회사에 근무하는 근로자가 입사하여 정년까지 평균적으로 경험하는 재해의 건수와 근로손실일수는? (단, 근로자 1인당 연간총근로시간은 2,400시간, 근로자 1인이 입사하여 정년까지 근무하는 총근로시간은 100,000시간으로 가정한다.)

① 재해건수: 1건, 근로손실일수: 50일
② 재해건수: 0.5건, 근로손실일수: 100일
③ 재해건수: 2건, 근로손실일수: 200일
④ 재해건수: 1.5건, 근로손실일수: 150일
⑤ 재해건수: 2.5건, 근로손실일수: 200일

2022년

42 2,500명의 근로자가 근무하는 사업장의 재해율(천인율)은 1.6, 도수율은 0.8, 강도율은 1.2이었다. 이 사업장의 연간 재해발생건수와 근로손실일수로 옳은 것은? (단, 1일 8시간, 연간 250일 근무하는 것으로 가정한다.)

① 재해발생건수: 4건, 근로손실일수: 4,000일
② 재해발생건수: 4건, 근로손실일수: 6,000일
③ 재해발생건수: 6건, 근로손실일수: 6,000일
④ 재해발생건수: 6건, 근로손실일수: 8,000일
⑤ 재해발생건수: 8건, 근로손실일수: 8,000일

2015년

47 다음 설명을 보고 A기업의 근로자 1인이 입사부터 정년까지 경험하는 재해건수는? (단, 소숫점 아래 셋째자리에서 반올림한다.)

- A 기업에서 상시 1,200명의 근로자가 근무하고 있으나 질병·기타사유로 인하여 4%의 결근율이라고 보았을 때, 이 회사에서 연간 50건의 재해가 발생하였다.
- 근로자가 1주일에 48시간 연간 50주를 근무한다.
- 근로자 1인의 입사부터 정년까지의 근로시간은 총 100,000시간이다.

① 1.81
② 4.34
③ 17.36
④ 18.08
⑤ 43.40

▶ 2017년 41번 평생근로 시 예상재해건수와 예상근로손실일수를 묻는 문제로 환상강도율과 환산도수율을 구하는 문제

■ 환산도수율과 환산강도율 계산

1) 환산도수율(평생근로시 예상재해건수) = 도수율 × 0.1
2) 환산강도율(평생근로시 예상근로손실일수) = 강도율 × 100

연근로시간수 = 근로자수 × 연간총근로시간 = 2,000명 × 2,400시간

$$도수율 = \frac{48}{2000 \times 2400} \times 1,000,000 = 10$$

환산도수율 = 10 × 0.1 = 1

$$강도율 = \frac{2400}{2000 \times 2400} \times 1,000 = 0.5$$

환산강도율 = 0.5 × 100 = 50

답 ①

▶ 2022년 42번 이문제는 괄호( )를 묻는 문제로

■ $도수율 = \frac{(재해건수)}{연근로시간수} \times 1,000,000$

연근로시간수 = 2500명 × 8시간 × 250일 = 5,000,000

$$도수율 0.8 = \frac{(재해건수)}{2500 \times 8 \times 250} \times 1,000,000 = 4$$

■ $강도율 = \frac{(근로손실일수)}{연근로시간수} \times 1,000$

$$강도율 1.2 = \frac{(근로손실일수)}{2500 \times 8 \times 250} \times 1,000 = 6000$$

답 ②

▶ 2015년 47번 정년까지 경험하는 재해건수는 환산도수율을 묻는 문제

■ 환산도수율 = 도수율 × 0.1

연근로시간수 = 1200(근로자수) × 48(시간) × 50(주) × (1 − 0.04)(4%결근율) = 2,764,800

$$도수율 = \frac{50}{2,764,800} \times 1,000,000 = 18.08$$

환산도수율 = 18.08 × 0.1 = 1.808 ≒ 1.81(소수점 셋째 자리 반올림)

답 ①

2018년

44 500명이 근무하는 (주)안전의 작년 재해 통계를 기준으로 하였을 때, (주)안전의 근로자가 입사하여 정년까지 평균적으로 경험하는 재해 건수와 근로손실일수가 각각 0.5건과 10일인 것으로 나타났다. (주)안전의 작년 재해자수와 근로손실일수는? (단, 근로자 1인당 연간 총근로 시간은 2,400시간, 근로자 1인이 입사하여 정년까지 근무하는 총근로 시간은 100,000시간으로 가정한다.)

① 재해자수: 5명, 근로손실일수: 60일
② 재해자수: 5명, 근로손실일수: 120일
③ 재해자수: 6명, 근로손실일수: 60일
④ 재해자수: 6명, 근로손실일수: 120일
⑤ 재해자수: 10명, 근로손실일수: 100일

2013년

46 연평균근로자수가 250명인 A 사업장의 연간재해발생건수는 75건, 이로 인한 재해 자수가 90명이고, 총휴업일수는 3,345일이 발생하였다. 이 사업장의 재해 통계에 대한 설명으로 옳은 것은? (단, 근로자는 1일 8시간씩 연간 280일을 근무하였다.)

① 강도율은 5.97이다.
② 도수율은 160.71이다.
③ 연천인율은 360이다.
④ 종합재해지수는 29.92이다.
⑤ 이 사업장에서 연천인율과 도수율과의 관계에는 2.4의 상수값이 적용된다.

2014년

32 S기업의 상시근로자수는 100명이며, 연간 300일 근무 중 사망 재해건수 2건, 휴업일수 27일, 잔업시간 10,000시간, 조퇴시간으로 인한 손실시간이 500시간이 발생하였다. 이 기업의 재해통계로 옳은 것은? (단, 근로자의 1일 평균 근로 시간은 8시간 30분이다.)

① 도수율은 290이다.
② 연천인율은 18.75이다.
③ 강도율은 56.79이다.
④ 평균강도율은 0.196이다.
⑤ 종합재해지수는 128.33이다.

▶ 2018년 44번　환산도수율이 0.5건과 환산강도율이 10일로 작년 재해자수와 근로손실을 묻는 문제
- 환산도수율 = 도수율 × 0.1

  연근로시간수 = 근로자수 × 연간총근로시간

  환산도수율 0.5 = 도수율 × 0.1, 도수율 = 5
- 환산강도율 = 강도율 × 100

  도수율 $5 = \dfrac{(\quad)}{500 \times 2400} \times 1{,}000{,}000$　재해건수 = 6

  환산강도율 10 = 강도율 × 100, 강도율 = 0.1

  강도율 $0.1 = \dfrac{(\quad)}{500 \times 2400} \times 1{,}000$, 근로손실일수 = 120

답 ④

▶ 2013년 46번
- **재해통계 계산**

  ① 강도율 $= \dfrac{(근로손실일수)}{연근로시간수} \times 1{,}000$　② 도수율 $= \dfrac{(재해건수)}{연근로시간수} \times 1{,}000{,}000$

  ③ 연천인율 $= \dfrac{연간재해자수}{연평균근로자수} \times 1{,}000$　④ 종합재해지수 $= \sqrt{도수율 \times 강도율}$

  ⑤ 도수율과 연천인율의 관계

  　도수율 = 연천인율 / 2.4

  　연천인율 = 도수율 × 2.4

  도수율 $= \dfrac{75}{250 \times 8 \times 280} \times 1{,}000{,}000 = 133.92$, 강도율 $= \dfrac{(\quad)}{250 \times 8 \times 280} \times 1{,}000$

  (근로손실일수) = 휴업일수 × $\dfrac{근무일수}{365일}$, 근로손실일수 $= 3345 \times \dfrac{280}{365} = 2{,}566$

  강도율 $= \dfrac{2{,}566}{250 \times 8 \times 280} \times 1{,}000 = 4.58$

  연천인율 $= \dfrac{90}{250} \times 1{,}000 = 360$

  종합재해지수 $= \sqrt{134 \times 4.58} = 24.77$

  ⑤ 이 사업장에서 연천인율과 도수율과의 관계에는 2.4의 상수값이 적용이 되지 않는다.

  　→ 연천인율(360) ≠ 도수율(133.92) × 상수(2.4)

답 ③

▶ 2014년 32번
① 강도율 $= \dfrac{(근로손실일수)}{연근로시간수} \times 1{,}000$　② 도수율 $= \dfrac{(재해건수)}{연근로시간수} \times 1{,}000{,}000$

③ 연천인율 $= \dfrac{연간재해자수}{연평균근로자수} \times 1{,}000$　④ 종합재해지수 $= \sqrt{도수율 \times 강도율}$

⑤ 평균강도율은 근로상해 1건당 평균손실일수

평균강도율 $= \dfrac{1000 \times 강도율}{도수율}$

도수율 $= \dfrac{2}{100 \times 8.5 \times 300 + (10000 - 500)} \times 1{,}000{,}000 = 7.56$

강도율 $= \dfrac{(\quad)}{100 \times 8.5 \times 300 + (10000 - 500)} \times 1{,}000$

(근로손실일수) = 사망자손실일수 + 휴업일수 × $\dfrac{근무일수}{365일}$

근로손실일수 $= 7500 \times 2 + 27 \times \dfrac{300}{365} = 15{,}022$, 강도율 $= \dfrac{15{,}022}{100 \times 8.5 \times 300 + 9500} \times 1{,}000 = 56.79$,

연천인율 = 7.56(도수율) × 2.4 = 18.14

종합재해지수 $= \sqrt{7.56 \times 56.79} = 20.72$

평균강도율 $= \dfrac{1000 \times 56.79}{7.56} = 7511$

답 ③

2019년

46 국내 어느 사업장의 전년도 도수율은 3, 강도율은 27이었다. 이 사업장의 종합재해지수(FSI)는 얼마인가?

① 5　　　　　　　　② 6　　　　　　　　③ 7
④ 8　　　　　　　　⑤ 9

2016년

45 하인리히(Heinrich)의 재해손실비(accident cost)에 관한 설명으로 옳지 않은 것은?

① 직접비와 간접비의 비율은 1 : 4이다.
② 직접비는 법령으로 정한 피해자에게 지급되는 산재보상비이다.
③ 간접비는 재산손실 및 생산중단으로 기업이 입은 손실이다.
④ 간접비의 정확한 산출이 어려울 때는 직접비의 2배를 간접비로 산정한다.
⑤ 총 재해손실비는 직접비와 간접비를 더한 값으로 계산한다.

2019년

28 하인리히(H.W.Heinrich)의 재해코스트 산정 시 간접비에 해당하는 것을 모두 고른 것은?

ㄱ. 휴업보상비	ㄴ. 장해보상비
ㄷ. 재산손실	ㄹ. 유족보상비
ㅁ. 생산감소	

① ㄱ, ㄴ　　　　　　② ㄱ, ㅁ　　　　　　③ ㄴ, ㄹ
④ ㄷ, ㄹ　　　　　　⑤ ㄷ, ㅁ

2015년

44 재해구성 비율에 관한 설명으로 옳지 않은 것은?

① 버드이론에서 인적상해 비율은 41/641이다.
② 버드의 재해발생비율 항목은 물적손실 무상해 항목이 있다.
③ 하인리히의 잠재된 위험이 버드의 잠재된 위험보다 낮다.
④ 버드이론에서 무상해 비율은 630/641이다.
⑤ 하인리히 이론에서 잠재위험 비율은 300/330이다.

▶ 2019년 46번　■ 종합재해지수(FSI) =√도수율 x 강도율
　　　　　　　　종합재해지수 = $\sqrt{3 \times 27} = 9$
　　　　　　　　종합재해지수(Frequency Severity Indicator)는 재해 빈도의 다수와 상해 정도의 강약을 종합하여 나타낸다.
　　　　　　　　　　　　　　　　　　　　　　　　　　　　　　　　　　　　답 ⑤

▶ 2016년 45번　■ 하인리히(H. W. Heinrich)방식
　　　　　　　　1) 총재해비용 = 직접비용 + 간접비용
　　　　　　　　　① 직접비용: 피해자에게 지불 되는 재해비용(유족급여, 장의비, 휴업급여, 요양급여)
　　　　　　　　　② 간접비용: 인적손실, 물적손실, 생산차질, 특수손실
　　　　　　　　2) 직접비 : 간접비 = 1:4
　　　　　　　　　　　　　　　　　　　　　　　　　　　　　　　　　　　　답 ④

▶ 2019년 28번　■ 하인리히(H. W. Heinrich)방식
　　　　　　　　하인리히의 재해 손실비 이론에 따르면, 산업재해로 인한 손실은 직접비와 간접비로 나뉜다. 직접비는 주로 보험, 치료비, 보상금 등 눈에 보이는 비용이며, 간접비는 재해로 인해 발생하는 직접적으로 산출하기 어려운 추가 비용을 의미한다. 하인리히는 직간접비의 비율이 1:4 라고 주장했으며, 이는 간접비가 직접비보다 훨씬 더 많다는 의미이다.
　　　　　　　　간접비는
　　　　　　　　1. 작업 중단으로 인한 생산성 손실
　　　　　　　　2. 기계나 설비의 손상에 대한 복구 비용
　　　　　　　　3. 대체 인력 채용 및 훈련 비용
　　　　　　　　4. 사고 처리에 소요된 관리 시간
　　　　　　　　5. 사기 저하로 인한 업무 효율성 감소
　　　　　　　　6. 조사 및 법적 비용
　　　　　　　　7. 대외 이미지 손실 및 평판 저하
　　　　　　　　　　　　　　　　　　　　　　　　　　　　　　　　　　　　답 ⑤

▶ 2015년 44번　■ 하인리히의 재해구성 비율
　　　　　　　　1 : 29 : 300
　　　　　　　　① 중상 1회 1/330
　　　　　　　　② 경상 29회 29/330
　　　　　　　　③ 무상해 300회 300/330
　　　　　　　　■ 버드의 재해구성 비율
　　　　　　　　1 : 10 : 30 : 600
　　　　　　　　① 중상 1회 1/641
　　　　　　　　② 경상(물적, 인적상해) 10회 10/641
　　　　　　　　③ 무상해 사고(물적손실) 30회 30/641
　　　　　　　　④ 무상해 무사고 고장(위험순간) 600회 600/641
　　　　　　　　　　　　　　　　　　　　　　　　　　　　　　　　　　　　답 ①

2022년

38 산업재해 연구에 관한 내용으로 옳은 것을 모두 고른 것은?

> ㄱ. 시몬즈(Simonds)는 평균치법을 적용해 재해손실비용을 산출하였다.
> ㄴ. 하인리히(Heinrich)는 재해손실비용의 직접비와 간접비 비율을 약 1 : 4로 제시하였다.
> ㄷ. 버드(Bird)는 1건의 중상이 발생할 때 10건의 경상, 300건의 아차 사고가 발생한다고 하였다.

① ㄱ ② ㄷ ③ ㄱ, ㄴ
④ ㄴ, ㄷ ⑤ ㄱ, ㄴ, ㄷ

2023년

48 시몬즈(Simonds)의 재해손실비 평가방법에 관한 내용이다. (   )에 들어갈 것으로 옳은 것은?

> • 총 재해비용 = 산재보험비용 + (ㄱ)비용
> • (ㄱ)비용 = 휴업상해건수×A + (ㄴ)건수×B + (ㄷ)건수×C + 무상해 사고건수×D
> (여기서, A, B, C, D는 장해 정도별 비보험비용의 평균치임)

① ㄱ: 비보험, ㄴ: 입원상해, ㄷ: 유족상해
② ㄱ: 간접, ㄴ: 입원상해, ㄷ: 비응급조치
③ ㄱ: 비보험, ㄴ: 통원상해, ㄷ: 응급조치
④ ㄱ: 간접, ㄴ: 통원상해, ㄷ: 중상해
⑤ ㄱ: 비보험, ㄴ: 물적손실, ㄷ: 비응급조치

2018년

34 재해손실에 따른 평가산정방식에서 재해코스트 이론을 주장한 인물과 평가산정방식의 내용이 옳지 않은 것은?

① 하인리히(H. Heinrich): 총 재해코스트는 직접비와 간접비의 합이다.
② 시몬즈(R. Simonds): 총 재해코스트는 산재보험코스트와 비보험코스트의 합이다.
③ 콤페스(P. Compes): 총 재해손실비용은 공동비용(불변)과 개별비용(변수)의 합이다.
④ 버드(F. Bird): 간접비의 빙산원리를 주장하였으며, 총 재해손실비용은 보험비, 비보험 재산비용, 비보험 제반비용을 포함한다고 하였다.
⑤ 노구찌(野口三郞): 하인리히의 평균치법을 근거로 일본의 상황에 맞는 손실방법을 제시하였다.

제3장 산업재해 조사 및 원인분석

▶ 2022년 38번
- 시몬즈는 총재해코스트 = 보험코스트 + 비보험코스트, 평균치법 채택
- 하인리히(H. W. Heinrich)방식
  직접비: 간접비= 1:4
- 버드의 재해구성 비율
  1 : 10 : 30 : 600
  ① 중상 1회 1/641
  ② 경상(물적, 인적상해) 10회 10/641
  ③ 무상해 사고(물적손실) 30회 30/641
  ④ 무상해 무사고 고장(위험순간) 600회 600/641

답 ③

▶ 2023년 48번
- 시몬즈(RH. Simonds) 방식
  1) 총 재해코스트 = 보험코스트 + 비보험코스트
  2) 비보험 코스트 = (A × 휴업상해건수 + B × 통원 상해 건수 + C × 구급 조치 건수 + D × 무상해 사고 건수)

시몬즈(Simonds) 방식은 재해코스트를 산출하는 방법 중 하나로, 재해로 인해 발생하는 비용을 보다 정확하고 체계적으로 분석하기 위해 고안된 방식이다. 이 방식은 재해와 관련된 직접비와 간접비를 구분하고, 간접비의 구체적인 항목들을 세분화하여 접근하는 방법이다.

시몬즈 방식은 특히 간접비의 측정을 보다 정확하게 하려는 시도에서 비롯된 것으로, 하인리히의 재해 손실비(1:4, 1:5 비율)를 보완하는 형태로 개발되었다. 하인리히는 간접비를 포괄적인 범주로 설명한 반면, 시몬즈 방식은 이를 더 세분화하여 분석하려는 접근을 취했다.

1. 직접비 (Direct Costs) - 재해가 발생했을 때 즉각적으로 발생하는 비용으로, 주로 보험사에서 보상하는 비용들이 포함
   항목 - 치료비, 병원비, 상해에 대한 보상금 (근로자 재해 보상), 보험료 상승
2. 간접비 (Indirect Costs) - 직접적으로 산출되기 어려운 비용으로, 재해로 인해 간접적으로 발생하는 다양한 추가 비용이다. 이는 시몬즈 방식에서 보다 세밀하게 분석되고 강조된다.
   항목 - 작업 중단 비용, 대체 인력 비용, 손상된 장비 복구 비용, 조사 및 처리 비용, 사기 저하로 인한 생산성 감소, 법적 비용, 훈련 비용, 기타 간접적 비용

시몬즈 방식은 재해 발생 시 간접비를 보다 구체적으로 분석함으로써, 재해가 기업에 미치는 실질적인 비용을 보다 정확하게 파악하고자 한 방법이다. 이를 통해 재해 예방의 중요성을 강조하며, 기업이 재해 발생 후 발생하는 직간접적인 비용을 효과적으로 관리할 수 있도록 돕는다.

답 ③

▶ 2018년 34번
- 노구찌방식
  노구찌는 시몬즈의 평균치법에 근거를 두고 일본의 상황에 맞는 손실방법 제시함.

답 ⑤

2과목 산업안전일반

2025년

47 연평균 근로자 400명이 작업하는 A제조공장에서 연간 5건의 재해가 발생하였다. 이로 인해 사망 1명, 신체장애등급 11급 3명, 나머지 1명은 휴업일수 50일을 초래하였다. 강도율은 약 얼마인가? (단, 1일 8시간, 연간 285일 작업 하며, 결근율은 7%이다.)

① 9.70   ② 9.93   ③ 10.02
④ 10.30   ⑤ 10.62

▶ 2025년 47번

1. 강도율

$$강도율 = \frac{총노동손실일수}{연간총근로시간수} \times 1000$$

2. 총노동손실일수
   ① 사망 1명: 7,500일
   ② 11급 장해 3명: 400일 × 3 = 1200일
   ③ 휴업 50일: 50일
   손실일=7,500+1,200+50=8,750일

3. 연 근로시간 총계
   ① 연평균 근로자수: 400명
   ② 연 근로일수: 285일
   ③ 결근율 7% 반영: 285×0.93=265.05
   연근로시간=400×265.05×8
   　　　　　=848,160시간

4. 강도율 계산

$$강도율 = \frac{8,750}{848,160} \times 1000 = 10.316$$

답 ④

4주완성 합격마스터
산업안전지도사 1차 필기
2과목 산업안전일반

제4장

인간공학

제04장 인간공학

1. 인간공학 개요 및 휴먼에러

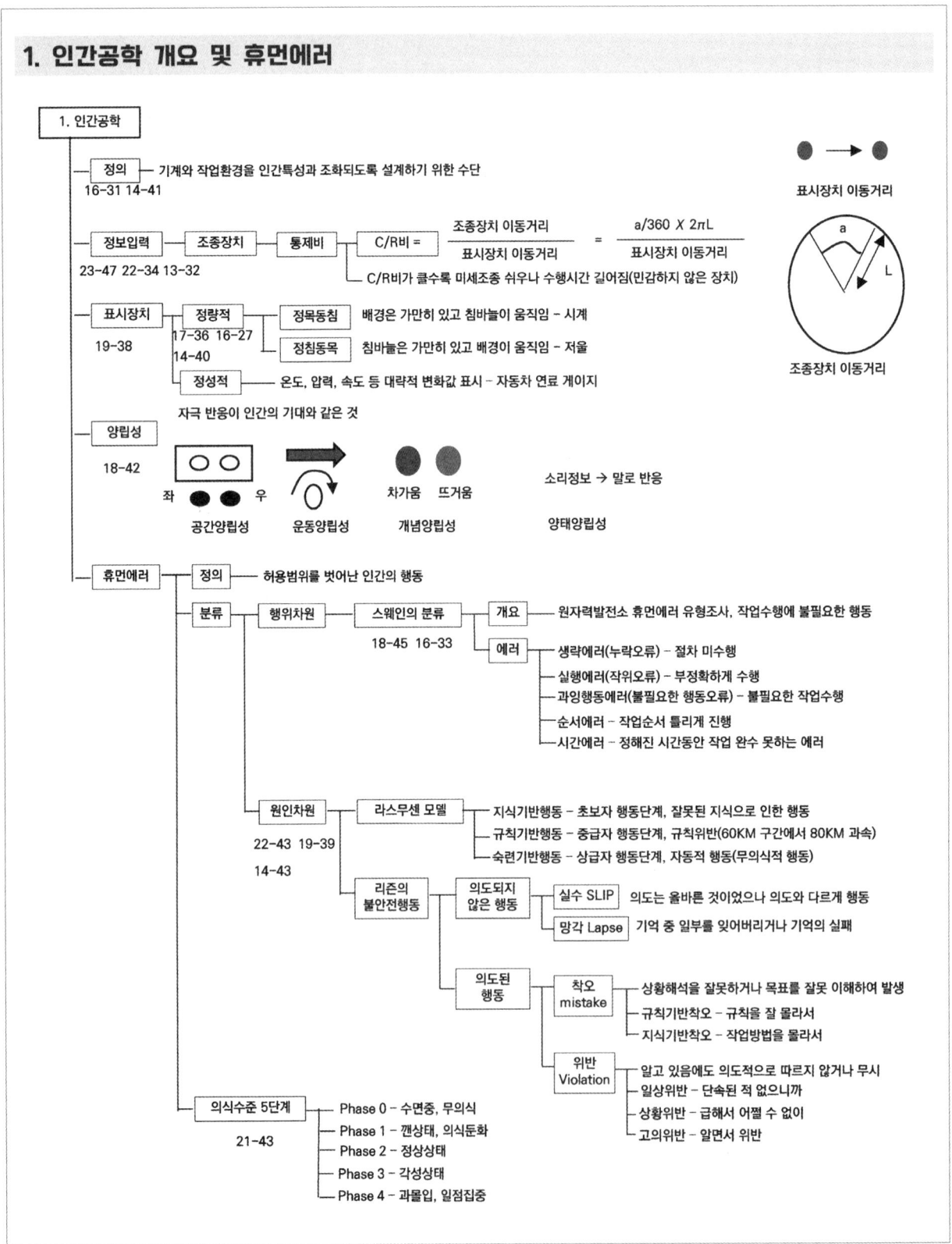

MEMO

예제 문제

2016년
31 인간공학에 관한 설명으로 옳지 않은 것은?

① 인간공학은 인간이 사용할 수 있도록 설계하는 과정을 말하는 것으로 인간의 복지를 향상시키는 데 목적이 있다.
② 인간공학의 핵심 포인트는 인간이 사용하는 물건 또는 환경을 설계할 시 건강, 안정, 만족 등과 같은 특정한 인간본위의 가치기준보다는 실용적 기능을 높이는데 있다.
③ 인간공학은 인간이 사용하는 물건 또는 환경을 설계할 시 인간의 행동에 관한 적절한 정보를 체계적으로 적용하는 것이다.
④ 인간공학은 기계와 그 기계조작 및 환경조건을 인간의 특성, 능력과 한계에 잘 조화되도록 설계하기 위한 공학이다.
⑤ 인간공학은 안전성의 향상과 사고예방, 생산성의 향상, 쾌적성 등을 추구한다.

2014년
41 인간공학에 대한 설명 중 옳은 것을 모두 고른 것은?

ㄱ. 일반적으로 공학이 기술·기능적 교육에 중점을 두고 있다면 인간공학은 시스템의 설계에 있어 인간요소를 고려한다.
ㄴ. 인간공학의 목표는 기능적 효과와 효율, 인간가치를 향상시키는 것이다.
ㄷ. 인간공학의 접근방법은 제품, 기구, 환경을 설계하는 과정에서 인간의 능력·한계, 특성, 행동에 관한 정보 등을 시스템 설계에 체계적으로 적용하는 것이다.
ㄹ. 적절한 선발과정과 훈련을 통해 사람을 작업에 맞추는 개념에서 시스템을 인간에게 적합하게 설계하는 개념으로 발전하였다.

① ㄱ, ㄴ   ② ㄱ, ㄷ   ③ ㄱ, ㄴ, ㄹ
④ ㄱ, ㄷ, ㄹ   ⑤ ㄱ, ㄴ, ㄷ, ㄹ

정답 및 해설

▶ 2016년 31번

■ 인간공학의 핵심 포인트

인간공학(Ergonomics)의 핵심 포인트는 인간의 능력과 한계에 맞춘 작업 환경을 설계하여 안전성, 효율성, 편안함을 극대화하는 데 있다. 인간공학은 작업자의 신체적, 인지적 특성을 고려해 작업 환경, 도구, 장비 등을 설계함으로써 작업 피로를 줄이고, 생산성을 향상시키며, 안전 사고를 예방하는 것을 목표로 한다. 인간공학을 적절히 적용하면, 부상과 사고를 줄이고, 생산성을 극대화하며, 작업자의 삶의 질을 향상시킬 수 있다.

답 ②

▶ 2014년 41번

■ 인간공학

인간공학(Ergonomics)은 작업 환경, 장비, 시스템 등을 설계할 때 인간의 신체적, 인지적 능력과 한계를 고려하여 안전성, 효율성, 편안함을 극대화하는 학문이다. 인간공학의 궁극적인 목표는 인간이 작업을 수행할 때 부상이나 피로를 줄이고, 작업의 효율성과 만족도를 향상시키는 데 있다. 다시 말해, 인간공학은 사람과 작업 환경 간의 상호작용을 연구하고, 이 상호작용을 최적화하기 위해 장비, 도구, 작업 절차 등을 개선하는 학문적 접근을 의미한다. 이를 통해 작업자가 더 안전하고, 생산적이며, 스트레스 없이 작업을 수행할 수 있도록 돕는다.

■ 인간공학의 주요목표는

1. 안전성 향상 – 작업 중 사고나 부상 위험을 줄여 작업자의 건강과 안전을 보장한다.
2. 효율성 증가 – 작업 환경과 절차를 개선하여 작업 생산성을 높이고, 에너지와 자원을 절약할 수 있게 한다.
3. 편안함 제공 – 작업자의 신체적 피로와 불편함을 최소화하여 편안하고 쾌적한 작업 환경을 제공한다.
4. 스트레스 감소 – 인지적, 심리적 부담을 줄여 작업자의 정신적 스트레스를 경감시키고, 만족도를 향상시킨다.

답 ⑤

2018년
43 인간-기계 시스템에서 인간 기준(human criteria) 평가 척도의 유형이 나머지와 다른 것은?

① 근전도   ② 피부온도
③ 심박수   ④ 뇌파
⑤ 선호도

2023년
47 반지름 30cm의 조종구를 20° 움직였을 때 표시계기의 지침이 2cm 이동하였다면, 이 계기의 통제표시비는?

① 약 4.12   ② 약 5.23
③ 약 7.34   ④ 약 8.42
⑤ 약 10.46

2013년
32 C/R비(Control-Response Ratio)에 관한 설명으로 옳지 않은 것은?

① C/R비의 값은 화면상의 이동거리와는 반비례한다.
② C/R비의 값이 크다는 것은 조종장치가 민감하다는 의미이다.
③ 인간-기계시스템을 설계할 때에는 조종장치의 이동시간과 조종시간을 고려해야 한다.
④ C/R비의 값이 작으면 조종장치의 조종시간이 많이 소요되고 이동시간은 적게 소요된다.
⑤ C/R비는 모니터를 보면서 조종장치를 사용하는 작업에 적용한다.

▶ 2018년 43번   ■ 인간공학 평가 척도의 유형
인간-기계 시스템(Human-Machine System)에서 인간 기준(human criteria) 평가 척도는 인간과 기계 간의 상호작용이 얼마나 효과적, 안전하고, 편안하게 이루어지는지 평가하기 위한 다양한 기준을 의미한다. 이 평가 척도는 시스템 설계가 인간의 신체적, 인지적 한계를 얼마나 잘 반영하고 있는지를 측정하는 데 사용된다.

1. 작업 성과 척도 (Task Performance Criteria) – 인간이 기계 시스템과 상호작용하는 동안 작업의 성과를 측정하는 척도이다. 주로 정확성, 속도, 효율성을 기준으로 평가
2. 신체적 편안함 및 피로 척도 (Physical Comfort and Fatigue Criteria) – 기계 시스템 사용 중 신체적 부담과 피로도를 평가하는 척도이다. 작업자가 기계를 사용하면서 불편함이나 피로를 얼마나 느끼는지를 측정
3. 인지적 요구 척도 (Cognitive Load Criteria) – 인간이 기계와 상호작용하는 동안 정신적 노력이 얼마나 요구되는지를 평가하는 척도이다. 시스템 사용 시 인지적 부담, 즉 사용자가 정보를 처리하고 결정을 내리는 데 드는 정신적 에너지의 양을 평가
4. 안전성 척도 (Safety Criteria) – 인간-기계 상호작용에서 작업자가 얼마나 안전하게 기계를 사용할 수 있는지를 평가하는 척도이다. 작업 중 발생할 수 있는 위험 요소와 부상 위험을 고려
5. 사용자 만족도 척도 (User Satisfaction Criteria) – 사용자가 기계와 상호작용하는 경험에 대해 얼마나 만족하는지를 평가하는 척도이다. 사용자가 느끼는 만족감과 편리함, 사용 용이성을 평가
6. 작업 환경 척도 (Work Environment Criteria) – 인간이 기계를 사용하는 물리적 작업 환경을 평가하는 척도이다. 작업 환경이 사용자의 작업 성과와 신체적, 정신적 상태에 미치는 영향을 측정

답 ⑤

▶ 2023년 47번   ■ 통제표시비
통제표시비는 조종구의 이동 거리와 표시계기의 지침 이동 거리의 비율로 계산된다.
반지름 30cm = L, 조종구 20°= a, 표시계기 2cm = 표시장치 이동거리

$$조종구이동거리 = 2\pi \times 30 \left(\frac{20}{360}\right) = 10.47 cm$$

$$통제표시비 = \frac{조종구이동거리}{지침이동거리} = \frac{10.47cm}{2cm} = 5.24$$

답 ②

▶ 2013년 32번   ■ C/R비(Control-Response Ratio)
C/R비(Control-Response Ratio)는 조종 장치의 이동량(제어)과 그에 따른 반응량(표시계기나 출력물의 이동) 간의 비율을 나타내는 지표이다. C/R비는 통제표시비(Control-Display Ratio)라고도 불리며, 조종자가 조종 장치를 어느 정도로 움직였을 때 시스템이 얼마나 반응하는지를 측정하는 중요한 개념이다.

C/R비의 해석
1. C/R비가 클수록: 조종구를 많이 움직여야 표시계기의 반응이 조금씩 나타난다. 즉, 세밀한 조작이 가능하지만, 너무 큰 값을 가지면 조작이 둔하게 느껴질 수 있다.
2. C/R비가 작을수록: 조종구를 적게 움직여도 큰 반응이 나타난다. 빠른 반응이 가능하지만, 조작이 너무 민감하게 느껴질 수 있다.

답 ②

2022년

34 인간-기계 시스템에서 표시장치(display)와 조종장치(control)의 설계에 관한 내용으로 옳지 않은 것은?

① 작업자의 즉각적 행동이 필요한 경우에 청각적 표시장치가 시각적 표시장치보다 유리하다.
② 330m 이상 정도의 장거리에 신호를 전달하고자 할 때는 청각 신호의 주파수를 1,000Hz 이하로 하는 것이 좋다.
③ 광삼현상으로 인해 음각(검은 바탕의 흰 글씨)의 글자 획폭(stroke width)은 양각(흰 바탕의 검은 글씨)보다 작은 값이 권장된다.
④ 조종-반응 비(C/R 비)가 작을수록 조종장치와 표시장치의 민감도가 낮아져 미세조종에 유리하다.
⑤ 공간적 양립성은 표시장치와 조종장치의 배치와 관련된다.

2018년

42 E사의 안전관리자는 최근 설치된 수입 기계의 긴급 정지 버튼이 파란색으로 표시되어 있는 것을 발견하고, 이를 빨간색으로 교체하도록 시정 조치하였다. 안전관리자의 이러한 조치와 직접적으로 관련된 양립성은?

① 운동 양립성
② 위치 양립성
③ 공간 양립성
④ 개념 양립성
⑤ 양식 양립성

2019년

38 다음의 시각적 표지장치 중 정성적 표시장치는?

① 횡단보도의 삼색신호등
② 지침이 움직이는 중량계
③ 디지털시계
④ 눈금이 움직이는 체중계
⑤ 지침이 움직이는 시계

▶ 2022년 34번

■ C/R비(Control-Response Ratio)
13년 32번 해설 참조
③ 광삼현상은 검은 배경위에 있는 흰색 글씨나 모양이 실제보다 더 번져 보이는 현상

답 ④

▶ 2018년 42번

■ 양립성
인간공학에서의 양립성(Compatibility)은 사용자와 시스템 간의 상호작용이 얼마나 자연스럽고 직관적인지를 나타내는 개념이다. 양립성이 높을수록 사용자가 시스템을 직관적으로 이해하고 조작할 수 있으며, 이를 통해 작업 효율성이 높아지고 오류가 줄어들며, 학습 시간이 단축된다.
양립성은 인간공학의 중요한 요소로, 시스템 설계가 사용자의 기대나 행동 방식과 얼마나 일치하는지를 평가하는 기준으로 사용된다. 양립성이 좋은 시스템은 사용자가 간편하고 자연스럽게 사용할 수 있어, 시스템 사용 중 발생하는 스트레스와 실수를 최소화한다.
1. 공간적 양립성 (Spatial Compatibility) - 조작 장치의 움직임과 그에 따른 시스템 반응 또는 출력 방향이 물리적 공간에서 일치하는 정도를 의미한다. 사용자가 직관적으로 이해할 수 있는 공간적 배치가 중요
2. 운동적 양립성 (Movement Compatibility) - 조작의 방향과 기계의 반응이 사용자의 기대와 일치하는 정도를 의미한다. 사용자가 레버나 다이얼 등을 움직일 때 그 움직임이 기계나 시스템의 동작 방향과 얼마나 자연스럽게 일치하는지를 나타낸다.
3. 개념적 양립성 (Conceptual Compatibility) - 시스템의 논리나 구조가 사용자의 기존 지식이나 경험과 얼마나 일치하는지를 나타낸다. 즉, 사용자가 시스템을 처음 접했을 때, 기존 경험을 바탕으로 쉽게 이해하고 사용할 수 있는 정도를 의미한다.
4. 양태적 양립성 (Modality Compatibility) - 정보 제공 방식(양식)이 작업의 요구사항과 일치하는지 여부를 나타낸다. 시각, 청각, 촉각 등의 감각을 통해 제공되는 정보가 작업과 얼마나 잘 맞는지를 평가한다.
인간공학에서의 양립성은 사용자 기대와 시스템 반응 간의 일치성을 의미하며, 시스템 설계에서 중요한 요소이다. 양립성이 높을수록 사용자가 시스템을 더 쉽고 빠르게, 그리고 정확하게 사용할 수 있다. 이를 통해 시스템의 안전성, 효율성, 사용자 만족도가 향상된다.

답 ④

▶ 2019년 38번

■ 표시장치
인간공학에서의 표시장치는 사용자가 시스템의 상태나 작업의 진행 상황을 시각적, 청각적, 촉각적으로 인식할 수 있도록 정보를 제공하는 도구이다. 표시장치는 주로 정성적 정보와 정량적 정보를 전달하며, 이 두 가지 정보는 사용 목적과 요구사항에 따라 다르게 설계된다.
1. 정성적 표시장치 (Qualitative Displays) - 정성적 정보는 대략적인 상태나 경향을 보여주며, 구체적인 숫자나 수치 대신 범위, 상태, 방향 등을 직관적으로 표현한다. 이 정보는 사용자가 빠르게 전체적인 상황을 파악해야 할 때 유용하다.
   종류 - 경고등, 온도계의 색상 변화, 자동차 연료 게이지, 배터리 상태 표시
2. 정량적 표시장치 (Quantitative Displays) - 정량적 정보는 정확한 수치나 데이터를 표시하여 정밀한 측정 값을 제공한다. 이 정보는 사용자가 구체적인 수치나 데이터를 기반으로 의사결정을 해야 할 때 유용하다.
   종류 - 속도계, 디지털 온도계, 유량 측정기, 배터리 잔량(예: 85%).
정성적 표시장치는 빠른 상태 인식과 경향 파악이 필요한 상황에서 유용하며, 시각적 직관성이 중요할 때 사용된다.
정량적 표시장치는 정밀한 데이터가 필요하고, 정확한 판단이 필요한 상황에서 적합하다.

답 ①

2016년
27 정보입력표시방법으로서 시각적 표시장치로 옳지 않은 것은?

① 연속적으로 변하는 변수의 대략적인 값을 표시하는 것과 같은 자동차 계기판의 연료계
② 화재 등 비상 상황이 발생하였을 때 울리는 경보기
③ 지나가는 차량의 댓수 같은 정보를 제공하는 데 사용되는 계수기
④ 진행과 정지 그리고 방향전환 및 주의 등을 색상이 있는 등화로 표시하는 교통 신호기
⑤ 항해 중인 선박에게 항운 정보를 제공하는 야간의 등대 불빛

2017년
36 시각적 표시장치에 관한 설명으로 옳은 것을 모두 고른 것은?

ㄱ. 디지털 표시장치는 정량적 표시장치이다.
ㄴ. 이동지침을 가진 고정눈금 방식은 수치정보를 잘 표시하지 못하는 단점이 있다.
ㄷ. 디지털 표시장치는 수치를 정확히 읽어야 할 때 적합하다.
ㄹ. 정성적 표시장치는 대략적인 상태나 변화의 추세를 판정하는 용도로 쓰인다.

① ㄱ, ㄹ
② ㄴ, ㄷ
③ ㄴ, ㄹ
④ ㄱ, ㄴ, ㄷ
⑤ ㄱ, ㄷ, ㄹ

2014년
40 청각적 표시장치가 시각적 표시장치보다 유리한 경우를 모두 고른 것은?

ㄱ. 화재 발생 등의 정보를 긴급히 알리고자 하는 경우
ㄴ. 움직이면서 작업하는 근로자에게 정보를 전달하는 경우
ㄷ. 주위가 밝은 장소에서 작업자에게 필요한 정보를 전달하고자 하는 경우
ㄹ. 많고, 다양한 정보를 한 번에 작업자에게 전달하는 경우

① ㄱ, ㄴ
② ㄱ, ㄷ
③ ㄱ, ㄴ, ㄷ
④ ㄱ, ㄷ, ㄹ
⑤ ㄱ, ㄴ, ㄷ, ㄹ

▶ 2016년 27번　　■ 정보입력표시방법
② 화재 등 비상상황이 발생하였을 때 울리는 경보기는 청각신호이다.
인간공학에서의 정보 입력 및 표시 방법은 사용자가 시스템에 정보를 입력하고, 시스템이 정보를 표시하는 방식에 대한 설계 원칙을 의미한다. 이러한 방법은 사용자 친화적이어야 하며, 효율성, 정확성, 편리성을 극대화하는 데 목적이 있다. 인간공학적 설계는 사용자가 기계나 시스템과 상호작용하는 방식이 직관적이고 자연스러워야 함을 강조한다.
1. 시각적 표시 장치 (Visual Displays) - 눈을 통해 정보를 전달하는 방식으로, 대부분의 정보는 시각적 표시를 통해 제공된다.
　유형 - 디지털 디스플레이, 아날로그 디스플레이, 경고등, 그래픽 사용자 인터페이스(GUI)
2. 청각적 표시 장치 (Auditory Displays) - 소리를 통해 정보를 전달하는 방법으로, 즉각적인 반응이 필요하거나 시각적 정보가 제한된 상황에서 효과적이다.
　유형 - 경고등, 음성안내
3. 촉각적 표시 장치 (Haptic Displays) - 촉각을 통해 정보를 전달하는 방법으로, 주로 진동을 사용해 피드백을 제공한다.
　유형 - 진동 피드백, 촉각 디스플레이

답 ②

▶ 2017년 36번　　■ 정보입력표시방법
ㄴ. 이동지침을 가진 고정눈금 방식은 정목동침형 아날로그 표시장치로, 온도계, 속도계, 압력계 등에서 널리 사용된다.

답 ⑤

▶ 2014년 40번　　■ 청각적 표시장치가 시각적 표시장치보다 유리한 경우
청각적 표시장치가 시각적 표시장치보다 유리한 경우는 즉각적인 주의 환기가 필요하거나, 사용자의 시각적 자원이 제한되는 상황에서 효과적이다. 청각적 정보는 사용자가 보지 않고도 즉각적으로 인지할 수 있으며, 특히 긴급 상황이나 멀티태스킹이 필요한 환경에서 유리하다.
청각적 표시장치가 유리한 상황 요약
1. 즉각적 반응: 빠른 주의 환기가 필요한 긴급 상황에서 유리함.
2. 시각적 제한: 사용자가 시각적으로 정보를 확인하기 어려운 상황에서 유리함.
3. 멀티태스킹: 시각적 자원이 이미 사용 중일 때 청각적 정보가 효율적.
4. 이동 중: 고정된 시각적 화면을 확인하기 어려운 상황에서 유리함.
5. 주의 집중 부족: 주의력이 분산되거나 떨어지는 상황에서 효과적.
6. 시각적 부담 감소: 사용자의 시각적 부담을 줄여 효율성을 높임.

답 ①

2022년

43 라스무센(Rasmussen)의 SRK 모델을 근거로 리전(J. Reason)이 제안한 인적오류 분류에 관한 내용으로 옳은 것을 모두 고른 것은?

> ㄱ. 실수(slip)와 망각(lapse)은 비의도적 행동으로 분류되는 숙련 기반 오류이다.
> ㄴ. 잘못된 규칙을 적용하는 것은 비의도적 행동으로 분류되는 규칙 기반 착오(mistake)이다.
> ㄷ. 불충분한 정보로 인해 잘못된 결정을 내리는 것은 의도적 행동으로 분류되는 지식 기반 착오(mistake)이다.

① ㄱ ② ㄴ ③ ㄱ, ㄷ
④ ㄴ, ㄷ ⑤ ㄱ, ㄴ, ㄷ

2021년

43 일본의 의학자인 하시모토 쿠니에가 제시한 의식수준 5단계(Phase)의 의식 상태와 신뢰성에 관한 내용으로 옳은 것은?

① Phase 0의 의식상태는 무의식 상태이며 신뢰성은 0.3이다.
② Phase 1의 의식상태는 실신 상태이며 신뢰성은 0.6 이상이다.
③ Phase 2의 의식상태는 의식이 둔한 상태이며 신뢰성은 0.9이다.
④ Phase 3의 의식상태는 명석한 상태이며 신뢰성은 0.999999 이상이다.
⑤ Phase 4의 의식상태는 편안한 상태이며 신뢰성은 1.0이다.

2019년

39 다음에서 설명하고 있는 인간실수 유형은?

> • 상황이나 목표의 해석은 제대로 하였으나 의도와는 다른 행동을 하는 경우에 발생하는 오류이다.
> • 행동 결과에 대한 피드백이 있으면, 목표와 결과의 불일치가 쉽게 발견된다.
> • 주의산만, 주의결핍에 의해 발생할 수 있으며, 잘못된 디자인이 원인이기도 하다.

① 작위오류(commission error) ② 착오(mistake)
③ 실수(slip) ④ 시간오류(timing error)
⑤ 위반(violation)

▶ 2022년 43번   ■ 휴먼에러 분류
1. 라스무센의 SRK 모델
   1) 숙련 기반 행동 (Skill-based Behavior) - 자동화된 행동으로, 사람이 반복적이고 습관적인 작업을 수행할 때 사용된다. 이 수준에서 행동은 무의식적으로 이루어지며, 거의 생각하지 않고도 수행된다. 예시: 운전 중 핸들을 돌리거나, 키보드 타이핑과 같이 이미 충분히 훈련된 작업.
   2) 규칙 기반 행동 (Rule-based Behavior) - 과거의 경험이나 규칙에 기반하여 수행되는 행동이다. 이미 학습된 규칙을 적용하여 문제를 해결하거나, 규정된 절차를 따릅니다. 예시: 도로 표지판을 보고 속도를 조절하거나, 장비 매뉴얼에 따라 작동 절차를 따르는 행동.
   3) 지식 기반 행동 (Knowledge-based Behavior) - 새로운 상황에서 기존에 가지고 있지 않은 정보를 기반으로 문제를 해결하는 고도의 인지적 작업이다. 즉, 직접적인 규칙이나 경험이 없을 때, 문제를 분석하고 학습하면서 행동한다. 예시: 처음 접하는 기계를 조작하거나, 복잡한 문제를 분석하여 새로운 해결책을 찾는 상황.
2. 제임스 리즌(James Reason)의 불안전 행동 이론
   1) 의도되지 않은 행동 (Unintended Actions)
      ① 실수(Slip): 행동의 실행 과정에서 발생하는 오류로, 목표나 의도는 올바르지만 행동 과정에서 의도치 않게 잘못된 행동이 수행되는 경우이다.
      ② 망각(Lapse): 기억이나 주의의 실패로 인해 어떤 행동을 잊어버리거나 빠뜨리는 경우이다.
   2) 의도된 행동 (Intended Actions)
      ① 착오(Mistake) - 규칙 기반 실수: 잘못된 규칙을 적용하거나, 적절한 규칙을 잘못 사용한 경우. 지식 기반 실수: 지식 부족으로 인해 잘못된 판단을 내린 경우.
      ② 위반(Violation) - 일상적 위반(Routine Violation): 일상적으로 규칙을 어기는 경우이다. 작업 효율성 등을 위해 규칙을 지속적으로 무시하는 경우.
      예외적 위반(Exceptional Violation): 일반적이지 않은 상황에서 발생하는 규칙 위반이다. 비상 상황이나 특수한 상황에서 발생한다.

답 ③

▶ 2021년 43번   ■ 인간의 의식수준 5단계
하시모토 쿠니에(橋本邦江)는 일본의 의학자로, 인간의 의식 상태를 5단계로 구분한 의식수준 5단계(Phase)를 제시했다. 이는 주로 환자들의 의식 상태를 평가하기 위한 도구로 사용되며, 각 단계는 의식의 명료성, 반응성, 신뢰성에 따라 구분된다. 이 모델은 의식 상태의 심각도를 평가하고, 의료적 처치나 대응의 지침으로 활용된다.
1. Phase 0 - 수면중, 무의식
2. Phase 1 - 깬상태, 의식둔화
3. Phase 2 - 정상상태
4. Phase 3 - 각성상태
5. Phase 4 - 과몰입, 일점집중

답 ④

▶ 2019년 39번   ■ 제임스 리즌(James Reason)의 불안전 행동 이론
1) 의도되지 않은 행동 (Unintended Actions)
   ① 실수(Slip) - 행동의 실행 과정에서 발생하는 오류로, 목표나 의도는 올바르지만 행동 과정에서 의도치 않게 잘못된 행동이 수행되는 경우이다. 사람이 무언가를 잘못하거나, 조작 실수가 일어나는 상황이다.
   예시 - 버튼을 잘못 눌러서 의도와 다른 결과가 나오는 경우.
          자동차의 방향 지시등을 켜려고 했지만, 실수로 와이퍼를 작동시키는 경우.

답 ③

2018년

45 스웨인(Swain)의 인적오류 분류 방법에 따를 때, 제품에 라벨을 부착 하는 작업 중 잘못된 위치에 라벨을 부착한 경우에 해당되는 오류는?

① 작위 오류　　② 누락 오류　　③ 시간 오류
④ 순서 오류　　⑤ 불필요한 수행 오류

2016년

33 휴먼에러(human error)의 심리적 분류에 포함되지 않는 것은?

① 정보처리오류(information processing error)
② 시간오류(time error)
③ 작위오류(commission error)
④ 순서오류(sequential error)
⑤ 누락오류(omission error)

2015년

30 휴먼에러(Human Error)중 작업에 의한 것이 아닌 것은?

① 조작에러　　② 규칙에러　　③ 보존에러
④ 검사에러　　⑤ 설치에러

▶ 2018년 45번　■ 스웨인 인적오류의 종류
　　　　　　　　　1. 생략오류(누락오류) - 절차 미수행
　　　　　　　　　2. 실행에러(작위오류) - 부정확하게 수행
　　　　　　　　　3. 과잉행동에러(불필요한 행동오류) - 불필요한 작업 수행
　　　　　　　　　4. 순서에러 - 작업순서 틀리게 진행
　　　　　　　　　5. 시간에러 - 정해진 시간동안 작업 완수 못하는 에러

답 ①

▶ 2016년 33번　■ 작위오류(Commission Error)의 종류
　　　　　　　　　1. 생략오류(누락오류) - 절차 미수행
　　　　　　　　　2. 실행에러(작위오류) - 부정확하게 수행
　　　　　　　　　3. 과잉행동에러(불필요한 행동오류) - 불필요한 작업 수행
　　　　　　　　　4. 순서에러 - 작업순서 틀리게 진행
　　　　　　　　　5. 시간에러 - 정해진 시간동안 작업 완수 못하는 에러

　　　　　　　　　정보처리 오류는 인간이 정보를 수집하고 해석하며 이를 바탕으로 결정을 내리는 과정에서 발생하는 오류를 의미한다. 이는 인지심리학에서 다루는 중요한 주제로, 정보를 처리하는 각 단계에서 실수가 발생할 수 있으며, 인간의 한계로 인해 오류가 발생하는 경우가 많다. 정보처리 오류는 주로 주관적 판단, 인지적 한계, 주의력 부족 등에서 기인한다.

답 ①

▶ 2015년 30번　■ 휴먼에러
　　　　　　　　　규칙 기반 오류(Rule-based Error)는 휴먼 에러(Human Error)의 한 유형으로, 작업자가 규칙을 잘못 적용하거나 상황에 맞지 않는 규칙을 사용하여 발생하는 오류이다. 이는 제임스 리즌(James Reason)의 인적 오류 분류에서 중요한 개념 중 하나로, 규칙을 따르는 행동에서 오류가 발생할 때를 설명한다.

　　　　　　　　　이 오류는 사람이 새로운 상황에 직면했을 때, 과거의 경험이나 학습된 규칙을 토대로 행동하지만, 그 규칙이 현재 상황에 적절하지 않거나 부적합하게 적용된 경우에 발생한다.

　　　　　　　　　예시: 새로운 장비의 매뉴얼을 따르지 않고 기존 장비에서 사용했던 절차를 적용하여 오작동이 발생.

답 ②

2과목 산업안전일반

2014년

43 ㉮ ~ ㉰에 해당하는 용어가 올바르게 짝지어진 것은?

> ㉮ 허용범위를 벗어난 일련의 인간 동작 중 하나
> ㉯ 계획된 목적 수행에 필요한 행동의 실행에 오류가 발생하는 것
> ㉰ 부적정한 계획 결과로 인해 원래의 목적수행에 실패하는 것
> ㉱ 작업자가 절차서의 지시를 고의로 따르지 않고, 다른 방향을 선택한 경우

	㉮	㉯	㉰	㉱
ㄱ	위반(violation)	실패(mistake)	가벼운 실수(slips)	휴먼 에러(human error)
ㄴ	실패(mistake)	가벼운 실수(slips)	휴먼 에러(human error)	위반(violation)
ㄷ	휴먼 에러(human error)	위반(violation)	가벼운 실수(slips)	실패(mistake)
ㄹ	실패(mistake)	위반(violation)	가벼운 실수(slips)	휴먼 에러(human error)
ㅁ	휴먼 에러(human error)	가벼운 실수(slips)	실패(mistake)	위반(violation)

① ㄱ
② ㄴ
③ ㄷ
④ ㄹ
⑤ ㅁ

2013년

42 어떤 근로자가 빈 드럼통 위에 서서 구조물에 용접작업을 하던 중 용접 불똥이 비산되어 열려있는 드럼통 속으로 들어가 잔류 가스가 폭발하였고, 이로 인하여 근로자가 3m 아래로 떨어져 척추를 다쳤다. 다음 중 불안전한 행동에 해당하는 것은?

① 작업 중에 드럼통 속으로 용접 불똥이 튀어 들어갔다.
② 드럼통의 마개가 열려있는 채로 방치해 놓았다.
③ 드럼통 속에 잔류 가스가 남아 있었다.
④ 근로자가 3m 아래로 떨어져 척추를 다쳤다.
⑤ 드럼통 속의 내용물을 확인하지 않고 빈 드럼통 위에 서서 용접작업을 하였다.

▶ 2014년 43번 ■ 휴먼에러
① 휴먼에러 – 사람이 작업을 수행하는 과정에서 발생하는 실수 또는 잘못된 행동을 의미
② 실수(Slip) – 행동의 실행 과정에서 발생하는 오류로, 목표나 의도는 올바르지만 행동 과정에서 의도치 않게 잘못된 행동이 수행되는 경우이다. 사람이 무언가를 잘못하거나, 조작 실수가 일어나는 상황이다.
  예시 – 버튼을 잘못 눌러서 의도와 다른 결과가 나오는 경우.
       자동차의 방향 지시등을 켜려고 했지만, 실수로 와이퍼를 작동시키는 경우.
③ 실패, 착오(Mistake) – 규칙 기반 실수: 잘못된 규칙을 적용하거나, 적절한 규칙을 잘못 사용한 경우.
  지식 기반 실수: 지식 부족으로 인해 잘못된 판단을 내린 경우.
④ 위반(Violation) – 일상적 위반(Routine Violation): 일상적으로 규칙을 어기는 경우이다. 작업 효율성 등을 위해 규칙을 지속적으로 무시하는 경우.
  예외적 위반(Exceptional Violation): 일반적이지 않은 상황에서 발생하는 규칙 위반이다. 비상 상황이나 특수한 상황에서 발생한다.

답 ⑤

▶ 2013년 42번 ■ 불안전한 행동
작업 장소 주변의 위험요소(잔류가스)를 사전에 확인하지 않고 용접작업을 한 행동이 불안전한 행동에 속한다.

불안전한 행동(Unsafe Acts)은 작업자가 위험을 무릅쓰고 잘못된 방식으로 작업을 수행하는 행동으로, 재해나 사고의 주요 원인 중 하나이다. 이러한 행동은 작업자의 실수나 부주의, 위험 인식 부족, 안전 규칙 위반 등으로 인해 발생하며, 작업 환경에서의 안전성을 크게 저해할 수 있다. 불안전한 행동은 제임스 리즌(James Reason)의 Swiss Cheese Model(스위스 치즈 모델)에서도 언급되며, 사고가 발생하는 중요한 요소로 설명된다.

답 ⑤

2025년

29 적응기제에 관한 내용이다. (　)에 들어갈 것으로 옳은 것은?

> ㉠ : 어떤 행동이 억압되었을 때 그 행동이 사회적으로 용납할 수 있는 이유를 설명함으로써 자아를 보호하는 행동
> ㉡ : 현식적으로 도저히 만족할 수 없는 욕구나 소원을 상상의 세계에서 얻으려고 하는 행동
> ㉢ : 억압당한 욕구가 사회적, 문화적으로 가치 있는 목적으로 향하여 노력함으로써 욕구를 충족시키는 것

① ㉠ : 동일시,　㉡ : 고립,　㉢ : 보상
② ㉠ : 동일시,　㉡ : 백일몽,　㉢ : 승화
③ ㉠ : 합리화,　㉡ : 고립,　㉢ : 승화
④ ㉠ : 합리화,　㉡ : 백일몽,　㉢ : 승화
⑤ ㉠ : 합리화,　㉡ : 백일몽,　㉢ : 보상

2025년

31 재해발생 원인에 관한 휴의 이론 중 다음에서 설명하고 요인에 해당 하는 것은?

> 무리한 행동, 안전작업에 대한 소홀, 신체적 특성을 고려하지 못한 작업배치, 자동화 기기와 일반기계와의 속도차이, 단순작업이 계속될 경우의 권태감·무력감, 작업자의 신체 기능의 변화, 정보처리 능력의 변화 등으로 스트레스가 증가하여 재해가 발생할 수 있다.

① 심리적 요인　　　　　　② 기계적 요인
③ 인위적 요인　　　　　　④ 기술적 요인
⑤ 환경적 요인

2025년

43 인간공학을 기업에 적용함에 따른 기대효과로 옳은 것은?

① 생산성 감소　　　　　　② 직무만족도 저하
③ 노사간 신뢰 구축　　　　④ 산재 손실비용의 증가
⑤ 이직률 증가

▶ 2025년 29번
㉠ 합리화: 자신의 행동이나 실패에 대해 사회적으로 용인되는 이유를 들어 스스로를 보호하는 적응기제이다.
㉡ 백일몽: 현실에서 충족하기 어려운 욕구나 소원을 상상 속에서 만족시키려는 적응기제이다.
㉢ 승화: 사회적으로 용납되지 않는 욕구를 사회적, 문화적으로 가치 있는 행동으로 전환하여 만족을 얻는 적응기제이다.
• 동일시: 자신에게 부족한 점을 다른 사람의 장점이나 성취와 동일시하며 만족을 얻는 적응기제
• 고립: 감정을 분리하여 심리적 충격을 피하려는 적응기제
• 보상: 어떤 분야의 결함을 다른 분야의 우월함으로 메우려는 적응기제

답 ④

▶ 2025년 31번
■ 휴(Hue)의 이론
1. 기계적 요인: 기계나 설비 자체의 결함, 미흡한 정비, 안전장치 미설치 등으로 인해 발생하는 요인
2. 기술적 요인: 설계, 작업 방법, 공정 관리 등 기술적인 부분의 오류로 인해 발생하는 요인
3. 인위적 요인: 작업자의 부주의, 미숙련, 안전 수칙 미준수 등 사람의 행동과 관련된 요인
4. 심리적 요인: 작업자의 심리적 상태나 특성으로 인해 발생하는 요인
5. 환경적 요인: 작업장 내의 온도, 습도, 소음, 조명 등 물리적인 환경 요인으로 인해 발생하는 요인

답 ③

▶ 2025년 43번
인간공학을 기업에 적용하면 작업환경이 개선되고, 근로자의 안전과 편의가 높아져 다음과 같은 긍정적 효과가 나타난다.
1. 작업 효율 향상 → 생산성 증가
2. 근골격계 질환, 피로 감소 → 산재 손실비용 감소
3. 직무 만족도 향상 → 이직률 감소
4. 안전하고 쾌적한 작업환경 → 노사 간 신뢰 구축

답 ③

2. 인체계측

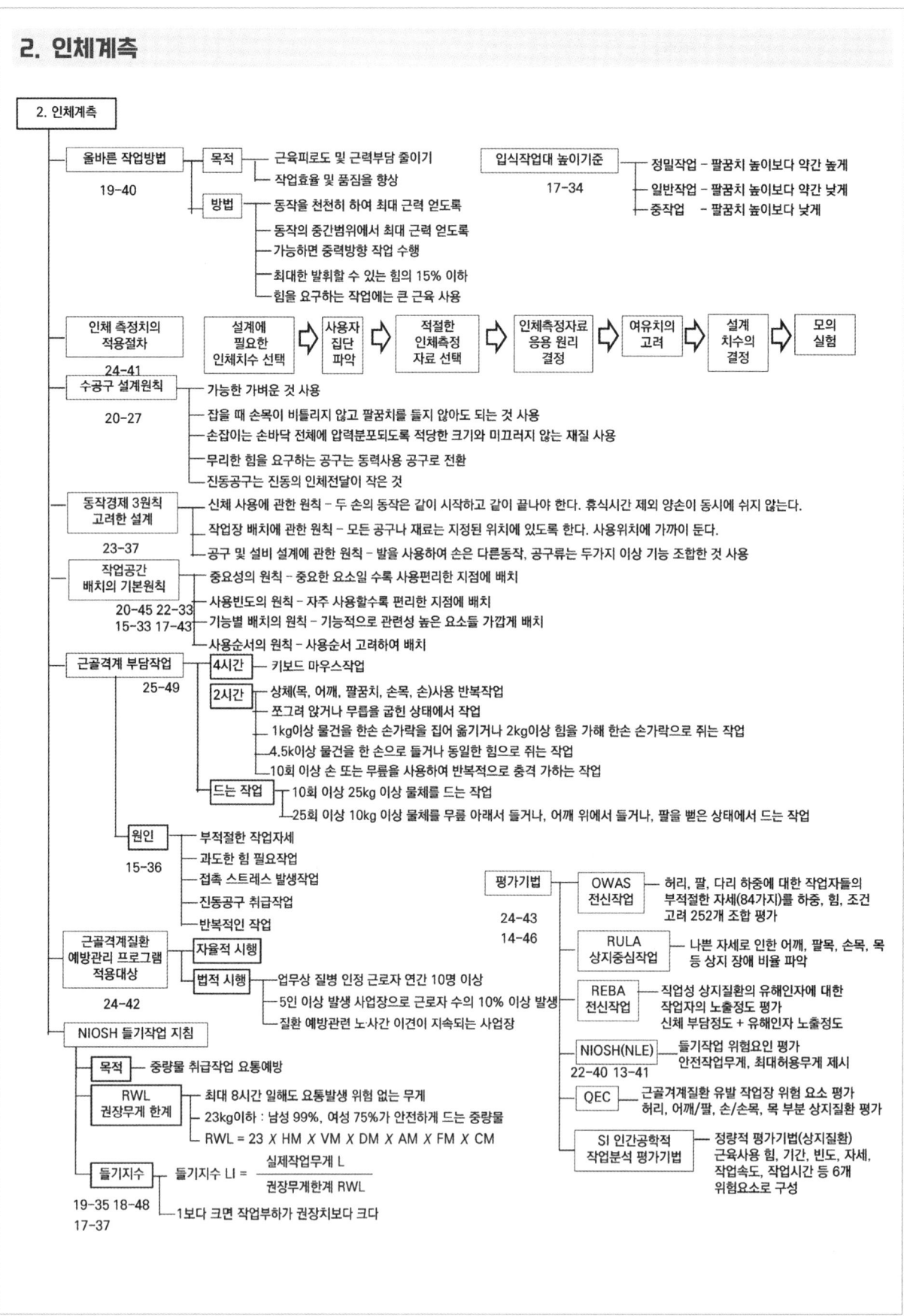

MEMO

예제 문제

2023년
37 인간공학적 동작 경제원칙에 관한 내용으로 옳지 않은 것은?

① 양손은 동시에 시작하고 동시에 끝나지 않도록 한다.
② 양팔의 동작은 동시에 서로 반대방향으로 대칭적으로 움직이도록 한다.
③ 손과 신체동작은 작업을 원만하게 수행할 수 있는 범위 내에서 가장 낮은 동작 등급을 사용하도록 한다.
④ 족답장치를 활용하여 양손이 다른 일을 할 수 있도록 한다.
⑤ 휴식시간을 제외하고는 양손이 동시에 쉬지 않도록 한다.

2017년
34 입식 작업대에 관한 설명으로 옳지 않은 것은?

① 작업대의 높이가 팔꿈치의 높이보다 낮은 것이 중(重)작업에 적합하다.
② 작업대의 높이가 팔꿈치의 높이보다 약간 높은 것이 정밀작업에 적합하다.
③ 일반적으로 고정높이 작업면은 가장 키가 작은 사용자에게 맞추어 설계한다.
④ 중량물을 다루는 경우에는 입식 작업대가 적합하다.
⑤ 포장작업에서와 같이 아랫방향으로 힘을 발휘해야 하는 경우에는 입식 작업대가 적합하다.

2020년
27 수공구 설계원칙에 관한 설명으로 옳은 것을 모두 고른 것은?

ㄱ. 손에 맞는 장갑을 착용한다.
ㄴ. 손잡이를 꺾지 말고 손목을 꺾는다.
ㄷ. 손잡이 접촉면적을 작게 하여 힘을 집중시킨다.
ㄹ. 가능한 수동공구가 아닌 동력공구를 사용한다.
ㅁ. 양손잡이를 모두 고려한 설계를 한다.

① ㄱ, ㄴ, ㄷ   ② ㄱ, ㄹ, ㅁ   ③ ㄴ, ㄷ, ㄹ
④ ㄴ, ㄹ, ㅁ   ⑤ ㄷ, ㄹ, ㅁ

정답 및 해설

▶ 2023년 37번

■ 동작경제 3원칙

동작경제 3원칙은 작업 효율성을 높이고 불필요한 움직임을 줄이기 위해 제시된 원칙으로, 산업 공학과 인간공학에서 주로 사용된다. 이 원칙은 작업자의 동작을 최소화하고, 작업의 효율성을 극대화하는 방법을 제공함으로써 생산성을 높이고 작업자의 피로를 줄이는 데 목적이 있다.

1. 신체 사용의 원칙 – 작업 중 인체의 움직임을 효율적으로 사용하여 불필요한 동작을 줄이고 피로를 최소화하는 방법이다.

세부 원칙

1) 최소한의 동작: 작업자는 필요 이상의 동작을 하지 않도록, 작은 동작으로 작업을 수행해야 한다.
2) 양손의 동시 사용: 작업을 할 때 양손을 동시에 사용하도록 설계하는 것이 효율적이다. 단, 양손의 움직임이 상호 보완적이고, 동일한 시간에 완료될 수 있어야 한다.
3) 최소한의 근육 사용: 큰 근육보다는 작은 근육을 주로 사용하는 것이 효율적이다. 큰 근육은 피로를 더 빨리 유발할 수 있다.
4) 자연스러운 움직임: 동작은 신체의 자연스러운 움직임에 따라 이루어져야 하며, 불편하거나 비정상적인 자세를 피해야 한다.

답 ①

▶ 2017년 34번

■ 입식 작업대의 고정 높이

③ 고정 높이 작업대는 키가 중간 정도인 사용자를 기준으로 설계하거나, 조절 가능한 작업대를 제공하여 모든 사용자가 편안하게 작업할 수 있도록 해야 한다. 이렇게 하면 다양한 신체 크기의 작업자들이 불편 없이 작업을 수행할 수 있다.

답 ③

▶ 2020년 27번

■ 수공구 설계원칙

수공구 설계 원칙은 작업자가 안전하고 효율적으로 도구를 사용할 수 있도록 인체공학적인 요소를 고려한 설계 기준을 의미한다. 올바르게 설계된 수공구는 작업자의 피로를 줄이고, 작업 효율성을 높이며, 작업 중 부상 위험을 최소화할 수 있다. 수공구 설계는 주로 인체공학적 원리에 기반하며, 도구를 사용하는 작업자의 편안함과 안전성을 고려한 설계가 이루어진다.

세부 원칙

1. 자연스러운 손목 자세 : 도구를 사용할 때 작업자의 손목이 자연스러운 자세(중립 자세)를 유지할 수 있도록 설계해야 한다. 손목을 비틀거나 꺾지 않도록 해야 한다.
2. 넓은 접촉면적 : 손잡이와 손이 접촉하는 면적이 넓을수록, 특정 부위에 가해지는 압력이 줄어들어 피로를 감소시킵니다. 손바닥 전체에 골고루 힘이 전달될 수 있도록 설계되어야 한다.

답 ②

2020년
45 작업공간 배치의 기본 원칙에 관한 설명으로 옳지 않은 것은?

① 자주 사용하는 요소일수록 사용하기 편리한 지점에 배치한다.
② 사용 및 조작 순서를 고려하여 배치한다.
③ 동일한 요소들은 기억과 탐색이 쉽도록 일관된 지점에 배치한다.
④ 기능적으로 관련성이 높은 요소들은 분산 배치한다.
⑤ 목적 달성에 중요한 요소일수록 사용하기 편리한 지점에 배치한다.

2015년
33 공간의 이용 및 배치에서 부품배치의 원칙으로 옳지 않은 것은?

① 중요성의 원칙
② 기능별 배치의 원칙
③ 사용방법의 원칙
④ 사용순서의 원칙
⑤ 사용빈도의 원칙

2022년
33 작업장의 도구, 부품, 조종장치 배치에서 작업의 효율성 향상을 위해 적용 하는 원리가 아닌 것은?

① 일관성 원리
② 중요도 원리
③ 독창성 원리
④ 사용 순서의 원리
⑤ 사용 빈도의 원리

2017년
43 기계나 설비를 작업공간에 배치하는 경우에 작업 성능을 향상시키기 위한 배치원칙이 아닌 것은?

① 중요성의 원칙
② 기능성의 원칙
③ 사용심리의 원칙
④ 사용빈도의 원칙
⑤ 사용순서의 원칙

2019년
40 다음 중 올바른 작업방법 설계 시 고려해야 할 사항으로 옳지 않은 것은?

① 동작을 천천히 하여 최대 근력을 얻도록 한다.
② 동작의 중간범위에서 최대한의 근력을 얻도록 한다.
③ 가능하다면 중력의 방향으로 작업을 수행하도록 한다.
④ 최대한 발휘할 수 있는 힘의 50% 이상을 유지한다.
⑤ 눈동자의 움직임을 최소화한다.

▶ 2020년 45번 ■ 작업성능 향상시키기 위한 작업공간 배치의 기본원칙
① 중요성의 원칙 – 중요한 요소일수록 사용하기 편리한 지점에 배치
② 사용빈도의 원칙 – 자주 사용할수록 편리한 지점에 배치
③ 기능별 배치의 원칙 – 기능적으로 관련성이 높은 요소들은 가깝게 배치
④ 사용순서의 원칙 – 사용순서를 고려하여 배치

답 ④

▶ 2015년 33번 ■ 작업성능 향상시키기 위한 작업공간 배치의 기본원칙
20년 45번 해설 참조

답 ③

▶ 2022년 33번 ■ 작업성능 향상시키기 위한 작업공간 배치의 기본원칙
20년 45번 해설 참조

답 ③

▶ 2017년 43번 ■ 작업성능 향상시키기 위한 작업공간 배치의 기본원칙
20년 45번 해설 참조

답 ③

▶ 2019년 40번 ■ 올바른 작업방법 설계 시 고려해야 할 사항
④ 올바른 작업방법 설계 시, 작업자가 최대한 발휘할 수 있는 힘의 15% 이하로 작업을 설계하는 원칙은 작업자의 피로를 줄이고, 장시간 작업을 효율적으로 수행할 수 있도록 하기 위한 중요한 인체공학적 고려 사항이다. 이 원칙은 지속적이고 반복적인 작업을 수행할 때, 근육 피로를 최소화하고 부상 위험을 줄이기 위해 적용된다.

답 ④

2022년

40 근골격계부담작업 유해성 평가를 위한 인간공학적 도구에 관한 내용으로 옳지 않은 것은?

① RULA는 하지 자세를 평가에 반영한다.
② REBA는 동작의 반복성을 평가에 반영한다.
③ QEC는 작업자의 주관적 평가 과정이 포함되어 있다.
④ OWAS는 중량물 취급 정도를 평가에 반영한다.
⑤ NLE는 중량물의 수평 이동거리를 평가에 반영한다.

2017년

37 23kg의 부재를 제자리에서 들어 올리는 들기작업을 수행할 때 시작점에서 NIOSH의 들기작업공식에 의한 들기지수(LI)는?

- 중량물과 몸통과의 수평거리(H)는 50cm이다.
- 중량물을 들기 시작하는 손의 수직높이(V)는 75cm이다.
- 중량물을 들어올리는 수직이동거리(D)는 25cm이다.
- 회전(A)은 발생하지 않는다.
- 물체의 모양은 손으로 쉽게 잡을 수 있는 경우이다.(CM = 1.0)
- 1시간 이내의 작업 이후 회복시간이 작업시간의 1.2배 정도 되는 짧은 수준의 작업으로서 빈도변수(FM)는 0.8이다.

① 1.25 ② 1.50 ③ 2.00
④ 2.50 ⑤ 3.00

2018년

48 NIOSH 들기작업 공식을 이용한 중량물취급 작업의 평가에 관한 설명으로 옳은 것을 모두 고른 것은?

ㄱ. 들기지수(LI)가 1보다 작으면 안전한 작업이다.
ㄴ. 작업지속시간과 작업의 횟수를 조사해야 한다.
ㄷ. 가장 좋은 조건에서 들기작업의 최대 권장 하중은 25kg이다.

① ㄱ ② ㄷ ③ ㄱ, ㄴ
④ ㄴ, ㄷ ⑤ ㄱ, ㄴ, ㄷ

제4장 인간공학

▶ 2022년 40번

■ NLE(납하중한계, NIOSH Lifting Equation)

NLE(NIOSH Lifting Equation)는 중량물을 들어올리는 작업에서 작업자의 근골격계에 가해지는 부담을 평가하고, 작업자의 허리 부상을 방지하기 위한 권장 중량 한계를 계산하는 도구이다. 이를 통해 안전한 작업 환경을 조성하고, 작업자의 부상 위험을 줄이기 위한 기준을 설정할 수 있다.

NLE의 주요 목적

1. 중량물 취급 시 작업자의 근골격계 부상(특히 허리)을 예방하기 위한 안전한 중량 한계를 설정.
2. 들어올리는 동작의 안전성을 평가하고, 반복적인 중량물 취급 작업에서 부상 가능성을 최소화하는 기준을 제공.

부상 가능성 평가 - 리프팅 인덱스(LI) 작업이 얼마나 위험한지를 평가한다.

LI = 실제 들어올리는 중량 / RWL로 계산되며, LI 값이 1 이상이면 작업자가 허리 부상 위험에 노출될 가능성이 높다는 것을 의미한다.

1. LI ≤ 1: 안전한 작업.
2. LI > 1: 부상의 위험이 있으며, 작업 환경 개선이 필요함.

답 ⑤

▶ 2017년 37번

$$LI = \frac{\text{실제작업무게} LC}{\text{권장무게 한계} RWL}$$

$$RWL = 23 \times HM \times VM \times DM \times AM \times FM \times CM$$
$$= 23 \times 0.5 \times 1 \times 1 \times 1 \times 0.8 \times 1 = 9.2$$

$$LI = \frac{23}{9.2} = 2.5$$

$$HM(\text{수평계수}) = \frac{25}{H} = \frac{25}{50} = 0.5$$

$$VM(\text{수직계수}) = 1 - [0.003 \times (V - 75)] = 1 - [0.003 \times (75 - 75)] = 1 - 0 = 1$$

$$DM(\text{거리계수}) = 0.82 + \frac{4.5}{D} = 0.82 + \frac{4.5}{25} = 1$$

$$AM(\text{비대칭성계수}) = 1 - (0.0032 \times A)$$

① 신체중심에서 물건중심까지 비틀린 각도
② 비틀림이 없으면 → 1
③ 비틀림이 135도가 넘으면 → 0
∴ AM = 1

답 ④

▶ 2018년 48번

■ NLE(납하중한계, NIOSH Lifting Equation)

리프팅 인덱스(LI)

LI = 실제 들어올리는 중량 / RWL로 계산되며, LI 값이 1 이상이면 작업자가 허리 부상 위험에 노출될 가능성이 높다는 것을 의미한다.

1. LI ≤ 1: 안전한 작업.
2. LI > 1: 부상의 위험이 있으며, 작업 환경 개선이 필요함.

답 ③

2015년

36 근골격계 질환발생의 원인 중 직접원인이 아닌 것은?

① 숙련도
② 부적절한 자세
③ 반복성
④ 과도한 힘
⑤ 접촉스트레스(신체적 압박)

2013년

41 NIOSH 들기지침에 관한 설명으로 옳지 않은 것은?

① OWAS, RULA, REBA 등이 평가기법으로 사용된다.
② 초기에는 양손 대칭 작업에만 적용할 수 있었으나, 그 이후에는 비대칭작업, 커플링(coupling) 효과가 추가되었다.
③ 이 가이드는 역학적(epidemiological), 생체역학적(biomechanical), 생리학적(physiological), 심물리학적(psychophysical) 기준에 근거하여 개발되었다.
④ 권장무게한계(Recommended Weight of Limit)를 계산하여 제시하여 준다.
⑤ 들기작업지수(Lifting Index)를 계산하는데 LI는 실제 작업물의 무게와 권장무게 한계의 비율이며, LI값이 1.0보다 작아야 안전하다.

2019년

35 근골격계 질환 예방을 위한 유해요인 평가방법 중 안전하게 작업할 수 있는 중량물의 허용중량 한계(RWL)를 계산할 수 있는 평가방법은?

① OWAS
② REBA
③ RULA
④ NIOSH Lifting Guidelines
⑤ Strain Index

▶ 2015년 36번   ■ 근골격계 질환의 원인
① 부적절한 작업자세
② 과도한 힘 필요작업(중량물 취급 + 수공구 취급)
③ 접촉 스트레스 발생작업
④ 진동공구 취급작업
⑤ 반복적인 작업

답 ①

▶ 2013년 41번   ■ NIOSH 들기 지침(NIOSH Lifting Guidelines)
NIOSH 들기 지침(NIOSH Lifting Guidelines)은 미국 국립산업안전보건연구원(NIOSH)에서 개발한 기준으로, 중량물 취급 작업 중 근골격계 부상(특히 허리 부상)을 예방하기 위한 방법을 제시한다. 이 지침은 중량물을 안전하게 들어올릴 수 있는 최대 하중을 계산하고, 작업자에게 적절한 작업환경과 절차를 제안하는 도구로 널리 사용된다. NIOSH 들기 방정식(NLE, NIOSH Lifting Equation)을 사용하여 권장 하중 한계(RWL, Recommended Weight Limit)를 산출하고, 작업자의 부상 위험성을 평가한다.

답 ①

▶ 2019년 35번   ■ NIOSH 들기 지침(NIOSH Lifting Guidelines)
NIOSH 들기 지침(NIOSH Lifting Guidelines)은 미국 국립산업안전보건연구원(NIOSH)에서 개발한 기준으로, 중량물 취급 작업 중 근골격계 부상(특히 허리 부상)을 예방하기 위한 방법을 제시한다. 이 지침은 중량물을 안전하게 들어올릴 수 있는 최대 하중을 계산하고, 작업자에게 적절한 작업환경과 절차를 제안하는 도구로 널리 사용된다. NIOSH 들기 방정식(NLE, NIOSH Lifting Equation)을 사용하여 권장 하중 한계(RWL, Recommended Weight Limit)를 산출하고, 작업자의 부상 위험성을 평가한다.

답 ④

2014년

46 다음은 유해요인평가에서 근골격계 부담작업을 평가하는 기법들에 대한 설명이다. 옳은 것을 모두 고른 것은?

> ㄱ. OWAS 기법은 몸통(허리), 팔, 다리, 무게, 목의 자세에 대하여 평가한다.
> ㄴ. RULA 기법은 몸통(허리), 상완(윗팔), 전완(아래팔), 손목, 손목비틀림, 목, 다리의 자세에 대하여 평가하며, 근육사용 및 힘을 고려한다.
> ㄷ. REBA 기법은 몸통(허리), 상완(윗팔), 전완(아래팔), 손목, 목, 다리의 자세에 대하여 평가하며, 힘 및 발의 사용을 고려한다.

① ㄱ
② ㄱ, ㄴ
③ ㄱ, ㄷ
④ ㄴ, ㄷ
⑤ ㄱ, ㄴ, ㄷ

2024년

42 산업안전보건기준에 관한 규칙 상 근골격계부담작업으로 인한 건강장해 예방과 관련된 내용으로 옳지 않은 것은?

① 근골격계질환 예방과 관련하여 노사 간 이견이 없는 근로자 수 80명인 사업장에서 연간 업무상 질병으로 인정받은 근골격계질환자가 5명 발생한 경우에 근골격계질환 예방관리 프로그램을 수립 및 시행해야 한다.
② 근로자가 근골격계 부담작업을 하는 경우에 해당 작업에 대해 3년마다 유해요인 조사를 실시하여야 한다.
③ 근골격계 부담작업에 해당하는 새로운 작업·설비를 도입한 경우에는 지체 없이 유해요인조사를 실시해야 한다.
④ 5킬로그램 이상의 중량물을 들어올리는 작업을 하는 경우에는 취급하는 물품의 중량과 무게중심에 대해 작업장 주변에 안내표시 하여야 한다.
⑤ 근골격계 부담작업 유해요인조사를 실시할 때 작업과 관련된 근골격계질환 징후와 증상 유무를 조사해야 한다.

2024년

43 근골격계질환 예방을 위한 유해요인 평가방법에 관한 설명으로 옳은 것은?

① REBA는 손으로 물체를 잡을 때 손잡이 조건을 평가에 반영한다.
② NLE의 LI는 값이 클수록 안전한 작업이다.
③ REBA는 보행 동작을 평가에 반영한다.
④ NLE는 중량물의 수평 운반거리를 평가에 반영한다.
⑤ OWAS는 팔꿈치 각도를 평가에 반영한다.

▶ 2014년 46번　■ REBA 기법(신체부위별 불편지수 평가법, Rapid Entire Body Assessment)
　　　　　　　　REBA 기법(신체부위별 불편지수 평가법, Rapid Entire Body Assessment)은 작업자가 작업 중 취하는 자세와 동작을 평가하여 근골격계 질환 위험성을 분석하는 인간공학적 평가 도구이다. REBA는 주로 작업자 전체 몸의 자세를 평가하며, 특히 작업 중 발생할 수 있는 근골격계 부상의 위험성을 평가하는 데 유용한다. 다양한 작업 환경에서 간편하고 빠르게 작업 자세의 위험도를 평가할 수 있도록 설계되었다.

　　　　　　　　REBA 기법의 적용 대상
　　　　　　　　전체적인 신체 동작이 많이 사용되는 작업에 적합한다. 특히, 물건을 들어 올리거나 내리는 작업, 비틀거나 구부린 자세로 작업을 수행하는 경우 등에서 효과적으로 사용할 수 있다.

　　　　　　　　REBA 기법 평가 단계
　　　　　　　　1. 작업 자세 평가 - REBA는 신체의 여러 부위를 두 가지 그룹으로 나누어 평가한다:
　　　　　　　　　A 그룹: 목, 몸통, 다리의 자세.
　　　　　　　　　B 그룹: 상지(팔, 손목)의 자세.
　　　　　　　　　이 두 그룹의 자세를 평가한 후, 각 신체 부위의 위치에 따른 점수를 기록한다.
　　　　　　　　2. 작업 강도 및 힘의 사용 평가 - 중량물 취급 시 들어올리는 힘의 크기 또는 작업 시 가해지는 힘의 크기도 고려하여 추가 점수를 부여한다.
　　　　　　　　3. 작업 중 비틀림 및 균형 불안정성 평가 - 작업자가 작업 중에 몸을 비틀거나 균형을 유지하기 어려운 상태인지도 평가한다.
　　　　　　　　4. 결과 계산 - 각 그룹(A 그룹과 B 그룹)의 점수를 합산하고, 힘의 크기, 비틀림, 균형 불안정성에 따른 추가 점수를 적용하여 최종 REBA 점수를 계산한다. 최종 점수는 작업 자세의 위험도를 나타내며, 0점에서 15점까지 평가된다.

　　　　　　　　답 ②

▶ 2024년 42번　■ 근골격계질환 예방관리 프로그램 적용대상
　　　　　　　　1) 자율적인 시행
　　　　　　　　　근골격계질환 예방을 위하여 종합적, 전사적으로 참여하여 유해요인 조사, 작업환경 개선, 통증 호소자 관리 등의 추진을 희망하는 경우
　　　　　　　　2) 법적인 시행
　　　　　　　　　① 근골격계질환으로 산업재해보상보험법 시행령 별표3에 따라 업무상 질병으로 인정받은 근로자가 연간 10인 이상 발생한 사업장 또는 5인 이상 발생한 사업장으로 근로자수의 10%이상 발생한 경우
　　　　　　　　　② 근골격계질환 예방관련 노·사간 이견이 지속되는 사업장으로 고용노동부장관이 필요하다고 인정하여 명령한 경우

　　　　　　　　답 ①

▶ 2024년 43번　■ 근골격계질환 평가기법
　　　　　　　　② NLE의 LI(들기지수)는 값이 클수록 작업자의 부담이 크다는 것을 의미한다. 들기지수가 1보다 크게되면 요통 위험성이 높은 것으로 간주한다.
　　　　　　　　③ REBA는 직업성상지질환과 관련한 위해인자 평가 목적으로 개발, 작업의 반복성, 정적작업, 힘, 작업자세, 연속작업시간 등을 고려하여 평가한다.
　　　　　　　　④ NLE는 중량물의 수평 운반거리가 아니라, 물체를 최대한 멀리 잡고 들수 있는 수평거리를 평가에 반영한다.
　　　　　　　　⑤ OWAS 평가방법에는 허리, 팔, 다리의 자세와 무게 항목에 따라 평가 항목별 로 4가지 위험 수준으로 분류한다.

　　　　　　　　답 ①

2025년
48 인간공학적 의자설계 시 일반원칙에 관한 내용으로 옳지 않은 것은?

① 척추의 요부전만을 유지한다.
② 디스크가 받는 압력을 감소시킨다.
③ 정적 자세고정을 증가시킨다.
④ 등근육의 정적 부하를 감소시킨다.
⑤ 조정이 용이해야 한다.

2025년
49 근골격계부담작업의 범위 및 유해요인조사 방법에 관한 고시에서 정하고 있는 근골격계부담작업에 해당하지 않는 것은? (단, 단기작업 또는 간헐적인 작업은 제외한다.)

① 하루에 5시간 이상 집중적으로 자료입력 등을 위해 키보드 또는 마우스를 조작하는 작업
② 하루에 3시간 이상 목, 어깨, 팔꿈치, 손목 또는 손을 사용하여 같은 동작을 반복하는 작업
③ 하루에 2시간 이상 쪼그리고 앉거나 무릎을 굽힌 자세에서 이루어지는 작업
④ 하루에 12회 이상 25kg 이상의 물체를 드는 작업
⑤ 하루에 총 1시간 이상, 분당 2회 이상 2.5kg 이상의 물체를 드는 작업

▶ 2025년 48번   ■ 의자설계 원칙
- 요부 전만(배가 볼록 나오는) 유지
- 조정이 용이
- 자세고정 줄임
- 등근육의 정적부하 감소
- 디스크가 받는 압력 감소
- 좌판의 깊이는 작은사람에게 맞도록, 너비는 큰 사람에게 맞도록
- 좌판의 높이는 대퇴가 압박되지 않도록 오금 높이보다 높지 않아야 함
- 의자 좌면 높이는 5% 오금 높이로 함

③ 의자에 앉아 한 자세로 고정되어 있는 것은 특정 근육에 정적 부하를 증가시켜 피로와 통증을 유발한다. 따라서, 의자는 자세를 자주 바꿀 수 있도록 동적 자세를 유도하는 것이 좋다.   답 ③

▶ 2025년 49번   ■ 근골격계부담작업의 범위 및 유해요인조사 방법에 관한 고시
제3조(근골격계부담작업)
10. 하루에 총 2시간 이상, 분당 2회 이상 4.5kg 이상의 물체를 드는 작업   답 ⑤

3. 작업환경

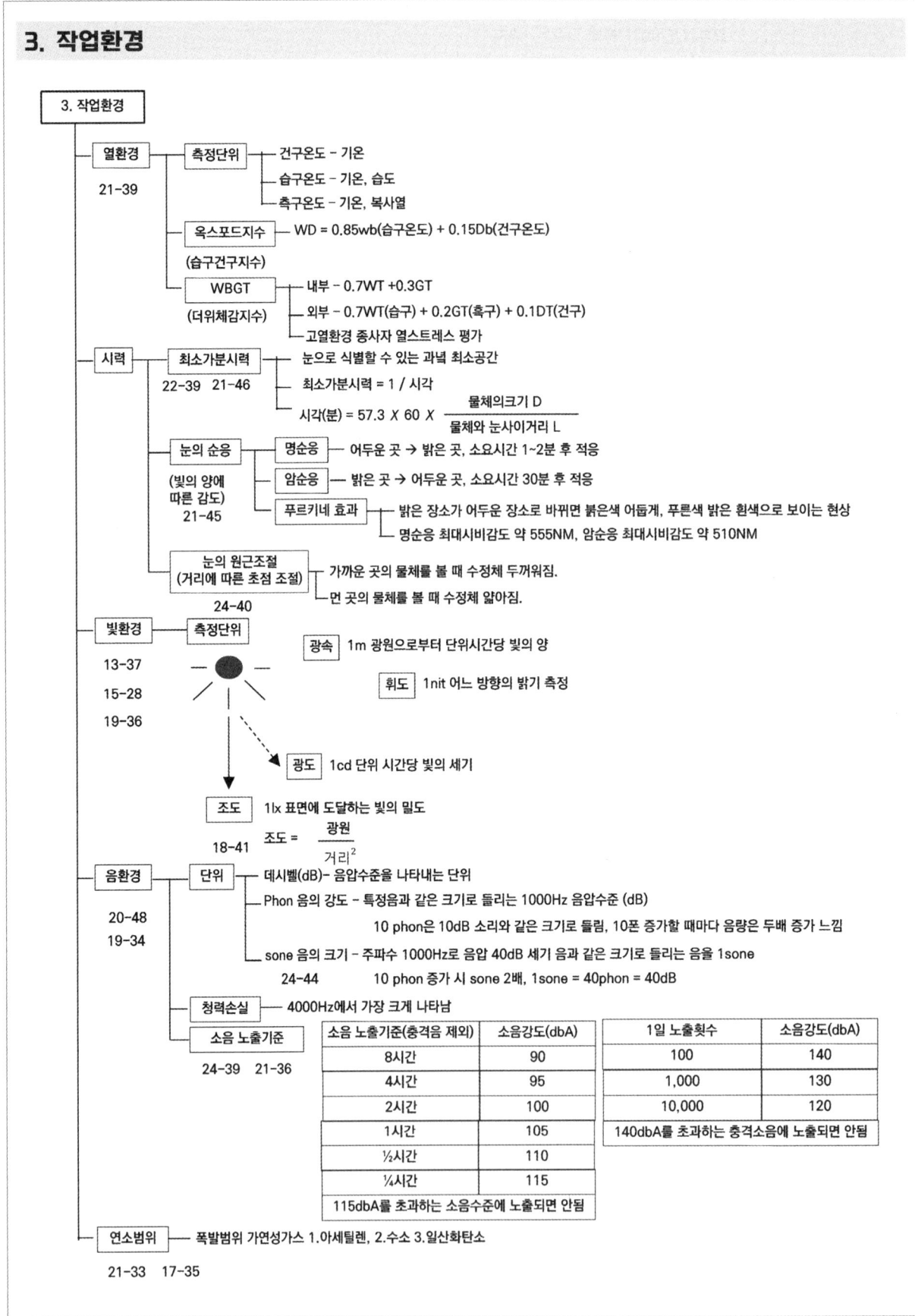

MEMO

예제 문제

2014년

28 인간공학적 설계를 위하여 고려하여야 하는 작업환경 영향요소의 설명으로 옳지 않은 것은?

① 조명은 작업대의 조도기준 상 보통작업은 150럭스 이상으로 한다.
② 온도는 작업의 경중에 따라 그 기준치를 달리하며, 일반적으로 최적온도는 18 ~ 21℃이다.
③ 우리나라의 소음 노출기준은 90dB(A)에 8시간 노출을 기준으로 정하고 있으며, '5dB(A) 법칙'을 적용하지 않는다.
④ 고열, 냉습, 온도, 기류 및 환기가 적절하지 않은 경우 작업자의 건강과 정신적 스트레스 및 육체적 피로에 영향을 미친다.
⑤ 표시·조종장치는 작업정보가 정확하게 표시되고, 인간의 실수 또는 오조종으로 위험이 발생하지 않도록 보호장치 및 비상조종장치를 설치한다.

2021년

39 건구온도 42℃, 습구온도 32℃ 일 경우 Oxford지수는?

① 33.5℃ ② 35.5℃ ③ 37.5℃
④ 38.5℃ ⑤ 40.5℃

2013년

37 조명에 관한 용어의 설명으로 옳지 않은 것은?

① 광도(luminous intensity)는 단위 입체각당 광원에서 방출되는 광속으로 측정한다.
② 휘도(luminance)는 단위 면적당 표면에 반사 또는 방출되는 빛의 양을 말한다.
③ 조도(illuminance)는 어떤 물체의 표면에서 내는 빛의 양을 말한다.
④ 반사율(reflectance)은 휘도와 조도의 비를 말한다.
⑤ 대비(luminance contrast)는 과녁의 휘도와 배경의 휘도 차를 말한다.

정답 및 해설

▶ 2014년 28번

■ 소음 및 진동에 의한 건강장해의 예방

5dB(A) 법칙은 주로 소음 관리와 관련된 법칙이다. 이 법칙은 작업 환경에서 소음의 허용 기준에 관한 규정으로, 소음이 일정 수준을 초과할 경우 허용 가능한 작업 시간을 제한하는 기준을 제시한다. 구체적으로는 소음이 85dB(A)인 환경에서 작업자는 8시간 동안 일할 수 있는 기준이 된다.

그러나 소음이 90dB(A)로 5dB(A) 증가하면, 작업자의 허용 작업 시간이 절반으로 줄어들어 4시간만 작업이 가능한다.

답 ③

▶ 2021년 39번

■ 옥스퍼드(oxford)지수(습구건구지수)

① WD = 0.85Wb(습구온도) + 0.15Db(건구온도)
   = 0.85 × 32 + 0.15 × 42 = 33.5℃

답 ①

▶ 2013년 37번

■ 조도(Illuminance)

조도(Illuminance)는 단위 면적당 받는 빛의 양을 나타내는 물리량으로, 일반적으로 조도(lux, lx) 단위를 사용한다. 조도는 빛이 얼마나 밝게 비추는지를 나타내며, 이는 우리가 일하거나 생활하는 공간의 밝기를 평가할 때 중요한 요소이다.

조도는 루멘(lumen)으로 측정되는 빛의 총량이 면적(m²)에 나누어진 값으로, 다음과 같은 공식으로 계산할 수 있다.

$$조도(lux) = \frac{루멘(lm)}{면적(m^2)}$$

주요 개념
1. 루멘(lm): 빛의 총량 또는 밝기. 한 방향으로 비추는 빛의 강도.
2. 룩스(lx): 면적당 빛의 양, 즉 1m²당 도달하는 루멘의 양.

답 ③

2020년
30 빛의 성질에 관한 설명으로 옳지 않은 것은?

① 과녁이 배경보다 어두우면 대비는 0 ~ 100% 사이의 값이다.
② 명도는 색의 선명한 정도, 즉 색깔의 강약을 말한다.
③ 휘도는 단위면적당 표면에서 반사 또는 방출되는 빛의 양을 말한다.
④ 조도는 어떤 물체나 표면에 도달하는 빛의 밀도를 말한다.
⑤ 빛을 완전히 발산 및 반사시키는 표면의 반사율은 100%이다.

2015년
28 다음 중 점광원에 관한 조도를 나타내는 식으로 옳은 것은?

① $\dfrac{광도}{거리}$
② $\dfrac{광도^2}{거리}$
③ $\dfrac{광도}{거리^2}$
④ $\left(\dfrac{거리}{광도}\right)^2$
⑤ $\dfrac{거리}{광도^2}$

2019년
36 1 칸델라(cd)의 점광원으로부터 2m 떨어진 곳의 조도는 얼마인가?

① 0.25 lux
② 0.5 lux
③ 1 lux
④ 2 lux
⑤ 3 lux

▶ 2020년 30번

■ 명도(Brightness 또는 Lightness)

명도(Brightness 또는 Lightness)는 색의 밝기를 나타내는 개념으로, 색의 밝고 어두운 정도를 의미한다. 명도는 색의 밝음과 어두움의 차이를 표현하며, 색을 구분하는 중요한 요소 중 하나이다.

명도의 특징

1. 명도 범위: 명도는 0에서 100까지의 범위로 표현되며, 0은 완전한 검정색, 100은 완전한 흰색을 의미한다.
2. 밝은 색 vs 어두운 색: 명도가 높은 색은 흰색에 가까운 밝은 색을 의미하고, 명도가 낮은 색은 검정에 가까운 어두운 색을 나타낸다.
3. 명도의 영향: 명도는 색의 시각적 인식에 큰 영향을 미치며, 특정 환경에서 시각적 피로도를 줄이기 위해 적절한 명도를 사용하는 것이 중요한다.

답 ②

▶ 2015년 28번

■ 조도(Illuminance)

점광원에 의한 조도는 광원의 위치에서 나오는 빛이 특정 지점에 도달할 때의 밝기를 나타낸다. 이를 계산하는 기본적인 수식은 역제곱 법칙을 따르며, 광원에서의 거리와 광원의 광속에 따라 조도가 달라진다.

점광원에 의한 조도를 나타내는 식은 다음과 같다.

$$조도\ E = \frac{I}{r^2} = \frac{광도}{거리^2}$$

식의 구성 요소:

1. E : 조도 (Illuminance) [lx, 럭스] - 측정 지점에서의 빛의 밝기.
2. I : 광도의 크기 (Luminous Intensity) [cd, 칸델라] - 광원의 특정 방향에서의 빛의 강도.
3. r : 광원과 측정 지점 사이의 거리 [m, 미터].

이 식은 거리 r가 증가할수록 조도 E가 거리의 제곱에 반비례하여 급격히 감소함을 보여줍니다. 즉, 거리가 두 배가 되면 조도는 1/4로 줄어드는 효과가 있다. 이 수식은 점광원에서 방사되는 빛이 균일하게 퍼진다고 가정할 때 적용할 수 있다.

답 ③

▶ 2019년 36번

■ 조도(Illuminance)

$$조도 = \frac{광원}{거리^2} = \frac{1cd}{2^2} = \frac{1}{4} = 0.25$$

답 ①

2018년

41 광원으로부터 2m 떨어진 곳의 조도가 2,000lux이면, 같은 광원으로부터 4m 거리에서의 조도(lux)는? (단, 동일한 조명 환경이 유지되는 것으로 가정한다.)

① 100
② 200
③ 250
④ 500
⑤ 1,000

2024년

44 정상 청력을 가진 성인이 느끼는 소리의 크기를 비교할 때, 1,000HZ 순음에서 80db의 소리는 60db의 소리에 비해 얼마나 더 크게 들리는가?

① 약 1.3배
② 약 2배
③ 약 2.6배
④ 약 4배
⑤ 약 8배

2019년

34 인간이 느끼는 음량크기에 관한 내용으로 옳지 않은 것은?

① phon은 특정 음과 같은 크기로 들리는 1,000Hz 순음의 음압수준(dB) 값으로 정의된다.
② 40phon은 20phon 보다 2배 큰 음이다.
③ 2sone은 1sone의 2배 크기의 음이다.
④ 등음량 곡선은 주파수를 변화시켜 가면서 같은 크기로 들리는 음압수준(dB)들을 연결한 곡선이다.
⑤ 1sone은 1,000Hz, 40dB인 음의 크기이다.

▶ 2018년 41번

■ 조도(Illuminance)

조도(lux) = 광원/거리² = 광원/2² = 2,000 lux

따라서 광원 = 2000 * 2² = 8,000 lux, 조도 = 8,000 / 4²= 500 lux

답 ④

▶ 2024년 44번

■ 음량크기

소리의 크기를 비교할 때, 인간이 느끼는 소리의 크기(음의 크기)는 데시벨(dB) 값의 차이에 따라 로그 스케일로 변한다. 이는 소리의 물리적 강도와 사람이 느끼는 주관적 크기가 일대일 대응이 아니기 때문에 발생하는 차이이다.

소리의 크기 차이를 느끼는 정도는 약 10dB 차이가 날 때, 사람은 소리가 약 두 배 더 크게 들린다고 한다. 따라서, 1,000Hz의 순음에서 80dB의 소리는 60dB의 소리보다 20dB 더 크다.

이 차이를 이용해 인간이 느끼는 소리의 상대적인 크기를 비교하면, 20dB 차이는 약 4배 더 크게 들린다고 할 수 있다.

구체적으로

1. 10dB 차이는 2배 더 크게,
2. 20dB 차이는 2배 더 크게 느껴지는 소리의 2배, 즉 4배 더 크게 느껴진다.

따라서 1,000Hz에서 80dB의 소리는 60dB의 소리에 비해 약 4배 더 크게 느껴진다.

답 ④

▶ 2019년 34번

■ phon(음의 강도)

폰(phon)은 소리의 크기를 나타내는 단위로, 주관적인 음의 크기를 측정하는 데 사용된다. 이는 주파수에 따른 등청감 곡선을 기반으로 하며, 사람의 청각이 주파수에 따라 소리를 다르게 느끼는 특성을 반영한다.

40폰과 20폰의 차이를 설명할 때, 소리 크기의 폰(phon) 값이 10 증가할 때마다 사람은 소리가 약 두 배 더 크게 느껴진다. 따라서 40폰의 소리는 20폰의 소리보다 2배 더 크게 느껴지는 소리가 2배 더 커지므로, 총 4배 더 크게 느껴진다.

정리하면, 40폰의 소리는 20폰의 소리에 비해 사람에게 약 4배 더 크게 들린다.

답 ②

2021년
32 비행기로부터 30m 떨어진 곳에서의 음압이 140dB이라면, 300m 떨어진 곳에서의 음압은 몇 dB 인가? (단, 조건은 동일하다.)

① 90   ② 100   ③ 110
④ 120   ⑤ 130

2020년
48 경계, 경보를 위한 청각신호 선택 지침에 관한 설명으로 옳지 않은 것은?

① 개시기간이 짧은 고강도 신호를 사용한다.
② 주파수는 500 ~ 3,000Hz가 가장 효과적이다.
③ 장거리 신호는 1,000Hz 이하로 한다.
④ 주의, 집중을 위해서는 변조된 신호를 사용한다.
⑤ 배경소음의 주파수와 동일하게 한다.

2021년
40 화학물질 및 물리적 인자의 노출기준에서 제시된 소음의 노출기준(충격소음 제외)에 관한 일부내용이다. ( )에 들어갈 내용으로 옳은 것은?

1일 노출시간(hr)	소음강도dB(A)
8	(ㄱ)
4	(ㄴ)

① ㄱ: 90, ㄴ: 95
② ㄱ: 90, ㄴ: 100
③ ㄱ: 95, ㄴ: 100
④ ㄱ: 95, ㄴ: 105
⑤ ㄱ: 100, ㄴ: 100

▶ 2021년 32번 ■ 소음계산

음압 레벨(dB)은 거리와 음원 강도의 관계를 설명하는 역제곱 법칙에 따라 거리의 제곱에 반비례하여 감소한다. 소리가 퍼지면서 거리가 증가할수록 음압이 줄어드는 현상을 설명하는 법칙이다.
음압 레벨이 거리에 따라 어떻게 변하는지 계산할 때 사용하는 공식은 다음과 같다:

$$L_2 = L_1 - 20\log(\frac{r2}{r1})$$

L_1 = 처음 거리에서의 음압 레벨 (dB) = 140dB
L_2 = 새로운 거리에서의 음압 레벨 (dB)
r1 = 처음 거리 (m) = 30m
r2 = 새로운 거리 (m) = 300m

$$L_2 = 140 - 20\log(\frac{300}{30}) = 140 - 20\log(10) = 140 - 20 \times 1 = 120 dB$$

따라서, 비행기로부터 300m 떨어진 곳에서의 음압은 120dB이다.

답 ④

▶ 2020년 48번 ■ 청각신호 선택 지침

① 개시시간이 짧은 고강도 신호 사용
② 주파수 500~3,000Hz 진동수 사용
③ 장거리 신호는 1,000Hz 이하
④ 주의 집중이 필요하면 변조된 신호 사용
⑤ 배경 소음의 진동수와 다른 신호를 사용

답 ⑤

▶ 2021년 40번 ■ 소음의 노출기준

소음 노출기준(충격음 제외)	소음강도(dBA)
8	90
4	95
2	100
1	105
1/2	110
1/4	115

115dBA를 초과하는 소음수준에 노출되어서는 안됨

1일 노출횟수	소음강도(dBA)
100	140
1,000	130
10,000	120

140dBA를 초과하는 충격 소음에 노출되어서는 안됨

답 ①

2과목 산업안전일반

2019년

41 작업장에서 근로자가 1일 8시간 작업하는 동안 90dB(A)에서 4시간, 95dB(A)에서 4시간 소음에 노출되었다. 아래 허용노출시간표를 활용한 소음 노출지수는 얼마인가?

1일 노출시간	소음강도
8 시간	90dB(A)
4 시간	95dB(A)
2 시간	100dB(A)
1 시간	105dB(A)
0.5 시간	110dB(A)

① 0.8　　② 0.9　　③ 1.0
④ 1.2　　⑤ 1.5

2022년

39 시력이 1.2인 사람이 6m 떨어진 곳에서 구분할 수 있는 벌어진 틈의 최소 크기(mm)는? (단, 소수점 둘째자리에서 반올림하여 소수점 첫째자리까지 구하시오.)

① 1.0　　② 1.3　　③ 1.5
④ 1.7　　⑤ 1.9

2021년

46 5m 떨어진 곳에서 1.5mm 벌어진 틈을 구분할 수 있는 사람의 최소가분시력은? (단, 소수점 둘째자리에서 반올림하여 소수점 첫째자리까지 구하시오.)

① 0.5　　② 1.0　　③ 2.0
④ 2.5　　⑤ 3.0

2021년

45 다음은 푸르키네 효과(Purkinje Effect)에 관한 내용이다. (　)에 들어갈 내용으로 옳은 것은?

- 색의 식별은 암순응과 명순응으로 나누어지고 우리 눈의 망막에는 추상체와 간상체라는 두 종류의 시신경이 있는데 추상체는 (ㄱ)을(를) 주로 느끼고 간상체는 (ㄴ)을(를) 주로 느낀다.
- (ㄷ)된 눈의 최대비시감도는 약 555nm이고 (ㄹ)된 눈의 최대비 시감도는 약 510nm로서 짧은 파장으로 이동한다.

① ㄱ: 색상, ㄴ: 명암, ㄷ: 명순응, ㄹ: 암순응　　② ㄱ: 명암, ㄴ: 색상, ㄷ: 암순응, ㄹ: 명순응
③ ㄱ: 명암, ㄴ: 채도, ㄷ: 암순응, ㄹ: 명순응　　④ ㄱ: 명암, ㄴ: 색상, ㄷ: 명순응, ㄹ: 암순응
⑤ ㄱ: 채도, ㄴ: 명암, ㄷ: 암순응, ㄹ: 명순응

▶ 2019년 41번 ■ 소음노출지수(D)=(C1*T1)+(C2*t2)+...+(Cn*tn)
C1: 특정 소음에 노출된 총시간
T1: 특정 소음에 노출될 수 있는 허용노출시간
따라서 4/8 + 4/4 = 1.5

소음 노출지수(Noise Exposure Index, NEI)는 작업장에서 근로자가 소음에 노출된 정도를 평가하기 위한 지표이다. 이는 근로자가 일정 기간 동안 다양한 소음 수준에 노출되었을 때 그 노출량이 허용 기준을 얼마나 초과했는지를 나타내며, 작업장에서 소음 노출을 관리하고 근로자의 청각 건강을 보호하는 중요한 지표로 사용된다.

답 ⑤

▶ 2022년 39번 ■ 시력 – 물체의 형태를 알아보는 능력 (시력=1/시각)

$$시력 = \frac{1}{시각}, \quad 시각 = \frac{1}{시력} = \frac{1}{1.2} = 0.83$$

$$시각 = 0.83 = 57.3 \times 60 \times \frac{물체의 크기 D}{물체와 눈사이거리 L}$$

$$0.83 = 57.3 \times 60 \times \frac{D}{6,000}$$

$$D = 1.44 ≒ 1.5$$

답 ③

▶ 2021년 46번 ■ 시력
시각(분) = 57.3 × 60 × D:물체의 크기/L:물체와 눈사이 거리
시각 = 57.3 × 60 × 1.5/5,000mm = 1.03
시력 = 1/시각 = 1/1.0314 ≒ 1.0

답 ②

▶ 2021년 45번 ■ 푸르키네 효과
푸르키네 효과(Purkinje effect)는 인간의 시각에서 밝기와 색 인식이 변화하는 현상을 설명하는 개념이다. 주로 저조도 환경에서 발생하는 시각적 현상으로, 낮은 조명에서는 파란색 계열의 색이 더 밝게 보이고, 빨간색 계열의 색은 더 어둡게 보이는 현상이다.
이 효과는 눈의 두 가지 주요 광수용체인 간상세포(rods)와 원추세포(cones)가 작용하는 방식에서 기인한다.

푸르키네 효과의 주요 특징
1. 명소 적응(Photopic Vision) : 밝은 빛에서 원추세포가 주로 작용하여 빨간색이나 녹색 같은 장파장(따뜻한 색)에 더 민감한다.
2. 암소 적응(Scotopic Vision) : 어두운 빛에서 간상세포가 주로 작용하여 파란색이나 보라색 같은 단파장(차가운 색)에 더 민감한다.
3. 푸르키네 효과 : 밝은 빛에서는 빨간색이 더 밝아 보이지만, 어두운 환경에서는 파란색이 더 밝게 보이는 현상이다.

답 ①

2021년
33 공기 중 연소(폭발)범위가 가장 넓은 것은?

① 수소
② 암모니아
③ 프로판
④ 에탄
⑤ 메탄

2017년
35 공기 중 연소범위가 가장 넓은 것은?

① 암모니아
② 메탄
③ 프로판
④ 에탄
⑤ 아세틸렌

▶ 2021년 33번   ■ 연소범위
공기 중 연소범위는 가연성 물질이 공기와 혼합되어 불이 붙을 수 있는 농도 범위를 말한다. 이 범위는 연소 하한(LEL, Lower Explosive Limit)과 연소 상한(UEL, Upper Explosive Limit)으로 나뉘며, 가연성 혼합물이 이 범위 안에 있어야만 연소나 폭발이 일어날 수 있다.

1. 주요 개념
    1) 연소 하한(LEL, Lower Explosive Limit): 연소가 일어나기 위한 최소 농도. 이 농도보다 낮으면, 혼합물이 너무 희박하여 불이 붙지 않는다.
    2) 연소 상한(UEL, Upper Explosive Limit): 연소가 일어날 수 있는 최대 농도. 이 농도보다 높으면, 혼합물이 너무 농후하여 산소가 부족해 불이 붙지 않는다.

2. 예시
    1) 메탄(CH_4)의 연소범위는 약 5%~15%이다. 즉, 메탄이 공기 중에서 농도가 5% 미만이면 연소할 수 없고, 15%를 넘어서면 산소가 부족하여 연소가 일어나지 않는다.
    2) 프로판(C_3H_8)의 연소범위는 약 2.1%~9.5%로, 이 범위 안에서만 불이 붙을 수 있다.

3. 중요성
    안전 관리: 연소범위를 이해하고 관리하는 것은 화재 및 폭발 사고를 예방하는 데 매우 중요하다. 가연성 물질이 연소범위 안에 있을 경우, 발화원이 존재하면 폭발이나 화재가 일어날 수 있기 때문에 주의가 필요하다.

연소범위

가연성 가스	영문	분자식	하한계	상한계	범위
수소	Hydrogen	H_2	4	75	71
일산화탄소	Carbon Monoxide	CO	12.5	74	61.5
아세틸렌	Acetylene	C_2H_2	2.5	81	78.5
에틸렌	Ethylene	C_2H_4	2.7	36	33.3
벤젠	Benzene	C_6H_6	1.3	7.9	6.6
메탄	Methane	CH_4	5	15	10
에탄	Ethane	C_2H_6	3	12.4	9.4
프로판	Propane	C_3H_8	2.1	9.5	7.4
부탄	Butane	C_4H_{10}	1.86	8.41	6.55
헵탄	Heptane	C_7H_{16}	1.05	6.7	5.65
암모니아	Ammonia	NH_3	15	28	13

답 ①

▶ 2017년 35번   ■ 연소범위
21년 33번 해설 참조

답 ⑤

50. 청각적표시장치의 일반원리에 해당하지 않는 것은? `2025년`

① 근사성
② 검약성
③ 분리성
④ 변동성
⑤ 양립성

▶ 2025년 50번　■ 청각적 표시장치의 일반원리
　　　　　　　　1. 근사성(Proximity) : 관련 있는 정보는 시간·공간적으로 가깝게 제시
　　　　　　　　2. 검약성(Economy) : 불필요한 정보는 줄이고 필요한 정보만 제공
　　　　　　　　3. 분리성(Separability) : 서로 다른 정보는 구분 가능하게 제시
　　　　　　　　4. 양립성(Compatibility) : 사용자의 기대나 관습에 맞는 방식으로 제시　　　　답 ④

4주완성 합격마스터
산업안전지도사 1차 필기
2과목 산업안전일반

제 5 장

시스템공학

제05장 시스템공학

1. 인간기계시스템

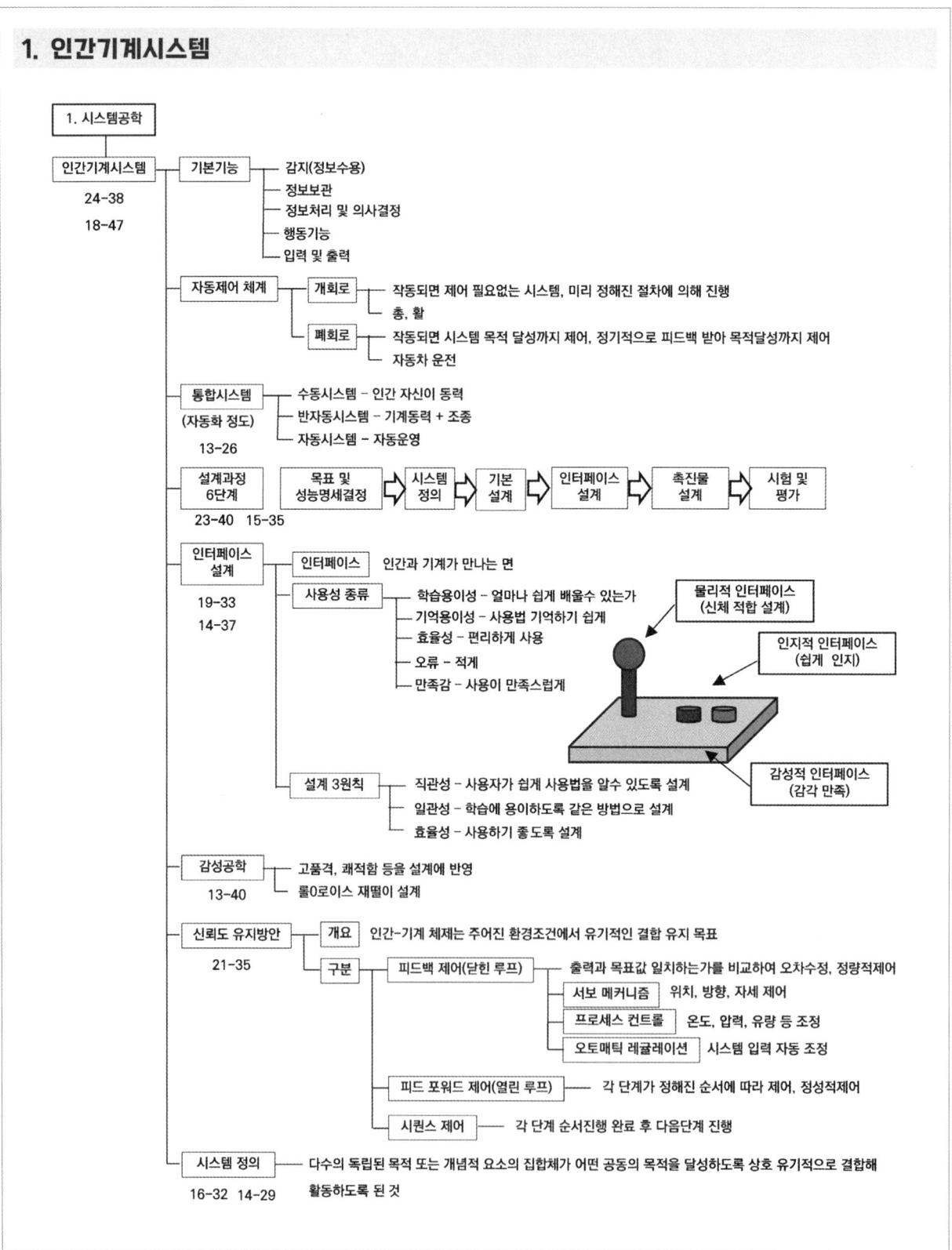

MEMO

예제 문제

2024년

38 인간 - 기계 시스템에 관한 설명으로 옳은 것은?

① 인간 - 기계 인터페이스는 인간 - 기계 시스템을 구성하는 요소이다.
② 인간 - 기계 시스템에서 표시장치는 인간의 반응를 표시하는 장치를 의미한다.
③ 작업자가 전동 공구를 사용하여 제품을 조립하는 과정은 인간 - 기계 시스템에 해당하지 않는다.
④ 인간의 주관적 반응은 인간 - 기계 시스템의 평가기준 중 시스템 기준(System-Descriptive Critria)에 해당한다.
⑤ 인간 - 기계 시스템을 평가할 때 심박수는 인간 성능에 관한 척도(Performance Measure)에 해당한다.

2018년

47 인간 - 기계시스템에 관한 설명으로 옳지 않은 것은?

① 인간-기계시스템에서 인간과 기계는 공통의 목표를 갖고 있다.
② 기계에서 경보음을 위한 스피커는 인간-기계시스템의 청각적 표시장치에 해당된다.
③ 인간-기계 인터페이스(interface)를 설계할 때는 인간의 신체적 특성, 인지 특성, 감성 특성 등을 고려해야 한다.
④ 인간-기계시스템은 정보 표시 방식에 따라 개회로(open-loop) 시스템과 폐회로(closed-loop) 시스템으로 구분된다.
⑤ 인간-기계시스템은 사용 환경을 고려하여 설계하여야 한다.

2013년

26 인간 - 기계시스템은 수동시스템, 기계화시스템 및 자동화시스템으로 분류할 수 있다. 다음 설명 중 옳지 않은 것은?

① 자동화시스템에서는 기계가 의사결정을 한다.
② 수동시스템에서는 인간의 통제를 받아 제품을 생산하는 것이 기계의 기능이다.
③ 기계화시스템에서는 인간의 통제를 받아 제품을 생산하는 것이 기계의 기능이다.
④ 기계화시스템에서 표시장치로부터 정보를 얻어 조종장치를 통해 기계를 통제하는 것은 인간의 기능이다.
⑤ 빨래를 하는 경우 수동시스템은 사람이 직접 하는 것이고, 자동화시스템은 사람이 물과 세제를 세탁기에 넣어 주면 자동으로 세탁하고 탈수하는 것이다.

정답 및 해설

▶ 2024년 38번　■ 자동제어 체계
② 인간-기계 시스템에서 표시장치는 기계 장치의 정보를 제시하는 부분이다.
③ 작업자가 전동 공구를 사용하여 제품을 조립하는 과정은 반자동시스템이다.
④ 인간 기준의 종류에는 1.인간의 성능척도, 2.주관적반응 3.생리학적 지표, 4.사고 및 과오빈도가 있다.
시스템기준은 시스템이 의도하는 바를 나타내는 척도로 인간의 성능척도와 유사하다.
⑤ 인간 성능 척도는 감각, 정신, 근육 활동 등이며, 혈압, 맥박수, 등은 생리학적 지표이다.
답 ①

▶ 2018년 47번　■ 인간-기계 시스템에서 정보 표시 방식
인간-기계 시스템에서 정보 표시 방식에 따라 여러 가지 유형으로 구분할 수 있다. 이를 통해 사용자는 시스템과 상호작용하는 방식에 따라 다양한 정보 제공 방법을 선택할 수 있다. 일반적으로 정보 표시 방식은 다음과 같이 분류된다
1. 아날로그 표시 방식
2. 디지털 표시 방식
3. 혼합 표시 방식 - 아날로그와 디지털 정보를 동시에 제공하는 방식
4. 시각적 표시 방식
5. 청각적 표시 방식
6. 촉각적 표시 방식
답 ④

▶ 2013년 26번　■ 인간-기계 통합 시스템
1. 수동 시스템 (Manual System) - 모든 작업을 인간이 직접 수행하는 시스템이다. 기계나 장비는 단순히 도구의 역할을 하며, 주요 작업 제어와 운영은 인간의 몫이다.
예시: 손 공구를 사용한 작업, 전통적인 제조 공정, 수동 조작 차량 운전 등.
2. 기계화 시스템 (Mechanized System) - 기계가 인간의 작업을 일부 보조하는 시스템이다. 기계가 물리적인 작업을 수행하지만, 인간이 여전히 주도적으로 시스템을 제어한다.
예시: 자동화된 기계가 아닌 공장 설비, 건설 장비(예: 굴착기), 기계식 공정.
3. 자동화 시스템 (Automated System) - 시스템이 대부분의 작업을 독립적으로 수행하며, 인간의 개입이 최소화된 시스템이다. 컴퓨터, 센서, 프로그램 등을 이용하여 시스템이 스스로 제어하고 작동한다.
예시: 산업 로봇, 자동 생산 라인, 무인 운송 시스템, 스마트 공장.
답 ⑤

2013년

40 다음 중 감성공학에 관한 설명으로 옳지 않은 것은?

① 사람의 느낌(이미지)을 고객이 요구하는 제품의 품질특성으로 변환시키고, 이를 물리적 설계요소로 번역시키는 기술이다.
② 일본의 스포츠카인 '미야타'는 최초의 감성공학 설계가 반영된 제품이다.
③ 인간-기계시스템에서 인간과 기계 사이에 정보를 주고받는 휴먼인터페이스 설계가 주요 문제로 대두되고 있다.
④ 소비자의 감성에 호소하는 제품을 설계하기 위해서 소비자의 감성적 특성을 반영하는 것이지 신체적 특성을 반영하는 것은 아니다.
⑤ 감성공학 기법으로는 기능전개형, 다변량해석형, 가상현실형이 있다.

2023년

40 인간-기계시스템 설계과정 6단계를 순서대로 옳게 나열한 것은?

ㄱ. 시스템 정의	ㄴ. 목표 및 성능명세 결정
ㄷ. 기본설계	ㄹ. 인터페이스 설계
ㅁ. 촉진물, 보조물 설계	ㅂ. 시험 및 평가

① ㄱ → ㄴ → ㄷ → ㄹ → ㅁ → ㅂ
② ㄱ → ㄴ → ㄹ → ㄷ → ㅁ → ㅂ
③ ㄱ → ㄷ → ㄴ → ㅁ → ㄹ → ㅂ
④ ㄴ → ㄱ → ㄷ → ㄹ → ㅁ → ㅂ
⑤ ㄴ → ㄷ → ㄱ → ㅁ → ㄹ → ㅂ

2015년

35 인간공학에 관한 내용으로 시스템 설계 과정을 올바른 순서로 나열한 것은?

ㄱ. 기본설계	ㄴ. 계면(Interface)설계
ㄷ. 시험 및 평가	ㄹ. 목표 및 성능 명세 결정
ㅁ. 보조물(편의수단)설계	ㅂ. 체계의 정의

① ㄱ → ㄴ → ㅂ → ㄹ → ㅁ → ㄷ
② ㄱ → ㄹ → ㄴ → ㅂ → ㅁ → ㄷ
③ ㄴ → ㄱ → ㅂ → ㄹ → ㅁ → ㄷ
④ ㄹ → ㅂ → ㄱ → ㄴ → ㅁ → ㄷ
⑤ ㅂ → ㄱ → ㄴ → ㄹ → ㅁ → ㄷ

▶ 2013년 40번 　■ 감성공학
감성공학(Kansei Engineering)은 제품이나 시스템을 설계할 때 사용자의 감정, 감성, 느낌 등을 고려하여 디자인하고 개발하는 공학 분야이다. 즉, 사용자가 제품이나 서비스를 사용할 때 느끼는 감정적 반응을 분석하고 이를 반영해 더욱 직관적이고 만족스러운 경험을 제공하는 것이 목적이다. 감성공학은 인간의 심리적, 감각적 측면을 반영하여 제품의 기능성과 더불어 감성적인 측면까지도 만족시킬 수 있는 제품을 개발하는 데 중점을 둔다.
　④ 제품을 사용할 때 사용자가 느끼는 감정(예: 즐거움, 편안함, 신뢰감)을 분석한다. 설문조사, 인터뷰, 생체 반응 측정 등 다양한 방법을 통해 데이터를 수집한다.

답 ④

▶ 2023년 40번 　■ 인간-기계시스템 설계과정 6가지 단계
　1. 목표 및 성능 명세 결정 (Goal and Performance Specification) – 이 단계에서는 시스템의 목적과 성능 목표를 설정한다. 사용자가 달성해야 하는 목표를 명확히 정의하고, 시스템이 얼마나 효율적이고 안전하게 동작해야 하는지 성능 기준을 명확히 설정한다.
　2. 시스템 정의 (System Definition) – 시스템의 주요 구성 요소와 그 상호작용을 정의하는 단계이다. 시스템의 경계, 하위 시스템, 인간과 기계 간의 역할을 구체적으로 정의한다.
　3. 기본 설계 (Preliminary Design) – 시스템의 전체적인 구조와 기능을 설계하는 단계로, 각 기능을 수행하기 위한 기본적인 설계 요소를 도출한다. 시스템의 전반적인 작동 원리와 구성 요소 간의 관계를 명확히 설정한다.
　4. 인터페이스 설계 (Interface Design) – 사용자가 기계를 조작하고 정보를 확인할 수 있도록 하는 인터페이스를 설계하는 단계이다. 인터페이스는 사용자가 쉽게 이해하고 사용할 수 있도록 설계해야 하며, 시각적, 청각적, 촉각적 요소를 모두 고려한다.
　5. 촉진물 및 보조물 설계 (Facilitators and Support Systems Design) – 사용자가 시스템을 더 효과적으로 사용할 수 있도록 돕는 촉진물과 보조 시스템을 설계한다. 매뉴얼, 경고 시스템, 교육 시스템 등 사용자가 시스템을 쉽게 이해하고 사용할 수 있도록 지원하는 요소를 포함한다.
　6. 시험 및 평가 (Testing and Evaluation) – 설계된 시스템이 실제로 사용자 요구를 충족하고 성능 목표를 달성하는지 평가하는 단계이다. 시스템의 사용성, 안전성, 효율성을 검증하고, 필요한 경우 개선한다.

답 ④

▶ 2015년 35번 　■ 인간-기계시스템 설계과정 6가지 단계
2023년 40번 해설 참조

답 ④

2019년

33 인간공학에서는 인간의 신체적 특성과 인지적 특성을 고려하여 제품을 설계한다. 인간특성과 설계사례의 연결로 옳지 않은 것은?

① 신체적 특성 - 사용자의 손 크기를 고려한 박스의 손잡이 설계
② 인지적 특성 - 전자레인지가 작동 중에 문을 열면 작동을 멈추도록 하는 인터락 설계
③ 신체적 특성 - 오금 높이를 기준으로 책상용 의자의 높이를 설계
④ 인지적 특성 - 작업자의 팔 행동반경을 고려하여 조종 장치를 배치
⑤ 인지적 특성 - 전화기 버튼을 누르면, 눌릴 때 마다 청각적 피드백을 제공하는 설계

2020년

47 사용자 인터페이스 설계에서 고려되는 사용성(Usability)의 세부내용에 관한 설명으로 옳지 않은 것은?

① 학습 용이성: 과거의 경험과 직관에 의해 사용법을 쉽게 익히도록 설계한다.
② 효율성: 저렴한 비용으로 최상의 정보를 얻을 수 있도록 설계한다.
③ 기억 용이성: 시간이 지나도 사용법을 기억하기 쉽도록 설계한다.
④ 오류 최소화 및 복구 용이성: 오류가 적어야 하고 오류가 발생하더라도 복구하기 쉽게 설계한다.
⑤ 주관적 만족감: 사용자가 만족하고 몰입할 수 있도록 설계한다.

2022년

35 인간-컴퓨터 상호작용에서 닐슨(J. Nielsen)이 정의한 사용성의 세부 속성에 해당하지 않는 것은?

① 적합성(conformity)
② 학습 용이성(learnability)
③ 기억 용이성(memorability)
④ 주관적 만족도(subjective satisfaction)
⑤ 오류의 빈도와 정도(error frequency and severity)

▶ 2019년 33번　■ 인간공학(Human Factors Engineering)

인간공학(Human Factors Engineering)은 인간의 신체적 및 인지적 특성을 고려하여 제품, 시스템, 환경 등을 설계하는 학문이다. 이를 통해 사용자의 안전성, 편의성, 효율성을 향상시키는 것이 목표이다.

1. 신체적 특성 (Physical Characteristics) - 인간의 신체 구조와 능력을 고려하여 제품을 설계한다. 이때 신체적 특성에는 키, 몸무게, 손 크기, 힘의 세기, 운동 범위 등이 포함된다. 이러한 특성을 고려하지 않으면 사용자가 불편함을 느끼거나 부상을 입을 수 있다.

   예시
   1) 의자, 책상, 도구 등의 높이와 크기를 사람의 평균 신체 크기에 맞게 조정.
   2) 도구의 손잡이 크기를 다양한 손 크기에 맞게 설계하여 사용성을 개선.
   3) 작업 공간에서 손을 뻗거나 움직일 때 과도한 힘이나 불편한 자세를 요구하지 않도록 설계.

2. 인지적 특성 (Cognitive Characteristics) - 인간의 정보 처리 능력, 주의력, 기억력, 판단력 등을 고려하여 제품이나 시스템을 설계한다. 사용자가 시스템을 쉽게 이해하고 사용할 수 있도록 설계하는 것이 목적이다. 복잡한 인터페이스나 정보의 과부하는 사용자에게 혼란을 줄 수 있다.

   예시:
   1) 운전 중 사용되는 자동차 계기판은 운전자가 쉽게 정보를 인식하고 빠르게 반응할 수 있도록 단순하고 직관적으로 설계.
   2) 복잡한 소프트웨어의 메뉴 구조를 단순화하여 사용자가 쉽게 사용할 수 있도록 인터페이스를 설계.
   3) 경고 시스템에서 색상, 소리, 진동을 적절히 사용하여 사용자가 즉각적으로 상황을 인지하고 대응할 수 있도록 설계.

답 ④

▶ 2020년 47번　■ 인터페이스 설계 구분

1. 학습용이성 (Learnability) - 사용자가 시스템이나 인터페이스를 처음 접할 때 얼마나 쉽게 배우고 사용할 수 있는지를 의미한다. 인터페이스가 직관적일수록 사용자는 짧은 시간 내에 기능을 익히고, 효과적으로 사용할 수 있다.
2. 효율성 (Efficiency) - 사용자가 인터페이스를 숙지한 후 작업을 얼마나 빠르고 효율적으로 수행할 수 있는지를 의미한다. 효율성 높은 인터페이스는 사용자가 적은 노력으로 더 많은 작업을 수행할 수 있도록 돕는다.
3. 기억용이성 (Memorability) - 사용자가 시스템을 사용하지 않다가 다시 돌아왔을 때, 얼마나 쉽게 이전에 배운 내용을 기억하고 다시 사용할 수 있는지를 의미한다. 사용성 높은 인터페이스는 기억하기 쉬워 반복적으로 사용해도 쉽게 익숙해진다.
4. 오류 (Errors) - 사용자가 인터페이스를 사용하는 동안 발생하는 오류의 빈도와 심각성을 최소화하는 것이 중요하다. 또한, 오류가 발생했을 때 사용자가 이를 쉽게 해결할 수 있어야 한다.
5. 만족감 (Satisfaction) - 사용자가 시스템을 사용할 때 느끼는 주관적인 만족감을 의미한다. 사용자가 인터페이스를 사용하는 동안 즐거움을 느끼고, 전체적인 경험이 긍정적이어야 한다.

이 다섯 가지 요소를 고려한 인터페이스 설계는 사용자가 쉽게 배우고, 효율적으로 사용하며, 오류 없이 만족스럽게 경험할 수 있는 시스템을 구축하는 데 중요한 역할을 한다.

답 ②

▶ 2022년 35번　■ 인터페이스 설계 구분

20년 47번 해설 참조

답 ①

2014년
37 시스템의 설계 단계 중 '인터페이스 설계'에 해당하는 것은?

① 시스템의 목표와 성능에 대해 결정된 요구사항의 규격에 맞추어 시스템이 실행해야 할 기능을 정의하는 단계이다.
② 시스템이 형태를 갖추기 시작하는 단계로서 주요 인간공학적 활동은 기능할당, 직무분석, 작업설계가 있다.
③ 인간-기계 시스템의 계면의 특성에 초점을 두고 인간의 능력과 한계에 부합되도록 고려한다.
④ 수용 가능한 인간성능을 도울 수 있는 자료 또는 보조물들에 대한 계획을 하게 된다.
⑤ 개발절차가 진행됨에 따라 각 단계에 따르는 평가가 수행된다.

2021년
35 인간-기계체계의 신뢰도 유지방안 중 피드백 제어방식에 해당하는 것을 모두 고른 것은?

> ㄱ. 서보 메커니즘(servo mechanism)
> ㄴ. 프로세스 컨트롤(process control)
> ㄷ. 오토매틱 레귤레이션(automatic regulation)

① ㄱ
② ㄴ
③ ㄱ, ㄷ
④ ㄴ, ㄷ
⑤ ㄱ, ㄴ, ㄷ

▶ 2014년 37번   ■ 인간-기계시스템 설계과정 6가지 단계
4. 인터페이스 설계 (Interface Design) - 사용자가 기계를 조작하고 정보를 확인할 수 있도록 하는 인터페이스를 설계하는 단계이다. 인터페이스는 사용자가 쉽게 이해하고 사용할 수 있도록 설계해야 하며, 시각적, 청각적, 촉각적 요소를 모두 고려한다.

주요 활동
1) 사용자와 시스템 간의 상호작용 설계
2) 디스플레이, 제어 장치, 경고 시스템 등 설계
3) 사용자 인터페이스(UI) 디자인
결과: 인터페이스 설계도, 프로토타입

③ 인간-기계 시스템에서 계면의 특성이란, 인간과 기계 간의 상호작용이 이루어지는 인터페이스(계면, Interface)의 성질과 특징을 의미한다. 이는 사용자가 시스템과 어떻게 상호작용하고, 그 과정에서 어떠한 경험을 하게 되는지를 결정하는 중요한 요소이다. 인간-기계 시스템 설계에서 계면의 특성을 고려한다는 것은 인간의 능력과 한계를 반영하여 사용자가 시스템을 쉽게 사용하고, 효율적이며 안전하게 상호작용할 수 있도록 설계하는 것을 말하며, 계면의 특성은 사용자 경험을 개선하고 시스템의 사용성과 안전성을 높이는 데 중요한 역할을 한다.

답 ③

▶ 2021년 35번   ■ 피드백 제어방식
인간-기계 체계에서 피드백 제어방식은 시스템의 신뢰도를 유지하고 성능을 개선하는 중요한 방식이다. 피드백 제어는 시스템이 목표 상태와 실제 상태를 비교하여 필요한 조정을 자동으로 수행하는 방식이다. 이러한 피드백 제어 방식은 인간-기계 시스템에서 발생할 수 있는 오류나 변동을 최소화하고, 시스템이 원활하게 작동하도록 돕는다.

1. 서보 메커니즘 (Servo Mechanism) - 주로 운동 제어와 정밀한 위치 조정에 적합하며, 위치나 속도를 지속적으로 조정하여 목표 상태를 유지한다.
   적용 예시:
   1) 로봇 팔이 정밀한 위치로 이동할 때 서보 모터를 사용하여 목표 위치에 정확하게 도달.
   2) 항공기의 자동 조종 시스템에서 기체의 자세와 속도를 제어.
2. 프로세스 컨트롤 (Process Control) - 산업 공정에서 주로 사용되어 변수(예: 온도, 압력)를 일정하게 유지한다.
   적용 예시:
   1) 화학 공정에서 온도와 압력을 일정하게 유지하는 시스템.
   2) 발전소에서 증기 압력과 온도를 관리하여 시스템의 안정성을 유지하는 제어 시스템.
3. 오토매틱 레귤레이션 (Automatic Regulation) - 다양한 시스템에서 변동하는 변수들을 자동으로 조정하여 안정성을 보장하는 방식이다.
   적용 예시:
   1) 전기 시스템에서 전압이나 전류의 변동을 자동으로 조절하는 시스템.
   2) HVAC 시스템에서 실내 온도와 습도를 자동으로 유지하는 장치.

답 ⑤

2014년

29 시스템에 관한 설명으로 옳지 않은 것은?

① 시스템의 정의는 '다수의 독립된 목적 또는 개념적 요소의 집합체가 어떤 공동의 목적을 달성하도록 상호 유기적으로 결합해 활동하도록 된 것'이다.
② 시스템은 여러 요소의 집합체로서 각 요소는 같은 기능을 수행하면서 상호 유기적인 관계를 유지하고, 공동의 목표를 지향하며 활동하는 것이다.
③ 요소의 결합이 자연적으로 된 것을 '생태시스템'이라 한다.
④ 공학시스템에는 수송 시스템, 송배전 시스템, 생산 시스템 등이 있다.
⑤ 공학시스템에서의 수송 시스템은 버스 시스템, 기차 시스템, 항공기 시스템 등으로 구성된다.

2016년

32 시스템의 특성에 관한 설명으로 옳지 않은 것은?

① 시스템은 환경에 적응하거나 극복하면서 유지시켜야 한다.
② 각각의 하위시스템들은 상호 간의 연관관계에 의해 시스템의 목표가 달성될 수 있도록 하여야 한다.
③ 시스템은 하나 이상의 하위시스템으로 구성된다.
④ 시스템은 단순히 구성요소들의 합이 아니며, 시스템 그 자체는 별개의 존재로서 하나의 단일체이다.
⑤ 시스템은 복잡한 환경 속에서 목표를 달성하기 위하여, 각각의 하위시스템이 독립적인 목표를 가지고 작동되도록 하여야 한다.

▶ 2014년 29번 ■ 시스템 특성

시스템(system)은 서로 독립적인 목적을 가진 여러 요소들이 상호 작용하면서 공동의 목적을 달성하기 위해 유기적으로 결합된 구조를 말한다. 시스템은 단순히 독립된 요소들의 집합이 아니라, 이들 요소 간의 상호작용과 협력을 통해 더 큰 목적을 달성할 수 있다.

시스템의 주요 특성

1. 구성 요소 (Components) – 시스템은 여러 독립된 구성 요소로 이루어집다. 이 구성 요소들은 물리적인 것일 수도 있고(예: 기계 부품), 추상적인 개념일 수도 있습니다(예: 소프트웨어 모듈).
2. 상호작용 (Interaction) – 구성 요소들은 상호 의존적이고 유기적으로 결합되어 있다. 즉, 각 구성 요소가 단독으로 동작하는 것이 아니라 다른 요소들과 상호작용하여 전체 시스템이 목표를 달성할 수 있도록 한다.
3. 공동의 목적 (Common Goal) – 시스템의 구성 요소들은 각각의 개별적인 목적이 있을 수 있지만, 시스템의 핵심은 이들이 결합하여 더 큰 공동의 목적을 달성하는 데 있다. 이를 통해 시스템은 개별 요소들만으로는 달성할 수 없는 목표를 달성하게 된다.
4. 계층적 구조 (Hierarchical Structure) – 대부분의 시스템은 계층적 구조로 이루어져 있다. 즉, 시스템 안에는 하위 시스템들이 있고, 이 하위 시스템들 역시 독립적인 목적과 기능을 가지지만 전체 시스템의 목적을 달성하기 위해 역할을 수행한다.

② 시스템은 단순히 여러 요소의 집합체가 아니라, 이러한 요소들이 상호작용하여 더 큰 목적을 달성하는 데 중요한 역할을 한다는 점에서 중요하다.

답 ②

▶ 2016년 32번 ■ 시스템 특성

⑤ 시스템의 하위 시스템이 독립적인 목표를 가져서는 안 되기 때문이다. 시스템 내의 하위 시스템들은 각기 독립적인 목표를 갖는 것이 아니라, 전체 시스템의 공동 목표를 달성하기 위한 일관된 목적을 공유하고 상호작용해야 한다. 하위 시스템들이 독립적인 목표를 가지면, 시스템 전체의 목표와 충돌하거나 비효율적인 결과를 초래할 수 있다.

답 ⑤

2. 신뢰도

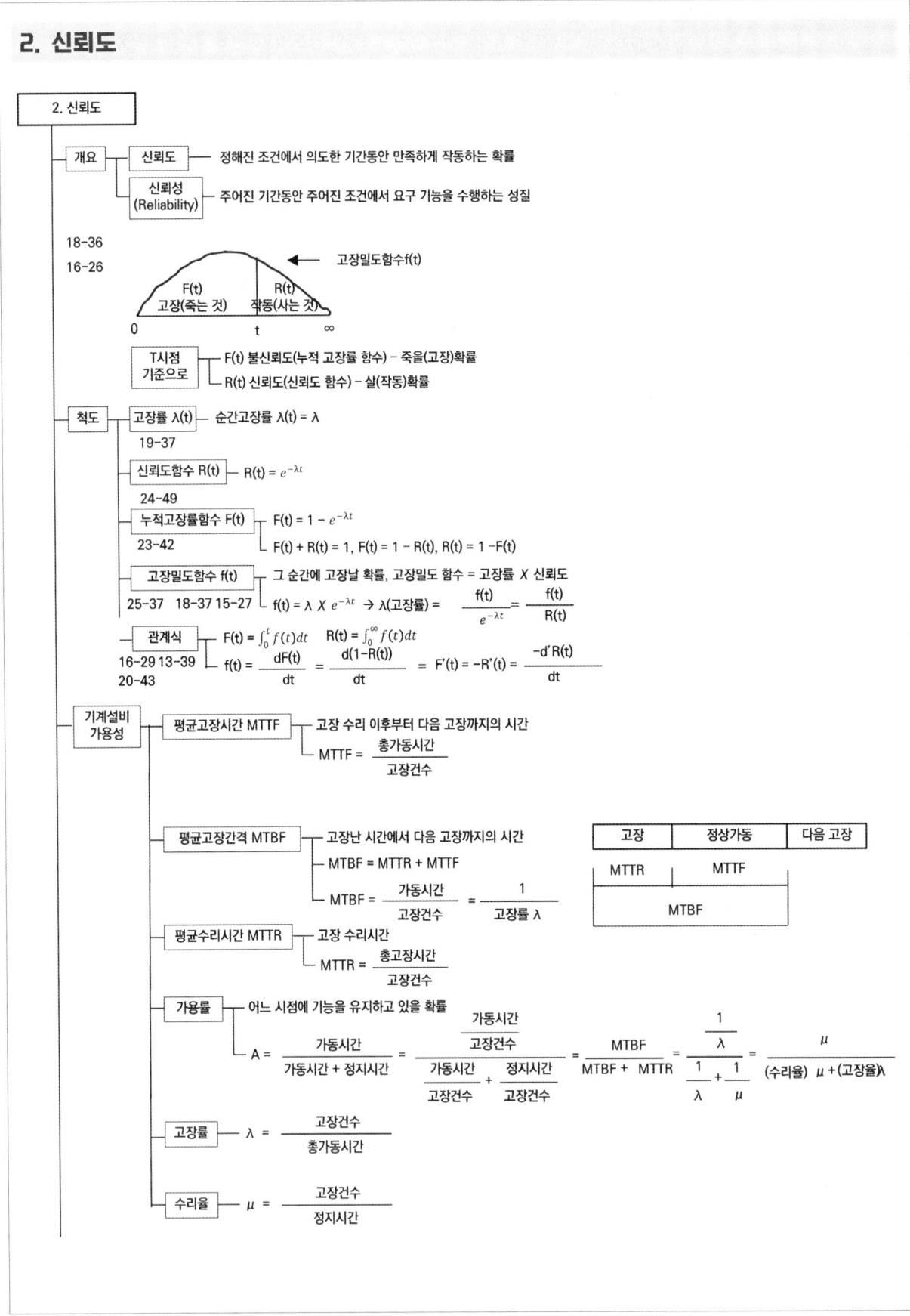

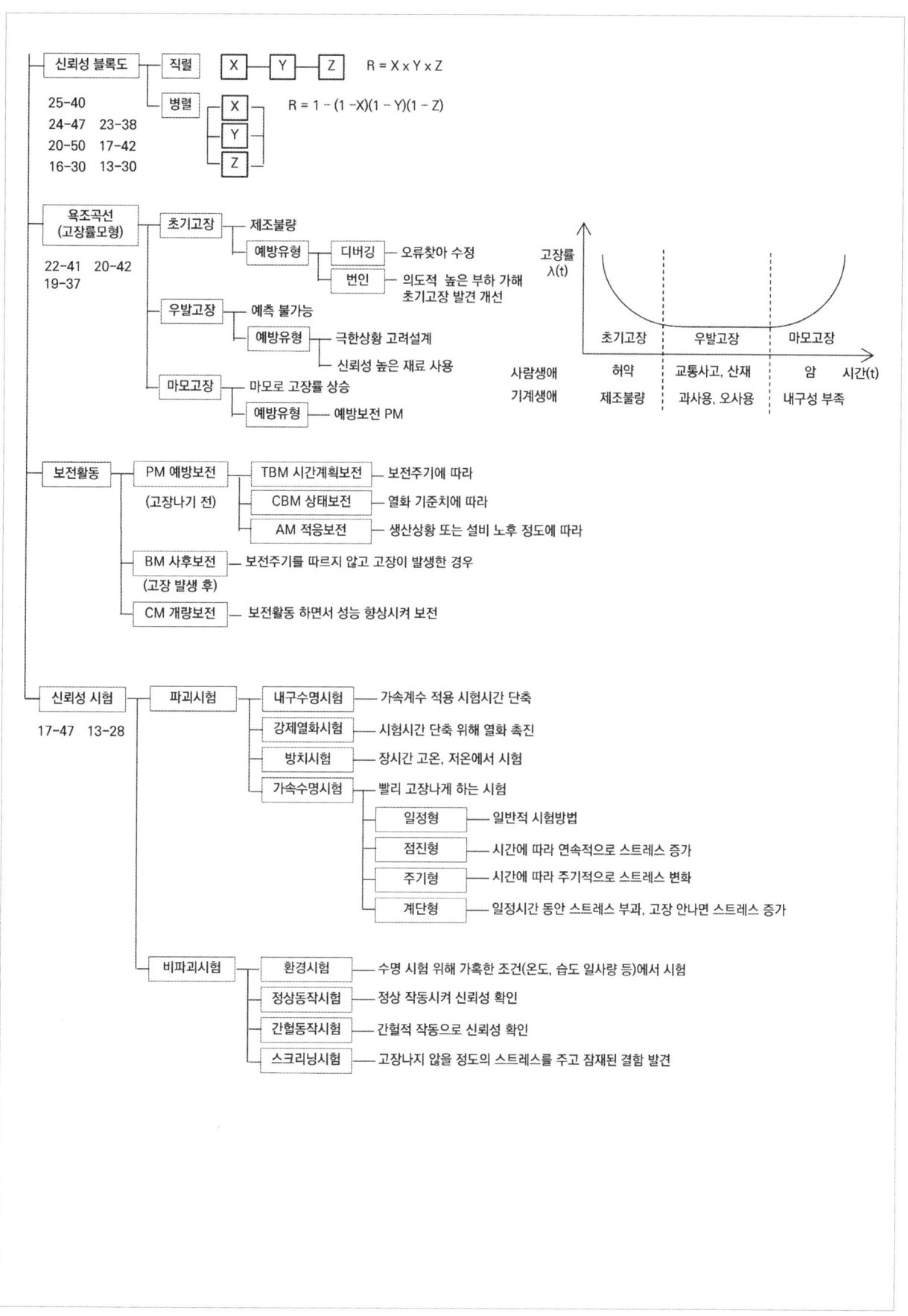

예제 문제

2013년

29 A 회사의 검사자는 이산적 직무인 부품의 내경검사 작업을 하루에 300개씩 실시하고 있다. 이 중에서 불량품을 10개 발견하여 290개를 원청회사에 납품하였고, 원청회사에서의 입고검사에서 30개가 더 발견되었다고 통보가 왔다. 원청회사에서의 검사가 완벽하다고 가정할 경우 이 검사자의 인간신뢰도(human reliability)는 얼마인가? (단, 소수점 셋째 자리에서 반올림한다.)

① 0.10　　② 0.13　　③ 0.87
④ 0.90　　⑤ 0.93

2018년

36 신뢰성의 개념에 관한 설명으로 옳지 않은 것은? (단, t는 시간이다.)

① 신뢰도는 시스템, 기기 및 부품 등이 정해진 사용조건에서 의도하는 기간에 정해진 기능을 수행할 확률이다.
② 누적고장률함수 F(t)는 처음부터 임의의 시점까지 고장이 발생할 확률을 나타내는 함수이다.
③ 고장밀도함수 f(t)는 시간당 어떤 비율로 고장이 발생하고 있는가를 나타내는 함수이다.
④ 고장률 h(t)는 현재 고장이 발생하지 않은 제품 중 단위시간 동안 고장이 발생할 제품의 비율이다.
⑤ 신뢰도함수 R(t)는 임의의 시점에서 고장을 일으키지 않고 남아 있는 제품의 비율로, 1- f(t)로 정의된다. (단, f(t)는 고장밀도함수이다.)

2016년

26 신뢰성 척도에 관한 설명으로 옳지 않은 것은?

① 특정시점에서의 신뢰도는 시스템 혹은 부품이 작동을 시작하여 어느 시점에서 작동하고 있지 않을 확률로 정의된다.
② 고장률(failure rate)은 특정시점까지 고장나지 않고 작동하던 시스템 혹은 부품이 이 시점으로부터 단위기간 내에 고장을 일으키는 비율을 나타낸 것이다.
③ 평균수명(MTTF)은 수리가 불가능한 시스템 혹은 부품인 경우의 평균수명을 뜻한다.
④ 평균잔여수명(MRL)은 현장에서 사용되고 있는 기존 설비의 교체 여부를 결정하는 데에 의미있는 정보를 제공하는 척도가 된다.
⑤ 백분위수명은 전체 부품 가운데 100%가 고장나는 시점을 나타낸다.

정답 및 해설

▶ 2013년 29번   ■ 신뢰도

① 인간 신뢰도를 표현하는 기본단위는 휴먼에러 확률(HEP)
② HEP는 주어진 작업이 수행하는 동안 발생하는 오류의 확률
③ HEP= 오류의 수 / 전체 오류발생 기회의 수
④ 이산적 직무에서 직무를 성공적으로 수행할 확률 = 1-HEP
⑤ 신뢰도(R)=1-HEP, R(n) = (1-HEP)^n

$$HEP = \frac{30}{300} = 0.1$$

인간신뢰도(R) = 1-0.1 = 0.9

답 ④

▶ 2018년 36번   ■ 신뢰도함수

신뢰도 함수 R(t)는 시스템이나 구성 요소가 시간 t까지 고장 없이 정상적으로 작동할 확률을 나타내는 함수이다. 즉, 신뢰도 함수는 특정 시간이 경과한 후에도 시스템이 여전히 정상적으로 작동할 확률을 계산하는데 사용된다.

신뢰도 함수와 관련된 함수

1. 확률 밀도 함수 f(t): 시스템이 정확히 시간 t에 고장 날 확률

$$f(t) = \frac{d}{dt}F(t), \quad F(t) = 1 - R(t)$$

2. 고장률 함수 λ(t): 시간 t에서 시스템이 고장 날 조건부 확률이다. 고장률 함수는 시스템이 시간 t까지 고장 나지 않은 경우, 그 시점에 고장 날 확률을 나타낸다.

$$\lambda(t) = \frac{f(t)}{R(t)}$$

3. 지수 분포에서의 신뢰도 함수 - 지수 분포는 고장률이 일정한 시스템의 신뢰도를 표현하는 데 많이 사용된다. 만약 고장률 λ가 일정하다면, 신뢰도 함수는 다음과 같이 표현된다.

$R(t) = e^{-\lambda t}$

여기서 λ는 일정한 고장률이다. 이는 시간이 지남에 따라 신뢰도가 지수적으로 감소하는 것을 나타낸다.

답 ⑤

▶ 2016년 26번   ■ 신뢰도함수

2018년 36번 해설 참조

답 ①

2022년

44 신뢰성 수명분포 중 지수분포에 관한 내용으로 옳은 것을 모두 고른 것은?

> ㄱ. 우발적인 고장을 다루는 데 적합하다.
> ㄴ. 무기억성(memoryless property)을 갖는다.
> ㄷ. 평균(mean)이 중앙값(median)보다 작다.

① ㄱ
② ㄷ
③ ㄱ, ㄴ
④ ㄴ, ㄷ
⑤ ㄱ, ㄴ, ㄷ

2017년

42 시스템의 구성요소들이 동시에 가동되고 있고, 어느 하나만이라도 작동하면 그 시스템이 가동되는 구조는?

① 직렬구조
② 병렬구조
③ 대기결함구조
④ n중 k구조
⑤ R구조

2014년

44 시스템 1, 2에 관한 설명으로 옳은 것은? (단, 화살표는 부품의 경로이며, 각 부품의 신뢰도는 0.9 로 동일하다.)

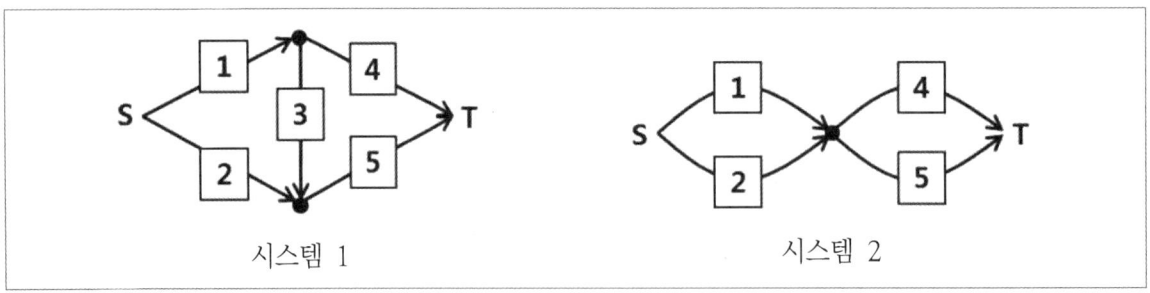

시스템 1   시스템 2

① minimal path의 수는 두 시스템 모두 4개이다.
② 3번 부품의 신뢰도가 1 이라면 두 시스템의 신뢰도는 같다.
③ 시스템 2의 신뢰도가 시스템 1 보다 더 작다.
④ 시스템 2의 신뢰도는 0.99 보다 작다.
⑤ 시스템 1의 신뢰도는 '0.9 × (3번이 고장난 시스템의 신뢰도) + 0.1 × (시스템 2 의 신뢰도)'이다.

▶ 2022년 44번　■ 신뢰성 수명분포 중 지수 분포

지수 분포(Exponential Distribution)는 신뢰성 이론에서 널리 사용되는 수명 분포 중 하나로, 주로 고장률이 시간에 따라 일정한 경우를 모델링할 때 사용된다. 지수 분포는 시스템이나 구성 요소의 고장 발생 시점이 기억이 없는 특성을 가질 때 적합하며, 이는 과거의 상태와 무관하게 고장 확률이 항상 일정하다는 의미이다.

① 고장률 함수가 상수로 시간의 변화와 관계 없이 고장률이 일정한 경우
② 우발 고장은 욕조 곡선에서 고장률이 일정하여 우발적인 고장을 다루는데 적합
③ 무기억성(시간의 지남에 따라 고장 확률이 변화 하는 것이 정상이나, 지수 분포의 경우 시간의 지남에 따라 고장 확률이 일정함)
④ 평균값과 중앙값이 같음

답 ③

▶ 2017년 42번　■ 병렬연결 구조

시스템 병렬 연결 구조(Parallel System Configuration)는 여러 구성 요소가 병렬로 연결되어 있어, 하나 이상의 구성 요소가 정상적으로 작동하면 시스템 전체가 정상 작동하는 구조이다. 즉, 병렬 연결 구조는 시스템의 신뢰성을 높이기 위한 방법으로, 하나의 구성 요소가 고장 나더라도 다른 구성 요소가 기능을 대신하여 시스템이 계속 정상적으로 작동할 수 있도록 설계된다.

병렬 연결 구조의 주요 특징

1. 고장 허용성(Fault Tolerance) – 병렬 연결 구조에서는 한 구성 요소가 고장 나더라도 다른 요소가 정상적으로 작동할 수 있으므로, 시스템 전체의 고장 확률이 낮아진다. 이는 고장 허용성을 높여 시스템의 신뢰도를 크게 향상시킨다.
2. 신뢰성 증가 – 병렬 구조에서는 구성 요소가 서로 백업 역할을 하므로, 하나의 요소가 고장 나더라도 전체 시스템은 고장 없이 작동할 가능성이 높다. 즉, 각 요소의 신뢰도가 낮더라도 병렬 연결을 통해 전체 시스템의 신뢰도를 크게 향상시킬 수 있다.
3. 병렬 연결에서의 신뢰도 계산 – 병렬 연결 구조의 신뢰도는 구성 요소들이 모두 고장 날 확률을 이용해 계산한다. 즉, 시스템 전체가 고장 나려면 병렬로 연결된 모든 구성 요소가 고장 나야 한다.

$$R_P = 1 - (1-R_1)(1-R_2)$$

4. 병렬 연결의 확장 – 여러 개의 구성 요소가 병렬로 연결된 경우, 각 구성 요소의 고장 확률을 모두 곱하여 전체 고장 확률을 계산할 수 있다. 일반적으로 병렬로 연결된 구성 요소가 많을수록 시스템의 신뢰도는 증가한다.

답 ②

▶ 2014년 44번　■ 신뢰도 연결구성과 계산법

① 직렬연결 R = $R_1 \times R_2 \times R_3 \times R_4 \times R_5 ... R^n$
② 병렬연결 R = $1-\{(1-R_1)(1-R_2)...(1-R^n)\}$

시스템 2의 신뢰도를 계산하면
$1-\{(1-0.9)(1-0.9)\} \times 1-\{(1-0.9)(1-0.9)\} = 0.99 \times 0.99 = 0.9801$

답 ④

2024년

47 신뢰도가 A인 동일한 부품 3개를 그림과 같이 직렬 및 병렬로 연결하였을 때 전체시스템의 신뢰도는 0.8309이다. 이 부품의 신뢰도 A는 얼마인가?

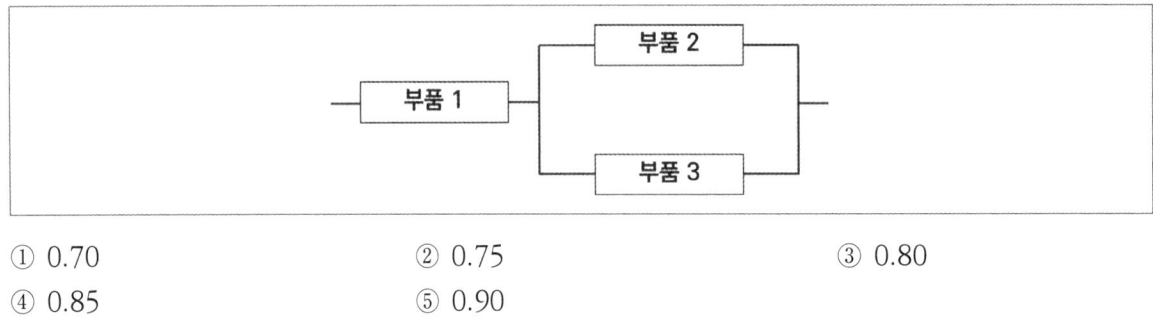

① 0.70
④ 0.85
② 0.75
⑤ 0.90
③ 0.80

2016년

30 A 시스템은 그림과 같이 3가지의 부품을 직렬로 연결한 체계를 체계중복으로 하여 구성되어 있으며, 그림의 수치들은 각각 부품들의 신뢰도를 표기한 것이다. A 시스템의 신뢰도는? (단, 소수점 넷째자리에서 반올림하여 소수점 셋째자리까지 구하시오.)

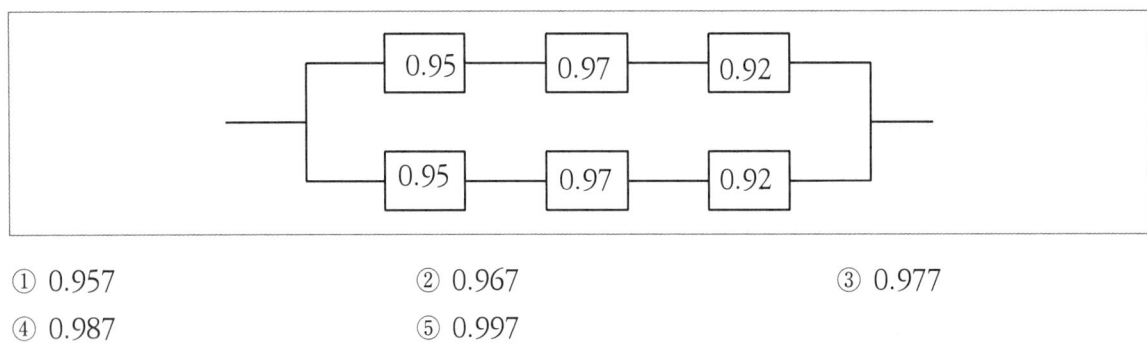

① 0.957
④ 0.987
② 0.967
⑤ 0.997
③ 0.977

2023년

38 부품 신뢰도가 A인 동일한 4개의 부품을 병렬로 연결하였을 때 전체시스템의 신뢰도는 0.9984가 되었다. 이 부품 신뢰도 A는 얼마인가?

① 0.5
④ 0.8
② 0.6
⑤ 0.9
③ 0.7

▶ 2024년 47번

■ 신뢰도(R) 계산

$1-(1-A)^2$을 전개하면

$1-(1-2A+A^2) = 2A-A^2$

$0.8309 = A \times (2A-A^2) = 2A^2 - A^3$, $A^3 - 2A^2 + 0.8309 = 0$

1. A=0.8대입

$(0.8)^3 - 2(0.8)^2 + 0.8309 = 0.512 - 1.28 + 0.8309 = 0.0629$

2. A=0.85대입

$(0.85)^3 - 2(0.85)^2 + 0.8309 = 0.614125 - 1.445 + 0.8309 = -0.000025$

이 값은 거의 0에 가깝기 때문에 A=0.85

답 ④

▶ 2016년 30번

■ 신뢰도(R) 계산

R = 1-(1-0.95×0.97×0.92)² = 0.977

답 ③

▶ 2023년 38번

■ 신뢰도(R) 계산

$1-(1-A)^4 = 0.9984$

$(1-A)^4 = 0.0016$

$1-A = \sqrt[4]{0.0016} = 0.2$

$A = 0.8$

답 ④

2013년

30 A 회사에서 생산하는 전자부품의 전자회로는 시스템의 안전을 위하여 그림과 같이 5개의 부품 중 3개만 작동하면 시스템이 정상적으로 가동되는 구조를 갖추고 있다. 동일하고 상호독립적인 각 부품의 고장률을 λ라고 할 때, 다음 중 신뢰도를 구하는 모델로 옳은 것은?

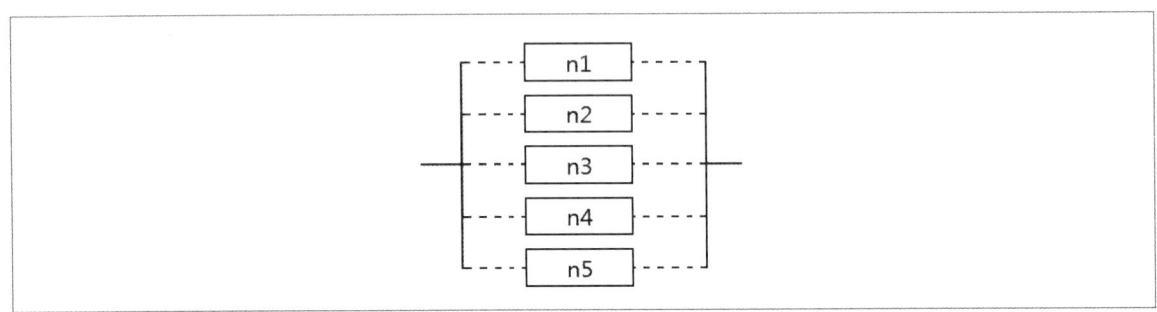

① $R(t) = \sum_{3}^{5} \binom{5}{3} [e^{-\lambda t}]^3 [1 - e^{-\lambda t}]^2$

② $R(t) = \sum_{3}^{4} \binom{4}{3} [e^{-\lambda t}]^4 [1 - e^{-\lambda t}]^3$

③ $R(t) = \sum_{5}^{3} \binom{3}{5} [e^{-\lambda t}]^3 [1 - e^{-\lambda t}]^5$

④ $R(t) = \sum_{3}^{5} \binom{5}{3} [e^{-\lambda t}]^5 [1 - e^{-\lambda t}]^3$

⑤ $R(t) = \sum_{3}^{5} \binom{5}{3} [e^{-\lambda t}]^5 [1 - e^{-\lambda t}]^2$

2024년

49 A부품의 고장확률 밀도함수는 지수분포를 따르며, 평균수명은 10^4시간 이다. 이 부품을 10^3시간 작동시켰을 때의 신뢰도는 얼마인가? (단, 소수점 셋째 자리에서 반올림하여 소수점 둘째자리까지 구한다.)

① 0.05   ② 0.10   ③ 0.15
④ 0.85   ⑤ 0.90

2023년

42 A부품의 고장확률 밀도함수는 평균고장률이 시간당 10^{-3}인 지수분포를 따르고 있다. 이 부품을 180분 작동시켰을 때의 불신뢰도는? (단, 소수점 셋째 자리에서 반올림하여 소수점 둘째자리까지 구하시오.)

① 0.03   ② 0.05   ③ 0.95
④ 0.97   ⑤ 0.99

▶ 2013년 30번　■ 신뢰도

이 문제는 병렬 구조에서 일정 수의 부품만 정상 작동하면 시스템이 정상적으로 가동되는 경우를 설명하는 문제이다. 주어진 조건은 5개의 부품 중 3개만 정상적으로 작동하면 시스템이 정상 작동하는 상황이다. 이를 통해 시스템 신뢰도를 계산하려면 이항 분포(Binomial Distribution)를 사용해야 한다.

이항 분포를 이용한 신뢰도 계산

주어진 시스템에서 각 부품의 고장률이 λ일 때, 신뢰도는 고장 확률의 반대 개념인 정상 작동할 확률이므로, 각 부품의 신뢰도는 $R(t) = e^{-\lambda t}$ 로 나타낼 수 있다. 이때 각 부품의 고장률과 시간이 주어지지 않았으므로, 시간에 따른 고장률 대신 각 부품의 신뢰도를 R이라고 정의한다.

시스템의 요구 사항은 5개의 부품 중 최소 3개가 정상적으로 작동해야 한다는 것이다. 따라서 시스템 신뢰도는 3개 이상이 정상 작동할 확률로 계산된다. 이를 일반적인 이항 분포의 확률로 표현하면, n=5, 성공 확률 R, 실패 확률 1-R로 구성된 이항 분포에서 3개 이상이 정상 작동할 확률을 구하는 문제로 변환할 수 있다.

1. $\binom{n}{k}$는 이항 계수로, n개의 부품 중에서 k개의 부품이 정상 작동하는 경우의 수를 나타낸다.
2. R은 각 부품의 신뢰도, 1-R은 각 부품의 고장 확률이다.

$$R(t) = \sum_{3}^{5} \binom{5}{3}[e^{-\lambda t}]^3 [1-e^{-\lambda t}]^2$$

답　①

▶ 2024년 49번　■ 신뢰도 계산

$R(t) = e^{-\lambda t}$

1. 고장률 λ 계산

$$\lambda = \frac{1}{\text{평균수명}} = \frac{1}{10,000}$$

2. 신뢰도 계산

$$R(1000) = e^{-\frac{1}{10,000} \times 1000} = e^{-0.1} = 0.9048$$

1000시간 동안의 부품 신뢰도는 약 0.9048이며, 이는 이 부품이 1000시간 동안 고장 없이 작동할 확률이 약 90.48%임을 의미한다.

답　⑤

▶ 2023년 42번　■ 불신뢰도 계산

$R(t) = e^{-\lambda t} = e^{-0.01 \times 3} = $　= 0.97
$F(t) = 1 - R(t) = 1 - 0.97 = 0.03$

답　①

2022년

41 신뢰도 이론의 욕조곡선(bathtub curve)을 나타낸 것으로 옳은 것은? (단, t: 시간, h(t): 고장률, f(t): 확률밀도함수, F(t): 불신뢰도 이다.)

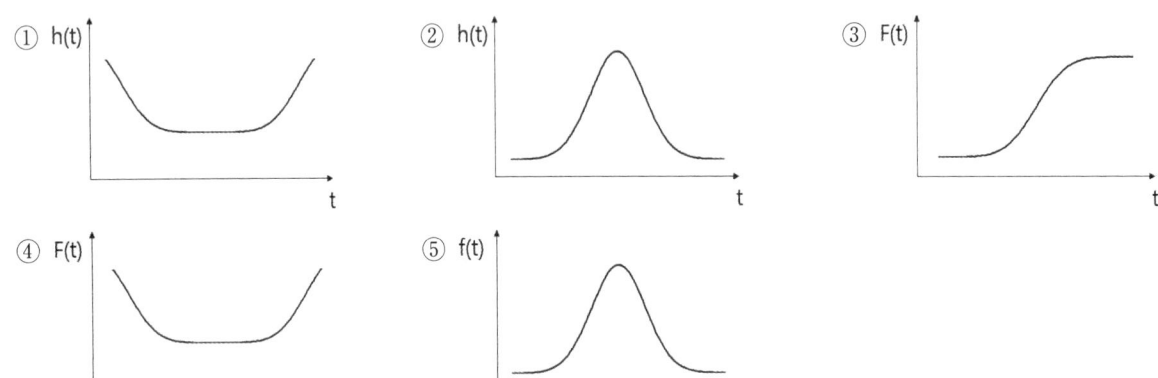

2020년

42 고장률에 관한 욕조곡선(Bathtub Curve)의 설명으로 옳은 것을 모두 고른 것은?

ㄱ. 시간에 따른 평균고장시간(MTTF)을 도시한 것이다.
ㄴ. 초기고장 기간, 우발고장 기간, 마모고장 기간으로 구분된다.
ㄷ. 초기고장을 줄이기 위해 디버깅(Debugging)이나 번인(Burn-in)을 실시한다.
ㄹ. 피로나 노화 고장은 마모고장 기간에서 발생한다.
ㅁ. 예방보전은 우발고장 기간에서 가장 효과적이다.

① ㄱ, ㄴ ② ㄱ, ㄴ, ㄷ ③ ㄴ, ㄷ, ㄹ
④ ㄷ, ㄹ, ㅁ ⑤ ㄴ, ㄷ, ㄹ, ㅁ

▶ 2022년 41번　■ 욕조곡선

욕조곡선(Bathtub Curve)은 신뢰도 이론에서 시스템 또는 구성 요소의 고장률(failure rate)이 시간에 따라 어떻게 변화하는지를 설명하는 그래프이다.

1. 초기 고장 구간 (Infant Mortality/Decreasing Failure Rate) - 초기에는 고장률이 높다가 점차 감소하는 구간이다. 이 단계에서 고장은 주로 제조 결함, 초기 설치나 설정 문제, 초기 사용 중에 발생하는 불량으로 인해 발생한다.
   1) 원인: 제조 공정에서 발생한 결함, 초기 품질 문제, 설치 실수 등.
   2) 특징: 시간이 지남에 따라 결함이 발견되고 제거되므로 고장률이 감소한다.
   3) 대처 방법: 초기 테스트 및 검증을 통해 문제를 해결하는 "소진 테스트" 또는 "버닝 테스트" 같은 방법을 사용할 수 있다.

2. 정상 작동 구간 (Useful Life/Constant Failure Rate) - 이 구간은 시스템의 수명이 다할 때까지 고장률이 일정한 상태이다. 시스템이 설계된 대로 작동하며, 주로 외부 요인이나 확률적 고장에 의해 고장이 발생하는 단계이다.
   1) 원인: 예측할 수 없는 외부 요인, 확률적 고장.
   2) 특징: 고장률이 일정하게 유지되며, 시스템이 안정적으로 작동하는 시기이다. 이 구간이 일반적으로 시스템의 정상 수명 구간이다.
   3) 대처 방법: 정기적인 유지보수와 예방적 유지보수를 통해 고장 위험을 최소화할 수 있다.

3. 마모 고장 구간 (Wear-out/Increasing Failure Rate) - 시간이 지나면서 시스템의 구성 요소들이 노후화되고 마모됨에 따라 고장률이 점차 증가하는 구간이다. 이 시점에서는 물리적인 마모나 부품의 수명이 다하면서 고장 확률이 증가하게 된다.
   1) 원인: 부품의 물리적 마모, 노후화, 피로.
   2) 특징: 시간이 지남에 따라 고장률이 급격히 증가한다.
   3) 대처 방법: 부품 교체나 시스템 갱신이 필요하며, 수명 종료 전에 예방적 교체가 요구된다.　답 ①

▶ 2020년 42번　■ 욕조곡선

ㄱ. 욕조곡선(Bathtub Curve)은 시간에 따른 시스템 또는 부품의 고장률(failure rate)을 도시화한 그래프이다. 이 곡선은 시스템의 수명 주기 동안 고장률이 어떻게 변화하는지를 시각적으로 나타낸다.

ㅁ. 예방보전은 정상 작동구간에서 가장 효과적이다.　답 ③

2022년

45 예방보전에 해당하지 않는 것은?

① 기회보전
② 고장보전
③ 수명기반보전
④ 시간기반보전
⑤ 상태기반보전

2019년

37 고장률(failure rate)에 관한 내용으로 옳은 것을 모두 고른 것은?

> ㄱ. 고장률은 특정시점까지 고장나지 않고 작동하던 부품이 다음 순간에 고장나게 될 가능성을 나타내는 척도다.
> ㄴ. 고장률(h(t)), 신뢰도 함수(R(t))와 고장밀도함수(f(t)) 사이의 관계는 h(t) = f(t)/R(t)다.
> ㄷ. 고장률은 시간의 흐름에 따라 감소형, 증가형, 유지형으로 구분할 수 있다.
> ㄹ. 제품 혹은 부품의 전체 수명기간에 걸친 고장률의 변화는 욕조곡선(bathtub curve)의 형태로 나타난다.

① ㄱ, ㄴ
② ㄴ, ㄷ
③ ㄱ, ㄴ, ㄹ
④ ㄴ, ㄷ, ㄹ
⑤ ㄱ, ㄴ, ㄷ, ㄹ

▶ 2022년 45번　■ 예방보전

예방보전(Preventive Maintenance)은 고장을 미리 방지하기 위해 정기적으로 수행하는 유지보수 활동이다. 예방보전은 계획된 점검이나 부품 교체를 통해 장비나 시스템의 신뢰성을 높이고, 예기치 않은 고장을 방지하는 데 목적이 있다.

1. 정기 보전 (Time-Based Maintenance, TBM) - 정해진 주기에 따라 장비나 시스템을 점검하고, 필요한 경우 부품을 교체하거나 수리하는 방식
   예시: 자동차 엔진 오일 교체, 항공기 점검, 정기적인 필터 교체 등.
2. 상태 기반 보전 (Condition-Based Maintenance, CBM) - 장비의 실시간 상태나 성능을 모니터링하여, 필요할 때만 유지보수를 수행하는 방식
   예시: 기계의 진동 모니터링을 통해 이상 진동 발생 시 점검을 수행.
3. 예지 보전 (Predictive Maintenance, PdM) - 장비의 고장 가능성을 예측하여, 고장이 발생하기 전에 예방 조치를 취하는 방식이다. 상태 기반 보전과 유사하지만, 더 정교한 데이터 분석과 알고리즘을 사용하여 고장 시기를 예측
   예시: 기계 부품의 마모 데이터를 분석하여 부품 교체 시기를 예측.
4. 기회 보전 (Opportunity-Based Maintenance) - 설비나 시스템이 정기 점검이나 수리로 인해 일시적으로 가동 중지될 때, 기회를 활용하여 추가적인 예방보전을 수행하는 방식
   예시: 공장 설비가 정기 점검으로 가동을 중지할 때, 필요한 다른 장비들도 함께 점검하거나 보전 작업을 수행.
5. 위험 기반 보전 (Risk-Based Maintenance, RBM) - 장비나 시스템의 고장이 발생했을 때 미치는 위험도를 평가하여, 중요한 장비나 위험성이 높은 장비에 더 집중적으로 보전을 수행하는 방식
   예시: 핵심 장비나 고장 시 큰 손실이 예상되는 장비에 대해서는 더 자주 유지보수를 수행하고, 중요성이 낮은 장비는 덜 빈번하게 유지보수.

답 ②

▶ 2019년 37번　■ 고장률

고장률(Failure Rate)은 시스템, 장비, 또는 구성 요소가 일정한 시간 동안 고장날 확률을 나타내는 지표이다. 고장률은 주로 신뢰성 이론에서 사용되며, 시간 경과에 따른 고장 발생 경향을 평가하는 데 중요한 역할을 한다.

1. 고장률의 수학적 정의

   $\lambda(t) = \dfrac{f(t)}{R(t)}$

   $f(t)$는 시스템이 시간 t에 고장날 확률 밀도 함수(확률 밀도),
   $R(t)$는 신뢰도 함수로, 시간 t까지 시스템이 고장 없이 정상적으로 작동할 확률이다.
2. 고장률의 단위
   고장률은 주로 시간당 고장 횟수로 표현되며, 보통 시간(시간, 시간당 고장수), 회수(주기당), 또는 백만 시간당 고장수(MTTF, Mean Time to Failure) 등의 단위로 사용된다.
3. 고장률의 활용 - MTTF(Mean Time to Failure) 및 MTBF(Mean Time Between Failures)
   $MTTF = \dfrac{1}{\lambda}$ - 고장률이 일정할 때, 평균적으로 고장이 발생하기까지 걸리는 시간을 나타낸다.
   $MTBF$ - 고장이 발생한 후 수리한 다음, 다시 고장나기까지의 평균 시간을 의미하며, 주로 복구 가능한 시스템에서 사용된다.

답 ⑤

2018년

37 C회사에서 생산되는 가변저항의 수명이 지수분포를 따르고 고장밀도함수 $f(t) = \frac{1}{200}e^{-t/200}$이라면, t=200 주(week) 일 때 누적고장률 F(200)은 얼마인가? (단, 소숫점 넷째짜리에서 반올림한다.)

① 0.018 ② 0.268 ③ 0.368
④ 0.632 ⑤ 0.732

2015년

27 A사의 세탁기의 고장밀도함수 $f(t) = \frac{1}{10}e^{-t/10}$이다. 다음 설명 중 옳지 않은 것은? (단, 수명단위는 년(year)이다.)

① 평균고장시간(MTTF)은 10년이다
② 고장률(h(t))은 0.1/년의 비율로 증가한다.
③ 누적고장률 $F(t) = \int_0^t \frac{1}{10}e^{-\frac{t}{10}}dt$이다.
④ 누적고장률(F(t))와 신뢰도(R(t))이다.
⑤ 세탁기의 수명은 지수분포를 따른다.

2016년

29 고장분포함수가 $F(t)$ $(t = time)$ 일 때, 함수간의 관계가 잘못 표시된 것은? (단, $f(t)$는 고장밀도함수이고, $R(t)$는 신뢰도함수이며, $h(t)$는 고장률함수이다.)

① $f(t) = \frac{d}{dt}F(t)$ ② $R(t) = 1 - F(t)$
③ $h(t) = \frac{f(t)}{1 - F(t)}$ ④ $f(t) = \frac{h(t)}{1 - R(t)}$
⑤ $h(t) = \frac{f(t)}{R(t)}$

▶ 2018년 37번　■ 누적고장률 F(200) 구하기

$F(t) = 1 - e^{-\lambda t}$, $R(t) = e^{-\lambda t}$

$f(t) = \dfrac{1}{200} e^{-t/200}$　　$\lambda = \dfrac{1}{200}$, $t = 200$

$F(t) = 1 - e^{-\lambda t}$, $F(200) = 1 - e^{-\frac{200}{200}} = 1 - e^{-1} = 1 - 0.3679 = 0.6321$

답 ④

▶ 2015년 27번　■ 고장밀도함수

① 고장률(h(t) = f(t) = f(t) / 1-F(t) = f(t)/R(t)
② 수리 불가능한 경우의 평균수명(MTTF) E(t) = 1/λ→(10년)
③ 고장률함수 λ(t)가 상수 λ로 시간변화에 관계없이 고장률이 일정한 분포이다. 세탁기의 수명은 f(t)일 때 지수분포를 따른다.
④ 신뢰도 함수 R(t), F(t)=1-R(t) 이므로 누적고장률과 신뢰도의 합은 1이다.

답 ②

▶ 2016년 29번　■ 척도

④ 고장 밀도 함수는 시스템이 정확히 시간 t에 고장 날 확률을 나타내는 함수이다. 이 함수는 누적 분포 함수 F(t)의 미분으로 정의된다

$f(t) = \dfrac{dF(t)}{dt}$　지수 분포에서는 $f(t) = \lambda e^{-\lambda t}$ 와 같은 형태로 주어진다.

고장률 함수 h(t)는 조건부 확률로서, 시간 t까지 고장 나지 않은 경우 그 시점에서 고장이 발생할 확률을 나타낸다.

$h(t) = \dfrac{f(t)}{R(t)}$　여기서 R(t)는 시간 t까지 고장이 나지 않을 확률, 즉 신뢰도 함수이다.

신뢰도 함수는 시스템이 시간 t까지 고장 나지 않고 정상적으로 작동할 확률을 나타낸다

$R(t) = 1 - F(t)$ 여기서 F(t)는 누적 고장률, 즉 시간 t까지 고장이 발생할 확률이다.

수식의 올바른 관계

고장률 함수 h(t)와 고장 밀도 함수 f(t)의 관계는 $f(t) = h(t)R(t)$

따라서 $f(t) = \dfrac{h(t)}{1 - R(t)}$ 식은 잘못된 것이다.

답 ④

2020년

43 부품의 신뢰도가 $R(t) = e^{-0.5t}$일 때 옳지 않은 것은? (단, 시간 t는 년(year)이며, 소수점 아래 넷째자리에서 반올림한다.)

① 고장확률밀도함수는 $f(t) = 0.5e^{-0.5t}$이다.
② 평균고장시간(MTTF)은 2년이다.
③ 부품의 MTTF 동안 신뢰도는 0.368이다.
④ 시간에 따라 고장률은 점차 증가한다.
⑤ 부품이 3년 내에 고장 날 확률은 0.777이다.

2013년

39 어떤 설비의 평균고장률이 0.0125회/시간이고, 이 설비에 고장이 발생하면 수리하는데 소요되는 평균시간은 40시간이라고 한다. 다음 설명 중 옳은 것은? (단, 사후보전만 실시한다.)

① 이 설비의 평균수리율은 0.025회/시간이다.
② 이 설비의 가동성은 0.5이다.
③ 이 설비의 수명은 지수분포를 따르지 않는다.
④ 이 설비를 평균수명만큼 사용한다면 고장이 발생하지 않을 확률은 약 63%이다.
⑤ 이 설비를 1,000시간 동안 사용한다면 평균 15회의 고장이 발생하며, 사후수리를 받게 된다.

2017년

47 가속수명 시험방법에서 스트레스 부과방법이 아닌 것은?

① 일정형 스트레스시험　　② 점진형 스트레스시험
③ 계단형 스트레스시험　　④ 간접형 스트레스시험
⑤ 주기형 스트레스시험

▶ 2020년 43번　■ 신뢰도

① 고장확률밀도함수 $f(t) = 0.5e^{(-0.5t)}$

② 평균고장시간(MTTF:Mean Time Between Failure): 평균고장간격, 부품, 장치나 컴퓨터시스템의 고장에서 고장까지의 평균시간 (MTTF = 총가동시간 / 고장건수, 10 / 5 = 2)

③ 신뢰도(e-λt), MTTF동안 $R(t) = e^{(-\lambda t)} = e^{(-0.5*2)} = 0.367879$

④ 시간에 따라 고장률은 일정하다.(지수 함수)

⑤ 부품이 3년 내에 고장 날 활률 = 1-신뢰도(e-λt) = $1 - e^{(-0.5*3)} = 1 - e^{(-1.5)} = 0.7768$

답 ④

▶ 2013년 39번　■ 평균수리율

① 평균수리율 1/40= 0.025회/시간

② 평균고장률 = 고장건수/총가동시간 = 0.0125회/시간

③ 가용도(A) = 평균수리율/(평균고장률+평균수리율)
　　　　 = 0.025/(0.0125+0.025) = 0.667

④ 이 설비를 1000시간동안 사용한다면 1,000*0.0125 = 12.5회의 고장이 발생한다.

1. 평균 고장 간격(MTBF, Mean Time Between Failures)

　　$MTBF = \frac{1}{\lambda} = \frac{1}{0.0125} = 80$시간, 따라서 이 설비의 MTBF는 80시간이다. 즉, 평균적으로 80시간 동안 가동되다가 한 번 고장난다는 의미이다.

2. 가동률(Availability)

　　가동률 $= \frac{MTBF}{MTBF + MTTR} = \frac{80}{80+40} = \frac{80}{120} = 0.6667$

즉, 이 설비의 가동률은 66.67%이다. 설비가 전체 시간의 66.67% 동안 가동 중이고, 나머지 시간에는 고장으로 인해 수리 중인 상태라는 의미이다.

답 ①

▶ 2017년 47번　■ 가속수명 시험

가속수명시험에서 스트레스 부과 방법은 제품의 수명을 단시간 내에 예측하기 위해 다양한 형태의 스트레스를 부과하여 제품의 성능을 시험하는 방식이다.

1. 일정형 스트레스 부과 방법 (Constant Stress) - 일정한 스트레스 수준을 지속적으로 부과
2. 점진형 스트레스 부과 방법 (Progressive Stress, Ramp Stress) - 스트레스 강도를 시간이 지남에 따라 점진적으로 증가
3. 주기형 스트레스 부과 방법 (Cyclic Stress) - 일정한 주기로 스트레스가 가해졌다가 제거되기를 반복하는 방식
4. 계단형 스트레스 부과 방법 (Step Stress) - 스트레스를 단계적으로 증가시키는 방식

답 ④

2013년
28 신뢰성시험에 있어 가속수명시험에 관한 설명으로 옳은 것은?

① 가속수명시험시간이 와이블(Weibull) 분포를 따르는 경우, 가속계수의 값만 알면 가속시험 데이터에서 구한 평균고장률로부터 정상조건에서의 평균고장률을 구할 수 있다.
② 가속시험 데이터가 대수정규분포를 따른다면, 가속시험 때와 정상시험 때의 형상 모수는 다르게 되므로 형상모수에 가속계수를 곱하여야 한다.
③ 주기적으로 스트레스를 증가시키면서 가급적 모든 샘플이 고장이 날 때까지 행하는 가속수명시험을 계단형 스트레스(step stress) 시험이라 한다.
④ 온도 외에 전압 또는 습도 등 다른 스트레스까지 포함시킨 모델로는 아레니우스(Arrhenius) 모델이 있다.
⑤ 스트레스로서 온도만을 고려하는 대표적인 모델로는 아이링(Eyring) 모델이 있다.

2018년
39 D부품회사는 최근 개발한 신규 볼 베어링의 수명을 예측하기 위하여 가속시험을 수행하였다. 통상적으로 볼 베어링에 작용하는 하중은 20kN이다. 이 볼 베어링에 80kN의 하중을 가해 가속시험을 하였을 때 가속계수는 얼마인가? (단, 가속모델은 n승 법칙 모델을 따르고, n=2.5이다.)

① 4 ② 16 ③ 32
④ 64 ⑤ 128

2015년
34 A 공장의 프레스 장비는 평균고장간격(MTBF)이 5년이고, 평균수리시간(MTTR)이 0.5년이다. 프레스 장비의 가용도(Availability)는 약 얼마인가? (단, 프레스 장비의 고장수명은 지수분포를 따르며, 소숫점 아래 셋째자리에서 반올림한다.)

① 0.10 ② 0.91 ③ 1.10
④ 5.00 ⑤ 20.00

2014년
36 신뢰도함수는 평균 고장률이 0.01/시간인 지수분포에 따르고, 보전도함수는 평균수리율이 0.1/시간인 지수분포에 따르는 기계가 있다. 이 기계의 가용도(availability)는 얼마인가? (단, 소숫점 아래 셋째자리에서 반올림한다.)

① 0.91 ② 0.95 ③ 0.96
④ 0.98 ⑤ 0.99

제5장 시스템공학

▶ 2013년 28번 ■ 가속수명 시험
① 와이블(Weibull) 분포를 따르는 경우, 가속수명시험에서 가속계수의 값만으로는 정상 조건에서의 평균 고장률을 정확하게 구할 수 없기 때문이다. 가속수명시험에서 정상 조건의 평균 고장률을 구하려면 더 많은 정보가 필요하다.
② 대수정규분포(Lognormal Distribution)에서 가속시험과 정상시험 간의 형상 모수(Shape Parameter)는 동일하게 유지되기 때문이다. 즉, 형상 모수에 가속계수를 곱할 필요가 없다.
④ 아레니우스 모델은 온도가 제품의 고장률이나 수명에 미치는 영향을 설명하는 데 주로 사용되며, 전압이나 습도와 같은 다른 스트레스 요인을 포함하는 데는 적합하지 않다.
⑤ 아이링 모델은 온도뿐만 아니라 다른 스트레스 요인(전압, 습도, 압력 등)도 함께 고려할 수 있는 보다 복잡한 모델이다.

답 ③

▶ 2018년 39번 ■ 가속계수
가속계수(Acceleration Factor, AF)는 가속시험에서 사용된 스트레스 조건과 정상 사용 조건을 비교하여, 가속 조건에서 얻은 데이터를 정상 조건으로 변환할 때 사용된다. n승 법칙 모델(power law model)을 사용할 때, 가속계수는 다음과 같은 수식으로 계산된다

$$AF = (\frac{S_t}{S_n})^n$$

S_t : 가속시험에서 사용된 스트레스(여기서는 하중), → 80kn
S_n : 정상 조건에서의 스트레스(하중), → 20kn
n : 하중에 대한 민감도를 나타내는 지수 → n=2.5

$$AF = (\frac{80}{20})^{2.5} = (4)^{2.5} = 4^2 \times 4^{0.5} = 16 \times 2 = 32$$

따라서, 가속시험에서 얻은 데이터는 정상 조건에서의 데이터를 32배 빠르게 얻을 수 있음을 의미한다.

답 ③

▶ 2015년 34번 ■ 가용도
가용도(Availability)는 장비가 정상적으로 작동할 수 있는 비율을 나타내며, MTBF(Mean Time Between Failures)와 MTTR(Mean Time To Repair)를 사용하여 계산된다.

$$가용도 = \frac{MTBF}{MTBF + MTTR} = \frac{5}{5+0.5} = 0.9091$$

프레스 장비의 가용도는 약 0.9091 또는 90.91%이다.
따라서, 이 프레스 장비는 평균적으로 90.91%의 시간 동안 정상적으로 작동하고, 나머지 9.09%의 시간 동안은 수리 중일 것으로 예상된다.

답 ②

▶ 2014년 36번 ■ 가용도(Availability)
가용도(Availability)는 신뢰도함수(고장률)와 보전도함수(수리율)를 이용하여 시스템이 작동 가능한 비율을 나타내는 지표이다. 시스템이 지수분포를 따를 때, 가용도는 다음과 같은 공식으로 계산된다.

$$가용도 = \frac{\mu}{\lambda + \mu} = \frac{0.1}{0.01+0.1} = 0.9091$$

이 기계의 가용도는 약 0.9091 또는 90.91%이다.
따라서, 이 기계는 평균적으로 90.91%의 시간 동안 정상적으로 작동하고, 나머지 9.09%의 시간 동안은 수리 중일 것으로 예상된다.

답 ①

37 신뢰성 척도에 관한 함수 중 옳은 것을 모두 고른 것은? (단, F(t) : 고장분포 함수, f(t) : 고장밀도함수, R(t): 신뢰도함수, h(t) : 고장률함수, t : 시간이다.)

㉠ $F(t) = 1 - R(t)$
㉡ $f(t) = \dfrac{d}{dt}F(t)$
㉢ $h(t) = \dfrac{f(t)}{1 - F(t)}$
㉣ $h(t) = \dfrac{df(t)/dt}{1 - F(t)}$

① ㉠, ㉣
② ㉠, ㉡, ㉢
③ ㉠, ㉢, ㉣
④ ㉡, ㉢, ㉣
⑤ ㉠, ㉡, ㉢, ㉣

40 다음은 각 부품의 신뢰도가 a, b인 시스템의 신뢰성 블록도(Block Diagram)이다. 이 시스템의 신뢰도로 옳은 것은?

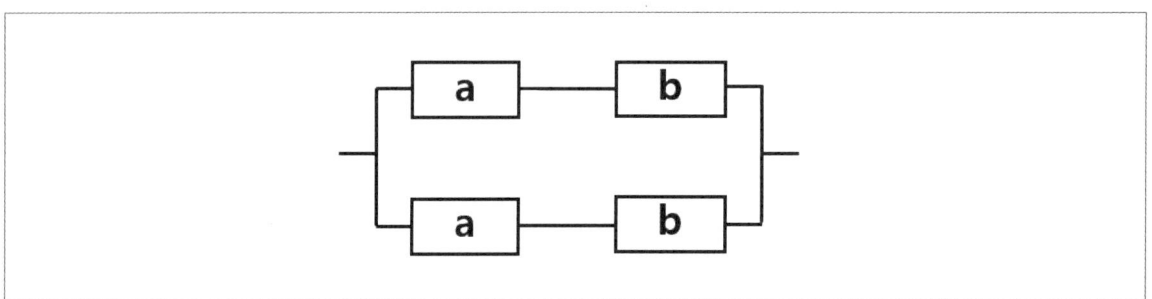

① $1 - (ab)^2$
② $1 - (1-a)(1-b)^2$
③ $(1 - ab)^2$
④ $1 - (1-a)(1-B)$
⑤ $1 - (1-ab)^2$

▶ 2025년 37번

$$F(t) = 1 - R(t)$$

$$f(t) = \frac{d}{dt}F(t)$$

$$h(t) = \frac{f(t)}{1-F(t)} = \frac{f(t)}{R(t)}$$

$$h(t) = \frac{\frac{d}{dt}F(t)}{1-F(t)} = \frac{f(t)}{1-F(t)}$$

$$= -\frac{d}{dt}\ln R(t) = -\frac{R'(t)}{R(t)}$$

답 ②

▶ 2025년 40번

1. 경로별 신뢰도
$$R_{path} = a \times b$$
2. 병렬 결합 공식
$$R_{total} = 1 - (1-R_{path})^2$$
3. 대입
$$R_{total} = 1 - (1-ab)^2$$

답 ⑤

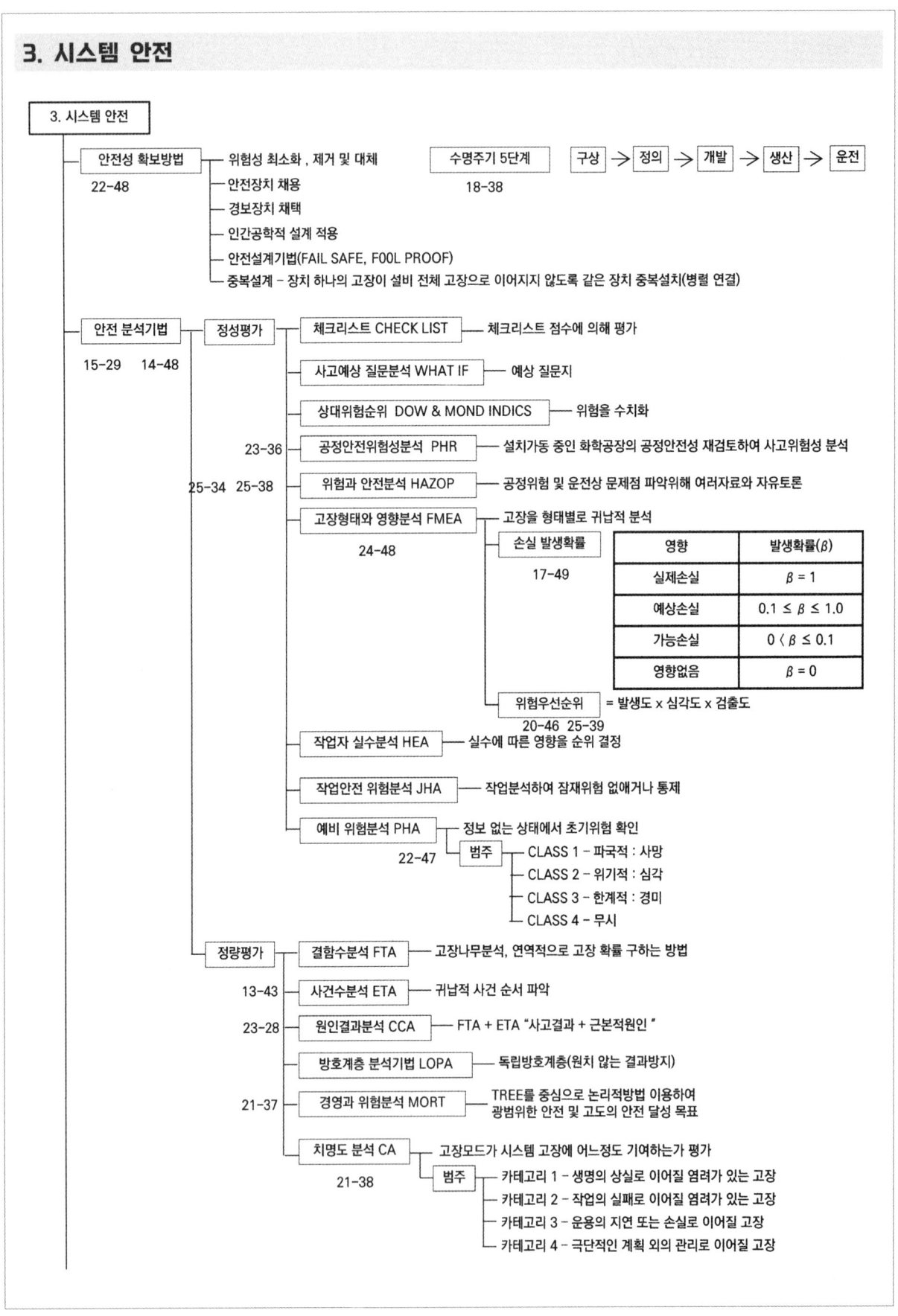

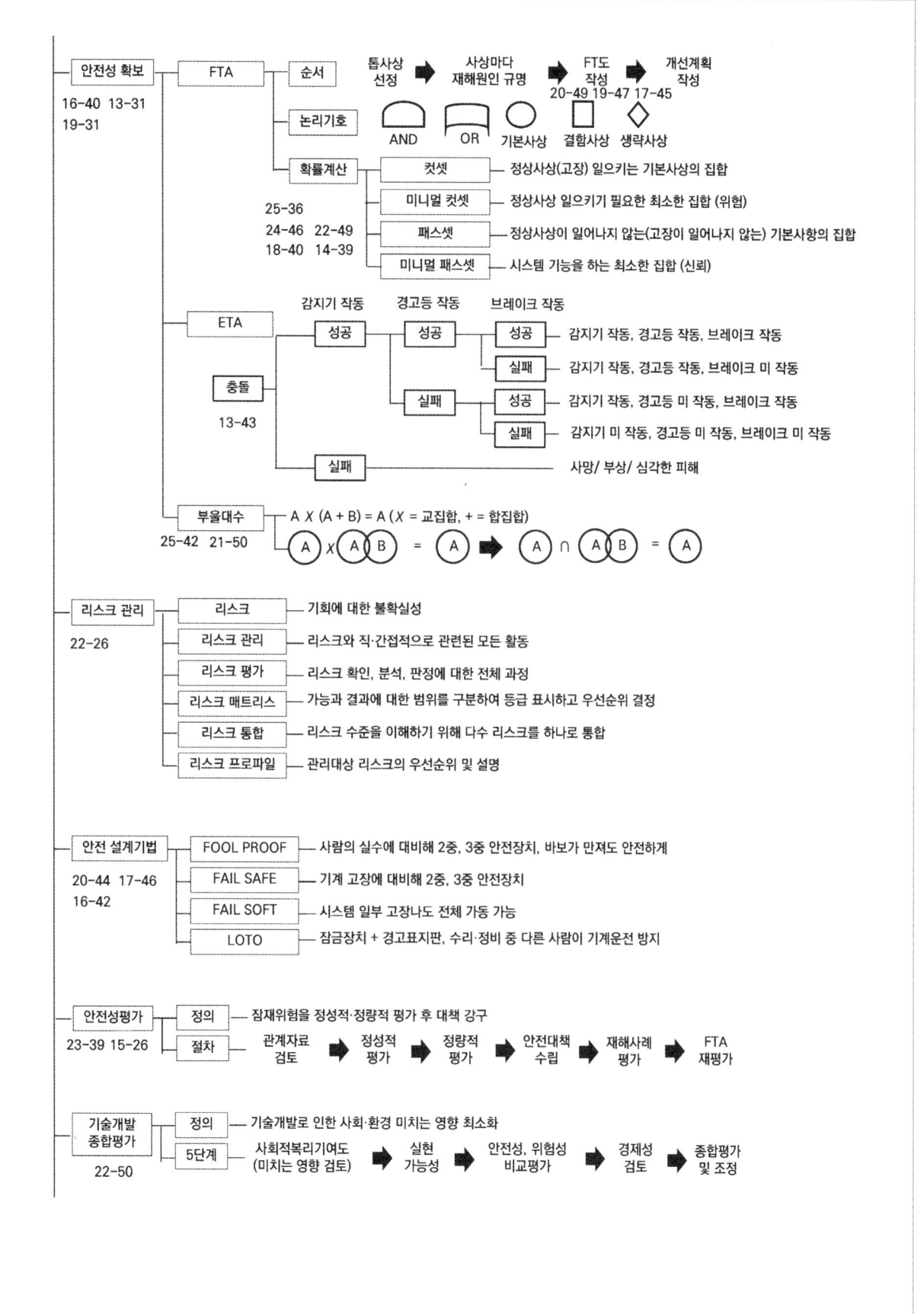

예제 문제

2022년

48 시스템 안전성 확보를 위한 방법이 아닌 것은?

① 위험상태 존재의 최소화
② 중복설계(redundancy)의 배제
③ 안전장치의 채용
④ 경보장치의 채택
⑤ 인간공학적 설계의 적용

2018년

38 시스템의 수명주기 5단계를 순서대로 나열한 것은?

ㄱ. 생산	ㄴ. 구상
ㄷ. 개발	ㄹ. 운전
ㅁ. 정의	

① ㄱ-ㄴ-ㄷ-ㄹ-ㅁ
② ㄴ-ㄷ-ㄱ-ㅁ-ㄹ
③ ㄴ-ㅁ-ㄷ-ㄱ-ㄹ
④ ㄹ-ㄷ-ㄱ-ㅁ-ㄴ
⑤ ㅁ-ㄴ-ㄱ-ㄷ-ㄹ

2023년

28 원인결과분석(CCA)기법에 관한 기술지침상 원인결과분석의 평가절차를 순서대로 옳게 나열한 것은?

ㄱ. 안전요소의 확인	ㄴ. 최소컷세트 평가
ㄷ. 사건수의 구성	ㄹ. 평가할 사건의 선정
ㅁ. 결과의 문서화	ㅂ. 결함수의 구성

① ㄱ → ㄹ → ㄷ → ㅂ → ㄴ → ㅁ
② ㄱ → ㄹ → ㅂ → ㄴ → ㄷ → ㅁ
③ ㄷ → ㅂ → ㄴ → ㄹ → ㄱ → ㅁ
④ ㄹ → ㄱ → ㄷ → ㅂ → ㄴ → ㅁ
⑤ ㄹ → ㄱ → ㅂ → ㄴ → ㄷ → ㅁ

■ 정답 및 해설

▶ 2022년 48번　■ **시스템 안전성 확보 방법**
1. 위험성 최소화, 제거 및 대체
2. 안전장치 채용
3. 경보장치 채택
4. 인간공학적 설계 적용
5. 안전설계기법(Fail-safe, Fool Proof)
6. 중복설계-장치 하나의 고장이 설비 전체 고장으로 이어지지 않도록 같은 장치 중복설치(병렬연결)　**답 ②**

▶ 2018년 38번　■ **시스템의 수명주기 5단계**
1. 구상 단계 (Concept Stage) – 이 단계는 시스템의 필요성을 파악하고, 시스템의 기본적인 목표와 목적을 설정하는 단계
2. 정의 단계 (Definition Stage) – 구상 단계에서 설정된 목표와 요구사항을 구체적으로 명확히 하고, 시스템의 요구 사항을 정의하는 단계
3. 개발 단계 (Development Stage) – 시스템을 구체적으로 설계하고, 필요한 기술과 자원을 이용해 시스템을 구현하는 단계
4. 생산 단계 (Production Stage) – 개발된 시스템을 대규모로 제작하고, 사용자에게 제공하는 단계
5. 운전(운영) 단계 (Operation Stage) – 생산된 시스템이 사용자에 의해 운영되고, 실제 사용되는 단계　**답 ③**

▶ 2023년 28번　■ **원인결과분석(CCA기법)**
원인결과 분석(CCA, Cause-Consequence Analysis) 기법은 시스템에서 발생할 수 있는 특정 사건의 원인과 그로 인해 발생할 수 있는 결과를 분석하는 방법이다. 이는 사고나 위험을 사전에 분석하고, 그 결과를 평가하여 시스템의 안전성을 확보하는 데 사용된다. CCA 기법은 주로 안전 요소와 위험 분석에 많이 사용되며, 시스템의 결함 및 위험 발생 가능성을 체계적으로 분석할 수 있다.
1. 평가할 사건의 선정 – 분석할 특정 사건(이벤트)을 정의하고, 그 사건이 발생할 가능성과 그로 인한 결과를 평가하는 데 초점을 맞춥니다.
2. 안전 요소의 확인 – 사건이 발생하기 전에 관련된 안전 요소(Safety Elements)를 파악하고, 그 요소들이 시스템의 안전성에 미치는 영향을 평가한다.
3. 사건수의 구성 – 분석할 사건을 나누어 각각의 사건수(Event Tree)를 구성한다. 이를 통해 사건의 발생 순서를 시간 흐름에 따라 체계적으로 정리하고, 각 사건이 시스템에 미치는 영향을 분석한다.
4. 결함수의 구성 – 시스템 내에서 발생할 수 있는 결함(Faults)을 분석하고, 이를 시각화한 결함수(Fault Tree)를 작성한다. 이를 통해 사건이 발생하는 데 기여하는 각 구성 요소의 역할과 그 결함이 시스템에 미치는 영향을 분석한다.
5. 최소 컷 세트(Minimal Cut Set) 평가 – 시스템 내에서 사고를 유발할 수 있는 최소한의 원인 집합(컷 세트, Cut Set)을 파악한다. 최소 컷 세트는 사건이 발생할 수 있는 최단 경로를 분석하는 기법으로, 이 경로를 통해 시스템에서 위험이 발생할 수 있는 요소들을 최소화할 수 있다.
6. 결과의 문서화 – 분석한 결과를 체계적으로 문서화하여 관리하고, 필요 시 관련 부서나 담당자와 공유한다. 문서화는 향후 사고 예방 대책이나 위험 완화 조치를 마련하는 데 중요한 자료로 활용된다.　**답 ④**

2024년

48 정성적, 귀납적인 시스템안전 분석기법으로 시스템에 영향을 미치는 모든 요소의 고장을 형태별로 분석하여 그 영향을 검토하는 기법은?

① ETA　　② FMEA　　③ THERP
④ FTA　　⑤ PHA

2022년

47 다음에서 설명하고 있는 위험성평가 기법은?

- 초기 개발 단계에서 시스템 고유의 위험성을 파악하고 예상되는 재해의 위험수준을 결정한다.
- 시스템 내의 위험요소가 어떤 위험 상태에 있는가를 평가하는 정성적인 기법이다.

① CA　　② FMEA　　③ MORT
④ THERP　　⑤ PHA

2017년

49 FMEA에서 '실제의 손실'의 발생확률(β)을 나타내는 것은?

① $\beta = 1.00$
② $0.10 \leq \beta < 2.00$
③ $0.30 < \beta \leq 0.50$
④ $0 < \beta < 0.20$
⑤ $0.20 < \beta < 0.30$

▶ 2024년 48번

■ 고장형태와 영향분석 FMEA

고장형태와 영향분석(FMEA, Failure Mode and Effects Analysis)는 시스템, 제품 또는 프로세스의 고장 형태(Failure Mode)와 그로 인한 영향(Effect)을 체계적으로 분석하여, 잠재적인 문제를 사전에 식별하고 대응하는 신뢰성 분석 기법이다.

FMEA의 주요 목적:
1) 잠재적인 고장 형태와 그로 인한 영향을 파악
2) 고장 발생 가능성을 평가하고, 우선순위를 결정
3) 개선 방안을 도출하고, 고장 발생 가능성을 줄이기 위한 사전 대책 마련

답 ②

▶ 2022년 47번

■ 위험성 평가 기법 - 예비위험분석 PHA

예비위험분석(PHA, Preliminary Hazard Analysis)는 시스템, 프로세스, 또는 제품의 초기 설계 단계에서 잠재적인 위험 요소를 식별하고, 그에 따른 위험을 사전에 평가하는 방법이다. PHA는 안전성을 높이기 위한 위험 분석 기법 중 하나로, 주요 위험 요소와 그 영향을 초기에 파악함으로써 적절한 대책을 마련하는 데 목적이 있다. 이 방법은 시스템 개발의 초기 단계에서 위험을 최소화하고, 안전성 개선에 기여한다.

1. PHA의 주요 목적
   1) 시스템 설계 초기에 잠재적 위험 요소를 식별
   2) 잠재적 위험이 시스템에 미치는 영향을 평가
   3) 위험의 발생 가능성과 심각도를 바탕으로 우선순위를 결정
   4) 초기 위험 완화를 위한 조치 제안

2. PHA의 활용 사례
   1) 신제품 개발: 신제품을 설계하거나 개발하는 초기 단계에서 안전성과 위험 요소를 평가하는 데 사용된다.
   2) 건설 및 산업 프로젝트: 대규모 건설 프로젝트나 산업 공정에서 발생할 수 있는 위험 요소를 사전에 평가하여 안전 대책을 마련한다.
   3) 항공, 우주, 군사 산업: 고도의 신뢰성을 요구하는 항공, 우주, 군사 시스템에서 설계 초기 단계에서 잠재적 위험을 식별하고 대비한다.

답 ⑤

▶ 2017년 49번

■ FMEA에서 발생 확률

영향	발생확률(β)
실제손실	$\beta = 1$
예상손실	$0.1 \leq \beta \leq 1.0$
가능손실	$0 < \beta \leq 0.1$
영향없음	$\beta = 0$

답 ①

2020년

46 다음은 FMEA에서 어떤 고장유형의 심각도, 발생도, 검출도, 가용도를 평가한 결과이다. 이 고장유형에 대한 위험우선순위점수(Risk Priority Number)는 얼마인가?

- 심각도(Severity): 6
- 검출도(Detection): 10
- 발생도(Occurrence): 5
- 가용도(Availability): 2

① 7   ② 21   ③ 300
④ 600   ⑤ 900

2021년

37 다음은 위험성평가 기법인 MORT에 관한 설명이다. (   )에 들어갈 것으로 옳은 것은?

MORT는 (   )와(과) 동일한 논리방법을 사용하여 관리, 설계, 생산 및 보전 등의 넓은 범위에 걸친 안전 확보를 위하여 활용하는 기법으로 원자력 산업 등에 이용된다.

① HAZOP   ② FTA   ③ CA
④ FMEA   ⑤ PHA

2021년

38 CA(Criticality Analysis)기법에서 "작업의 실패로 이어질 염려가 있는 고장"의 카테고리는?

① 카테고리-Ⅰ   ② 카테고리-Ⅱ
③ 카테고리-Ⅲ   ④ 카테고리-Ⅳ
⑤ 카테고리-Ⅴ

▶ 2020년 46번

■ FMEA에서 위험우선순위 점수
위험우선순위점수(RPN, Risk Priority Number)는 FMEA에서 고장 유형의 위험 수준을 평가하기 위한 지표로, 심각도(Severity), 발생도(Occurrence), 그리고 검출도(Detection)를 곱하여 계산한다.
RPN(Risk Priority Number): 위험우선순위(= 발생도 × 심각도 × 검출도)
위험우선순위 = 5 ×6 ×10 = 300

답 ③

▶ 2021년 37번

■ 경영과 위험분석 MORT
MORT(Management Oversight and Risk Tree)는 시스템의 위험 관리와 안전 분석을 위한 기법으로, 결함수(Fault Tree)를 활용하여 발생 가능한 문제와 그 원인을 논리적으로 분석하는 방식이다. FTA와 같은 논리 구조를 기반으로 하여, 사고를 예방하기 위한 조직적 관리 활동과 설계 개선에 주로 사용된다.

답 ②

▶ 2021년 38번

■ 치명도 분석 CA
치명도 분석(Criticality Analysis, CA)는 시스템에서 발생할 수 있는 고장 형태의 중요도와 고장이 시스템에 미치는 영향을 평가하여, 고장의 심각도(Severity)와 발생 가능성(Occurrence)에 따라 우선순위를 결정하는 신뢰성 분석 기법이다. FMECA(Failure Mode, Effects, and Criticality Analysis)의 일부로, FMEA(Failure Mode and Effects Analysis)에서 다룬 고장 형태에 대한 정량적인 분석을 수행하여, 고장의 중요성을 더 명확히 평가하는 단계로 볼 수 있다.

1. 카테고리 1 - 생명의 상실로 이어질 염려가 있는 고장
2. 카테고리 2 - 작업의 실패로 이어질 염려가 있는 고장
3. 카테고리 3 - 운용의 지연 또는 손실로 이어질 고장
4. 카테고리 4 - 극단적인 계획 외의 관리로 이어질 고장

답 ②

2019년

49 다음과 같은 특징을 가지고 있는 위험성평가 기법은?

- 재해나 사고가 일어나는 것을 확률적인 수치로 평가하는 것이 가능하다.
- 어떤 기능이 고장 또는 실패할 경우 그 이후 다른 부분에 어떤 결과를 초래하는지를 분석하는 귀납적 방법이다.

① 위험과 운전분석(HAZOP)
② 사건수분석(ETA)
③ 예비위험분석(PHA)
④ 체크리스트(Checklist)
⑤ 고장 형태에 따른 영향분석(FMEA)

2013년

43 사상나무분석(ETA)에 대한 의사결정나무(decision tree)가 다음과 같을 때 A, B, C, D, E에 해당하는 값으로 옳지 않은 것은?

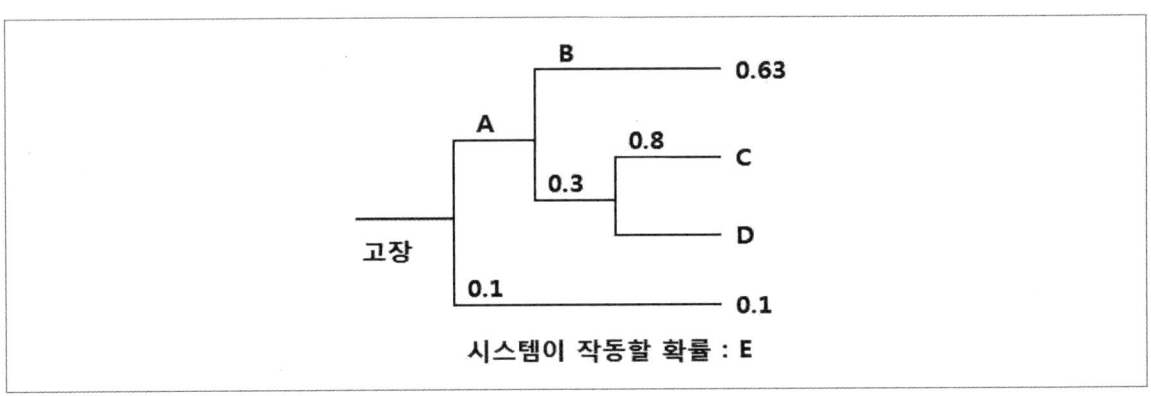

① A = 0.9
② B = 0.7
③ C = 0.216
④ D = 0.054
⑤ E = 0.9

2015년

29 다음 중 시스템 위험분석기법의 설명으로 옳지 않은 것은?

① PHA는 최초 단계의 분석으로 시스템 내의 위험 요소가 얼마나 위험한 상태에 있는가를 정성적으로 평가한다.
② FMEA는 전형적인 정성적, 귀납적 분석방법으로 전체요소의 고장을 유형별로 분석하여 그 영향을 검토한다.
③ THERP는 인간의 실수를 정량적으로 평가한다.
④ FTA는 정상사상인 재해현상으로부터 기본사상인 재해원인을 귀납적인 분석을 통하여 재해현상과 재해원인의 상호관련을 정확하게 해석하여 안전대책을 검토 할 수 있다.
⑤ CA는 직접 시스템의 손실과 인명의 사상에 연결되는 높은 위험도를 가진 요소나 고장의 형태에 따른 분석을 말한다.

▶ 2019년 49번

■ **사건수 분석 ETA(Event Tree Analysis)**

사건수 분석(Event Tree Analysis, ETA)는 시스템에서 특정 사건이 발생했을 때, 그로 인해 발생할 수 있는 여러 결과를 분석하는 기법이다. ETA는 사건이 발생한 이후의 여러 가지 경로를 체계적으로 분석하여 시스템의 안전성이나 신뢰성을 평가하는 데 사용된다. 이 분석 기법은 FTA(Fault Tree Analysis)와 함께 사용되는 경우가 많으며, 시스템에서 발생할 수 있는 다양한 시나리오를 예측하여 잠재적 위험을 평가하는 데 유용한다.

1. ETA의 주요 목적:
    1) 시스템 내에서 발생할 수 있는 사건 후 결과를 분석하여, 위험과 잠재적인 문제를 파악.
    2) 사고가 발생했을 때의 대응 시스템의 효과를 분석하고, 각 대응 시스템의 성공 여부에 따른 결과를 예측.
    3) 다양한 사건 발생 경로와 그에 따른 결과를 구조화하여 분석.

답 ②

▶ 2013년 43번

■ **사건수 분석 ETA(Event Tree Analysis)**

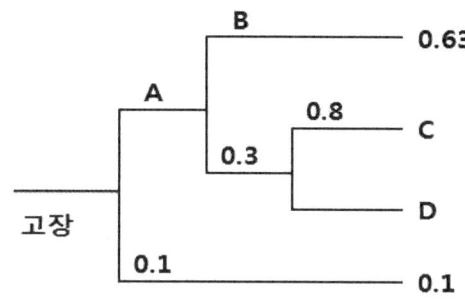

A: 0.9, B: 0.7, C: 0.216, D: 0.054, E:0.846
C: 0.9 × 0.3 × 0.8 = 0.216
D: 0.9 × 0.3 × 0.2 = 0.054
E: 시스템이 작동할 확률: 0.63 + 0.216 = 0.846

답 ⑤

▶ 2015년 29번

■ **결함수 분석 FTA(Fault Tree Analysis)**

④ FTA(Fault Tree Analysis)는 귀납적 분석이 아닌, 연역적 분석 방법을 사용한다는 점이다. 즉, FTA는 재해 현상(정상 사상)을 먼저 정의한 다음, 그 원인(기본 사상)을 추적하여 분석하는 방식으로 이루어지며, 이는 연역적(Top-down) 분석이다.

답 ④

2014년
48 위험성 평가기법에 관한 설명으로 옳은 것은?

① FMEA는 정성적, 연역적 평가기법으로 시스템 요소의 고장을 형태별로 분석하는 기법이다.
② HAZOP 기법은 가이드워드(guide word)와 공정의 파라메터(parameter)를 결합하여 위험요소와 운전상의 문제점을 도출한다.
③ ETA는 에너지의 흐름이 사람이나 설비에 도달하여 재해가 발생되지 않도록 장벽을 도입하는 기법이다.
④ FTA 는 기본 사상에서 top 사상으로 진행되어 간다.
⑤ Decision Tree 기법은 연역적이고, 정량적인 분석 기법이다.

2016년
40 결함수분석(FTA)에 관한 설명으로 옳지 않은 것은?

① 기계, 설비 또는 인간-기계 시스템의 고장이나 재해의 발생요인을 FT도표에 의하여 분석하는 방법이다.
② 해석하고자 하는 재해의 발생확률을 계산한다.
③ 재해발생 이전에 예측기법으로 활용함으로써 예방적 가치가 높은 기법이다.
④ 재해현상과 재해원인의 상호관련을 정량적으로 해석하여 안전대책을 검토할 수 있다.
⑤ 각 요소의 고장유형과 그 고장이 미치는 영향을 분석하는 연역적이면서 정성적인 방법을 사용한다.

2013년
31 다음은 결함수분석(FTA)법에 의한 재해 사례 연구에 관한 내용이다. 연구 절차를 올바른 순서대로 나열한 것은?

ㄱ. 문제점의 중요도 및 우선순위를 결정한다.
ㄴ. 톱(top)사상의 재해원인을 결정한다.
ㄷ. 전체의 결함수(FT)도를 완성한다.
ㄹ. 안전성이 있는 개선안을 검토하고 결정한다.

① ㄱ → ㄴ → ㄷ → ㄹ
② ㄱ → ㄷ → ㄴ → ㄹ
③ ㄴ → ㄱ → ㄷ → ㄹ
④ ㄴ → ㄱ → ㄹ → ㄷ
⑤ ㄷ → ㄱ → ㄹ → ㄴ

제5장 시스템공학

▶ 2014년 48번

■ 위험성평가기법
① FMEA는 개별 부품이나 시스템 요소에서 발생할 수 있는 고장을 먼저 분석하고, 그로 인해 발생할 수 있는 영향을 평가하는 귀납적(Inductive) 방식의 기법이다.
③ ETA(Event Tree Analysis)는 사건이 발생한 이후의 다양한 결과 경로를 분석하여 시스템의 위험성을 평가하는 기법이지, 에너지 흐름을 차단하거나 장벽을 도입하는 기법이며, 장벽을 도입하여 위험을 차단하는 기법은 Barrier Analysis나 HAZOP(Hazard and Operability Study) 등의 기법에서 사용하는 방법이다.
④ FTA(Fault Tree Analysis)는 상위 사상(Top Event)에서 시작하여 기본 사상(Basic Event)으로 거슬러 올라가는 연역적(Top-down) 분석 기법이다.
⑤ Decision Tree 기법은 귀납적(Bottom-up) 기법이며, 정량적뿐만 아니라 정성적 분석도 가능한 기법이다.

답 ②

▶ 2016년 40번

■ 결함수 분석 FTA(Fault Tree Analysis)
결함수 분석(Fault Tree Analysis, FTA)는 시스템에서 발생할 수 있는 고장이나 실패(Top Event)의 원인을 논리적으로 분석하는 기법이다. FTA는 특정 고장이 발생한 후 그 원인을 체계적으로 분석하는 연역적(Top-down) 기법으로, 사고나 고장의 상위 사건에서 시작하여 그 원인을 찾아가는 방식이다. 주로 안전성 분석, 신뢰성 평가, 위험 관리에 사용된다.
1. FTA의 주요 목적:
   1) 고장 원인을 분석하여, 고장이 발생한 경로를 체계적으로 이해.
   2) 고장의 논리적 관계를 도식화하여, 고장 발생에 기여한 요인을 명확히 식별.
   3) 시스템 안전성을 높이고, 잠재적 문제를 해결하기 위한 대책을 수립.

답 ⑤

▶ 2013년 31번

■ 결함수 분석 FTA(Fault Tree Analysis)
1. Top사상의 선정 - 문제점의 중요도 및 우선순위를 결정한다.
2. 사상마다 재해원인 규명 - 톱(top)사상의 재해원인을 결정한다.
3. FT도 작성 - 전체의 결함수(FT)도를 완성한다.
4. 개선 계획 작성 - 안전성이 있는 개선안을 검토하고 결정한다.

답 ①

2019년

31 다음에서 설명하는 논리기호의 명칭은?

- 더 이상 해석이나 분석할 필요가 없는 사상
- 결함수 분석법(FTA)의 도표에 사용되는 논리기호 중 '원'기호로 표시됨

① 결함사상 ② 기본사상
③ 이하 생략의 결함사상 ④ 통상사상
⑤ 전이기호

2017년

45 다음의 FT도에서 G1의 발생확률은?

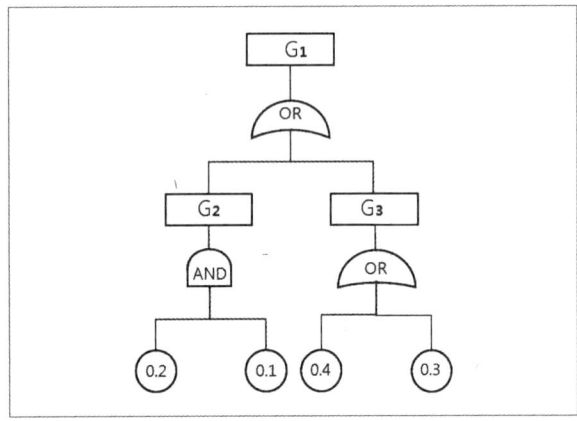

① 0.4884
② 0.5884
③ 0.6884
④ 0.7884
⑤ 0.8884

2020년

49 결함수(Fault Tree)가 다음과 같을 때 정상사상 T가 발생할 확률은? (단, 기본사상 a, b, c는 서로 독립이고 발생확률은 각각 0.1이다.)

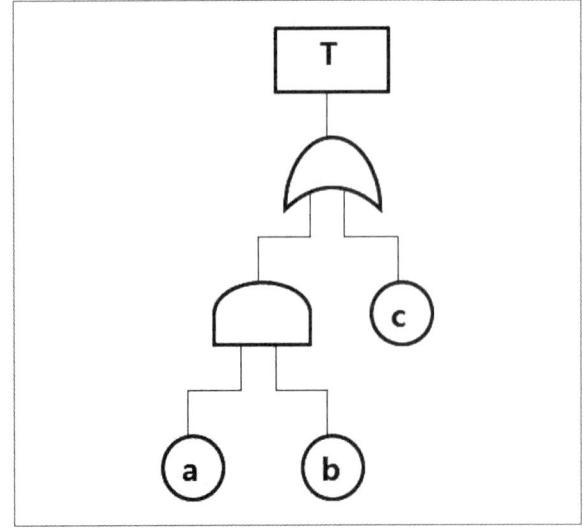

① 0.001
② 0.009
③ 0.019
④ 0.109
⑤ 0.729

제5장 시스템공학

▶ 2019년 31번

■ 논리기호

기본사상(Basic Event):
1. FTA에서 기본사상은 고장이나 사고의 가장 근본적인 원인으로, 더 이상 분석이 필요 없는 사상이다.
2. '원' 기호로 표시되며, 분석의 끝 단계에서 나타나는 최종 원인이라고 할 수 있다.

답 ②

▶ 2017년 45번

■ FT도 발생 확률

G2: and gate → 0.2 × 0.1 = 0.02
G3: or gate → 1−{(1−0.4)(1−0.3)} = 0.58
G1: or gate → 1−{(1−0.02)(1−0.58)} = 0.5884

답 ②

▶ 2020년 49번

■ FT도 발생 확률

a: 0.1, b: 0.1, c: 0.1
0.1 × 0.1=0.01, 1−{(1−0.01)(1−0.1)} = 0.109

FT도(Fault Tree Diagram)에서 정상사상(Top Event)은 시스템에서 발생한 주요 고장이나 사고를 의미한다. 이는 분석의 출발점이 되는 사상으로, 시스템의 주요 기능 실패나 사고를 나타낸다. 정상사상(Top Event)은 FTA에서 가장 상위에 위치하며, 이 사상이 발생하게 된 원인을 분석하기 위해 FTA가 수행된다.

정상사상의 특징:
1) 시스템에서 발생한 주요 고장이나 사고를 의미한다.
2) FTA(Fault Tree Analysis)는 이 정상사상이 왜 발생했는지를 분석하기 위한 기법이다.
3) 정상사상은 상위사상(Top Event)라고도 하며, 이를 유발한 하위 원인들을 분석해나가는 과정에서 결함수가 구성된다.

FTA 분석의 목표는 이 정상사상이 발생한 이유를 밝혀내고, 그 원인을 규명하여 개선책을 도출하는 것이다.

답 ④

2021년

50 다음 논리식을 가장 간단하게 표현한 것은?

$$\{(A+B+C)(\overline{A}+B+C)\}+AB+BC$$

① $A+B$ ② $A+\overline{B}$ ③ $B+C$
④ $\overline{B}+\overline{C}$ ⑤ $A+\overline{B}+C$

2019년

47 다음 FT도에서 정상사상 X의 값은 얼마인가?

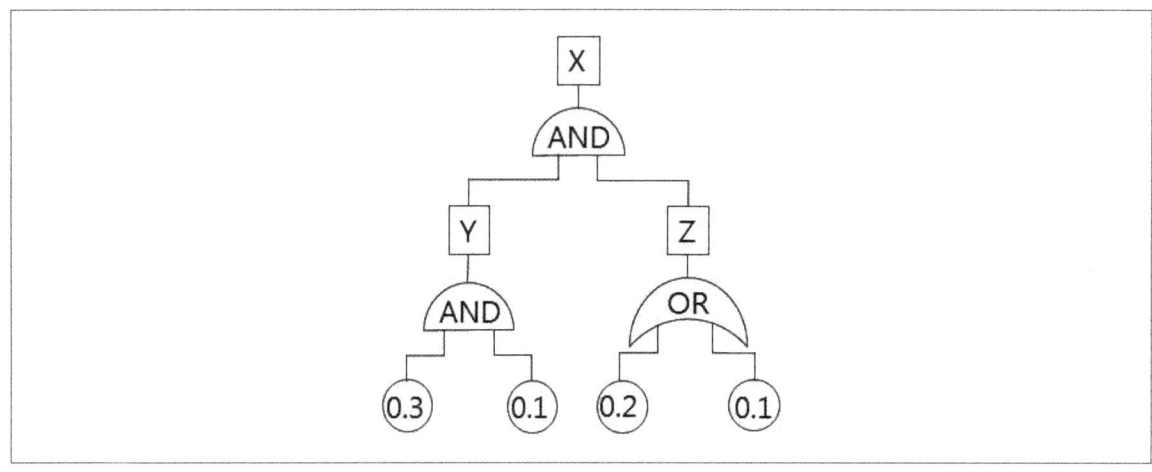

① 0.0084   ② 0.3826   ③ 0.42
④ 0.55   ⑤ 0.61

2014년

39 FTA의 실시 과정에서 minimal cut set을 3개 구하였다. top 사건이 일어날 확률은 얼마인가? (단, 각 부품의 고장날 확률은 0.1 이고, minimal cut set은 {1, 4}, {1, 3, 5}, {2, 5} 이다.)

① 0.01879   ② 0.01969   ③ 0.02063
④ 0.02071   ⑤ 0.02137

▶ 2021년 50번　■ 부울대수 법칙
$F = \{(A+B+C)(\overline{A}+B+C)\} + AB + BC$

1. 항등식 (X+Y)(X+Z)=X+YZ 적용
   $\{(A+B+C)(\overline{A}+B+C)\} = (B+C) + A\overline{A} = (B+C) + 0 = B+C$
2. 나머지 항 흡수
   $F = (B+C) + AB + BC$
   흡수법칙 B + AB = B, B + BC = B 사용하면
   F = B + C

답 ③

▶ 2019년 47번　■ FT도 발생 확률
Y: 0.3 × 0.1 = 0.03
Z: 1-{(1-0.2)(1-0.1)} = 0.28
X: 0.03 × 0.28 = 0.0084

답 ①

▶ 2014년 39번　■ Minimal cut set
Minimal cut set은 상위 사건(Top Event)이 발생하기 위해 최소한으로 필요한 고장 요소들의 조합이다. 문제에서는 3개의 minimal cut set이 주어졌고, 각 부품의 고장 확률이 0.1로 동일하다고 가정되어 있다.

1. 주어진 정보
   고장확률 P=0.1, 3개의 minimal cut set {1,4}, {1,3,5}, {2,5}
2. 각 minimal cut set의 고장 확률 계산
   ① {1,4}의 고장 확률　　$P(1,4) = P(1) \times P(4) = 0.1 \times 0.1 = 0.01$
   ② {1,3,5}의 고장 확률　$P(1,3,5) = P(1) \times P(3) \times P(5) = 0.1 \times 0.1 \times 0.1 = 0.001$
   ③ {2,5}의 고장 확률　　$P(2,5) = P(2) \times P(5) = 0.1 \times 0.1 = 0.01$
3. 상위 사건(Top Event) 발생 확률 계산
   각 minimal cut set이 발생하지 않을 확률을 계산한다.
   ① $P(1,4)$고장안남 $= 1 - P(1,4) = 1 - 0.01 = 0.99$
   ② $P(1,3,5)$고장안남 $= 1 - P(1,3,5) = 1 - 0.001 = 0.999$
   ③ $P(2,5)$고장안남 $= 1 - P(2,5) = 1 - 0.01 = 0.99$
   상위 사건이 발생하지 않을 확률은 모든 minimal cut set이 발생하지 않을 확률을 곱한 값으로
   $P(\top Event\ 발생안함) = 0.99 \times 0.999 \times 0.99 = 0.97901$
   상위 사건이 발생할 확률은 $P(\top Event\ 발생) = 1 - 0.97901 = 0.02099$

답 ④

2018년

40 FTA(Fault Tree Analysis) 분석기법을 이용하여, 다음의 정상사상 (top event) T의 미니멀 컷셋(minimal cut set)을 구하면?

$T = A_1 \cdot A_2$
$A_1 = X_1 \cdot X_2$, $A_2 = X_1 + X_3$

① (X1, X2) ② (X1, X3) ③ (X2, X3)
④ (X1, X2, X3) ⑤ (X1, X2), (X2, X3)

2024년

46 서로 독립인 기본사상 a, b, c로 구성된 아래의 결함수(Fault Tree)에서 정상사상 T에 관한 최소절단집합(Minimal cut set)을 모두 구하면?

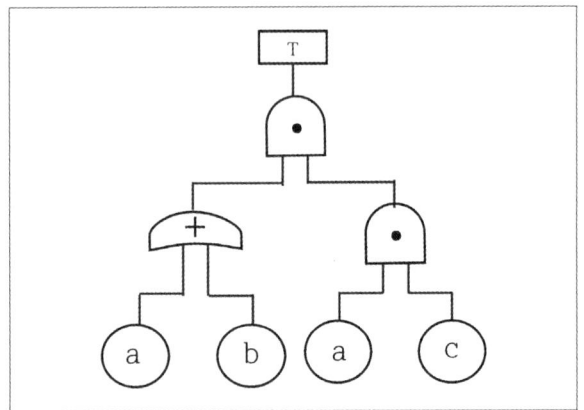

① {a, b}
② {a, c}
③ {b, c}
④ {a, b, c}
⑤ {a, c}, {a, b, c}

2022년

49 서로 독립인 기본사상 a, b, c로 구성된 아래의 결함수(Fault Tree)에서 정상사상 T에 관한 최소절단집합(minimal cut set)을 모두 구하면?

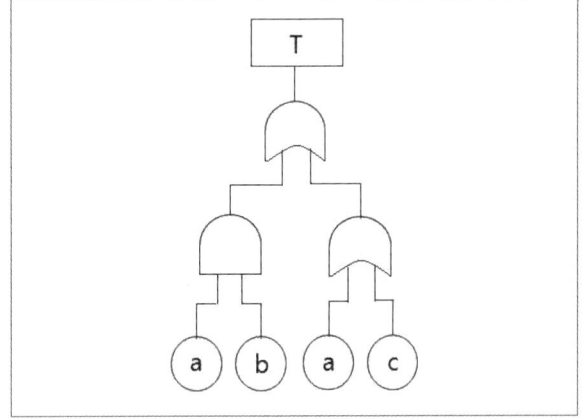

① {a}
② {a, b}
③ {a, c}
④ {a}, {b}
⑤ {a}, {c}

▶ 2018년 40번　■ FT도 발생 확률
　　　　　　　T=A1(X1.X2)·A2(X1+X3) => 컷셋은 (X1,X2),(X1,X2,X3),
　　　　　　　　　　　　　　　　　　　　미니멀 컷셋은 (X1,X2)

답 ①

▶ 2024년 46번　■ Minimal cut set
　　　　　　　$T = A_1 \times A_2 = \left(\dfrac{a}{b}\right)(a,c)$, 컷셋 =(a,c), (a,b,c)
　　　　　　　미니멀켓셋은 (a,c)

답 ②

▶ 2022년 49번　■ FT도 발생 확률
　　　　　　　(a,b)+(a+c)=(a),(c),(a,b),(a,b,c) 따라서, 미니멀 컷셋은 (a),(c)

답 ⑤

2022년

26 리스크 관리의 용어 정의에 관한 지침에서 "가능성과 결과에 대한 범위를 구분하여 리스크 등급을 표시하고, 리스크 우선순위를 정하기 위한 도구"로 정의되는 용어는?

① 리스크 통합(Risk aggregation)
② 리스크 프로파일(Risk profile)
③ 리스크 수준 판정(Risk evaluation)
④ 리스크 기준(Risk criteria)
⑤ 리스크 매트릭스(Risk matrix)

2016년

42 다음이 설명하는 기법은?

> 기계설비 또는 장치의 일부가 고장났을 때, 기능의 저하가 되더라도 전체로서는 기능을 정지시키지 않는 기법

① Fail safe
② Back up
③ Fail soft
④ Fool proof
⑤ Fail passive

2020년

44 다음에 적용된 본질적 안전 설계의 개념으로 옳은 것은?

> ㄱ. 극성이 정해져 있는 전원 커넥터를 극성이 다르게 삽입되지 않도록 설계
> ㄴ. 전기히터가 넘어지면 저절로 꺼지도록 설계

① ㄱ: Fool Proof, ㄴ: Fail Safe
② ㄱ: Fool Proof, ㄴ: Fool Proof
③ ㄱ: Fail Safe, ㄴ: Fool Proof
④ ㄱ: Fail Safe, ㄴ: Fail Safe
⑤ ㄱ: Fail Proof, ㄴ: Fail Safe

▶ 2022년 26번   ■ 리스크 매트릭스

리스크 매트릭스는 위험을 저위험(Low Risk), 중위험(Medium Risk), 고위험(High Risk)으로 구분하여, 리스크 관리 활동에서 어느 부분에 집중해야 하는지를 시각적으로 명확히 할 수 있는 도구이다.

1. 리스크 매트릭스는 위험의 가능성(Probability)과 결과의 심각도(Severity)를 기준으로 리스크의 등급을 시각적으로 나타내는 도구이다.
2. 이 도구는 각 위험 요소가 발생할 가능성과 그로 인해 발생할 결과의 심각도를 조합하여 리스크를 평가하고, 우선순위를 정하는 데 사용된다.
3. 리스크 매트릭스는 보통 행과 열로 나뉘어, 행은 발생 가능성을, 열은 결과의 심각도를 나타낸다. 교차점에 따라 위험의 우선순위를 정하고 관리할 수 있다.

답 ⑤

▶ 2016년 42번   ■ Fail-soft

1. Fail-soft는 주로 시스템 가동 중단이 큰 손실을 초래할 수 있는 환경에서 사용된다.
2. Fail-soft는 시스템이 일부 고장나거나 오류가 발생했을 때, 일부 기능을 제한하면서도 전체 시스템의 작동을 유지할 수 있도록 설계된 기법이다.
3. 이 방식에서는 시스템이 완전히 중단되지는 않지만, 제한된 기능이나 성능으로 운영이 계속된다.
4. Fail-soft는 중요한 핵심 기능을 유지하면서도, 덜 중요한 기능의 성능을 희생하여 시스템의 작동을 유지하는 방식이다.

답 ③

▶ 2020년 44번   ■ Fail-Safe와 Fool-Proof

1. Fail-Safe - 시스템에서 고장이나 오류가 발생했을 때, 안전한 상태로 자동 전환하여 시스템이 사용자의 안전이나 외부 환경에 악영향을 미치지 않도록 설계하는 기법.
   예시:
   1) 엘리베이터: 전원이 꺼지면 자동으로 가장 가까운 층에 멈추고 문을 여는 시스템
   2) 자동차 브레이크 시스템: 브레이크 유압이 빠져도 수동으로 최소한의 제동이 가능하도록 설계
   3) 산업용 기계: 비상 정지 버튼을 눌렀을 때 모든 기계가 멈추고, 안전한 상태로 전환

2. Fool-Proof (또는 Fail-Proof) - 사용자가 잘못된 조작을 하더라도 시스템이 문제가 발생하지 않도록 설계하는 기법
   예시:
   1) USB 연결: 한 방향으로만 연결 가능하도록 설계되어 잘못 연결할 수 없음
   2) 자동차 기어 잠금: 자동차가 주행 중이거나 브레이크를 밟지 않으면 기어를 변경할 수 없도록 설계
   3) 전기 플러그: 특정 전압에 맞는 플러그와 콘센트만 맞물리도록 설계되어, 잘못된 전압 장비를 연결할 수 없게 만듦

답 ①

2017년

46 다음에서 설명하고 있는 것은?

- 취급, 조작자의 부주의와 잘못에 의해 사고가 발생하는 것을 방지하기 위한 방법으로 인간의 실수가 직접적으로 고장 또는 사고로 이어지지 않도록 하는 것
- 세탁기 구동 시에 사람이 부주의나 실수로 상단뚜껑을 열면 동작이 자동으로 멈추고 경고음이 발생하는 것
- 위험성을 모르는 아이들이 실수로 먹는 것을 방지하기 위해 약병의 안전마개를 열기 위해서 힘을 아래 방향으로 가해 돌려야 하는 것

① fail safe ② fail soft ③ fool proof
④ failure rate ⑤ back up

2023년

39 안전성평가 6단계에서 단계별 내용으로 옳지 않은 것은?

① 2단계: 정성적 평가 ② 3단계: 정량적 평가
③ 4단계: 안전대책 ④ 5단계: 재해정보에 의한 재평가
⑤ 6단계: ETA에 의한 재평가

2015년

26 다음은 일반적인 공장설비에 적용한 안전성 평가단계에 관한 내용이다. 올바른 순서대로 나열한 것은?

ㄱ. 관계자료와 정보의 확보 및 검토   ㄴ. 정성적 평가
ㄷ. FTA 실시   ㄹ. 안전대책 수립
ㅁ. 정량적 평가   ㅂ. 재해 자료를 통한 재평가

① ㄱ → ㄴ → ㄷ → ㄹ → ㅁ → ㅂ
② ㄱ → ㄴ → ㅁ → ㄹ → ㅂ → ㄷ
③ ㄱ → ㄷ → ㄹ → ㅂ → ㅁ → ㄴ
④ ㄱ → ㄷ → ㅁ → ㄴ → ㄹ → ㅂ
⑤ ㄱ → ㄹ → ㄴ → ㅁ → ㅂ → ㄷ

▶ 2017년 46번　■ Fool-Proof
　　　　　　　　사용자가 실수를 해도 시스템이 고장나거나 오류를 일으키지 않도록 설계하는 기법이다.
　　답 ③

▶ 2023년 39번　■ 안전성 평가 6단계
　　　　　　　　1. 관계자료 검토 - 안전성 평가를 수행하기 위해 관련된 자료와 데이터를 수집하고 검토하는 단계로, 여기에는 설계 도면, 시스템 사양, 작업 절차, 사고 기록, 운영 매뉴얼 등이 포함
　　　　　　　　2. 정성적 평가 - 시스템 내에서 발생할 수 있는 위험 요소를 정성적으로 평가하는 단계로, 주로 위험 요소를 식별하고, 각 위험의 심각성과 발생 가능성을 평가
　　　　　　　　3. 정량적 평가 - 정량적인 데이터를 기반으로 위험 요소를 평가하는 단계로, 각 위험의 발생 확률을 수치로 계산하고, 그에 따른 위험도를 평가
　　　　　　　　4. 안전 대책 수립 - 정성적, 정량적 평가 결과를 바탕으로 적절한 안전 대책을 마련하는 단계로 여기서는 위험 요소를 줄이기 위한 방안을 수립하고, 예방 조치 및 개선책을 제안
　　　　　　　　5. 재해 사례 평가 - 유사한 시스템이나 산업에서 발생한 재해 사례를 분석하여, 현재 평가 중인 시스템에 적용 가능한 교훈을 도출하는 단계로 과거 사고로부터 학습하고, 이를 통해 추가적인 위험 요소를 식별
　　　　　　　　6. FTA 재평가 - 이전 단계에서 수립한 대책과 분석 결과를 바탕으로 FTA(Fault Tree Analysis) 재평가를 수행하여, 새로 도입된 대책이 제대로 작동할지 여부를 검토하고, 시스템의 안전성을 다시 평가
　　답 ⑤

▶ 2015년 26번　■ 안전성 평가 6단계
　　　　　　　　23년 39번 해설 참조
　　답 ②

2022년

50 안전성평가 종류 중 기술개발의 종합평가(technology assessment)에서 단 계별 내용으로 옳지 않은 것은?

① 1 단계: 생산성 및 보전성
② 2 단계: 실현가능성
③ 3 단계: 안전성 및 위험성
④ 4 단계: 경제성
⑤ 5 단계: 종합 평가

2023년

36 공정안전성 분석(K-PSR)기법에 관한 기술지침상 "위험형태"에 해당하는 것을 모두 고른 것은?

| ㄱ. 누출 | ㄴ. 화재·폭발 |
| ㄷ. 공정 트러블 | ㄹ. 상해 |

① ㄱ, ㄴ
② ㄱ, ㄷ
③ ㄴ, ㄷ
④ ㄱ, ㄴ, ㄷ
⑤ ㄱ, ㄴ, ㄷ, ㄹ

2023년

41 사고 피해예측 기법에 관한 기술지침상 위험 기준의 정립에 관한 내용이다. (   )에 들어갈 것으로 옳은 것은?

- 화재(복사열): 화구 등과 같이 짧은 시간동안 발생하는 강렬한 복사열에 의한 위험 또는 증기운화재, 고압분출 화재, 액면 화재 등에 의한 장시간의 복사열에 의하여 근로자 또는 주변 기기에 미치는 영향을 판단할 수 있는 기준은 (ㄱ) kW/m^{2}의 복사열이 미치는 거리로 한다.
- 폭발(과압): 증기운 폭발 등과 같은 폭발 사고시 주변 기기 및 근로자 등에 미치는 영향을 판단할 수 있는 기준은 (ㄴ) kPa의 과압이 도달 하는 거리로 한다.

① ㄱ: 1, ㄴ: 0.07
② ㄱ: 1, ㄴ: 6.9
③ ㄱ: 5, ㄴ: 0.0
④ ㄱ: 5, ㄴ: 6.9
⑤ ㄱ: 10, ㄴ: 0.07

▶ 2022년 50번　■ 기술개발 종합평가 5단계
- 사회적 복리 기여도 – 이 단계에서는 기술이 사회에 미치는 긍정적인 영향을 평가한다. 기술이 개발 또는 도입됨으로써 사회에 어떤 이익을 제공하는지, 사회적 문제 해결에 기여하는지를 분석한다.
- 실현가능성 – 이 단계에서는 기술이 실제로 구현 가능한지, 그리고 현실적인 환경에서 성공적으로 적용될 수 있는지를 평가한다. 기술적 구현 가능성, 개발 여건 등을 고려하여 기술 도입이나 개발이 가능한지 검토한다.
- 안전성, 위험성 비교 평가 – 기술이 안전한지, 그리고 잠재적인 위험이 있는지를 평가하는 단계이다. 기술의 도입이 사용자나 환경에 미치는 위험을 파악하고, 그 위험을 줄이기 위한 방안을 마련한다. 여러 기술 간 안전성과 위험성을 비교하여 최적의 선택을 도출한다.
- 경제성 검토 – 기술 도입에 따른 경제적 타당성을 평가하는 단계이다. 개발 비용, 운영 비용, 유지보수 비용 등을 포함한 전체적인 비용을 평가하며, 투자 대비 수익(ROI) 분석을 통해 기술 도입의 경제적 효용성을 판단한다.
- 종합평가 및 조정 – 앞선 4단계에서 수집된 결과를 종합적으로 평가하고, 필요할 경우 추가 조정이 이루어진다. 각 요소를 통합적으로 검토하여 최종적으로 기술 도입 여부를 결정하는 단계이다. 기술이 실제로 도입될 준비가 되었는지 판단하며, 추가로 필요한 조치나 조정 사항이 있는지 확인한다.

답 ①

▶ 2023년 36번　■ 공정안전성 분석 기법(K-PSR, KOSHA Process safety review)
공정안전성 분석(K-PSR, Korea-Process Safety Review) 기법에서 "위험형태"에 해당하는 것은 공정에서 발생할 수 있는 다양한 위험요소를 말한다. 위험형태는 공정 안전성을 저해할 수 있는 위험 상황이나 조건을 나타내며, 일반적으로 다음과 같은 요소들이 포함된다.
1. 화재 위험 (Fire Hazard)
2. 폭발 위험 (Explosion Hazard)
3. 유독성 물질 누출 (Toxic Release)
4. 고온/고압 위험 (High Temperature/Pressure Hazard)
5. 기계적 위험 (Mechanical Hazard)
6. 전기적 위험 (Electrical Hazard)
7. 누출 위험 (Leakage Hazard)
8. 환경오염 위험 (Environmental Hazard)
9. 인적 위험 (Human Error)

답 ⑤

▶ 2023년 41번　■ 사고 피해예측 기법에 관한 기술지침
① 화재(복사열) 화구 등과 같이 짧은 시간동안 발생하는 강렬한 복사열에 의한 위험 또는 증기운 화재, 고압분출 화재, 액면 화재 등에 의한 장시간의 복사열에 의하여 근로자 또는 주변 기기에 미치는 영향을 판단할 수 있는 기준은 5 kW/㎡(1,585Btu/hr/ft2)의 복사열이 미치는 거리로 한다.
② 폭발(과압) 증기운 폭발 등과 같은 폭발 사고 시 주변 기기 및 근로자 등에 미치는 영향을 판단할 수 있는 기준은 0.07 kgf/㎠ (6.9 kPa, 1 psi)의 과압이 도달하는 거리로 한다.

답 ④

34 위험성평가기법에 관한 설명으로 옳지 않은 것은?

① FMEA는 각 요소의 고장유형과 그 고장이 미치는 영향을 분석하는 방법으로 귀납적 분석기법이다.
② PHA는 시스템 내의 위험요소가 어떤 위험 상태에 있는가를 평가하는 기법이다.
③ MORT는 FTA와 동일한 논리방법을 사용하여 관리, 설계, 생산 및 보전 등의 넓은 범위에 걸친 안전성 확보를 위하여 활용하는 기법이다.
④ HEA는 운전원, 보수반원, 기술자 등의 불안전행동으로 발생할 수 있는 피해에 대해서 그 원인을 파악·추적하여 문제점을 개선하기 위한 평가기법이다.
⑤ HAZOP은 잠재된 사고의 결과 및 근본적인 원인을 찾아내고 사고결과와 원인 사이의 상호관계를 예측하며 리스크를 평가하는 기법이다.

36 서로 독립인 기본사상 x1~x5로 구성된 다음의 결함수(Fault Tree)에서 정상 사상 T에 관한 최소절단집합(minimal cut set)을 모두 구한 것은?

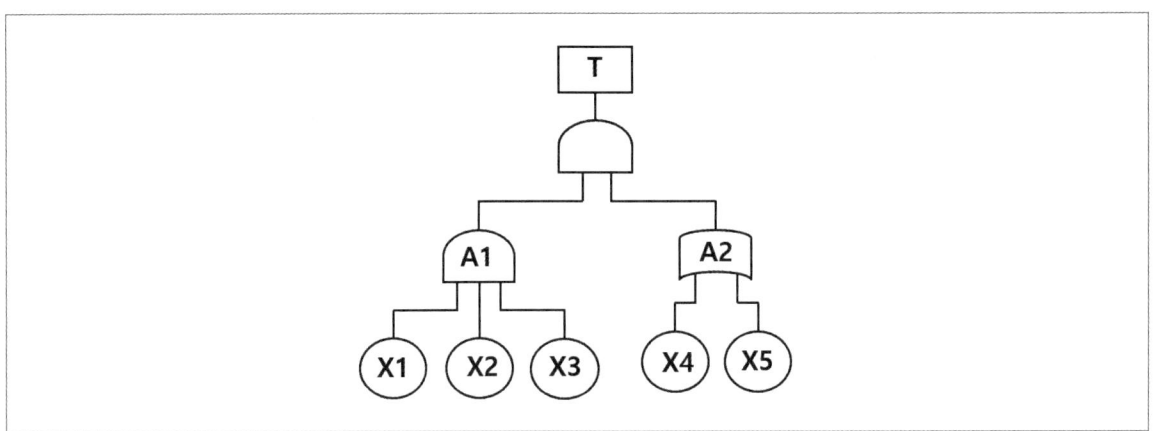

① (X1, X2, X3), (X1, X4, X5)
② (X1, X2, X3, X4), (X1, X2, X3, X5)
③ (X1, X2, X4), (X1, X3, X5), (X2, X3, X5)
④ (X1, X2, X4), (X1, X2, X5), (X1, X4, X5)
⑤ (X1, X4, X5), (X2, X4, X5), (X3, X4, X5)

▶ 2025년 34번　⑤ HAZOP은 시스템의 설계나 운전 조건에서 벗어나는 '편차'를 찾아내어 원인과 결과를 분석하는 정성적 기법이다. 잠재된 사고의 결과 및 근본적인 원인을 찾아내고 사고결과와 원인 사이의 상호관계를 예측하며 리스크를 평가하는 것은 FTA나 ETA에 가깝다.

답 ⑤

▶ 2025년 36번
1. 게이트 최소집합
   ① A1 = AND(X1, X2, X3) → 최소절단집합: {X1, X2, X3}
   ② A2 = OR(X4, X5) → 최소절단집합: {X4}, {X5}
2. 상위게이트 T = AND(A1, A2)
   {X1, X2, X3} × {X4} = {X1, X2, X3, X4}
   {X1, X2, X3} × {X5} = {X1, X2, X3, X5}
3. 최소절단집합
   (X1, X2, X3, X4), (X1, X2, X3, X5)

답 ②

2025년
38 HAZOP 기법에서 적용되는 가이드 워드(guide word)의 의미가 옳지 않은 것은?

① part of : 성질상의 증가
② other than : 완전한 대체
③ more/less : 양의 증가 혹은 감소
④ no/not : 설계 의도의 완전한 부정
⑤ reverse : 설계 의도의 논리적인 역

2025년
39 FMEA에 따라 평가한 결과 위험우선순위점수(Risk Priority Number)가 가장 높은 고장유형은? (단, S는 Severity, O는 Occurrence, D는 Detection rating 이다.)

① S : 5, O : 6, D : 3
② S : 6, O : 5, D : 4
③ S : 7, O : 4, D : 3
④ S : 8, O : 3, D : 2
⑤ S : 9, O : 3, D : 4

2025년
42 다음 논리식을 가장 간단하게 표현한 것은?

$$\overline{A}\,\overline{B}\,\overline{C} + \overline{A}\,B\,\overline{C} + A\,\overline{B}\,\overline{C} + A\,\overline{B}\,C + A\,B\,\overline{C} + ABC$$

① $A + \overline{C}$
② $AB + \overline{C}$
③ $A\overline{B} + C$
④ $\overline{B}C + \overline{C}$
⑤ $A + \overline{B}$

▶ 2025년 38번 ■ HAZOP 가이드워드

가이드워드	정의
없음 No, Not, None	설계 의도의 완전한 부정
증가 More	정량적인 증가
감소 less	정량적인 감소
반대 Reverse	설계 의도의 논리적 반대
부가 As well as	성질상의 증가 (설계 의도 외에 다른 변수 부가)
부분 Parts of	성질상의 감소 (설계 의도 부분 변경)
기타 Other than	완벽한 대체 (설계 의도대로 설치되지 않거나 운전이 유지되지 않음)

답 ①

▶ 2025년 39번

RPN은 위험우선순위수로, FMEA에서 어떤 고장유형의 위험 정도를 수치로 표현해 우선순위를 정할 때 쓰는 지표이다. RPN 값이 높을수록 위험도가 크고, 개선이 시급함을 의미한다.

RPN = S × O × D

① 5×6×3=90
② 6×5×4=120
③ 7×4×3=84
④ 8×3×2=48
⑤ 9×3×4=108

답 ②

▶ 2025년 42번

1. $\overline{C}$가 들어간 항 묶기

$\overline{C}(\overline{A}\overline{B}+\overline{A}B+A\overline{B}+AB)$
$= \overline{C}(\overline{A}(B+\overline{B})+A(B+\overline{B}))$
$= \overline{C}(A+\overline{A}) = \overline{C}$

※ 원문 표기: $= \overline{C}(A+\overline{A}) = AC$ 로 되어 있으나 전개상 $\overline{C}$

2. 남은 항

$A\overline{B}C+ABC = AC(\overline{B}+B) = AC$

3. 합치기 및 흡수

$\overline{C}+AC = (\overline{C}+A)(\overline{C}+C) = A+\overline{C}$

답 ①

4주완성 합격마스터
산업안전지도사 1차 필기
2과목 산업안전일반

제 6 장

사업장 안전보건

제06장 사업장 안전보건

1. 위험성평가 고시

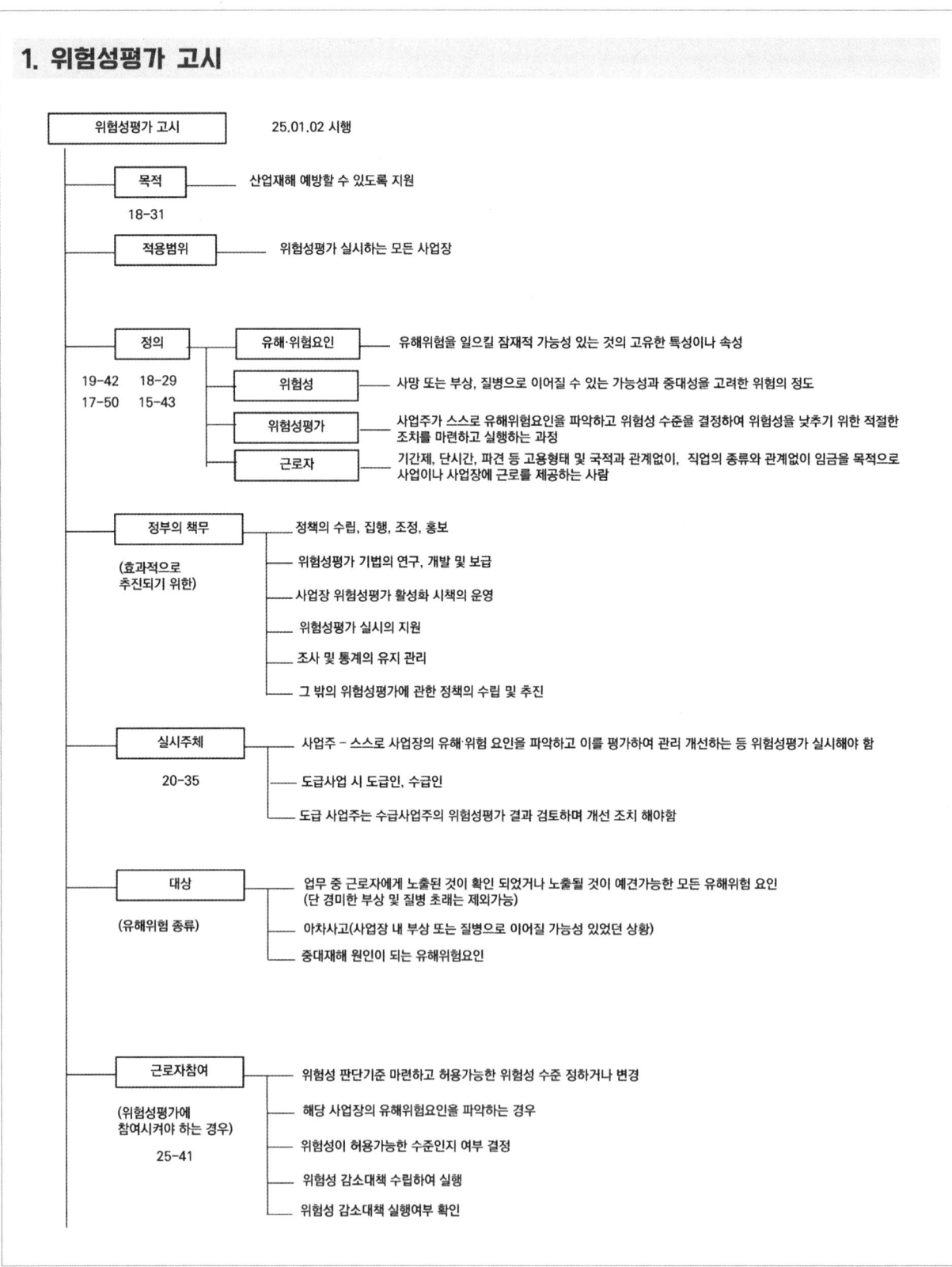

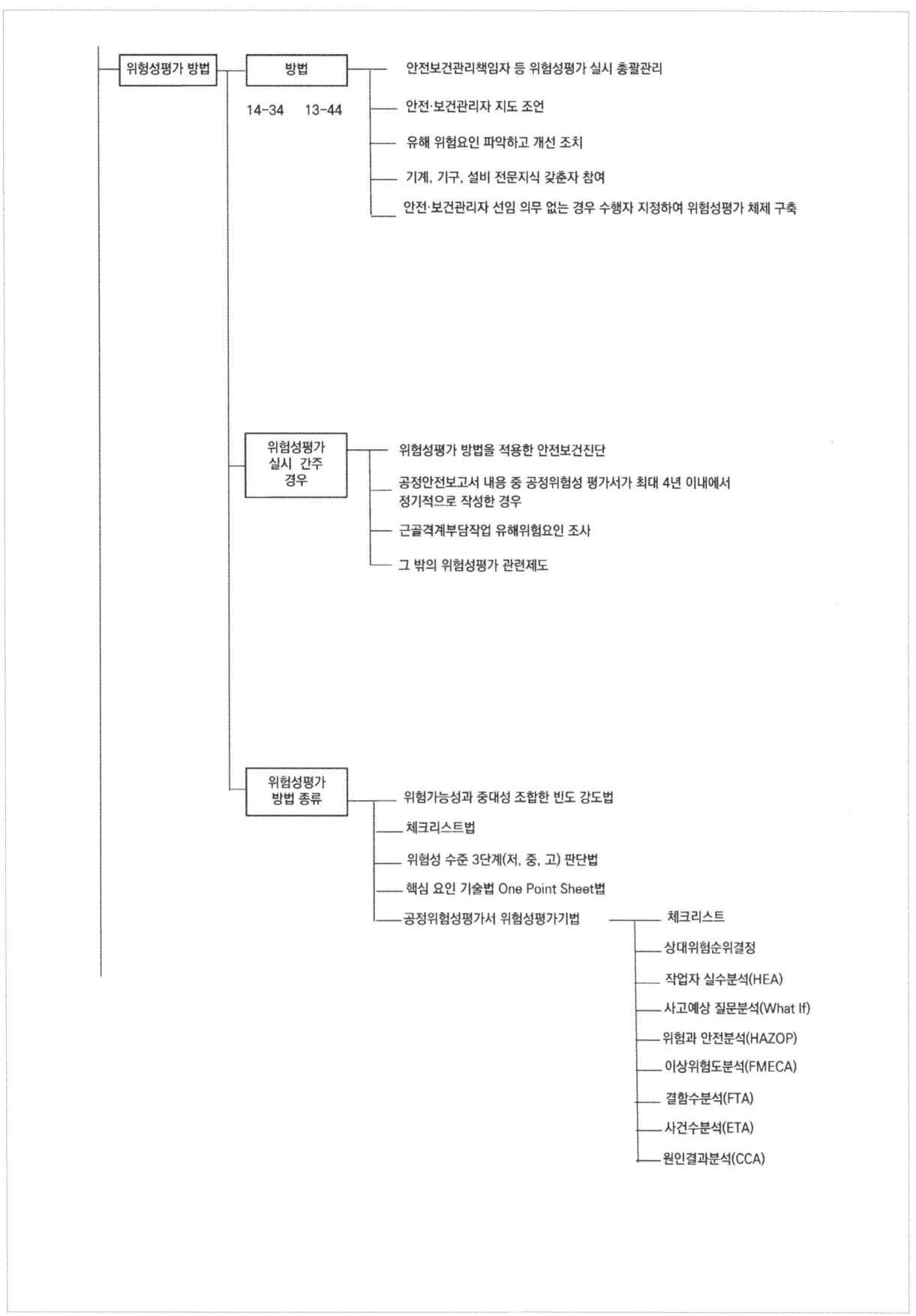

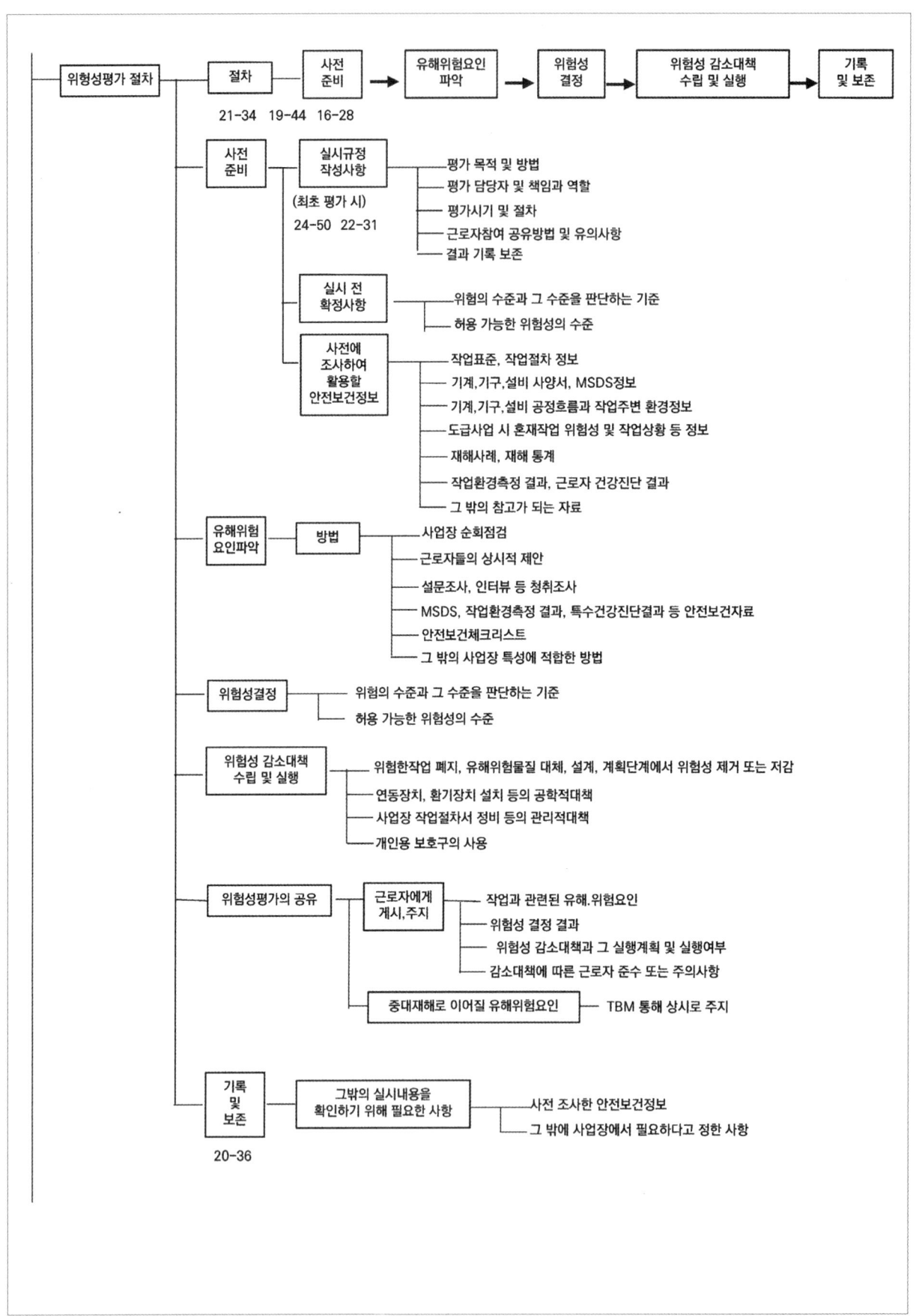

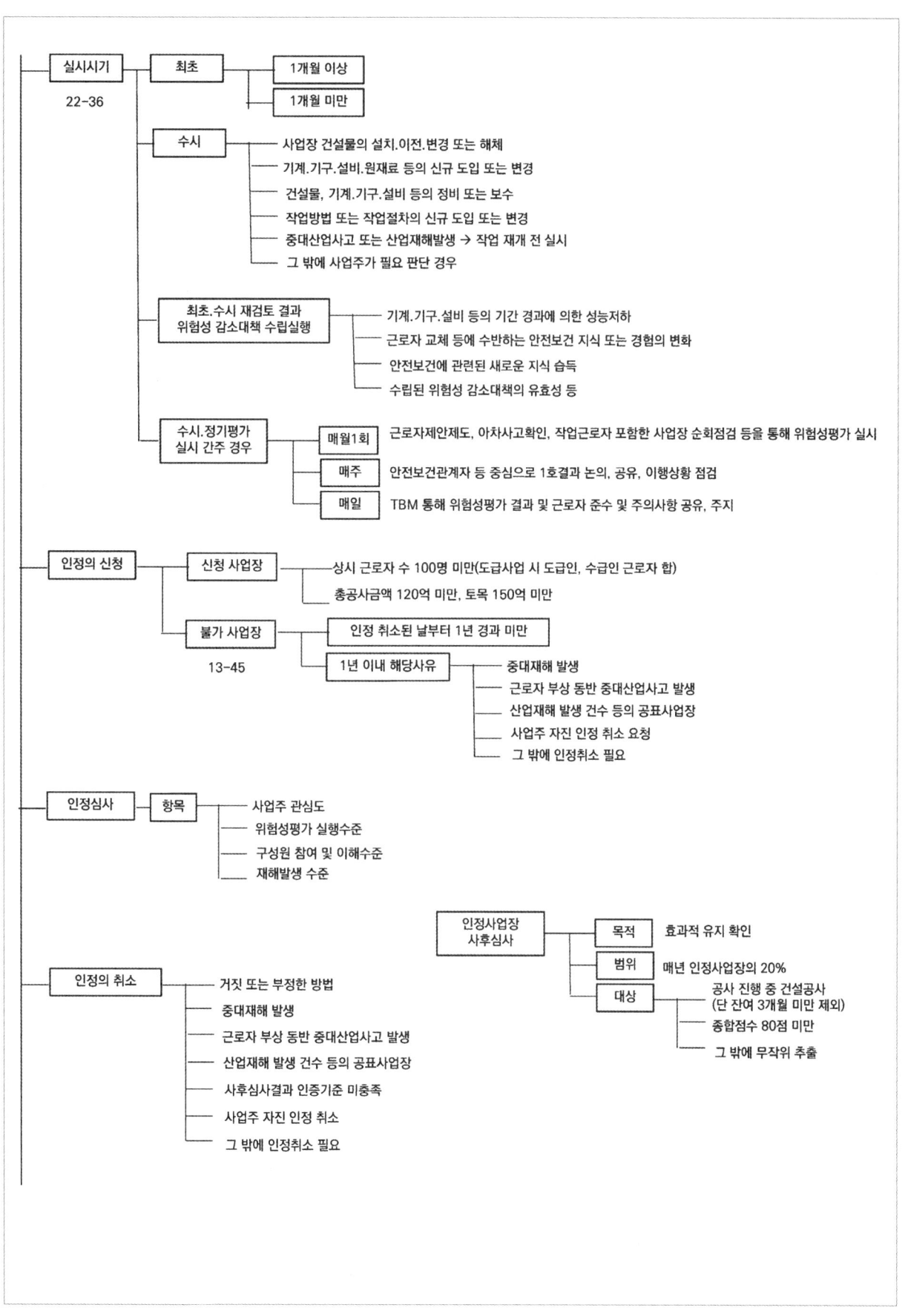

예제 문제

2024년

50 사업장 위험성평가에 관한 지침에 따라 위험성평가 실시규정을 작성할 때 반드시 포함되어야 할 사항이 아닌 것은?

① 평가의 목적 및 방법
② 결과의 기록·보존
③ 위험성평가 인정신청서 작성방법
④ 근로자에 대한 참여·공유방법 및 유의사항
⑤ 평가담당자 및 책임자의 역할

2022년

31 사업장 위험성평가에 관한 지침에서 사업주는 위험성평가를 효과적으로 실시하기 위하여 위험성평가 실시규정을 작성하고 관리하여야 한다. 이때 실시규정에 포함되어야 할 사항이 아닌 것은?

① 평가의 목적 및 방법
② 인정심사위원회의 구성·운영
③ 평가담당자 및 책임자의 역할
④ 평가시기 및 절차
⑤ 주지방법 및 유의사항

2021년

34 사업장 위험성평가에 관한 지침에서 정하고 있는 위험성평가의 절차에서 "상시근로자수가 20명 미만 사업장 (총 공사금액 1억원 미만의 건설공사)의 경우"에 생략할 수 있는 절차는?

① 평가대상의 선정 등 사전준비
② 근로자의 작업과 관계되는 유해·위험요인의 파악
③ 파악된 유해·위험요인별 위험성의 추정
④ 위험성 감소대책의 수립 및 실행
⑤ 위험성평가 실시내용 및 결과에 관한 기록

제6장 사업장 안전보건

정답 및 해설

▶ 2024년 50번

■ 위험성평가 실시 규정 작성사항
1. 평가 목적 및 방법
2. 평가 담당자 및 책임과 역할
3. 평가시기 및 절차
4. 근로자참여 공유방법 및 유의사항
5. 결과 기록보존

위험성평가 실시 규정 작성사항은 작업장에서 발생할 수 있는 위험을 체계적으로 평가하고 관리하기 위한 규정으로, 위험 요소의 식별, 평가 방법, 감소 대책, 책임자 지정, 평가 주기, 교육 계획, 기록 관리 등의 항목을 명확히 포함해야 한다. 이를 통해 작업장 내의 안전을 보장하고, 재해 발생 가능성을 최소화할 수 있다.

답 ③

▶ 2022년 31번

■ 제9조(사전준비) ① 사업주는 위험성평가를 효과적으로 실시하기 위하여 최초 위험성평가시 다음 각 호의 사항이 포함된 위험성평가 실시규정을 작성하고, 지속적으로 관리하여야 한다.
1. 평가의 목적 및 방법
2. 평가담당자 및 책임자의 역할
3. 평가시기 및 절차
4. 주지방법 및 유의사항
5. 결과의 기록·보존

답 ②

▶ 2021년 34번

■ 제8조(위험성평가의 절차) 사업주는 위험성평가를 다음의 절차에 따라 실시하여야 한다. 다만, 상시근로자 5인 미만 사업장(건설공사의 경우 1억원 미만)의 경우 제1호의 절차를 생략할 수 있다.
1. 사전준비
2. 유해·위험요인 파악
3. 삭제
4. 위험성 결정
5. 위험성 감소대책 수립 및 실행
6. 위험성평가 실시내용 및 결과에 관한 기록 및 보존

답 ①

215

2020년

35 위험성평가 실시 주체에 관한 설명으로 옳은 것은?

① 사업주는 위험성평가 시 해당 작업장의 근로자를 참여시켜야 한다.
② 안전보건관리책임자는 유해·위험요인을 파악하고 그 결과에 따라 개선조치를 시행한다.
③ 관리감독자는 위험성평가 실시에 대하여 안전보건관리책임자를 보좌하고 지도·조언한다.
④ 안전보건관리책임자는 주체가 되어 도급사업주와 함께 각자의 역할을 분담하여 위험성 평가를 실시한다.
⑤ 안전·보건관리자는 위험성평가 실시를 총괄한다.

2020년

36 산업안전보건법령상 사업주가 위험성평가 실시내용 및 결과를 기록·보존 할 때 포함되어야 할 사항을 모두 고른 것은?

> ㄱ. 산업안전보건관리비의 산출내역과 변경관리
> ㄴ. 위험성 결정의 내용
> ㄷ. 위험성평가 제외 대상 공종의 작업계획 및 회의내용
> ㄹ. 위험성평가 대상의 유해·위험요인
> ㅁ. 위험성평가의 실시내용을 확인하기 위하여 필요한 사항으로서 고용노동부장관이 정하여 고시하는 사항

① ㄱ, ㄴ, ㄷ   ② ㄱ, ㄷ, ㄹ   ③ ㄴ, ㄷ, ㄹ
④ ㄴ, ㄹ, ㅁ   ⑤ ㄷ, ㄹ, ㅁ

▶ 2020년 35번

▶ 제5조(위험성평가 실시주체)
① **사업주**는 스스로 사업장의 유해·위험요인을 파악하고 이를 평가하여 관리 개선하는 등 위험성 평가를 실시하여야 한다.
② 법 제63조에 따른 작업의 일부 또는 전부를 도급에 의하여 행하는 사업의 경우는 **도급을 준 도급 인**(이하 "도급사업주"라 한다)과 도급을 받은 수급인(이하 "수급사업주"라 한다)은 각각 제1항에 따른 위험성평가를 실시하여야 한다.
③ 제2항에 따른 도급사업주는 수급사업주가 실시한 위험성평가 결과를 검토하여 도급사업주가 개선할 사항이 있는 경우 이를 개선하여야 한다.

▶ 제7조(위험성평가의 방법)
① **사업주**는 다음과 같은 방법으로 위험성평가를 실시하여야 한다.
  1. **안전보건관리책임자** 등 해당 사업장에서 사업의 실시를 총괄 관리하는 사람에게 **위험성평가의 실시를 총괄 관리하게 할 것**
  2. 사업장의 **안전관리자, 보건관리자** 등이 위험성평가의 실시에 관하여 **안전보건관리책임자를 보좌하고 지도·조언하게 할 것**
  3. **유해·위험요인을 파악하고 그 결과에 따른 개선조치를 시행할 것**
  4. 기계·기구, 설비 등과 관련된 위험성평가에는 해당 기계·기구, 설비 등에 전문 지식을 갖춘 사람을 참여하게 할 것
  5. 안전·보건관리자의 선임의무가 없는 경우에는 제2호에 따른 업무를 수행할 사람을 지정하는 등 그 밖에 위험성평가를 위한 체제를 구축할 것

▶ 제6조(근로자 참여)
<u>사업주는 위험성평가를 실시할 때, 법 제36조제2항에 따라 다음 각 호에 해당하는 경우 해당 작업에 종사하는 근로자를 참여시켜야 한다.</u>

답 ①

▶ 2020년 36번

■ 제14조(기록 및 보존) ① 규칙 제37조제1항제4호에 따른 "그 밖에 위험성평가의 실시내용을 확인하기 위하여 필요한 사항으로서 고용노동부장관이 정하여 고시하는 사항"이란 다음 각 호에 관한 사항을 말한다.
■ 시행규칙 제37조(위험성평가 실시내용 및 결과의 기록·보존) ① 사업주가 법 제36조제3항에 따라 위험성평가의 결과와 조치사항을 기록·보존할 때에는 다음 각 호의 사항이 포함되어야 한다.
  1. 위험성평가 대상의 유해·위험요인
  2. 위험성 결정의 내용
  3. 위험성 결정에 따른 조치의 내용
  4. 그 밖에 위험성평가의 실시내용을 확인하기 위하여 필요한 사항으로서 고용노동부장관이 정하여 고시하는 사항
② 사업주는 제1항에 따른 자료를 3년간 보존해야 한다.

답 ④

2과목 산업안전일반

2019년

42 사업장 위험성평가에 관한 지침에 명시하고 있는 "유해·위험요인이 사망, 부상 또는 질병으로 이어질 수 있는 가능성과 중대성 등을 고려한 위험의 정도"를 정의하는 용어는?

① 유해·위험요인
② 위험성 결정
③ 위험성
④ 위험성 추정
⑤ 위험성 감소대책 수립 및 실행

2022년

36 사업장 위험성평가에 관한 지침에서 위험성평가의 실시에 관한 내용으로 옳지 않은 것은?

① 위험성평가는 최초평가 및 수시평가, 정기평가로 구분하여 실시하여야 한다.
② 최초평가 및 정기평가는 전체작업을 대상으로 한다.
③ 중대산업사고 또는 산업재해(휴업 이상의 요양을 요하는 경우에 한정한다) 발생 시에는 재해발생 작업을 대상으로 작업을 재개하기 전에 수시평가를 실시하여야 한다.
④ 사업장 건설물의 설치·이전·변경 또는 해체 계획이 있는 경우에는 해당 계획의 실행을 착수하기 전에 수시평가를 실시하여야 한다.
⑤ 정기평가는 최초평가 후 2년에 1회 실시하여야 한다.

▶ 2019년 42번

■ 제3조(정의)
① 이 고시에서 사용하는 용어의 뜻은 다음과 같다.
  1. "유해·위험요인"이란 유해·위험을 일으킬 잠재적 가능성이 있는 것의 고유한 특징이나 속성을 말한다.
  2. <u>"위험성"이란 유해·위험요인이 사망, 부상 또는 질병으로 이어질 수 있는 가능성과 중대성 등을 고려한 위험의 정도를 말한다.</u>
  3. "위험성평가"란 사업주가 스스로 유해·위험요인을 파악하고 해당 유해·위험요인의 위험성 수준을 결정하여, 위험성을 낮추기 위한 적절한 조치를 마련하고 실행하는 과정을 말한다.

답 ③

▶ 2022년 36번

■ 제15조(위험성평가의 실시 시기)
① 사업주는 사업이 성립된 날(사업 개시일을 말하며, 건설업의 경우 실착공일을 말한다)로부터 1개월이 되는 날까지 제5조의2제1항에 따라 위험성평가의 대상이 되는 유해·위험요인에 대한 최초 위험성평가의 실시에 착수하여야 한다. 다만, 1개월 미만의 기간 동안 이루어지는 작업 또는 공사의 경우에는 특별한 사정이 없는 한 작업 또는 공사 개시 후 지체 없이 최초 위험성평가를 실시하여야 한다.
② 사업주는 다음 각 호의 어느 하나에 해당하여 추가적인 유해·위험요인이 생기는 경우에는 해당 유해·위험요인에 대한 수시 위험성평가를 실시하여야 한다. 다만, 제5호에 해당하는 경우에는 재해발생 작업을 대상으로 작업을 재개하기 전에 실시하여야 한다.
  1. 사업장 건설물의 설치·이전·변경 또는 해체
  2. 기계·기구, 설비, 원재료 등의 신규 도입 또는 변경
  3. 건설물, 기계·기구, 설비 등의 정비 또는 보수(주기적·반복적 작업으로서 이미 위험성평가를 실시한 경우에는 제외)
  4. 작업방법 또는 작업절차의 신규 도입 또는 변경
  5. 중대산업사고 또는 산업재해(휴업 이상의 요양을 요하는 경우에 한정한다) 발생
  6. 그 밖에 사업주가 필요하다고 판단한 경우
③ 사업주는 다음 각 호의 사항을 고려하여 제1항에 따라 실시한 위험성평가의 결과에 대한 적정성을 **1년마다 정기적**으로 재검토(이때, 해당 기간 내 제2항에 따라 실시한 위험성평가의 결과가 있는 경우 함께 적정성을 재검토하여야 한다)하여야 한다. 재검토 결과 허용 가능한 위험성 수준이 아니라고 검토된 유해·위험요인에 대해서는 제12조에 따라 위험성 감소대책을 수립하여 실행하여야 한다.
  1. 기계·기구, 설비 등의 기간 경과에 의한 성능 저하
  2. 근로자의 교체 등에 수반하는 안전·보건과 관련되는 지식 또는 경험의 변화
  3. 안전·보건과 관련되는 새로운 지식의 습득
  4. 현재 수립되어 있는 위험성 감소대책의 유효성 등
④ 사업주가 사업장의 상시적인 위험성평가를 위해 다음 각 호의 사항을 이행하는 경우 제2항과 제3항의 수시평가와 정기평가를 실시한 것으로 본다.
  1. 매월 1회 이상 근로자 제안제도 활용, 아차사고 확인, 작업과 관련된 근로자를 포함한 사업장 순회점검 등을 통해 사업장 내 유해·위험요인을 발굴하여 제11조의 위험성결정 및 제12조의 위험성 감소대책 수립·실행을 할 것
  2. 매주 안전보건관리책임자, 안전관리자, 보건관리자, 관리감독자 등(도급사업주의 경우 수급사업장의 안전·보건 관련 관리자 등을 포함한다)을 중심으로 제1호의 결과 등을 논의·공유하고 이행상황을 점검할 것
  3. 매 작업일마다 제1호와 제2호의 실시결과에 따라 근로자가 준수하여야 할 사항 및 주의하여야 할 사항을 작업 전 안전점검회의 등을 통해 공유·주지할 것

▶ ① 위험성평가는 실시 시기에 따라 최초, 수시, 정기, 상시평가로 구분되고, 두 가지 진행 방법이 있습니다. 하나는 "최초평가-수시평가-정기평가"의 진행 방법이고, 다른 하나는 "최초평가-상시평가"의 진행 방법입니다.
⑤ 정기평가는 최초평가 후 **매년** 정기적으로 실시한다.

현행고시 반영 답 ①, ⑤

답 ①, ⑤

2019년

44 위험성평가(risk assessment)를 실시하는 절차를 순서대로 옳게 나열한 것은?

ㄱ. 위험성 감소대책의 수립 및 실행
ㄴ. 파악된 유해·위험요인별 위험성의 추정
ㄷ. 근로자의 작업과 관계되는 유해·위험요인의 파악
ㄹ. 추정한 위험성이 허용 가능한 위험성인지 여부의 결정
ㅁ. 평가대상의 선정 등 사전준비

① ㄷ → ㄴ → ㄹ → ㅁ → ㄱ
② ㄷ → ㅁ → ㄴ → ㄱ → ㄹ
③ ㄷ → ㅁ → ㄴ → ㄹ → ㄱ
④ ㅁ → ㄴ → ㄷ → ㄹ → ㄱ
⑤ ㅁ → ㄷ → ㄴ → ㄹ → ㄱ

2019년

45 위험성 평가 시 유해위험요인의 발굴을 위해 4M기법을 활용한다. 다음 중 인적(Man) 항목이 아닌 것은?

① 작업자세
② 개인 보호구 미착용
③ 휴먼에러
④ 관리조직의 결함 및 건강관리의 불량
⑤ 미숙련자의 불안전한 행동

2018년

31 사업장 위험성평가에 관한 지침에 관한 설명 중 ( )에 들어갈 내용으로 옳은 것은?

사업주가 스스로 사업장의 유해·위험요인에 대한 실태를 파악하고 이를 평가하여 관리·개선하는 등 필요한 조치를 할 수 있도록 지원하기 위하여 위험성평가 ( ), ( ), ( ) 등에 관한 기준을 제시하고, 위험성평가 활성화를 위한 시책의 운영 및 지원사업 등 그 밖에 필요한 사항을 규정함을 목적으로 한다.

① 계획, 실시, 결과조치
② 방법, 절차, 시기
③ 목표, 계획, 시기
④ 규정, 계획, 방법
⑤ 계획, 절차, 결과

▶ 2019년 44번

■ **제8조(위험성평가의 절차)** 사업주는 위험성평가를 다음의 절차에 따라 실시하여야 한다. 다만, 상시 근로자 5인 미만 사업장(건설공사의 경우 1억원 미만)의 경우 제1호의 절차를 생략할 수 있다.
   1. 사전준비
   2. 유해·위험요인 파악
   3. 삭제
   4. 위험성 결정
   5. 위험성 감소대책 수립 및 실행

답 ⑤

▶ 2019년 45번

■ **4M(Man, Machine, Media, Management) 위험성평가 중 인적(Man)항목**
   ① 미숙련자 등 작업자 특성에 의한 불안전 행동
   ② 작업에 대한 안전보건 정보의 부적절
   ③ 작업자세, 작업동작의 결함
   ④ 작업방법의 부적절
   ⑤ 휴먼에러
   ⑥ 개인보호구 미착용

답 ④

▶ 2018년 31번

■ **제1조(목적)** 이 고시는 「산업안전보건법」제36조에 따라 사업주가 스스로 사업장의 유해·위험요인에 대한 실태를 파악하고 이를 평가하여 관리·개선하는 등 필요한 조치를 할 수 있도록 지원하기 위하여 위험성평가 방법, 절차, 시기 등에 대한 기준을 제시하고, 위험성평가 활성화를 위한 시책의 운영 및 지원사업 등 그 밖에 필요한 사항을 규정함을 목적으로 한다.

답 ②

2016년

28 위험성평가(risk assessment)의 순서가 올바르게 나열한 것은?

> ㄱ. 위험요인의 결정
> ㄴ. 유해위험 요인별 위험성 조사·분석
> ㄷ. 기록 및 검토
> ㄹ. 위험성 감소조치의 실시
> ㅁ. 유해 위험요인 파악

① ㄱ → ㄴ → ㄷ → ㄹ → ㅁ
② ㄱ → ㄴ → ㄹ → ㄷ → ㅁ
③ ㄴ → ㅁ → ㄱ → ㄹ → ㄷ
④ ㅁ → ㄴ → ㄱ → ㄹ → ㄷ
⑤ ㅁ → ㄹ → ㄷ → ㄱ → ㄴ

2014년

34 고용노동부고시 사업장 위험성평가에 관한 지침의 내용으로 옳지 않은 것은?

① 안전보건관리책임자 등 해당 사업장에서 사업의 실시를 총괄 관리하는 사람에게 위험성평가의 실시를 총괄 관리하게 한다.
② 사업주는 안전보건정보를 사전에 조사하여 위험성평가에 활용하여야 한다.
③ 유해위험요인을 파악할 때 업종, 규모 등 사업장 실정에 따라 청취조사에 의한 방법 등을 사용하여야 한다.
④ 해당 작업에 종사하고 있는 근로자에게 유해·위험요인의 파악, 위험성의 추정, 위험성의 결정, 위험성 감소대책 수립 및 실행을 하게 한다.
⑤ 허용가능한 위험성이 아니라고 판단되는 경우 위험성의 크기 등을 고려하여 감소대책을 수립하고 실행하여야 한다.

▶ 2016년 28번　■ 제8조(위험성평가의 절차) 사업주는 위험성평가를 다음의 절차에 따라 실시하여야 한다. 다만, 상시 근로자 5인 미만 사업장(건설공사의 경우 1억원 미만)의 경우 제1호의 절차를 생략할 수 있다.
　　1. 사전준비
　　2. 유해ㆍ위험요인 파악
　　3. 삭제
　　4. 위험성 결정
　　5. 위험성 감소대책 수립 및 실행

답 ④

▶ 2014년 34번　▶ 제7조(위험성평가의 방법)
　① 사업주는 다음과 같은 방법으로 위험성평가를 실시하여야 한다.
　　1. <u>안전보건관리책임자 등 해당 사업장에서 사업의 실시를 총괄 관리하는 사람에게 위험성평가의 실시를 총괄 관리하게 할 것</u>
▶ 제9조(사전준비)
　③ <u>사업주는 다음 각 호의 사업장 안전보건정보를 사전에 조사하여 위험성평가에 활용하여야 한다.</u>
▶ 제10조(유해ㆍ위험요인 파악)
　사업주는 사업장 내의 제5조의2에 따른 유해ㆍ위험요인을 파악하여야 한다. 이때 <u>업종, 규모 등 사업장 실정에 따라</u> 다음 각 호의 방법 중 어느 하나 이상의 방법을 사용하되, 특별한 사정이 없으면 제1호에 의한 방법을 포함하여야 한다.
　　1. 사업장 순회점검에 의한 방법
　　2. 근로자들의 상시적 제안에 의한 방법
　　3. 설문조사ㆍ인터뷰 등 <u>청취조사에 의한 방법</u>
　　4. 물질안전보건자료, 작업환경측정결과, 특수건강진단결과 등 안전보건 자료에 의한 방법
　　5. 안전보건 체크리스트에 의한 방법
　　6. 그 밖에 사업장의 특성에 적합한 방법
▶ 제6조(근로자 참여)
　사업주는 위험성평가를 실시할 때, 법 제36조제2항에 따라 다음 각 호에 해당하는 경우 해당 작업에 종사하는 근로자를 참여시켜야 한다.
　　1. 유해ㆍ위험요인의 <u>위험성 수준을 판단하는 기준을 마련</u>하고, 유해ㆍ위험요인별로 허용 가능한 위험성 수준을 정하거나 변경하는 경우
　　2. 해당 사업장의 <u>유해ㆍ위험요인을 파악</u>하는 경우
　　3. 유해ㆍ위험요인의 위험성이 <u>허용 가능한 수준인지 여부를 결정</u>하는 경우
　　4. <u>위험성 감소대책을 수립하여 실행</u>하는 경우
　　5. 위험성 감소대책 <u>실행 여부를 확인</u>하는 경우
▶ 제12조(위험성 감소대책 수립 및 실행)
　① 사업주는 제11조제2항에 따라 허용 가능한 위험성이 아니라고 판단한 경우에는 위험성의 수준, 영향을 받는 근로자 수 및 다음 각 호의 순서를 고려하여 위험성 감소를 위한 대책을 수립하여 실행하여야 한다.

답
현행고시 반영 답 ④ ⑤　　④, ⑤

2013년

44 고용노동부 고시 「사업장 위험성평가에 관한 지침」에서의 위험성평가 방법으로 옳지 않은 것은?

① 안전보건관리책임자는 위험성평가의 실시를 총괄 관리한다.
② 안전관리자, 보건관리자는 위험성평가의 실시를 관리한다.
③ 안전관리자, 보건관리자는 유해·위험요인의 파악, 위험성의 추정, 결정, 위험성 감소대책의 수립·실행을 한다.
④ 해당 작업에 종사하는 근로자는 특별한 사정이 없는 한 해당 작업에 대한 유해·위험요인을 파악하거나 감소대책을 수립하는데 참여한다.
⑤ 기계·기구, 설비 등과 관련된 위험성평가에는 해당 기계·기구, 설비 등에 전문 지식을 갖춘 사람을 참여시킨다.

2013년

45 고용노동부 고시 「사업장 위험성평가에 관한 지침」에서의 위험성평가 인정신청에 대한 설명으로 옳은 것은?

① 1년 중 사업수행 기간이 6개월 미만인 일시적인 사업 또는 계절사업을 하는 사업장은 인정신청을 할 수 있다.
② 건설업 중 잔여공사기간이 6개월 미만인 건설공사는 인정신청을 할 수 있다.
③ 수급사업장이 산업안전보건법상 안전관리자 또는 보건관리자 선임대상인 경우에는 인정신청에서 수급사업장을 제외할 수 있다.
④ 사업의 일부 또는 전부를 도급에 의하여 행하는 사업장은 도급사업장의 사업주가 수급사업장을 일괄하여 인정을 신청할 수 없다.
⑤ 중대재해 등으로 인정이 취소된 날부터 1년이 경과하지 아니한 사업장이라도 인정신청을 할 수 있다.

▶ 2013년 44번

▶ 제7조(위험성평가의 방법)
① 사업주는 다음과 같은 방법으로 위험성평가를 실시하여야 한다.
  1. 안전보건관리책임자 등 해당 사업장에서 사업의 실시를 총괄 관리하는 사람에게 위험성평가의 실시를 총괄 관리하게 할 것
  2. 사업장의 안전관리자, 보건관리자 등이 위험성평가의 실시에 관하여 안전보건관리책임자를 보좌하고 지도·조언하게 할 것
  3. 유해·위험요인을 파악하고 그 결과에 따른 개선조치를 시행할 것
  4. 기계·기구, 설비 등과 관련된 위험성평가에는 해당 기계·기구, 설비 등에 전문 지식을 갖춘 사람을 참여하게 할 것
  5. 안전·보건관리자의 선임의무가 없는 경우에는 제2호에 따른 업무를 수행할 사람을 지정하는 등 그 밖에 위험성평가를 위한 체제를 구축할 것

현행고시 반영 답 ② ③ ④

답 ②, ③, ④

▶ 2013년 45번

▶ 제16조(인정의 신청)
③ 제2항에 따른 인정신청은 위험성평가 인정을 받고자 하는 단위 사업장(또는 건설공사)으로 한다. 다만, 다음 각 호의 어느 하나에 해당하는 사업장은 **인정신청을 할 수 없다.**
  1. 제22조에 따라 **인정이 취소된 날부터 1년이 경과하지 아니한 사업장**
  2. 최근 1년 이내에 제22조제1항 각 호(제1호 및 제5호를 제외한다)의 어느 하나에 해당하는 사유가 있는 사업장
④ 법 제63조에 따른 **작업의 일부 또는 전부를 도급에 의하여 행하는 사업장의 경우에는 도급사업장의 사업주가 수급사업장을 일괄하여 인정을 신청하여야 한다.** 이 경우 인정신청에 포함하는 해당 수급사업장 명단을 신청서에 기재(건설공사를 제외한다)하여야 한다.
⑤ 제4항에도 불구하고 수급사업장이 제19조에 따른 인정을 별도로 받았거나, 법 제17조에 따른 안전관리자 또는 같은 법 제18조에 따른 보건관리자 선임대상인 경우에는 제4항에 따른 인정신청에서 해당 수급사업장을 제외할 수 있다.

▶ 제22조(인정의 취소)
① 위험성평가 인정사업장에서 인정 유효기간 중에 다음 각 호의 어느 하나에 해당하는 사업장은 인정을 취소하여야 한다.
  1. 거짓 또는 부정한 방법으로 인정을 받은 사업장
  2. 직·간접적인 법령 위반에 기인하여 다음의 중대재해가 발생한 사업장(규칙 제2조)
      가. 사망재해
      나. 3개월 이상 요양을 요하는 부상자가 동시에 2명 이상 발생
      다. 부상자 또는 직업성질병자가 동시에 10명 이상 발생
  3. 근로자의 부상(3일 이상의 휴업)을 동반한 중대산업사고 발생사업장
  4. 법 제10조에 따른 산업재해 발생건수, 재해율 또는 그 순위 등이 공표된 사업장(영 제10조제1항제1호 및 제5호에 한정한다)
  5. 제21조에 따른 사후심사 결과, 제19조에 의한 인정기준을 충족하지 못한 사업장
  6. 사업주가 자진하여 인정 취소를 요청한 사업장
  7. 그 밖에 인정취소가 필요하다고 공단 광역본부장·지역본부장 또는 지사장이 인정한 사업장

답 ③

2025년

41 사업장 위험성평가에 관한 지침에서 사업주가 위험성평가를 실시할 때 해당 작업에 종사하는 근로자를 참여시켜야 하는 경우로 옳은 것을 모두 고른 것은?

> ㉠ 위험성 감소대책을 수립하여 실행하는 경우
> ㉡ 위험성 감소대책 실행 여부를 확인하는 경우
> ㉢ 해당 사업장의 유해, 위험요인을 파악하는 경우
> ㉣ 유해·위험요인의 위험성이 허용 가능한 수준인지 여부를 결정하는 경우

① ㉠, ㉣
② ㉠, ㉡, ㉢
③ ㉠, ㉡, ㉣
④ ㉡, ㉢, ㉣
⑤ ㉠, ㉡, ㉢, ㉣

▶ 2025년 41번

■ **사업장 위험성평가에 관한 지침**

제6조(근로자 참여)
1. 유해·위험요인의 위험성 수준을 판단하는 기준을 마련하고, 유해·위험요인별로 허용 가능한 위험성 수준을 정하거나 변경하는 경우
2. 해당 사업장의 유해·위험요인을 파악하는 경우
3. 유해·위험요인의 위험성이 허용 가능한 수준인지 여부를 결정하는 경우
4. 위험성 감소대책을 수립하여 실행하는 경우
5. 위험성 감소대책 실행 여부를 확인하는 경우

답 ⑤

안전보건경영시스템(KOSHA-MS) 인증업무 처리규칙

제정 2019.05.02 규칙 제871호
개정 2019.11.13 규칙 제893호
개정 2020.04.06 규칙 제922호
개정 2021.12.14 규칙 제984호
개정 2023.02.21 규칙 제1039호

제1장 총 칙

제1조(목적) 이 규칙은 「산업안전보건법」 제4조제1항제4호에 따라 사업장의 자율적인 안전보건경영체제 구축을 지원하기 **위해 한국산업안전보건공단이 수행하는 안전보건경영시스템(KOSHA-MS)** 인증업무 처리에 필요한 사항을 규정함을 목적으로 한다. 〈개정 2020.04.06., 2023.02.21〉

제2조(정의) ① 이 규칙에서 사용하는 용어의 뜻은 다음과 같다.〈개정 2019.11.13., 2023.02.21.〉

1. **"안전보건경영시스템(KOSHA-MS)(이하 "안전보건경영시스템"이라 한다)"** 이란 사업주가 자율적으로 해당 사업장의 산업재해 예방하기 위하여 안전보건관리체제를 구축하고 정기적으로 위험성평가를 실시하여 잠재 유해·위험 요인을 지속적으로 개선하는 등 산업재해예방을 위한 조치 사항을 체계적으로 관리하는 제반 활동을 말한다.
2. "인증"이란 이 규칙에서 정하는 기준에 따른 인증심사와 인증위원회의 심의·의결을 통하여 인증기준에 적합하다는 것을 객관적으로 평가하여 **한국산업안전보건공단(이하 "공단"이라 한다) 이사장**이 이를 증명하는 것을 말한다.
3. "실태심사"란 인증 신청 사업장에 대하여 인증심사를 실시하기 전에 안전보건경영 관련 서류와 사업장의 준비상태 및 안전보건경영활동 운영현황 등을 확인하는 심사를 말한다.
4. "컨설팅"이란 사업장의 안전보건경영시스템 구축·운영과 관련하여 안전보건 측면의 실태파악, 문제점 발견, 개선대책 제시 등의 제반 지원 활동을 말한다.
5. "컨설턴트"란 심사원 시험기관에서 실시하는 안전보건경영시스템 심사원 시험에 합격하고 심사원으로 등록한 사람으로 사업장의 요청에 따라 안전보건경영시스템 구축 및 운영을 컨설팅하는 사람을 말한다.
6. "인증심사"란 인증 신청 사업장에 대한 인증의 적합 여부를 판단하기 위하여 인증기준과 관련된 안전보건경영 절차의 이행상태 등을 현장 확인을 통해 실시하는 심사를 말한다.
7. "사후심사"란 인증서를 받은 사업장에서 인증기준을 지속적으로 유지·개선 또는 보완하여 운영하고 있는지를 판단하기 위하여 인증 후 매년 1회 정기적으로 실시하는 심사를 말한다.
8. "연장심사"란 인증 유효기간을 연장하고자 하는 사업장에 대하여 인증 유효기간이 만료되기 전까지 인증의 연장 여부를 결정하기 위하여 실시하는 심사를 말한다.
9. "인증위원회"란 이 규칙 제16조에 정한 업무를 심의·의결하기 위하여 운영하는 위원회를 말한다.
10. "심사원"이란 제20조에 따라 일정한 자격요건을 갖추고 **공단**에서 시행하는 심사원 시험에 합격한 후 소정의 절차에 따라 심사원으로 등록된 사람을 말하며, 공단직원 이외의 심사원을 외부 심사원이라 한다.
11. "선임심사원"이란 외부 심사원으로서 심사팀장의 역할을 수행하는 사람으로 공단에서 선임한 심사원을 말한다.
12. "심사원 양성교육"이란 심사원을 양성하기 위하여 인증운영·인증기준·심사절차 및 심사요령 등에 관하여 심사원 교육기관에서 실시하는 총 34시간 이상의 안전보건경영시스템 교육을 말한다.

13. "심사원 교육기관"이란 심사원 양성교육을 운영하는 기관으로 공단 산업안전보건교육원(이하 "교육원"이라 한다)과 공단이 지정한 외부 교육기관을 말한다.
14. "발주기관"이란 건설공사를 건설업자에게 도급하는 기관 또는 건설 사업을 관리하는 기관으로 「행정기관의 조직과 정원에 관한 통칙」 제2조에 따른 중앙행정기관과 중앙행정기관의 소속기관, 「지방자치법」 제2조에 따른 지방자치단체, 「공공기관의 운영에 관한 법률」 제5조에 따른 공공기관, 「지방공기업법」 제2조에 따른 지방직영기업과 지방공사 및 지방공단, 민간기관 등을 말한다.
15. 삭제 〈2019.11.13〉
16. "종합건설업체"란 「건설산업기본법」 등에 따라 종합건설업 등록을 하고 종합적인 계획·관리 및 조정하에 시설물을 직접 시공 또는 시공책임을 지는 건설업체를 말한다.
17. "전문건설업체"란 「건설산업기본법」 등에 따라 전문건설업 등록을 하고 종합건설업체로부터 건설공사를 도급받아 건설공사에 대한 시설물의 일부 또는 전문분야에 관한 공사를 시공하는 건설업체를 말한다.
18. "심사원보"란 제20조에 따라 일정한 자격요건을 갖추고 공단에서 시행하는 심사원 시험에 합격한 후 안전보건경영시스템 심사의 실무를 수행할 능력이 있다고 입증된 자로 심사원으로 등록하기 위한 요건은 갖추지 못한 자를 말한다.
19. 삭제 〈2023.02.21〉
20. "공동인증"이란 공단과 안전보건경영시스템(KOSHA-MS & ISO 45001) 인증을 공동으로 수행하는 것을 말한다. 단, 전업종(건설업 제외)만 해당한다.〈신설 2021.12.14.〉
21. "공동인증기관"이란 공단과 안전보건경영시스템(KOSHA-MS & ISO 45001) 인증을 공동으로 수행하는 인증기관을 말한다.〈신설 2021.12.14.〉
22. "일선기관"이란 공단「직제규정 시행규칙」별표 3의 부서별 업무분장에 따라 안전보건경영시스템 구축 지원 업무를 수행하는 공단 산하기관을 말한다.

② 이 규칙에서 사용하는 용어의 뜻은 이 규칙에 특별한 규정이 있는 것을 제외하고는 「산업안전보건법」·같은 법 시행령·같은 법 시행규칙·「산업안전보건기준에 관한 규칙」에서 정하는 바에 따른다.

제3조(적용범위) ① 이 규칙은 모든 사업 또는 사업장, 국가·지방자치단체 및 「공공기관의 운영에 관한 법률」 제5조에 따른 공공기관, 「지방공기업법」 제5조에 따른 지방직영기업, 같은 법 제49조에 따른 지방공사 및 같은 법 제76조에 따른 지방공단에 적용한다.

② 건설업의 경우 건설공사를 발주 또는 시공하는 사업·사업장으로서 사업주가 인증신청을 하는 경우 적용하되, 다음 각 호에 따라 구분하여 적용할 수 있다.
  1. 발주기관
  2. 종합건설업체
  3. 전문건설업체

제2장 인증 절차

제4조(신청서 접수) ① 공단 일선기관의 장(이하 "일선기관장"이라 한다)은 사업장으로부터 별지 제1호서식의 안전보건경영시스템 인증신청서를 접수하여야 한다.〈개정 2023.02.21〉

② 일선기관장은 제1항에 따라 접수한 서류가 보완이 필요하다고 인정되는 경우에는 15일 이내에 해당서류의 보완을 요구할 수 있다.

③ 일선기관장은 제14조제1항에 의해 인증이 취소된 사업장이 다시 인증을 신청하는 경우 인증취소일로부터 1년간 접수를 제한하여야 한다. 다만, 제14조제1항제7호 또는 제10호에 해당하는 사유로 인증이 취소된 경우는 예외로

한다.〈개정 2023.02.21〉

④ 삭제 〈2023.02.21.〉

제5조(계약) ① 일선기관장은 제4조에 따라 접수된 신청서를 검토한 후 접수한 날부터 15일 이내에 별지 제2호서식의 "안전보건경영시스템 인증 계약서"에 따라 상호 합의하여 계약을 맺고, 추가적으로 필요한 사항은 신청 사업장에 서면으로 요청하여야 한다.

② 제1항에도 불구하고 신청사업장의 서식으로 작성을 요청하는 경우에는 별지 제1호서식의 사업장 현황 조사표 내용이 모두 포함되어 있는 경우에 한하여 대체할 수 있다.

③ 제1항에 따른 계약의 경우 인증에 소요되는 심사일수와 심사비용은 별표 5를 기준으로 하되, 공정 및 설비의 규모, 사업장의 요청 등 필요한 경우에는 상호 협의에 따라 심사일수를 조정할 수 있으며, 심사비용은 협의하여 결정된 심사일수를 기준으로 한다.

④ 일선기관장은 인증이 취소된 사업장이 다시 인증 신청을 하는 경우 별표 5에 따른 심사일수를 최대 1/2 까지 단축하여 계약할 수 있다. 다만 전업종의 경우, 20인 미만 사업장은 제외한다.

제6조(심사팀의 구성) ① 일선기관장은 심사대상 사업장의 특성을 고려하여 적합한 심사원으로 심사팀을 구성하고 **운영하여야 하며, 인증심사의 경우 실태심사에 참여한 심사원이 1명 이상 포함되도록 노력하여야 한다.**〈개정 2023.02.21.〉

② 일선기관장은 심사팀 구성 시 공단 직원(선임심사원 포함) 중 1명을 심사팀장으로 지정하여 해당 심사 업무를 총괄하도록 하여야 한다.〈신설 2023.02.21〉

③ 심사팀장은 사후·연장심사 시 별표 5에서 정한 심사일수 동안 사업장의 현장심사 대상을 모두 확인하는 것이 현실적이지 않거나 효과적이지 않을 경우, 심사 대상 및 범위를 사업장의 일부로 한정하여 심사하는 방식(이하 "샘플링(Sampling) 심사"라 한다)으로 심사를 실시할 수 있다.〈신설 2023.02.21〉

④ 제3항에 따른 샘플링 심사를 실시하는 경우 심사팀장은 해당 사업장 조직의 상황·규모·성질 및 복잡성, 과거 재해사례, 이전에 파악된 중요한 리스크 및 개선 기회, 경영시스템의 모니터링으로부터 얻은 산출물 등을 참고하여 심사 대상 및 범위를 결정할 수 있다. 이 경우 필요시 사업장과 협의하여 샘플링 심사 대상 및 범위를 조정할 수 있다.〈신설 2023.02.21〉

⑤ 일선기관장은 필요시 해당분야 전문가를 추가하여 심사에 참여하도록 할 수 있다.〈개정 2023.02.21〉

제7조(실태심사) ① 일선기관장은 제5조에 따라 계약을 맺은 후 별표 1의 인증기준에 따라 실태심사를 실시하고 별지 제3호서식의 안전보건경영시스템 심사결과서를 작성하여 사업장에 송부하여야 한다. 다만, 공정안전보고서 P등급 사업장, 공동인증기관의 안전보건경영시스템 인증사업장이 KOSHA-MS 인증을 신청하는 경우에는 실태심사를 면제할 수 있다.〈개정 2021.12.14〉

② 일선기관장은 제1항에 따른 실태심사를 필요에 따라 공단에서 위촉한 외부심사원에게 시행하도록 할 수 있다.

③ 이사장은 제2항에 따른 시행에 필요한 절차, 방법, 범위 등에 관한 사항은 지침으로 따로 정한다.

제8조(컨설팅지원) ① 일선기관장은 사업장에서 안전보건 상의 문제점을 해결하기 위하여 **실태심사** 전·후에 컨설팅을 요청하는 경우 컨설턴트로 하여금 컨설팅을 하도록 할 수 있다.〈개정 2019.11.13., **2023.02.21**〉

② 이사장은 **제1항의** 컨설턴트가 해당 사업장 인증심사 시에는 참여할 수 없도록 하여야 한다.〈**개정 2023.02.21**〉

제9조(인증심사) ① 일선기관장은 실태심사 결과 적합 판정을 내리거나 부적합 사항의 보완이 완료된 후 별표 1의 인증기준에 따라 인증심사를 실시하고 별지 제3호서식의 안전보건경영시스템 심사결과서를 작성하여 사업장에 문서로 송부하여야 한다.

② 일선기관장은 제1항에 따른 인증심사 결과 별표 1의 인증기준에 부적합 사항이 발견되어 **보완이 필요한 경우에는** 별지 제3호서식의 심사항목별 부적합사항에 그 **내용을** 명기하여 신청인에게 **문서로** 보완을 **요구하고**, 이에 대한 보완 완료 여부를 **사업장 제출 문서 또는 사업장 방문**을 통하여 확인할 수 있다.〈개정 2023.02.21〉

③ 일선기관장은 심사팀의 인증심사 결과 별표 1의 인증기준에 적합한 경우 또는 부적합 시 보완이 완료된 경우에

는 인증 여부의 결정을 위하여 다음 각 호의 해당서류를 이사장에게 보고하여야 한다.

1. 제4조에 따른 해당 사업장의 신청서
2. 제7조제1항에 따른 실태심사 결과서
3. 제1항에 따른 인증심사 결과서

제10조(인증 여부의 결정) ① 이사장은 제9조제3항에 따라 보고를 받은 날부터 20일 이내에 제18조에 따른 인증위원회의 심의·의결을 거쳐 인증 여부를 결정하여야 한다.

② 제1항에 따른 인증 여부의 결정 요건은 다음 각 호와 같다.

1. 별표 1의 인증기준에 적합한 경우
2. 이 규칙에서 정한 절차에 따라 인증심사 업무를 수행한 경우
3. 제4조제1항에 따라 인증을 신청한 날을 기준으로 최근 1년간 안전보건에 관하여 사회적인 물의를 일으키지 아니한 경우

③ 인증의 유효기간은 인증일로부터 3년으로 한다. 다만, 공동인증 등의 사유로 유효기간의 조정이 필요한 경우에는 3년 이내의 범위에서 해당 인증사업장과 협의하여 조정할 수 있다.〈개정 2021.12.14〉

제11조(인증서와 인증패의 교부) ① 이사장은 제10조에 따라 인증이 결정된 경우에는 결정한 날부터 15일 이내에 별지 제4호서식 또는 별지 제5호서식의 인증서와 별표 2에 따라 제작한 인증패를 해당 인증사업장에 교부하여야 한다.

② 이사장은 필요한 경우 인증사업장을 관할하는 **공단의 광역본부장, 지역본부장 또는 지사장으로 하여금** 제1항에 따른 인증서와 인증패를 수여하도록 할 수 있다.〈**개정 2023.02.21**〉

③ 제1항에 따라 교부받은 인증서와 인증패에 다음 각 호의 어느 하나에 해당하는 사유가 발생하는 경우 해당 사업장에서는 별지 제6호서식의 인증서·인증패 재교부·추가교부·기재내용변경 신청서를 관할 일선기관장에게 제출할 수 있다.

1. 인증서: 훼손·분실 또는 기재내용이 변경된 경우
2. 인증패: 훼손·분실되거나 홍보를 위한 경우

④ 일선기관장은 제3항에 따른 신청서를 접수한 경우에는 지체 없이 검토한 후 재교부·추가교부·기재내용변경 여부를 결정하고 그에 따른 조치를 취하여야 한다.

⑤ 이사장은 제1항에 따른 교부, 제4항에 따른 교부·재교부·추가교부·기재내용변경 현황을 별지 제7호서식의 인증서 등록대장에 기록·관리하여야 한다. 다만, 인증서 등록대장을 전산으로 기록·관리하는 경우에는 이를 갈음할 수 있다.

⑥ 이사장은 인증사업장에 대하여 인증서·인증패의 사용에 대한 적절한 관리와 지원을 하여야 하며, 인증사업장이 광고나 상품안내서 등을 통해 인증 내용을 부정확하게 표현하거나 인증 사실에 대한 오해를 불러일으키는 경우에는 시정요구, 인증제도 위반의 공표 등 적절한 조치를 할 수 있다.

⑦ 삭제 〈2023.02.21〉

⑧ 이사장은 인증 신청 사업장이 공동인증기관에 함께 인증을 신청한 경우에는 공동인증기관의 인증에 관한 기준을 추가하여 심사하여야 하고, 심사 시 공동인증기관의 심사원이 참여하도록 할 수 있다.〈신설 2021.12.14〉

제12조(사후심사) ① 일선기관장은 인증사업장을 매 1년 단위로 사후심사를 하여야 한다.

② 일선기관장은 사후심사 대상사업장과 안전보건경영시스템 인증계약서에 따라 상호 합의하여 사후심사 계약을 맺어야 한다.

③ 일선기관장은 별표 1의 인증기준에 따라 사후심사를 실시한 후 별지 제3호서식의 안전보건경영시스템 심사결과서를 작성하여 해당 인증사업장에 송부하여야 하며, 부적합 사항이 발견되어 **보완이 필요한 경우** 별지 제3호서식의 심사항목별 부적합 **사항에 그 내용을** 명기하여 해당 사업장에 문서로 보완을 **요구하고**, 이에 대한 보완완료 여부를 **사업장 제출 문서 또는 사업장 방문**을 통하여 확인할 수 있다.〈개정 2023.02.21〉

④ 일선기관장은 사후심사결과 재해감소대책 등 안전보건상의 문제점을 해결하기 위한 지속적인 대책이 필요한 경우 해당 사업장과 컨설턴트와의 상호 협의 하에 컨설팅을 시행하게 할 수 있다.

⑤ 일선기관장은 사후심사 결과에 따라 제3조의 종합 또는 전문건설업체를 수준관리할 수 있으며 그 시행에 필요한 절차, 방법, 범위 등에 관한 사항은 지침으로 정한다.

제13조(연장심사) ① 인증의 유효기간은 인증일로부터 3년으로 하며, 매 3년 단위로 그 기간을 연장할 수 있다.

② 인증사업장은 제1항에 따른 인증 유효기간을 연장하고자 하는 경우 별지 제8호서식의 인증 유효기간 연장신청서(이하 이 조에서 "연장신청서"라 한다)를 유효기간 만료일까지 공단에 제출하여야 한다. 이 때 연장심사 소요기간을 고려하여 유효기간 만료일 이후 3개월까지 인증이 유효한 것으로 본다. 다만 차기 연장심사 유효기간 산정시 기점은 종전 만료일 다음날부터 기산한다.〈개정 2019.11.13〉

③ 일선기관장은 연장신청서를 접수한 후 별지 제2호서식의 "안전보건경영시스템 인증 계약서"에 따라 해당 인증사업장과 상호 합의하여 계약을 맺고, 별표 1의 인증기준에 따라 연장심사를 실시하되, 이와 관련한 세부 일정은 해당 인증사업장과 협의하여 결정한다.

④ 제3항에 따라 연장심사를 실시하는 경우 해당 연도의 사후심사는 받은 것으로 본다.

⑤ 일선기관장은 연장심사를 실시한 후 별지 제3호서식의 안전보건경영시스템 심사결과서를 작성하여 사업장에 송부하여야 하고, 별표 1의 인증기준 적합·부적합 여부에 따라 다음 각 호의 어느 하나에 해당하는 조치를 취하여야 한다.

1. 적합: 연장 승인에 따른 인증서 재발급 등 조치
2. 부적합: 연장 불가 사유를 해당 인증사업장에 문서로 통보

⑥ 일선기관장은 제5항에 따른 연장심사결과 별표1의 인증기준에 부적합 사항이 발생된 경우 별지 제3호서식의 심사 항목별 부적합 사항에 **그 내용을 명기하여** 신청인에게 문서로 보완을 요구하여야 하며 이에 대한 개선조치 여부를 **사업장 제출 문서 또는 사업장 방문**을 통하여 확인할 수 있다.〈**개정 2023.02.21**〉

⑦ 일선기관장은 연장심사결과가 제5항제1호에 해당하고 제10조제2항 각 호의 기준을 만족하는 경우에 한하여 연장을 승인할 수 있으며, 승인하는 경우 해당 인증사업장에 별지 제4호서식 또는 별지 제5호서식에 따른 인증서를 재발급하여야 한다.

⑧ 제1항에도 불구하고 인증유효기간이 3년을 초과하지 않는 범위내에서 사업장과 협의하여 인증유효기간의 종료일을 조정할 수 있으며, 차기 사후 및 연장심사 부터 조정된 종료일을 기준일로 심사를 실시하고 인증유효기간을 산정하여 적용할 수 있다.

⑨ 건설업의 경우, 건설현장이 모두 준공되어 현장이 없는 경우에는 현장분야 심사를 생략할 수 있다.〈개정 2019.11.13〉

⑩ 일선기관장은 연장심사 결과 재해감소 대책 등 안전보건 상의 문제점을 해결하기 위한 지속적인 지원이 필요한 경우 해당사업장과 **컨설턴트와의** 상호 협의 하에 추가 컨설팅을 실시하게 할 수 있다.〈**개정 2023.02.21**〉

⑪ 일선기관장은 연장심사 결과에 따라 제3조의 종합건설업체 또는 전문건설업체를 수준관리할 수 있으며, 그 시행에 필요한 절차, 방법, 범위 등에 관한 사항은 지침으로 정한다.

⑫ 삭 제〈2019.11.13.〉

제14조(인증의 취소) ① 이사장은 인증사업장에서 다음 각 호의 어느 하나에 해당하는 사항이 발견되는 경우에는 인증위원회의 결정에 따라 인증을 취소할 수 있다. 다만, 제8호의 경우 인증위원회의 결정을 생략할 수 있다.〈개정 2019.11.13., **2023.02.21**〉

1. 거짓 또는 부정한 방법으로 인증을 받은 경우
2. 정당한 사유 없이 사후심사 또는 연장심사를 거부·기피·방해하는 경우
3. 공단으로부터 부적합사항 대하여 2회 이상 시정요구 등을 받고 정당한 사유 없이 시정을 하지 아니하는 경우
4. 안전보건 조치를 소홀히 하여 사회적 물의를 일으킨 경우

5. 인증 이후 사후관리기간 동안 사고사망만인율이 3년 연속 동종업종 평균 이상이고 지속적으로 증가하는 경우. 다만, 건설업 종합건설업체에 대해서는 인증을 받은 사업장의 사고사망만인율이 최근 3년간 연속해서 종합심사낙찰제 심사기준 적용 평균 사고사망만인율 이상이고 지속적으로 증가하는 경우
6. 다음 각 목에 해당하는 경우로서 인증위원회 위원장이 인증 취소가 필요하다고 판단하는 경우
    가. 인증사업장에서 안전보건조직을 현저히 약화시키는 경우
    나. 인증사업장이 재해예방을 위한 제도개선이 지속적으로 이루어지지 않는 경우
    다. 경영층의 안전보건경영 의지가 현저히 낮은 경우
    라. 그 밖에 안전보건경영시스템의 인증을 형식적으로 유지하고자 하는 경우
7. 사내협력업체로서 **원청사업장과** 재계약을 하지 못하여 현장이 소멸되거나 인증범위를 벗어난 경우
8. 사업장에서 자진취소를 요청하는 경우
9. 인증유효기간 내에 연장신청서를 제출하지 않은 경우
10. 인증사업장이 폐업 또는 파산한 경우
11. 유효기간 만료일 이후 3개월 이내에 연장 승인을 받지 못한 경우

② **일선기관장**은 제1항에 따라 인증을 취소하고자 하는 경우 해당사업장에 20일 이상의 소명기간을 **부여하여** 소명자료를 제출하도록 하여야 하며, 지정된 기일까지 소명하지 아니하면 의견이 없는 것으로 본다. **다만, 제1항제8호 또는 제10호(폐업 또는 파산이 객관적인 자료로 확인이 가능한 경우에 한함)에 의한 경우 소명자료 제출을 생략할 수 있다.**〈개정 2023.02.21〉

③ 일선기관장은 제2항에 따라 제출된 소명자료 및 인증취소와 관련된 세부내용을 이사장에게 보고하여야 한다.〈신설 2023.02.21〉

④ 이사장은 **제3항에** 따른 확인결과와 해당 사업장의 소명결과를 보고 받은 후 20일 이내에 인증위원회를 개최하여야 한다. 〈개정 2023.02.21〉

⑤ 이사장은 제1항에 따라 인증을 취소한 경우에는 이를 언론매체 등을 통하여 공고할 수 있다.
〈개정 2023.02.21〉

⑥ 일선기관장은 인증이 취소된 사업장에 대해 교부받은 인증서·인증패를 즉시 반납하거나 폐기하도록 하고 인증과 관련된 사업장 홍보 등에 무단으로 활용하지 않도록 하여야 한다.〈신설 2023.02.21〉

제15조(업무현황 보고) 일선기관장은 이 장의 절차에 따라 수행한 신규 인증·컨설팅비용 지원·사후심사·연장심사 및 인증취소 현황 등을 이사장에게 보고하여야 한다. 다만, 공단 업무처리시스템에 전산입력을 하는 경우 그 보고를 갈음할 수 있다.

제3장 인증위원회

제16조(인증위원회의 설치) ① 이사장은 인증과 관련한 다음 각 호의 사항을 심의·의결하기 위하여 공단 본부에 인증위원회(이하 이 장에서 "위원회"라 한다)를 둔다.〈개정 2023.02.21〉
    1. 인증업무처리규칙의 개정에 관한 사항
    2. 제10조에 따른 인증 여부의 결정
    3. 제14조제1항에 따른 인증 취소 여부의 결정
    4. 그 밖에 인증 업무와 관련하여 위원장이 회의에 부치는 사항

② 위원회는 제1항에 따른 심의·의결 결과 필요한 경우 관할 일선기관장에게 보완완료기간을 정하여 보완을 요청할 수 있으며, 일선기관장은 보완완료기간 이내에 해당 사업장에 대한 보완서류를 작성하여 차기 위원회에 재심의를 요청하여야 한다.

〈신설 2023.02.21〉

③ 이사장은 제1항제2호 및 제3호에 따른 인증위원회 심의·의결 결과를 인증위원회 개최일로부터 7일 이내에 일선기관장에게 통보하여야 하며, 일선기관장은 제11조에 따른 인증서와 인증패의 교부 및 제14조에 따른 인증이 취소된 사업장에 대한 제반 절차를 이행하여야 한다.〈신설 2023.02.21〉

④ 일선기관장은 제14조제1항에 따라 인증이 취소된 사업장에 대해 그 결과를 알려야 하며, 해당 사업장이 다시 인증을 받고자 하는 경우에는 인증이 취소된 날로부터 1년이 지난 후에 다시 신청할 수 있음을 안내하여야 한다. 〈신설 2023.02.21〉

제17조(구성) ① 위원회는 위원장을 포함한 위원 중에서 **제16조제1항제1호**의 경우 14명 이내, **제16조제1항제2호부터 제4호까지**의 경우 9명 이내의 위원을 선정하며, 외부위원이 전체위원의 2분의 1이상으로 구성하여 소집한다. 〈개정 2019.11.13., **2023.02.21.**〉

② 위원회의 위원장은 **공단「직제규정」제3조에 따른 소관업무 담당 임원이 되고, 위원은 다음 각 호의** 당연직 위원과 위촉직 위원으로 구성한다. 다만, **제16조제1항제1호부터 제3호까지**와 관련된 사항은 본부 해당 실장이 업무를 대신할 수 있으며, 부득이한 경우 위원 중에서 위원장을 호선할 수 있다.〈개정 2020.04.06., **2023.02.21**〉

1. 당연직 위원: 해당분야 업무를 담당하는 부서의 장, 고용노동부 안전보건경영시스템 관련업무 담당자
2. 위촉직 위원: 다음 각 목에 해당하는 해당 업종의 내·외부 전문가단(Pool)을 구성하여 본부 해당 실장이 위촉하는 사람
    가. 노동계·경영계를 대표하는 단체의 산업안전보건업무 관련자
    나. 제20조에 따른 심사원 자격자
    다. 국가기술자격법에 따른 건축·토목·기계·전기·화공·안전·보건분야의 기술사
    라. 국가기술자격법에 따른 건축·토목·기계·전기·화공·안전·보건분야의 기사 자격을 취득한 사람으로서 해당분야 경력이 5년 이상인 사람
    마. 산업안전보건법 제142조에 따른 산업안전지도사 또는 산업보건지도사
    바. 전문대학 이상의 학교에서 조교수 이상인 사람
    사. 안전보건 관련 분야 경력이 7년 이상인 사람
    아. 안전보건 관련분야 석사학위를 소지한 자로 해당 분야에 5년 이상, 박사학위를 소지한 자
    자. 그 밖에 위원장이 자격이 있다고 인정하는 사람

③ 당연직 위원의 임기는 해당 업무를 담당하는 기간으로 하고, 위촉직 위원의 임기는 3년으로 하되 연임할 수 있다.

④ 위원회의 회의록 작성 등의 업무를 처리하기 위하여 간사를 두되, 간사는 공단 직원 중에서 위원장이 지명한다.

⑤ 이사장은 인증위원회 위촉직 위원에게 별지 제9호서식의 위촉장을 수여한다.

⑥ 제2항에도 불구하고 인증 심의와 관련하여 금품 또는 향응을 제공받거나 부정한 청탁에 따라 권한을 행사하는 등의 비위사실이 있는 사람은 위촉할 수 없으며, 위촉기간 중에 그 사실을 안 경우 또한 제19조제1항에 해당하는 경우에도 불구하고 회피하지 아니한 경우 해촉하여야 한다. 〈개정 2019.11.13〉

제18조(회의) ① 위원회의 회의는 위원장이 소집하고, 위원 과반수의 출석과 출석위원 3분의 2이상의 찬성으로 의결한다.

② 위원회의 회의는 대면심의를 원칙으로 하되 위원회의 의결사항 중 위원장이 경미하다고 인정하는 사항 또는 부득이 한 경우에 대하여는 서면 의결할 수 있다. 다만, 2회 연속으로 서면심의를 할 수 없다.

③ 제1항에 따라 회의를 소집한 경우에는 **회의 개최 2일전까지 위원에게 문서 또는 전자적 방법으로** 알려야 한다. 다만 긴급을 요하거나 부득이한 사유가 있을 때에는 그러하지 아니한다. 〈개정 2019.11.13., **2023.02.21**〉

④ 위원의 회의참석에 대하여는 대리 참석을 허용하지 아니 한다. 다만 위원으로 선정된 자가 부득이한 사유로 회의에 참석하지 못하는 경우 제17조제2항제2호에 해당하는 전문가로서 그 사유를 명시한 위임장을 지참한 대리인이 참석할 수 있다.

⑤ 간사는 다음 각 호의 사항을 기재한 별지 제17호 서식에 따른 회의록을 작성하여 위원장과 출석위원의 서명을

받아 보존한다. 〈개정 2019.11.13〉
1. 회의일시
2. 출석위원의 성명
3. 심의안건 및 내용요지
4. 의결내용
5. 그 밖에 심의안건과 관련된 중요사항

⑥ 위원장은 필요시 대상 사업장의 인증심사를 실시한 심사원, 대상 사업장의 노사대표 또는 관계자로 하여금 위원회에 출석하여 의견을 진술할 것을 요청할 수 있다.

⑦ **제16조제1항제1호**의 경우 위원장은 회의록이 확정되는 날로부터 14일 이내에 공단 홈페이지 등에 이를 공개하여야 한다.
〈개정 2023.02.21〉

⑧ 제7항에도 불구하고 위원회가 공개의 필요성이 없다고 판단하는 경우 회의록을 공개하지 아니할 수 있다.

⑨ 위원회에 출석한 제17조제2항제2호에 따른 외부위촉위원에게는 예산의 범위에서 수당과 여비를 지급할 수 있다.

제19조(위원의 제척·기피·회피) ① 위원은 다음 각 호의 어느 하나에 해당하는 경우 회의의 심의·의결에서 제척된다. 〈개정 2019.11.13., 2023.02.21〉
1. 위원 또는 그 배우자나 배우자였던 자가 해당 사안에 관하여 당사자이거나 공동권리자 또는 공동의무자인 경우
2. 위원이 해당 사안의 신청인과 친족관계에 있거나 있었던 경우
3. 위원 또는 위원이 속한 기관이 해당 사안에 관하여 자문, 컨설팅, 증언·감정 및 법률자문 등을 한 경우

② 심의·의결 대상 사업장과 직접적인 이해관계가 있는 자는 제척사유가 있거나 위원에게 심의·의결에 공정을 기대하기 어려운 사정이 있는 경우에 그 사유를 적어 기피 신청을 할 수 있다. 이 경우 위원장이 기피 신청에 대하여 기피여부를 결정한다. 〈개정 2019.11.13〉

③ 삭제 〈2019.11.13〉

④ **위원은 제1항 또는 제2항 사유에 해당하는 경우 스스로 그 사안의 심의·의결을 회피하여야 한다. 다만, 공단 소속 위원이 해당 심의·의결의 당사자와「공직자의 이해충돌 방지법」에 따른 사적이해관계자인 경우 동법 시행령 제5조, 제33조 및 「이해충돌 방지제도 운영지침」에서 정한 절차에 따라 신고·회피하여야 한다.**
〈신설 2023.02.21.〉

⑤ 위원은 심의·의결의 공정성, 객관성을 유지하기 위하여 위촉기간 동안 안전보건경영시스템 인증분야에 대하여 해당 기관에서 발주하는 수의계약 방식의 용역에 참여할 수 없다. 〈개정 2019.11.13., **2023.02.21.**〉

제4장 심사원

제20조(심사원 요건) ① 심사원은 다음 각 호의 요건을 갖추어야 한다. 〈개정 2023.02.21〉
1. 심사원 교육기관에서 실시하는 심사원 양성교육을 수료하고 제23조에 따른 심사원 시험에 합격한 후에 심사팀의 보조자로 **다음 각 목 이상의 심사** 참여 실적이 있는 사람
   가. 건설업: 심사팀의 보조자로 최소 2회 이상(일 6시간 이상, 심사 참가일 누계 **5일 이상**)의 참여 실적이 있는 사람
   나. 건설업외: 심사팀의 보조자로 최소 **3회** 이상(일 6시간 이상, 심사 참가일 누계 5일 이상)의 참여 실적이 있는 사람
2. 제1호의 자격을 갖추고 공단에 심사원으로 등록된 사람

② 삭제 〈2019.11.13〉

③ 제1항에 따라 심사원으로 등록한 후 3년 이상 심사 또는 컨설팅 실적이 없는 사람이 심사를 하고자 하는 경우에는 심사원 교육기관에서 실시하는 총 18시간 이상의 안전보건경영시스템 관련 교육을 이수하거나 3일 이상의 심사팀 보조자로 참여하여야 한다.

④ 일선기관장은 선임심사원을 위촉하여 심사팀장의 역할을 수행하게 할 수 있다.

제20조의2(심사원의 제척·기피·회피) ① 심사원은 다음 각 호의 어느 하나에 해당하는 사항에 대한 심사에서 제척된다.

1. 해당 심사가 심사원과 직접적인 이해관계에 있는 사항인 경우
2. 심사원이 해당 심사의 당사자와 친족·가족관계에 있거나, 이러한 관계가 있는 사람과 직접적인 이해관계가 있는 경우
3. 심사원이 해당 심사에 대하여 자문, 고문, 연구 용역, 컨설팅을 한 경우
4. 그 밖에 심사에서 제척될 만한 타당한 이유가 있는 경우

② 해당 심사와 직접적인 이해관계가 있는 **자는 심사원의 심사에** 공정성을 기대하기 어려운 사정이 있는 경우에 그 사유를 적어 기피 신청을 할 수 있다. 이 경우 일선기관장이 기피 여부를 결정한다.〈개정 2023.02.21.〉

③ 심사원은 **제1항 또는 제2항의 사유에** 해당하는 경우에 스스로 해당 심사를 회피하여야 한다. **다만, 공단 소속 심사원이 해당 심사의 당사자와「공직자의 이해충돌 방지법」에 따른 사적이해관계자인 경우 동법 시행령 제5조, 제33조 및「이해충돌 방지제도 운영지침」에서 정한 절차에 따라 신고·회피하여야 한다.**〈개정 2023.02.21〉

④ 심사원은 심사의 공정성, 객관성을 유지하기 위하여 위촉기간 동안 안전보건경영시스템(KOSHA-MS) 심사 업무와 관련된 분야에 대하여 공단에서 발주하는 수의계약 방식의 용역에 참여할 수 없다.

[본조신설 2021.12.14.]

제21조(심사원의 업무) ① 심사원은 다음 각 호의 업무를 수행할 수 있다.〈개정 2023.02.21〉

1. 안전보건경영시스템 구축 및 심사 계획의 수립
2. 심사 계획에 따른 심사 실시
3. 심사 결과의 **정리(별지 제19호서식의 심사기록지 포함)** 및 심사결과서 등 보고서의 작성
4. 그 밖에 안전보건경영시스템 구축을 위한 컨설팅지원 및 심사의 실시에 관한 업무

② 일선기관장은 외부 심사원을 위촉하여 심사와 컨설팅에 활용할 수 있으며, 이 경우 모니터링 및 평가관리 기준을 마련하여 심사와 컨설팅의 이행에 대한 수준을 관리할 수 있다.

제22조(심사원 시험 실시) ① 이사장은 심사원 시험을 시행하도록 하여야 한다.

② 이사장은 시험실시 및 채점방법 등에 관하여 지침으로 따로 정한다. 다만 이사장이 필요하다고 인정하는 경우 외부 전문기관에 심사원 시험을 위탁 실시할 수 있다.

제23조(심사원 시험 응시) ① 심사원 시험 응시 자격은 다음 각 호와 같다.

1. 「국가기술자격법」에 따른 건축·토목·건설안전·안전·보건 관련분야 기술사 자격을 취득한 사람
2. 「국가기술자격법」에 따른 건축·토목·건설안전·안전·보건 관련분야 기사 이상의 자격을 취득한 사람으로서 안전·보건 관련분야에 5년 이상 실무경험이 있는 사람
3. 「국가기술자격법」에 따른 건축·토목·건설안전·안전·보건 관련분야 산업기사 이상의 자격을 취득한 사람으로서 안전·보건 관련분야에 7년 이상 실무경험이 있는 사람
4. 「산업안전보건법」에 따른 산업안전지도사 또는 산업보건지도사 자격을 취득한 사람
5. 석사학위 이상을 취득한 사람으로서 건축·토목·안전·보건 관련분야에 3년 이상 실무경험이 있는 사람, 박사학위를 취득한 사람
6. 안전·보건·건설안전 관련 전문기관·단체 또는 기업에서 안전·보건·건설안전 관련분야에 7년 이상 실무경력이 있는 사람

7. 국가직·지방직 공무원으로 안전·보건·건설안전 관련분야에 7년 이상 실무경력이 있는 사람〈신설 2021.12.14〉

② 이사장은 별지 제10호서식의 안전보건경영시스템 심사원 시험 응시원서에 따라 접수하여야 한다. 또한 응시원서 또는 자격요건 입증서류에 보완이 필요한 경우에는 이의 보완을 요구할 수 있다.

제24조(출제 및 합격기준) ① 심사원 시험의 과목은 별표 3과 같다.

② 심사원 시험의 문제는 서술형 50%, 객관식 50% 정도의 비율로 출제토록 하며 그 비율은 경우에 따라서 조정할 수 있다.

③ 심사원 시험의 합격기준은 100점 만점에 70점 이상의 득점으로 한다.

④ 이사장은 시험합격자에게 합격자 공고일로부터 15일 이내에 제23조제1항에 따른 자격요건을 입증할 수 있는 서류를 제출하도록 하여야 한다.

제25조(심사원증 발급절차) ① 이사장은 별지 제11호서식의 심사원 시험 합격자 관리대장을 작성하여 기록·보존하여야 한다.

② 본부 해당 실장은 제20조에 따른 자격을 갖춘 사람이 심사원 등록을 요청할 경우 심사팀의 보조자로 참가한 실적(별지 제3호서식의 심사원 작성항목에 보조자를 명기)을 첨부하여 이사장에게 보고하여야 한다.

③ 이사장은 제2항에 따라 심사원 자격을 구비한자에게 별지 제12호서식의 심사원증을 발급하고, 별지 제13호서식의 심사원증 발급대장을 작성하여 기록·보존하여야 한다.

제26조(심사원 교육) ① 제23조에 따른 심사원 시험에 응시하기 위해서는 교육원 또는 심사원 교육기관에서 실시하는 심사원 양성교육을 이수하여야 한다.

② 교육의 내용 및 시간은 별표 4와 같다.

③ 제20조에 따라 심사원으로 등록된 사람은 등록일로부터 매 3년이 되는 날을 기준으로 전후 6개월 사이에 총 8시간 이상의 안전보건경영시스템 관련 심사원 보수교육을 이수하여야 한다.〈신설 2023.02.21〉

④ 제3항에 따른 보수교육에 관한 세부계획은 이사장이 별도로 수립하여 시행한다.〈신설 2023.02.21〉

제27조 (심사원의 취소 또는 정지) ① 이사장은 심사원 자격을 취득한 사람이 다음 각 호의 어느 하나에 해당하는 경우에는 자격을 취소할 수 있다.

1. 거짓 또는 부정한 방법으로 자격을 취득한 사람
2. 심사 업무를 수행함에 있어 중대한 과실로 이해관계인에게 손해를 입힌 사람
3. 심사업무와 관련하여 부정한 행위를 한 사람
4. 그 밖에 심사업무를 적정하게 수행하기 어렵다고 판단되는 사람

② 이사장은 제20조제1항에 따라 심사원으로 등록한 후 3년 이내 심사 또는 컨설팅 실적이 없는 심사원과 제26조제3항에 따른 보수교육을 이수하지 않은 심사원에 대해 그 자격을 정지할 수 있다.〈개정 2023.02.21〉

③ 제2항에 따라 심사원으로 등록한 후 3년 이내 심사 또는 컨설팅 실적이 없어 자격이 정지된 심사원이 자격을 회복하고자 할 때는 제20조제3항의 요건을 만족해야 한다.〈개정 2023.02.21〉

④ 제2항에 따라 심사원 보수교육을 이수하지 않아 자격이 정지된 심사원이 자격을 회복하고자 할 때는 심사원 보수교육을 이수하여야 한다. 다만, 심사원 교육기관에서 실시하는 총 18시간 이상의 안전보건경영시스템 관련 교육을 이수한 경우에는 보수교육을 이수한 것으로 본다.〈신설 2023.02.21〉

제28조(심사원보 자격의 소멸) 시험합격일로부터 3년이내 심사원으로 등록하지 않는 심사원보는 그 자격이 소멸된다.

제5장 보 칙

제29조(심사비) ① 심사비 수수료는 다음 각 호와 같이 적용한다.

1. 상시근로자 수 50인 이상 사업장: 제7조에 따른 실태심사, 제8조에 따른 컨설팅지원, 제9조에 따른 인증심사, 제12조에 따른 사후심사, 제13조에 따른 연장심사에 필요한 비용
2. 상시근로자 수 50인 미만 사업장, 위험성평가인정 사업장, 안전보건공생협력프로그램 참여사업장의 사내·외 협력업체, 또는 공정안전보고서 P등급 사업장, 공동인증기관으로부터 안전보건경영시스템을 인증 받은 후 KOSHA-MS 인증을 신청하는 사업장: 제9조 따른 인증심사, 제12조에 따른 사후심사, 제13조에 따른 연장심사에 필요한 비용 〈개정 2021.12.14〉
3. 발주기관: 제7조부터 제9조까지 및 제12조·제13조에 따른 필요한 비용 중 직접경비
4. 종합건설업체: 제7조부터 제9조까지 및 제12조·제13조에 따른 필요한 비용
5. 전문건설업체: 제9조·제12조·제13조에 따른 필요한 비용

② 제1항에 따라 받아야 하는 비용을 산정하는 기준은 별표 5에 따른다.
③ 국외 심사를 희망하는 사업장은 제1항에 따른 심사비를 지불하고 공단 여비규정에 따른 국외여비를 심사원에게 실물로 제공하여야 한다.

제30조(심사비의 면제 또는 감면) ① 이사장은 제29조 규정에도 불구하고 다음 각 호의 어느 하나에 해당하는 경우 심사비를 전부 면제할 수 있다. 다만 제2호의 경우 신규 인증신청에 따른 실태심사·인증심사·사후심사(첫 번째 연장심사 전까지에 한함)비용을 면제할 수 있다.
1. 건설업: 발주기관 중에서 중앙행정기관 또는 중앙행정기관의 소속기관 및 지방자치단체
2. 건설업외: 군부대, 사회복지시설, 사회적기업

② 이사장은 제29조 규정에도 불구하고 전업종(건설업 제외)에서 다음 각 호의 어느 하나에 해당하는 경우 해당 심사비를 1/2 감면할 수 있다. 〈개정 2019.11.13., **2023.02.21**〉
1. 안전보건공생협력프로그램 기술지도 A 등급 사업장과 A등급 사업장의 사내·외 협력업체의 경우 다음연도 심사비용
2. **50인** 미만 사업장의 경우 인증심사·사후심사(첫 번째 연장심사 전까지에 한함)비용

제31조(인증 업무 수행자에 대한 지원) 일선기관장은 제2장에서 정하고 있는 각종 심사 또는 컨설팅지원 시 이사장이 정하는 바에 따라 공단직원에게는 현지활동비를, 외부 심사원에게는 공단「수수료기타실비징수규정 시행규칙 제3조 제2항」에서 정한 외부전문가의 대가에 준하는 수당과 공단「여비규칙」에서 정하는 여비를 예산 범위 내에서 지급할 수 있다.

제32조(공단의 지원) ① 이사장은 안전보건경영시스템 요건을 구축하는데 필요한 컨설팅비용을 지급할 수 있으며, 이에 필요한 사항은 지침으로 따로 정한다.
② 제4조제1항에 따른 인증신청사업장, 제10조제1항에 따른 인증사업장에 대해 공단은 각종 발행자료와 발간물을 우선 보급할 수 있다.
③ 이사장은 제11조제1항에 따라 인증서를 교부하는 경우에는 이를 언론매체 등을 통하여 홍보할 수 있다.
④ 제12조, 제13조와 관련하여 일선기관장은 사후심사 또는 연장심사 결과 재해감소 대책 등 안전보건 상의 문제점을 해결하기 위한 지속적인 대책이 필요한 경우 추가적 컨설팅 지원을 무료로 실시할 수 있다.

제33조(이의신청 및 불만처리) ① 이사장은 동 규칙에서 정한 절차에 따라 수행한 인증 여부 결정 및 심사결과에 대하여 이해관계인의 이의신청이나 불만처리 요청이 있는 경우에는 이를 검토하여 그 결과를 신청인에게 회신하여야 한다.
② 이사장은 제1항에 따른 이의신청과 불만처리에 대한 기록을 유지·관리하여야 한다.

제34조(비밀 준수 및 청렴의 의무) ① 제3장에 따른 인증위원회 위원은 이 장의 절차에 따라 수행한 인증 업무 수행과 관련하여 알게 된 사업장의 비밀을 누설하여서는 아니 되며 위원으로 위촉시 별지 제14호서식의 청렴서약서와 별지 제18호 서식의 직무윤리 사전진단서를 공단 이사장에게 제출하여야한다. 〈개정 2019.11.13〉
② 제4장에 따른 심사원은 이 장의 절차에 따라 수행한 인증 업무 수행과 관련하여 알게 된 사업장의 비밀을 누설하여서는 아니 되며 심사 전 별지 제15호서식의 청렴의무이행서약서를 작성하여 심사결과서와 함께 보관토록 한다.

부   칙(2019. 07. 01)

제1조(시행일) 이 규칙은 2019년 07월 01일부터 시행한다.

부   칙(2019. 11. 13)

제1조(시행일) 이 규칙은 2019년 11월 13일부터 시행한다.
제2조(경과조치) 이 규칙 시행일 이전에 행한 사항은 이 규칙에 의하여 행한 것으로 본다.
제3조(KOSHA 18001 심사원양성교육 이수자에 대한 경과조치) ①KOSHA 18001 인증업무처리규칙에 따라 심사원 양성교육을 이수한 자가 KOSHA-MS 전환교육 이수 시 이 규칙에서 정한 심사원시험에 응시할 수 있다.
② KOSHA-MS 전환교육은 2022. 6. 30일까지만 운영한다.
제4조(전환사업장의 심사단계) KOSHA 18001에서 KOSHA-MS로 인증전환을 신청한 사업장에서 전환심사 후 승인된 경우의 심사단계는 이전의 심사단계를 따라야 한다.

부   칙(2020. 04. 06)

제1조(시행일) 이 규칙은 2020년 04월 06일부터 시행한다.
제2조(경과조치) 이 규칙 시행일 이전에 행한 사항은 이 규칙에 의하여 행한 것으로 본다.

부   칙(2021. 12. 14)

제1조(시행일) 이 규칙은 2021년 12월 14일부터 시행한다.
제2조(경과조치) 이 규칙 시행일 이전에 행한 사항은 이 규칙에 의하여 행한 것으로 본다.
제3조(심사원보의 자격 소멸 유예) 규칙 제28조에 따른 심사원보의 자격 소멸을 이 규칙 개정 이전까지 유예한다.

부 칙(2023.02.21.)

제1조(시행일) 이 규칙은 2023년 02월 21일부터 시행한다. 다만, 규칙 제26조 제3항에 따른 심사원 보수교육은 2024년 1월 1일부터 시행한다.
제2조(기존내규의 개폐) 이 규칙 제·개정으로 인해 구(舊) 규칙[안전보건경영시스템(KOSHA 18001) 인증업무 처리규칙(공단 규칙 제985호)]은 2022년 6월 30일자로 폐지한다.
제3조(경과조치) 이 규칙 시행일 이전에 행한 사항은 이 규칙에 의하여 행한 것으로 본다
제4조(심사원보의 자격 소멸 유예) 규칙 제28조에 따라 시험합격일로부터 3년이내 심사원으로 등록하지 않은 심사원보에 대한 자격 소멸을 2023년12월31일까지 유예한다.
제5조(심사원 보수교육 경과조치) 이 규칙 제26조제3항의 시행일 이전에 심사원으로 등록된 심사원은 2026년 12월 31일까지 보수교육을 이수하여야 하며, 최초 보수교육을 이수한 날로부터 매 3년이 되는 날을 기준으로 전후 6개월 사이에 심사원 보수교육을 이수하여야 한다.

예제 문제

2020년

40 안전보건경영시스템(KOSHA 18001)에 관한 설명으로 옳지 않은 것은?

① "안전보건경영"이란 사업주가 자율적으로 해당 사업장의 산업재해를 예방하기 위하여 안전보건관리체제를 구축하고 정기적으로 위험성평가를 실시하여 잠재 유해·위험 요인을 지속적으로 개선하는 등 산업재해예방을 위한 조치 사항을 체계적으로 관리하는 제반 활동을 말한다.
② "인증심사"란 인증서를 받은 사업장에서 인증기준을 지속적으로 유지·개선 또는 보완하여 운영하고 있는지를 판단하기 위하여 인증 후 매년 1회 정기적으로 실시하는 심사를 말한다.
③ "심사원 양성교육"이란 심사원을 양성하기 위하여 인증운영·인증기준·심사절차 및 심사요령 등에 관하여 실시하는 총 교육시간이 34시간 이상을 실시하는 안전보건경영시스템 교육을 말한다.
④ "연장심사"란 인증 유효기간을 연장하고자 하는 사업장에 대하여 인증 유효기간이 만료되기 전까지 인증의 연장 여부를 결정하기 위하여 실시하는 심사를 말한다.
⑤ "실태심사"란 인증 신청 사업장에 대하여 인증심사를 실시하기 전에 안전보건경영 관련 서류와 사업장의 준비상태 및 안전보건경영활동 운영현황 등을 확인하는 심사를 말한다.

2014년

33 안전보건경영시스템에서 안전보건활동추진계획을 수립함에 있어 옳지 않은 것은?

① 사업장은 안전보건상의 목표를 달성하기 위한 활동 추진계획을 해당 업무별, 단위별(팀별, 부·과별)로 수립해야 한다.
② 안전보건활동추진계획의 문서화 여부는 사업주가 결정한다.
③ 조직의 전체 목표 및 부서별 세부목표와 이를 추진하고자 하는 책임자를 지정해야 한다.
④ 목표달성을 위한 안전보건활동계획의 수단·방법·일정을 결정해야 한다.
⑤ 안전보건활동추진계획은 정기적으로 검토되고, 조직의 운영변경 또는 새로운 계획의 추가사유가 발생할 때에는 수정하여야 한다.

정답 및 해설

▶ 2020년 40번
- 제2조(정의) ① 이 규칙에서 사용하는 용어의 뜻은 다음과 같다.
  6. "인증심사"란 인증 신청 사업장에 대한 인증의 적합 여부를 판단하기 위하여 인증기준과 관련된 안전보건경영 절차의 이행상태 등을 현장 확인을 통해 실시하는 심사를 말한다.   답 ②

▶ 2014년 33번
- 안전보건경영시스템의 개요
  사업주가 자율경영방침에 안전보건정책을 반영하고, 이에대한 세부 실행지침과 기준을 규정화하여, 주기적으로 안전보건계획에 대한 실행 결과를 자체평가 후 개선토록 하는 등 재해예방과 기업손실감소 활동을 체계적으로 추진토록 하기위한 자율안전보건체계
  ② 사업주가 결정하는 것이 아니라 관련 법령과 규정에 따라 반드시 문서화 하여야 한다.   답 ②

4주완성 합격마스터
산업안전지도사 1차 필기
2과목 산업안전일반

제 7 장

제조물 책임법

제07장 제조물 책임법

제1조(목적) 이 법은 제조물의 결함으로 발생한 손해에 대한 제조업자 등의 손해배상책임을 규정함으로써 피해자 보호를 도모하고 국민생활의 안전 향상과 국민경제의 건전한 발전에 이바지함을 목적으로 한다.

제2조(정의) 23-33, 19-43, 17-26, 15-50

1. **"제조물"**이란 **제조되거나 가공된 동산**(다른 동산이나 부동산의 일부를 구성하는 경우를 포함한다)을 말한다.
2. **"결함"**이란 해당 제조물에 다음 각 목의 어느 하나에 해당하는 제조상·설계상 또는 표시상의 결함이 있거나 그 밖에 통상적으로 기대할 수 있는 안전성이 결여되어 있는 것을 말한다.
   가. **"제조상의 결함"**이란 제조업자가 제조물에 대하여 제조상·가공상의 주의의무를 이행하였는지에 관계없이 **제조물이 원래 의도한 설계와 다르게 제조·가공됨으로써 안전하지 못하게 된 경우**를 말한다.
   나. **"설계상의 결함"**이란 제조업자가 합리적인 대체설계(代替設計)를 채용하였더라면 피해나 위험을 줄이거나 피할 수 있었음에도 **대체설계를 채용하지 아니하여 해당 제조물이 안전하지 못하게 된 경우**를 말한다.
   다. **"표시상의 결함"**이란 제조업자가 합리적인 설명·지시·경고 또는 그 밖의 표시를 하였더라면 해당 제조물에 의하여 발생할 수 있는 피해나 위험을 줄이거나 피할 수 있었음에도 이를 **하지 아니한 경우**를 말한다.
3. **"제조업자"**란 다음 각 목의 자를 말한다.
   가. **제조물의 제조·가공 또는 수입을 업(業)으로 하는 자**
   나. 제조물에 성명·상호·상표 또는 그 밖에 식별(識別) 가능한 기호 등을 사용하여 자신을 가목의 자로 표시한 자 또는 가목의 자로 오인(誤認)하게 할 수 있는 표시를 한 자

제3조(제조물 책임) ① **제조업자는 제조물의 결함으로 생명·신체 또는 재산에 손해(그 제조물에 대하여만 발생한 손해는 제외한다)를 입은 자에게 그 손해를 배상하여야 한다.**

② 제1항에도 불구하고 제조업자가 제조물의 결함을 알면서도 그 결함에 대하여 필요한 조치를 취하지 아니한 결과로 생명 또는 신체에 중대한 손해를 입은 자가 있는 경우에는 그 자에게 발생한 손해의 3배를 넘지 아니하는 범위에서 배상책임을 진다. 이 경우 법원은 배상액을 정할 때 다음 각 호의 사항을 고려하여야 한다.
〈신설 2017. 4. 18.〉
1. 고의성의 정도
2. 해당 제조물의 결함으로 인하여 발생한 손해의 정도
3. 해당 제조물의 공급으로 인하여 제조업자가 취득한 경제적 이익
4. 해당 제조물의 결함으로 인하여 제조업자가 형사처벌 또는 행정처분을 받은 경우 그 형사처벌 또는 행정처분의 정도
5. 해당 제조물의 공급이 지속된 기간 및 공급 규모
6. 제조업자의 재산상태
7. 제조업자가 피해구제를 위하여 노력한 정도

③ 피해자가 제조물의 제조업자를 알 수 없는 경우에 그 제조물을 영리 목적으로 판매·대여 등의 방법으로 공급한 자는 제1항에 따른 손해를 배상하여야 한다. 다만, 피해자 또는 법정대리인의 요청을 받고 상당한 기간 내에 그 제조업자 또는 공급한 자를 그 피해자 또는 법정대리인에게 고지(告知)한 때에는 그러하지 아니하다.
〈개정 2017. 4. 18.〉
[전문개정 2013. 5. 22.]

제3조의2(결함 등의 추정) 피해자가 다음 각 호의 사실을 증명한 경우에는 제조물을 공급할 당시 해당 제조물에 결함이 있었고 그 제조물의 결함으로 인하여 손해가 발생한 것으로 추정한다. 다만, 제조업자가 제조물의 결함이 아닌 다른 원인으로 인하여 그 손해가 발생한 사실을 증명한 경우에는 그러하지 아니하다.
1. 해당 제조물이 정상적으로 사용되는 상태에서 피해자의 손해가 발생하였다는 사실
2. 제1호의 손해가 제조업자의 실질적인 지배영역에 속한 원인으로부터 초래되었다는 사실
3. 제1호의 손해가 해당 제조물의 결함 없이는 통상적으로 발생하지 아니한다는 사실
[본조신설 2017. 4. 18.]

제4조(면책사유) 25-28, 14-31
① 제3조에 따라 손해배상책임을 지는 자가 다음 각 호의 어느 하나에 해당하는 사실을 입증한 경우에는 이 법에 따른 손해배상책임을 면(免)한다.
1. 제조업자가 해당 제조물을 공급하지 아니하였다는 사실
2. **제조업자가 해당 제조물을 공급한 당시의 과학·기술 수준으로는 결함의 존재를 발견할 수 없었다는 사실**
3. 제조물의 결함이 제조업자가 해당 제조물을 공급한 당시의 법령에서 정하는 기준을 준수함으로써 발생하였다는 사실
4. 원재료나 부품의 경우에는 그 원재료나 부품을 사용한 제조물 제조업자의 설계 또는 제작에 관한 지시로 인하여 결함이 발생하였다는 사실
② 제3조에 따라 손해배상책임을 지는 자가 제조물을 공급한 후에 그 제조물에 결함이 존재한다는 사실을 알거나 알 수 있었음에도 그 결함으로 인한 손해의 발생을 방지하기 위한 적절한 조치를 하지 아니한 경우에는 제1항제2호부터 제4호까지의 규정에 따른 면책을 주장할 수 없다.
[전문개정 2013. 5. 22.]

제5조(연대책임) 동일한 손해에 대하여 배상할 책임이 있는 자가 2인 이상인 경우에는 연대하여 그 손해를 배상할 책임이 있다.
[전문개정 2013. 5. 22.]

제6조(면책특약의 제한) 이 법에 따른 손해배상책임을 배제하거나 제한하는 특약(特約)은 무효로 한다. 다만, 자신의 영업에 이용하기 위하여 제조물을 공급받은 자가 자신의 영업용 재산에 발생한 손해에 관하여 그와 같은 특약을 체결한 경우에는 그러하지 아니하다.
[전문개정 2013. 5. 22.]

제7조(소멸시효 등) ① 이 법에 따른 손해배상의 청구권은 피해자 또는 그 법정대리인이 다음 각 호의 사항을 모두 알게 된 날부터 3년간 행사하지 아니하면 시효의 완성으로 소멸한다.
1. 손해
2. 제3조에 따라 손해배상책임을 지는 자
② 이 법에 따른 손해배상의 청구권은 제조업자가 손해를 발생시킨 제조물을 공급한 날부터 10년 이내에 행사하여야 한다. 다만, 신체에 누적되어 사람의 건강을 해치는 물질에 의하여 발생한 손해 또는 일정한 잠복기간(潛伏期間)이 지난 후에 증상이 나타나는 손해에 대하여는 그 손해가 발생한 날부터 기산(起算)한다.
[전문개정 2013. 5. 22.]

제8조(「민법」의 적용) 제조물의 결함으로 인한 손해배상책임에 관하여 이 법에 규정된 것을 제외하고는 「민법」에 따른다.
[전문개정 2013. 5. 22.]

예제 문제

2023년

33 제조물 책임법에 관한 내용으로 옳지 않은 것은?

① "제조업자"란 제조물의 제조·가공 또는 수입을 업(業)으로 하는 자를 말한다.
② 동일한 손해에 대하여 배상할 책임이 있는 자가 2인 이상인 경우에는 연대하여 그 손해를 배상할 책임이 있다.
③ "제조물"이란 제조되거나 가공된 동산(다른 동산이나 부동산의 일부를 구성하는 경우를 포함한다)을 말한다.
④ "설계상의 결함"이란 제조업자가 합리적인 설명·지시·경고 또는 그 밖의 표시를 하였더라면 해당 제조물에 의하여 발생할 수 있는 피해나 위험을 줄이거나 피할 수 있었음에도 이를 하지 아니한 경우를 말한다.
⑤ 제조업자는 제조물의 결함으로 생명·신체 또는 재산에 손해(그 제조물에 대하여만 발생한 손해는 제외한다)를 입은 자에게 그 손해를 배상하여야 한다.

2019년

43 제조물 책임법에 관한 내용으로 옳지 않은 것은?

① 제조업자는 제조물의 결함으로 생명·신체 또는 재산에 손해를 입은 자에게 그 손해를 배상하여야 한다.
② 제조물이란 제조되거나 가공된 동산을 말한다.
③ 제조상의 결함이란 제조업자가 제조물에 대하여 제조상·가공상의 주의의무를 이행하였는지에 관계없이 제조물이 원래 의도한 설계와 다르게 제조·가공됨으로써 안전하지 못하게 된 경우를 말한다.
④ 설계상의 결함이란 제조업자가 합리적인 설명·지시·경고 또는 그 밖의 표시를 하였더라면 해당 제조물에 의하여 발생할 수 있는 피해나 위험을 줄이거나 피할 수 있었음에도 이를 하지 아니한 경우를 말한다.
⑤ 제조물의 제조·가공 또는 수입을 업으로 하는 자는 제조업자에 해당한다.

2017년

26 제조물책임법상 용어의 정의로 옳지 않은 것은?

① 제조물이란 제조되거나 가공된 동산(다른 동산이나 부동산의 일부를 구성하는 경우를 포함한다)을 말한다.
② 제조업자란 제조물의 제조·가공 또는 수입을 업으로 하는 자를 말한다.
③ 제조물의 결함에는 제조상의 결함, 설계상의 결함, 유통상의 결함이 있다.
④ 설계상의 결함이란 제조업자가 합리적인 대체설계를 채용하였더라면 피해나 위험을 줄이거나 피할 수 있었음에도 대체설계를 채용하지 아니하여 해당 제조물이 안전하지 못하게 된 경우를 말한다.
⑤ 통상적으로 기대할 수 있는 안전성이 결여되어 있는 것도 결함이라 할 수 있다.

제7장 제조물 책임법

정답 및 해설

▶ 2023년 33번
- **제2조(정의)** 이 법에서 사용하는 용어의 뜻은 다음과 같다.
  나. "설계상의 결함"이란 제조업자가 합리적인 대체설계(代替設計)를 채용하였더라면 피해나 위험을 줄이거나 피할 수 있었음에도 대체설계를 채용하지 아니하여 해당 제조물이 안전하지 못하게 된 경우를 말한다.

  답 ④

▶ 2019년 43번
- **제2조(정의)** 이 법에서 사용하는 용어의 뜻은 다음과 같다.
  나. "설계상의 결함"이란 제조업자가 합리적인 대체설계(代替設計)를 채용하였더라면 피해나 위험을 줄이거나 피할 수 있었음에도 대체설계를 채용하지 아니하여 해당 제조물이 안전하지 못하게 된 경우를 말한다.

  답 ④

▶ 2017년 26번
- **제2조(정의)** 이 법에서 사용하는 용어의 뜻은 다음과 같다.
  1. "제조물"이란 제조되거나 가공된 동산(다른 동산이나 부동산의 일부를 구성하는 경우를 포함한다)을 말한다.
  2. "결함"이란 해당 제조물에 다음 각 목의 어느 하나에 해당하는 제조상·설계상 또는 표시상의 결함이 있거나 그 밖에 통상적으로 기대할 수 있는 안전성이 결여되어 있는 것을 말한다.
     가. "제조상의 결함"이란 제조업자가 제조물에 대하여 제조상·가공상의 주의의무를 이행하였는지에 관계없이 제조물이 원래 의도한 설계와 다르게 제조·가공됨으로써 안전하지 못하게 된 경우를 말한다.
     나. "설계상의 결함"이란 제조업자가 합리적인 대체설계(代替設計)를 채용하였더라면 피해나 위험을 줄이거나 피할 수 있었음에도 대체설계를 채용하지 아니하여 해당 제조물이 안전하지 못하게 된 경우를 말한다.
     다. "표시상의 결함"이란 제조업자가 합리적인 설명·지시·경고 또는 그 밖의 표시를 하였더라면 해당 제조물에 의하여 발생할 수 있는 피해나 위험을 줄이거나 피할 수 있었음에도 이를 하지 아니한 경우를 말한다.

  답 ③

2024년
34 제조물 책임법상 결함에 해당되는 것을 모두 고른 것은?

| ㄱ. 제조상 결함 | ㄴ. 배송상 결함 |
| ㄷ. 설계상 결함 | ㄹ. 표시상 결함 |

① ㄱ, ㄴ
② ㄷ, ㄹ
③ ㄱ, ㄷ, ㄹ
④ ㄴ, ㄷ, ㄹ
⑤ ㄱ, ㄴ, ㄷ, ㄹ

2015년
50 제조물 책임법상 '결함'에 해당하는 것을 모두 고른 것은?

| ㄱ. 제조상의 결함 | ㄴ. 표시상의 결함 | ㄷ. 설계상의 결함 |

① ㄱ
② ㄷ
③ ㄱ, ㄷ
④ ㄴ, ㄷ
⑤ ㄱ, ㄴ, ㄷ

2014년
31 제조물책임법에 관한 설명으로 옳은 것은?

① 제조물 결함은 소비자가 입증해야 한다.
② 제조물에는 배, 무 같은 농작물도 포함된다.
③ 제조물 책임은 제조업자와 제조물을 공급한 자, 소비자가 공동으로 져야 한다.
④ 제조자가 경고의 의무를 소홀히 한 경우라도 소비자의 과실로 인한 손실은 소비자가 책임을 져야한다.
⑤ 제조업자가 해당 제조물을 공급한 때의 과학·기술수준으로는 결함의 존재를 발견할 수 없었다는 사실을 입증하면 책임은 면제된다.

· 제7장 제조물 책임법

▶ 2024년 34번
■ **제2조(정의)** 이 법에서 사용하는 용어의 뜻은 다음과 같다.
1. "제조물"이란 제조되거나 가공된 동산(다른 동산이나 부동산의 일부를 구성하는 경우를 포함한다)을 말한다.
2. "결함"이란 해당 제조물에 다음 각 목의 어느 하나에 해당하는 제조상·설계상 또는 표시상의 결함이 있거나 그 밖에 통상적으로 기대할 수 있는 안전성이 결여되어 있는 것을 말한다.
   가. "제조상의 결함"이란 제조업자가 제조물에 대하여 제조상·가공상의 주의의무를 이행하였는지에 관계없이 제조물이 원래 의도한 설계와 다르게 제조·가공됨으로써 안전하지 못하게 된 경우를 말한다.
   나. "설계상의 결함"이란 제조업자가 합리적인 대체설계(代替設計)를 채용하였더라면 피해나 위험을 줄이거나 피할 수 있었음에도 대체설계를 채용하지 아니하여 해당 제조물이 안전하지 못하게 된 경우를 말한다.
   다. "표시상의 결함"이란 제조업자가 합리적인 설명·지시·경고 또는 그 밖의 표시를 하였더라면 해당 제조물에 의하여 발생할 수 있는 피해나 위험을 줄이거나 피할 수 있었음에도 이를 하지 아니한 경우를 말한다.

답 ③

▶ 2015년 50번
■ **제2조(정의)**

24년 3번 해설 참조

답 ⑤

▶ 2014년 31번
■ **제조물책임법**
① 제조물 책임법(Product Liability Law)에 따르면, 제조물 결함에 대한 입증 책임은 소비자가 아닌 제조업자에게 있다는 점 때문이다. 제조물 결함으로 인한 피해가 발생했을 때, 소비자가 피해를 입증하는 것이 아니라, 제조업자가 해당 제품에 결함이 없었음을 입증해야 한다. 이는 소비자를 보호하기 위해 마련된 법적 원칙이다.
② 제조물의 정의에 농작물(예: 배, 무)과 같은 자연 상태에서 생산된 물품은 포함되지 않기 때문이다. 제조물은 공정이나 가공을 거쳐 생산된 물품을 의미하며, 농작물처럼 자연 그대로의 상태에서 생산된 것은 제조물로 간주되지 않다.
③ 제조물 책임은 제조업자와 제조물을 공급한 자에게만 있으며, 소비자는 제조물 책임을 지지 않기 때문이다. 소비자는 제품을 사용하는 입장이며, 제조물의 결함으로 인해 피해를 입을 경우 보호받는 대상이지, 책임을 져야 할 주체가 아닙니다.
④ 제조자가 경고의 의무를 소홀히 한 경우, 그로 인해 발생한 손실에 대한 책임은 제조자에게 있다는 점 때문이다. 소비자가 어느 정도 과실이 있더라도, 제조자가 제품의 위험성에 대해 적절한 경고를 제공하지 않았다면, 제조자도 책임을 피할 수 없다.

답 ⑤

2025년
28 제조물 책임법상 손해배상 책임을 지는 자가 사실을 입증한 경우에 손해배상 책임을 면(免)하는 사유에 해당하지 않는 것을 모두 고른 것은?

> ㉠ 제조업자가 해당 제조물을 공급하지 아니하였다는 사실
> ㉡ 제조업자가 해당 제조물을 공급한 당시의 과학·기술 수준으로 결함의 존재를 발견할 수 있었다는 사실
> ㉢ 제조물의 결함이 제조업자가 해당 제조물을 공급한 당시의 법령에서 정하는 기준을 준수함으로써 발생하였다는 사실
> ㉣ 원재료나 부품의 경우에는 그 원재료나 부품을 사용한 제조물 제조업자의 설계 또는 제작에 관한 지시로 인하여 결함이 발생하였다는 사실

① ㉠
② ㉡
③ ㉠, ㉡
④ ㉡, ㉢
⑤ ㉠, ㉡, ㉢, ㉣

▶ 2025년 28번

■ 제조물책임법 제4조(면책사유)
1. 제조업자가 해당 제조물을 공급하지 아니하였다는 사실
2. 제조업자가 해당 제조물을 공급한 당시의 과학·기술 수준으로는 <u>결함의 존재를 발견할 수 없었다는 사실</u>
3. 제조물의 결함이 제조업자가 해당 제조물을 공급한 당시의 법령에서 정하는 기준을 준수함으로써 발생하였다는 사실
4. 원재료나 부품의 경우에는 그 원재료나 부품을 사용한 제조물 제조업자의 설계 또는 제작에 관한 지시로 인하여 결함이 발생하였다는 사실

답 ②

4주완성 합격마스터
산업안전지도사 1차 필기
2과목 산업안전일반

부록

과년도 기출문제

2025년 기출문제

26 다음에서 설명하고 있는 안전교육 방법은?

- 스스로 자신의 성장과 향상 의욕을 고취하고 주도적으로 학습하는 방법
- 장점: 자율적으로 필요한 시간에 개인의 관심, 흥미, 능력, 환경 등에 적합하게 수행할 수 있고 학습참여와 내용 선택에서도 높은 자율성이 부여됨

① 시범법　　② 토의법　　③ 실연법
④ 반복법　　⑤ 프로그램 학습법

27 "학습자가 지니고 있는 각자의 요구와 능력 등에 알맞은 학습활동의 기회를 마련해 주어야 한다"는 학습지도 원리에 해당하는 것은?

① 직관의 원리
② 개별화의 원리
③ 자발성의 원리
④ 목적의 원리
⑤ 통합의 원리

28 제조물 책임법상 손해배상 책임을 지는 자가 사실을 입증한 경우에 손해배상 책임을 면(免)하는 사유에 해당하지 않는 것을 모두 고른 것은?

㉠ 제조업자가 해당 제조물을 공급하지 아니하였다는 사실
㉡ 제조업자가 해당 제조물을 공급한 당시의 과학·기술 수준으로 결함의 존재를 발견할 수 있었다는 사실
㉢ 제조물의 결함이 제조업자가 해당 제조물을 공급한 당시의 법령에서 정하는 기준을 준수함으로써 발생하였다는 사실
㉣ 원재료나 부품의 경우에는 그 원재료나 부품을 사용한 제조물 제조업자의 설계 또는 제작에 관한 지시로 인하여 결함이 발생하였다는 사실

① ㉠
② ㉡
③ ㉠, ㉡
④ ㉡, ㉢
⑤ ㉠, ㉡, ㉢, ㉣

26 프로그램 학습법은 학습자가 자신의 능력과 속도에 맞춰 주도적으로 학습하는 자기 주도 학습의 한 방법이다.
① 시범법: 교사나 숙련자가 먼저 시범을 보이고 학습자가 관찰하는 방법
② 토의법: 여러 사람이 특정 주제에 대해 의견을 교환하며 학습하는 방법
③ 실연법: 학습자가 직접 행동을 해보며 기술이나 기능을 익히는 방법
④ 반복법: 특정 내용을 계속해서 되풀이하며 암기하는 방법

정답 ⑤

27 학습지도 원리 중 개별화의 원리는 학습자 개개인의 능력, 흥미, 적성, 요구 등에 맞춰 학습 기회를 제공해야 한다는 원칙이다.

정답 ②

28 ■ 제조물책임법 제4조(면책사유)
1. 제조업자가 해당 제조물을 공급하지 아니하였다는 사실
2. 제조업자가 해당 제조물을 공급한 당시의 과학·기술 수준으로는 <u>결함의 존재를 발견할 수 없었다는 사실</u>
3. 제조물의 결함이 제조업자가 해당 제조물을 공급한 당시의 법령에서 정하는 기준을 준수함으로써 발생하였다는 사실
4. 원재료나 부품의 경우에는 그 원재료나 부품을 사용한 제조물 제조업자의 설계 또는 제작에 관한 지시로 인하여 결함이 발생하였다는 사실

정답 ②

29 적응기제에 관한 내용이다. ( )에 들어갈 것으로 옳은 것은?

> ㉠ : 어떤 행동이 억압되었을 때 그 행동이 사회적으로 용납할 수 있는 이유를 설명함으로써 자아를 보호하는 행동
> ㉡ : 현실적으로 도저히 만족할 수 없는 욕구나 소원을 상상의 세계에서 얻으려고 하는 행동
> ㉢ : 억압당한 욕구가 사회적, 문화적으로 가치 있는 목적으로 향하여 노력함으로써 욕구를 충족시키는 것

① ㉠ : 동일시, ㉡ : 고립, ㉢ : 보상
② ㉠ : 동일시, ㉡ : 백일몽, ㉢ : 승화
③ ㉠ : 합리화, ㉡ : 고립, ㉢ : 승화
④ ㉠ : 합리화, ㉡ : 백일몽, ㉢ : 승화
⑤ ㉠ : 합리화, ㉡ : 백일몽, ㉢ : 보상

30 산업안전보건법령상 다음과 같은 기계 등을 보유하여 작업하는 사업장의 사업주가 특별교육을 실시하여야 하는 대상 작업에 해당하는 것을 모두 고른 것은?

> ㉠ 정격하중 2.8톤 천장주행크레인 1대, 정격하중 0.5톤 호이스트 5대를 보유하여 사용한 작업
> ㉡ 3톤 지게차 1대를 보유하여 사용한 작업
> ㉢ 고정식인 둥근톱기계, 띠톱기계, 대패기계 및 모떼기기계를 각 1대씩 보유하여 사용한 작업

① ㉠
② ㉡
③ ㉠, ㉢
④ ㉡, ㉢
⑤ ㉠, ㉡, ㉢

31 재해발생 원인에 관한 휴의 이론 중 다음에서 설명하고 요인에 해당 하는 것은?

> 무리한 행동, 안전작업에 대한 소홀, 신체적 특성을 고려하지 못한 작업배치, 자동화 기기와 일반기계와의 속도차이, 단순작업이 계속될 경우의 권태감·무력감, 작업자의 신체 기능의 변화, 정보처리 능력의 변화 등으로 스트레스가 증가하여 재해가 발생할 수 있다.

① 심리적 요인
② 기계적 요인
③ 인위적 요인
④ 기술적 요인
⑤ 환경적 요인

29
㉠ 합리화: 자신의 행동이나 실패에 대해 사회적으로 용인되는 이유를 들어 스스로를 보호하는 적응기제이다.
㉡ 백일몽: 현실에서 충족하기 어려운 욕구나 소원을 상상 속에서 만족시키려는 적응기제이다.
㉢ 승화: 사회적으로 용납되지 않는 욕구를 사회적, 문화적으로 가치 있는 행동으로 전환하여 만족을 얻는 적응기제이다.
- 동일시: 자신에게 부족한 점을 다른 사람의 장점이나 성취와 동일시하며 만족을 얻는 적응기제
- 고립: 감정을 분리하여 심리적 충격을 피하려는 적응기제
- 보상: 어떤 분야의 결함을 다른 분야의 우월함으로 메우려는 적응기제

정답 ④

30
■ 특별교육 대상 작업
12. 목재가공용 기계[둥근톱기계, 띠톱기계, 대패기계, 모떼기기계 및 라우터기(목재를 자르거나 홈을 파는 기계)만 해당하며, 휴대용은 제외한다]를 5대 이상 보유한 사업장에서 해당 기계로 하는 작업-4대 보유
13. 운반용 등 하역기계를 5대이상 보유한 사업장에서의 해당 기계로 하는 작업-1대 보유
14. 1톤 이상의 크레인을 사용하는 작업 또는 1톤 미만의 크레인 또는 호이스트를 5대이상 보유한 사업장에서 해당 기계로 하는 작업

정답 ①

31
■ 휴(Hue)의 이론
1. 기계적 요인: 기계나 설비 자체의 결함, 미흡한 정비, 안전장치 미설치 등으로 인해 발생하는 요인
2. 기술적 요인: 설계, 작업 방법, 공정 관리 등 기술적인 부분의 오류로 인해 발생하는 요인
3. 인위적 요인: 작업자의 부주의, 미숙련, 안전 수칙 미준수 등 사람의 행동과 관련된 요인
4. 심리적 요인: 작업자의 심리적 상태나 특성으로 인해 발생하는 요인
5. 환경적 요인: 작업장 내의 온도, 습도, 소음, 조명 등 물리적인 환경 요인으로 인해 발생하는 요인

정답 ③

32 T.B.M(Tool Box Meeting)의 실시순서 5단계를 옳게 나열한 것은?

> ㉠ 작업지시　　　　　㉡ 도입
> ㉢ 점검 및 정비　　　㉣ 확인
> ㉤ 위험예측

① ㉠-㉡-㉢-㉣-㉤
② ㉠-㉡-㉣-㉢-㉤
③ ㉡-㉠-㉢-㉤-㉣
④ ㉡-㉢-㉠-㉤-㉣
⑤ ㉡-㉣-㉢-㉠-㉤

33 산업안전보건법령상 산업안전보건위원회의 심의·의결을 거쳐야 하는 사항이 아닌 것은? (그 밖에 근로자의 유해·위험 방지조치에 관한 사항으로서 고용노동부령으로 정하는 사항은 제외함)

① 사업장의 산업재해 예방계획의 수립에 관한 사항
② 안전보건관리규정의 작성 및 변경에 관한 사항
③ 안전장치 및 보호구 구입 시 적격품 여부 확인에 관한 사항
④ 작업환경측정 등 작업환경의 점검 및 개선에 관한 사항
⑤ 안전보건교육에 관한 사항

34 위험성평가기법에 관한 설명으로 옳지 않은 것은?

① FMEA는 각 요소의 고장유형과 그 고장이 미치는 영향을 분석하는 방법으로 귀납적 분석기법이다.
② PHA는 시스템 내의 위험요소가 어떤 위험 상태에 있는가를 평가하는 기법이다.
③ MORT는 FTA와 동일한 논리방법을 사용하여 관리, 설계, 생산 및 보전 등의 넓은 범위에 걸친 안전성 확보를 위하여 활용하는 기법이다.
④ HEA는 운전원, 보수반원, 기술자 등의 불안전행동으로 발생할 수 있는 피해에 대해서 그 원인을 파악·추적하여 문제점을 개선하기 위한 평가기법이다.
⑤ HAZOP은 잠재된 사고의 결과 및 근본적인 원인을 찾아내고 사고결과와 원인 사이의 상호관계를 예측하며 리스크를 평가하는 기법이다.

32

■ T.B.M(Tool Box Meeting)의 실시순서 5단계
1단계 ⓒ 도입
2단계 ㉠ 작업지시
3단계 ㉤ 위험예측
4단계 ㉢ 점검 및 정비
5단계 ㉣ 확인

🔍정답 ④

33

■ 산업안전보건위원회의 심의·의결사항
<u>1. 사업장의 산업재해 예방계획의 수립에 관한 사항</u>
<u>2. 안전보건관리규정의 작성 및 변경에 관한 사항</u>
<u>3. 안전보건교육에 관한 사항</u>
<u>4. 작업환경측정 등 작업환경의 점검 및 개선에 관한 사항</u>
5. 근로자의 건강진단 등 건강관리에 관한 사항
6. 산업재해의 원인 조사 및 재발 방지대책 수립에 관한 사항
7. 산업재해에 관한 통계의 기록 및 유지에 관한 사항
8. 유해하거나 위험한 기계·기구·설비를 도입한 경우 안전 및 보건 관련 조치에 관한 사항
9. 그 밖에 해당 사업장 근로자의 안전 및 보건을 유지·증진시키기 위하여 필요한 사항

🔍정답 ③

34

⑤ HAZOP은 시스템의 설계나 운전 조건에서 벗어나는 '편차'를 찾아내어 원인과 결과를 분석하는 정성적 기법이다. 잠재된 사고의 결과 및 근본적인 원인을 찾아내고 사고결과와 원인 사이의 상호관계를 예측하며 리스크를 평가하는 것은 FTA나 ETA에 가깝다.

🔍정답 ⑤

35 산업안전보건법령에서 정하고 있는 안전보건관리책임자를 두어야 하는 사업의 종류 및 사업장의 상시근로자 수의 연결로 옳지 않은 것은?

① 의료용 물질 및 의약품 제조업 - 50명 이상
② 금융 및 보험업 - 300명 이상
③ 해체, 선별 및 원료 재생업 - 50명 이상
④ 소프트웨어 개발 및 공급업 - 50명 이상
⑤ 정보서비스업 - 300명 이상

36 서로 독립인 기본사상 x1~x5로 구성된 다음의 결함수(Fault Tree)에서 정상 사상 T에 관한 최소절단집합(minimal cut set)을 모두 구한 것은?

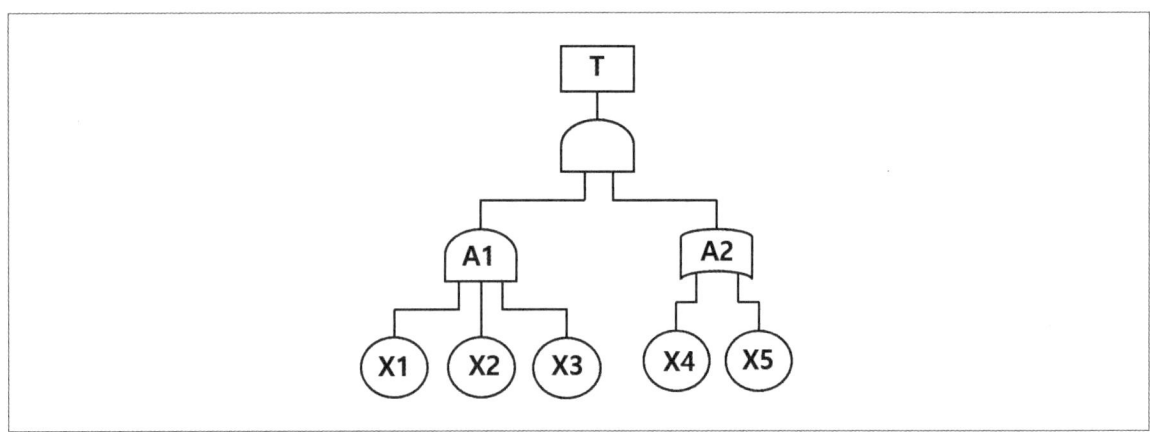

① (X1, X2, X3), (X1, X4, X5)
② (X1, X2, X3, X4), (X1, X2, X3, X5)
③ (X1, X2, X4), (X1, X3, X5), (X2, X3, X5)
④ (X1, X2, X4), (X1, X2, X5), (X1, X4, X5)
⑤ (X1, X4, X5), (X2, X4, X5), (X3, X4, X5)

35
- 안전보건관리책임자를 두어야 하는 사업의 종류 및 사업장의 상시근로자
  25. 소프트웨어 개발 및 공급업 – 상시 근로자 300명 이상

정답 ④

36
1. 게이트 최소집합
   ① A1 = AND(X1, X2, X3) → 최소절단집합: {X1, X2, X3}
   ② A2 = OR(X4, X5) → 최소절단집합: {X4}, {X5}
2. 상위게이트 T = AND(A1, A2)
   {X1, X2, X3} × {X4} = {X1, X2, X3, X4}
   {X1, X2, X3} × {X5} = {X1, X2, X3, X5}
3. 최소절단집합
   (X1, X2, X3, X4), (X1, X2, X3, X5)

정답 ②

37 신뢰성 척도에 관한 함수 중 옳은 것을 모두 고른 것은? (단, F(t) : 고장분포 함수, f(t) : 고장밀도함수, R(t): 신뢰도함수, h(t) : 고장률함수, t : 시간이다.)

> ㉠ $F(t) = 1 - R(t)$
> ㉡ $f(t) = \dfrac{d}{dt} F(t)$
> ㉢ $h(t) = \dfrac{f(t)}{1 - F(t)}$
> ㉣ $h(t) = \dfrac{df(t)/dt}{1 - F(t)}$

① ㉠, ㉣
② ㉠, ㉡, ㉢
③ ㉠, ㉢, ㉣
④ ㉡, ㉢, ㉣
⑤ ㉠, ㉡, ㉢, ㉣

38 HAZOP 기법에서 적용되는 가이드 워드(guide word)의 의미가 옳지 않은 것은?

① part of : 성질상의 증가
② other than : 완전한 대체
③ more/less : 양의 증가 혹은 감소
④ no/not : 설계 의도의 완전한 부정
⑤ reverse : 설계 의도의 논리적인 역

39 FMEA에 따라 평가한 결과 위험우선순위점수(Risk Priority Number)가 가장 높은 고장유형은? (단, S는 Severity, O는 Occurrence, D는 Detection rating 이다.)

① S : 5, O : 6, D : 3
② S : 6, O : 5, D : 4
③ S : 7, O : 4, D : 3
④ S : 8, O : 3, D : 2
⑤ S : 9, O : 3, D : 4

37

$F(t) = 1 - R(t)$

$f(t) = \dfrac{d}{dt} F(t)$

$h(t) = \dfrac{f(t)}{1 - F(t)} = \dfrac{f(t)}{R(t)}$

$h(t) = \dfrac{\dfrac{d}{dt} F(t)}{1 - F(t)} = \dfrac{f(t)}{1 - F(t)}$

$= -\dfrac{d}{dt} \ln R(t) = -\dfrac{R'(t)}{R(t)}$

정답 ②

38

■ HAZOP 가이드워드

가이드워드	정의
없음 No, Not, None	설계 의도의 완전한 부정
증가 More	정량적인 증가
감소 less	정량적인 감소
반대 Reverse	설계 의도의 논리적 반대
부가 As well as	성질상의 증가 (설계 의도 외에 다른 변수 부가)
부분 Parts of	성질상의 감소 (설계 의도 부분 변경)
기타 Other than	완벽한 대체 (설계 의도대로 설치되지 않거나 운전이 유지되지 않음)

정답 ①

39 RPN은 위험우선순위수로, FMEA에서 어떤 고장유형의 위험 정도를 수치로 표현해 우선순위를 정할 때 쓰는 지표이다. RPN 값이 높을수록 위험도가 크고, 개선이 시급함을 의미한다.

RPN = S × O × D

① 5×6×3=90
② 6×5×4=120
③ 7×4×3=84
④ 8×3×2=48
⑤ 9×3×4=108

정답 ②

40 다음은 각 부품의 신뢰도가 a, b인 시스템의 신뢰성 블록도(Block Diagram)이다. 이 시스템의 신뢰도로 옳은 것은?

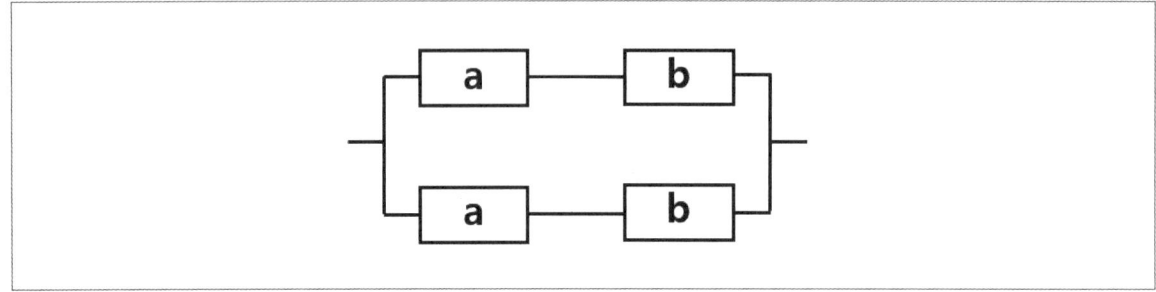

① $1-(ab)^2$
② $1-(1-a)(1-b)^2$
③ $(1-ab)^2$
④ $1-(1-a)(1-B)$
⑤ $1-(1-ab)^2$

41 사업장 위험성평가에 관한 지침에서 사업주가 위험성평가를 실시할 때 해당 작업에 종사하는 근로자를 참여시켜야 하는 경우로 옳은 것을 모두 고른 것은?

㉠ 위험성 감소대책을 수립하여 실행하는 경우
㉡ 위험성 감소대책 실행 여부를 확인하는 경우
㉢ 해당 사업장의 유해, 위험요인을 파악하는 경우
㉣ 유해·위험요인의 위험성이 허용 가능한 수준인지 여부를 결정하는 경우

① ㉠, ㉣
② ㉠, ㉡, ㉢
③ ㉠, ㉡, ㉣
④ ㉡, ㉢, ㉣
⑤ ㉠, ㉡, ㉢, ㉣

42 다음 논리식을 가장 간단하게 표현한 것은?

$\overline{A}\overline{B}\overline{C}+ \overline{A}B\overline{C}+ A\overline{B}\overline{C}+ A\overline{B}C+ AB\overline{C}+ ABC$

① $A+\overline{C}$
② $AB+\overline{C}$
③ $A\overline{B}+C$
④ $\overline{B}C+\overline{C}$
⑤ $A+\overline{B}$

40

1. 경로별 신뢰도
   $Rpath = a \times b$
2. 병렬 결합 공식
   $Rtotal = 1 - (1 - Rpath)^2$
3. 대입
   $Rtotal = 1 - (1 - ab)^2$

정답 ⑤

41

■ **사업장 위험성평가에 관한 지침**

제6조(근로자 참여)
1. 유해·위험요인의 위험성 수준을 판단하는 기준을 마련하고, 유해·위험요인별로 허용 가능한 위험성 수준을 정하거나 변경하는 경우
2. 해당 사업장의 유해·위험요인을 파악하는 경우
3. 유해·위험요인의 위험성이 허용 가능한 수준인지 여부를 결정하는 경우
4. 위험성 감소대책을 수립하여 실행하는 경우
5. 위험성 감소대책 실행 여부를 확인하는 경우

정답 ⑤

42

1. $\overline{C}$가 들어간 항 묶기
   $\overline{C}(\overline{A}\overline{B} + \overline{A}B + A\overline{B} + AB)$
   $= \overline{C}(\overline{A}(B+\overline{B}) + A(B+\overline{B}))$
   $= \overline{C}(A+\overline{A}) = \overline{A}\overline{C}$

   (원문: $=\overline{C}(A+\overline{A})=\overline{A}C$)
2. 남은 항
   $A\overline{B}C + ABC = AC(\overline{B}+B) = AC$
3. 합치기 및 흡수
   $\overline{C} + AC = (\overline{C}+A)(\overline{C}+C) = A + \overline{C}$

정답 ①

43 인간공학을 기업에 적용함에 따른 기대효과로 옳은 것은?

① 생산성 감소
② 직무만족도 저하
③ 노사간 신뢰 구축
④ 산재 손실비용의 증가
⑤ 이직률 증가

44 산업안전보건법령상 "고용노동부령으로 정하는 안전인증대상기계등"에 해당 하는 기계 및 설비 중 설치·이전하는 경우와 주요 구조 부분을 변경하는 경우에는 안전인증을 받아야한다. 두가지 모두의 경우에 안전인증을 받아야 하는 기계 및 설비로 옳은 것은?

① 프레스
② 압력용기
③ 리프트
④ 롤러기
⑤ 고소작업대

45 재해조사 시 유의사항으로 옳은 것을 모두 고른 것은?

┌───┐
│ ㉠ 책임추궁보다 재발방지를 우선하는 태도를 가지고 조사한다. │
│ ㉡ 재해조사자는 항상 주관적인 입장에서 공정하게 조사하여야 한다. │
│ ㉢ 목격자의 추측적인 말은 참고로 한다. │
│ ㉣ 재해조사는 발생 후 가능한 빨리 현장이 변형되지 않은 상태에서 실시한다. │
└───┘

① ㉠, ㉡
② ㉡, ㉢
③ ㉢, ㉣
④ ㉠, ㉡, ㉢
⑤ ㉠, ㉢, ㉣

46 재해사례연구의 순서에서 제3단계에 해당하는 것은?

① 근본적 문제점의 결정
② 재해상황의 파악
③ 사실의 확인
④ 문제점의 발견
⑤ 대책수립

43 인간공학을 기업에 적용하면 작업환경이 개선되고, 근로자의 안전과 편의가 높아져 다음과 같은 긍정적 효과가 나타난다.
1. 작업 효율 향상 → 생산성 증가
2. 근골격계 질환, 피로 감소 → 산재 손실비용 감소
3. 직무 만족도 향상 → 이직률 감소
4. 안전하고 쾌적한 작업환경 → 노사 간 신뢰 구축

정답 ③

44 ■ 제107조(안전인증대상기계등)
1. 설치·이전하는 경우 안전인증을 받아야 하는 기계
  가. 크레인   나. 리프트   다. 곤돌라
2. 주요 구조 부분을 변경하는 경우 안전인증을 받아야 하는 기계 및 설비
  가. 프레스   나. 전단기 및 절곡기
  다. 크레인   라. 리프트
  마. 압력용기   바. 롤러기
  사. 사출성형기   아. 고소작업대
  자. 곤돌라

정답 ③

45 ■ 재해조사 유의사항
1. 목적: 책임추궁보다 재발방지 우선
2. 태도: 객관적·공정한 입장에서 조사
3. 시기: 재해 발생 직후, 현장이 변형되지 않은 상태에서 실시
4. 자료수집: 사실 자료 우선, 목격자 진술·추측도 참고하되 검증 필요
5. 기록: 사진·스케치·메모 등으로 현장 상태와 증거 보존
6. 원인분석: 직접원인과 간접원인을 모두 파악
7. 개선대책: 재발방지 대책을 구체적으로 제시

ⓒ: "주관적인 입장"이 아니라 객관적인 입장에서 조사해야 함

정답 ⑤

46 ■ 재해사례연구 A순서
1단계: 사실의 확인
2단계: 직접원인과 문제점발견
3단계: 기본원인과 근본적 문제결정
4단계: 대책 수립

■ 재해사례연구 B순서
1단계: 사실의 확인
2단계: 재해상황의 파악
3단계: 문제점의 발견
4단계: 근본적 문제점의 결정
5단계: 대책수립

어느 절차 체계를 기준으로 했느냐에 따라 답이 달라질 수 있으므로 ①, ④ 모두 정답 처리함

정답 ①, ④

47 연평균 근로자 400명이 작업하는 A제조공장에서 연간 5건의 재해가 발생하였다. 이로 인해 사망 1명, 신체 장애등급 11급 3명, 나머지 1명은 휴업일수 50일을 초래하였다. 강도율은 약 얼마인가? (단, 1일 8시간, 연간 285일 작업 하며, 결근율은 7%이다.)

① 9.70
② 9.93
③ 10.02
④ 10.30
⑤ 10.62

48 인간공학적 의자설계 시 일반원칙에 관한 내용으로 옳지 않은 것은?

① 척추의 요부전만을 유지한다.
② 디스크가 받는 압력을 감소시킨다.
③ 정적 자세고정을 증가시킨다.
④ 등근육의 정적 부하를 감소시킨다.
⑤ 조정이 용이해야 한다.

49 근골격계부담작업의 범위 및 유해요인조사 방법에 관한 고시에서 정하고 있는 근골격계부담작업에 해당하지 않는 것은? (단, 단기작업 또는 간헐적인 작업은 제외한다.)

① 하루에 5시간 이상 집중적으로 자료입력 등을 위해 키보드 또는 마우스를 조작하는 작업
② 하루에 3시간 이상 목, 어깨, 팔꿈치, 손목 또는 손을 사용하여 같은 동작을 반복하는 작업
③ 하루에 2시간 이상 쪼그리고 앉거나 무릎을 굽힌 자세에서 이루어지는 작업
④ 하루에 12회 이상 25kg 이상의 물체를 드는 작업
⑤ 하루에 총 1시간 이상, 분당 2회 이상 2.5kg 이상의 물체를 드는 작업

50 청각적표시장치의 일반원리에 해당하지 않는 것은?

① 근사성
② 검약성
③ 분리성
④ 변동성
⑤ 양립성

47

1. 강도율

$$강도율 = \frac{총노동손실일수}{연간총근로시간수} \times 1000$$

2. 총노동손실일수
   ① 사망 1명: 7,500일
   ② 11급 장해 3명: 400일 × 3 = 1200일
   ③ 휴업 50일: 50일
   손실일=7,500+1,200+50=8,750일

3. 연 근로시간 총계
   ① 연평균 근로자수: 400명
   ② 연 근로일수: 285일
   ③ 결근율 7% 반영: 285×0.93=265.05
   연근로시간=400×265.05×8
   =848,160시간

4. 강도율 계산

$$강도율 = \frac{8,750}{848,160} \times 1000 = 10.316$$

정답 ④

48

■ 의자설계 원칙
- 요부 전만(배가 볼록 나오는) 유지
- 조정이 용이
- 자세고정 줄임
- 등근육의 정적부하 감소
- 디스크가 받는 압력 감소
- 좌판의 깊이는 작은사람에게 맞도록, 너비는 큰 사람에게 맞도록
- 좌판의 높이는 대퇴가 압박되지 않도록 오금 높이보다 높지 않아야 함
- 의자 좌면 높이는 5% 오금 높이로 함

③ 의자에 앉아 한 자세로 고정되어 있는 것은 특정 근육에 정적 부하를 증가시켜 피로와 통증을 유발한다. 따라서, 의자는 자세를 자주 바꿀 수 있도록 동적 자세를 유도하는 것이 좋다.

정답 ③

49

■ 근골격계부담작업의 범위 및 유해요인조사 방법에 관한 고시
제3조(근골격계부담작업)
10. 하루에 총 2시간 이상, 분당 2회 이상 4.5kg 이상의 물체를 드는 작업

정답 ⑤

50

■ 청각적 표시장치의 일반원리
1. 근사성(Proximity) : 관련 있는 정보는 시간·공간적으로 가깝게 제시
2. 검약성(Economy) : 불필요한 정보는 줄이고 필요한 정보만 제공
3. 분리성(Separability) : 서로 다른 정보는 구분 가능하게 제시
4. 양립성(Compatibility) : 사용자의 기대나 관습에 맞는 방식으로 제시

정답 ④

제14회 2024년 기출문제

26 안전보건교육규정에서 정의하는 교육에 관한 내용으로 옳지 않은 것은?

① "비대면 실시간교육"이란 정보통신매체를 활용하여 강사와 교육생이 쌍방향으로 실시간 소통하면서 이루어지는 교육을 말한다.
② "인터넷 원격교육"이란 정보통신매체를 활용하여 교육이 실시되고 훈련생관리 등이 웹상으로 이루어지는 교육을 말한다.
③ "현장교육"이란 사업장의 생산시설 또는 근무장소에서 실시하는 교육을 말한다.
④ "안전보건관리담당자 양성교육"이란 안전보건총괄책임자 자격을 부여하기 위한 양성교육을 말한다.
⑤ "전문화교육"이란 직무교육기관이 근로자 등 및 직무교육대상자의 전문성을 높이기 위해 업종 또는 관련 분야별로 개발·운영하는 교육을 말한다.

27 산업안전보건법령 상 안전보건개선계획서에 관한 내용으로 옳지 않은 것은?

① 안전보건개선계획서에는 시설, 안전보건관리체제, 안전보건교육, 산업재해 예방 및 작업환경의 개선을 위하여 필요한 사항이 포함되어야 한다.
② 사업주는 안전보건개선계획서 수립·시행 명령을 받은 날부터 60일 이내에 관할 지방고용노동관서의 장에게 해당 계획서를 제출해야 한다.
③ 지방고용노동관서의 장이 안전보건개선계획서를 접수한 경우에는 접수일부터 30일 이내에 심사하여 사업주에게 그 결과를 알려야 한다.
④ 지방고용노동관서의 장은 안전보건개선계획서의 적정 여부 확인을 공단 또는 지도사에게 요청할 수 있다.
⑤ 고용노동부장관은 산업재해 예방을 위하여 종합적인 개선조치를 할 필요가 있다고 인정되는 사업장의 사업주에게 고용노동부령으로 정하는 바에 따라 그 사업장, 시설, 그 밖의 사항에 관한 안전 및 보건에 관한 개선계획을 수립하여 시행할 것을 명할 수 있다.

28 버드(F.Bird)의 재해 구성비율에 해당하는 것은?

① 1 : 20 : 200
② 1 : 29 : 300
③ 1 : 10 : 29 : 300
④ 1 : 10 : 30 : 600
⑤ 1 : 10 : 40 : 600

26 ■ 안전보건교육규정

[시행 2024. 4. 17.] [고용노동부고시 제2024-20호, 2024. 4. 17., 일부개정]
"안전보건관리담당자 양성교육"이란 법 제19조 및 영 제24조제2항제3호에 따른 교육으로서 안전보건관리담당자 자격을 부여하기 위한 안전보건교육을 말한다.

정답 ④

27 ■ 안전보건개선계획서

시행규칙 제62조(안전보건개선계획서의 검토 등) ① 지방고용노동관서의 장이 제61조에 따른 안전보건개선계획서를 접수한 경우에는 접수일부터 **15일 이내에** 심사하여 사업주에게 그 결과를 알려야 한다.

정답 ③

28 ■ 버드의 재해구성비율

버드의 재해 구성 비율 (1:10:30:600)
1: 심각한 재해 (주요 사고나 사망)
10: 경미한 부상 (치료가 필요한 부상, 그러나 생명에는 지장이 없는 사고)
30: 물적 손실 사고 (인명 피해는 없으나 장비나 기계에 손상이 발생한 사고)
600: 무상해 사고 (사고는 발생했지만 인명 피해나 물적 손실이 없는 사고)

버드의 재해구성비율은 심각한 사고가 발생하기 전에 많은 경미한 사고와 물적 손실, 그리고 그보다 더 많은 무상해 사고가 발생한다는 것을 의미한다. 즉 기업이나 조직에서 안전 관리를 할 때, 심각한 사고 예방을 위해 경미한 사고나 무상해 사고에 대한 예방 조치를 강화할 필요가 있음을 강조한다.

정답 ④

29 산업안전보건법령 상 안전보건관리담당자의 업무가 아닌 것은?

① 산업재해에 관한 통계의 유지·관리·분석을 위한 보좌 및 지도·조언
② 위험성평가에 관한 보좌 및 지도·조언
③ 작업환경측정 및 개선에 관한 보좌 및 지도·조언
④ 안전보건교육 실시에 관한 보좌 및 지도·조언
⑤ 산업 안전·보건과 관련된 안전장치 및 보호구 구입 시 적격품 선정에 관한 보좌 및 지도·조언

30 안전보건교육 방법에서 하버드학파의 5단계 교수법을 순서대로 옳게 나열한 것은?

ㄱ. 준비시킨다(Preparation) ㄴ. 총괄시킨다(Generalization)
ㄷ. 교시한다(Presentation) ㄹ. 연합한다(Association)
ㅁ. 응용시킨다(Application)

① ㄱ → ㄴ → ㄷ → ㄹ → ㅁ
② ㄱ → ㄴ → ㄹ → ㄷ → ㅁ
③ ㄱ → ㄷ → ㄹ → ㄴ → ㅁ
④ ㄱ → ㄷ → ㄹ → ㅁ → ㄴ
⑤ ㄱ → ㄹ → ㄷ → ㅁ → ㄴ

31 다음에서 설명하고 있는 안전관리의 생산성 측면 효과로 옳지 않은 것은?

안전관리란 생산성의 향상과 손실(Loss)의 최소화를 위하여 행하는 것으로 비능률적 요소인 사고가 발생하지 않는 상태를 유지하기 위한 활동이다.

① 근로자의 사기진작
② 사회적 신뢰성 유지 및 확보
③ 이윤 증대
④ 비용 절감
⑤ 생산시설의 고급화 및 다양화

32 안전교육의 지도원칙으로 옳지 않은 것은?

① 피교육자 중심 교육
② 동기부여
③ 어려운 부분에서 쉬운 부분으로 진행
④ 오관(감각기관) 활용
⑤ 기능적 이해

29 ■ 안전보건관리담당자

시행령 제25조(안전보건관리담당자의 업무) 안전보건관리담당자의 업무는 다음 각 호와 같다.
〈개정 2020. 9. 8.〉
1. 법 제29조에 따른 **안전보건교육 실시에 관한 보좌 및 지도·조언**
2. 법 제36조에 따른 **위험성평가에 관한 보좌 및 지도·조언**
3. 법 제125조에 따른 **작업환경측정 및 개선에 관한 보좌 및 지도·조언**
4. 법 제129조부터 제131조까지의 규정에 따른 각종 건강진단에 관한 보좌 및 지도·조언
5. 산업재해 발생의 원인 조사, 산업재해 통계의 기록 및 유지를 위한 보좌 및 지도·조언
6. **산업 안전·보건과 관련된 안전장치 및 보호구 구입 시 적격품 선정에 관한 보좌 및 지도·조언**

정답 ①

30 ■ 하버드 학파의 5단계 교수법

하버드 학파의 5단계 교수법은 학습자 중심의 교육을 강조하며, 학습자가 스스로 문제를 해결하고 개념을 적용할 수 있도록 돕는 구조이다.
1. 준비 (Preparation) – 학습몰입 기반 마련
2. 교시 (Presentation) – 학습 내용이나 기술을 체계적으로 전달
3. 연합 (Assodiation) – 새로운 지식이나 기술을 학습자의 기존 지식과 연결
4. 총괄 (Generalization) – 학습한 내용 종합적으로 검토하고 일반화
5. 응용 (Application) – 학습한 지식 실제상황에 적용

정답 ③

31 ■ 안전관리가 생산성 측면에서 가져오는 효과

1. 생산성 향상
2. 근로자의 사기진작
3. 사회적 신뢰성 유지 및 확보
4. 비용절감
5. 이윤증대

정답 ⑤

32 ■ 안전교육의 지도 원칙 8원칙 (한인 오기는 동쉬에 반상회 한다.)

안전교육 지도 8원칙은 산업안전 분야에서 효과적인 안전 교육을 수행하기 위해 고려해야 할 핵심 지침이다. 이를 통해 안전 사고 예방을 돕고, 근로자의 안전 의식을 고취시킬 수 있다. 안전교육 지도 8원칙은 산업 현장에서 효과적인 안전교육이 사고 예방과 근로자 안전의식을 강화하는 데 얼마나 중요한 역할을 하는지를 강조한다.

③ 교육의 효과를 극대화하기 위해서는 쉬운 부분에서 어려운 부분으로 점진적으로 교육하는 것이 일반적으로 더 효과적이다.

정답 ③

33 안전보건교육규정에서 정하고 있는 "직무교육의 방법"의 일부 내용이다. ( )에 들어갈 것으로 옳은 것은?

> 교육형태: 다음 각 목에 따른 교육형태 중 어느 하나 또는 혼합한 방식으로 할 것. 다만, 총 교육시간의 (ㄱ)분의 (ㄴ) 이상을 가목이나 나목 또는 (ㄷ) 목의 형태로 할 것
> 가. 집체교육
> 나. 현장교육
> 다. 인터넷 원격교육
> 라. 비대면 실시간 교육

① ㄱ : 2, ㄴ : 1, ㄷ : 다
② ㄱ : 2, ㄴ : 1, ㄷ : 라
③ ㄱ : 3, ㄴ : 1, ㄷ : 다
④ ㄱ : 3, ㄴ : 3, ㄷ : 다
⑤ ㄱ : 3, ㄴ : 2, ㄷ : 라

34 제조물 책임법상 결함에 해당되는 것을 모두 고른 것은?

ㄱ. 제조상 결함	ㄴ. 배송상 결함
ㄷ. 설계상 결함	ㄹ. 표시상 결함

① ㄱ, ㄴ
② ㄷ, ㄹ
③ ㄱ, ㄷ, ㄹ
④ ㄴ, ㄷ, ㄹ
⑤ ㄱ, ㄴ, ㄷ, ㄹ

33
■ 안전보건교육규정
[시행 2024. 4. 17.] [고용노동부고시 제2024-20호, 2024. 4. 17., 일부개정]
제15조(직무교육의 방법)
② 직무교육기관이 직무교육과정을 개설·운영할 때에는 다음 각 호의 사항을 준수하여야 한다.
  1. 교육내용: 규칙 별표 5에 따른 교육내용의 범위에서 직무교육대상자가 직무를 수행하는 데 필요한 실무적인 사항, 사례, 새로운 기술 등에 초점을 맞춰 직무교육기관이 정할 것
  2. 교육시간: 규칙 별표 4에 따른 교육시간 이상으로 할 것
  3. 교육형태: 다음 각 목에 따른 교육형태 중 어느 하나 또는 혼합한 방식으로 할 것. 다만, 총 교육시간의 **3분의 2 이상을** 가목이나 나목 또는 **라목**의 형태로 할 것
      가. 집체교육
      나. 현장교육
      다. 인터넷 원격교육
      라. 비대면 실시간교육
  4. 교재: 규칙 제36조제1항에 따라 직무교육대상자별 교육내용에 적합한 교재를 사용할 것
  5. 강사: 영 별표 12제2호와 이 고시 별표 1제5호에 따른 기준을 만족하는 사람(소속 강사가 아닌 사람을 포함한다)으로 할 것. 다만, 강사가 직접 출연할 수 없는 동영상이나 만화 등을 활용한 인터넷 원격교육을 할 때에는 본문에 따른 강사가 교육내용을 감수하는 등 교육과정 제작에 참여하도록 할 것

정답 ⑤

34
■ 제2조(정의) 이 법에서 사용하는 용어의 뜻은 다음과 같다.
  1. "제조물"이란 제조되거나 가공된 동산(다른 동산이나 부동산의 일부를 구성하는 경우를 포함한다)을 말한다.
  2. "결함"이란 해당 제조물에 다음 각 목의 어느 하나에 해당하는 제조상·설계상 또는 표시상의 결함이 있거나 그 밖에 통상적으로 기대할 수 있는 안전성이 결여되어 있는 것을 말한다.
      가. "제조상의 결함"이란 제조업자가 제조물에 대하여 제조상·가공상의 주의의무를 이행하였는지에 관계없이 제조물이 원래 의도한 설계와 다르게 제조·가공됨으로써 안전하지 못하게 된 경우를 말한다.
      나. "설계상의 결함"이란 제조업자가 합리적인 대체설계(代替設計)를 채용하였더라면 피해나 위험을 줄이거나 피할 수 있었음에도 대체설계를 채용하지 아니하여 해당 제조물이 안전하지 못하게 된 경우를 말한다.
      다. "표시상의 결함"이란 제조업자가 합리적인 설명·지시·경고 또는 그 밖의 표시를 하였더라면 해당 제조물에 의하여 발생할 수 있는 피해나 위험을 줄이거나 피할 수 있었음에도 이를 하지 아니한 경우를 말한다.

정답 ③

35 재해조사의 1단계(사실 확인)에 포함되는 활동을 모두 고른 것은?

> ㄱ. 재해 발생 작업의 지휘·감독 상황 조사
> ㄴ. 재해 발생의 직접 원인(불안전 상태와 불안전 행동) 판단
> ㄷ. 재해 발생 기계·설비의 위험방호설비 확인

① ㄱ   ② ㄴ
③ ㄱ, ㄷ   ④ ㄴ, ㄷ
⑤ ㄱ, ㄴ, ㄷ

36 재해 통계에 관한 내용으로 옳은 것은?

① 강도율 계산 시 사망 재해의 경우 10,000일의 근로손실일수를 산정한다.
② 도수율(빈도율)은 연 근로시간 100,000시간당 재해 발생 건수를 의미한다.
③ 재해율(천인율)은 연 평균 근로자 1,000명당 재해 발생 건수를 의미한다.
④ 종합재해지수(FSI)는 도수율과 강도율을 곱한 값이다.
⑤ 안전성 비교(Safety T Score)는 현재의 안전성을 과거와 비교한 것으로서 -2 이하인 경우 과거에 비해 안전성이 개선된 것을 의미한다.

37 재해 발생 시 조치사항으로 옳지 않은 것은?

① 재해 피해자 구출과 응급조치를 가장 먼저 실시한다.
② 재해 조사를 위하여 현장을 보존하고 촬영 등의 기록을 실시한다.
③ 재해 조사 담당 인력에 안전관리자를 포함시킨다.
④ 재해 조사는 2차 재해 발생 우려가 없는지 확인 후 가능하면 신속히 실시한다.
⑤ 빠른 복구를 위해 재해 조사는 재해 발생 현장으로 대상 범위를 한정하여 실시한다.

35
■ 재해조사 순서 4단계

재해조사 순서에서 제시된 4단계는 재해 발생 시 원인을 분석하고, 향후 유사 재해를 예방하기 위한 대책을 수립하는 과정을 설명하는 것으로, 안전 관리 및 재해 예방의 핵심적인 절차이다. 각 단계는 재해의 원인을 체계적으로 분석하고, 문제를 해결하기 위한 구체적인 방안을 마련하는 데 중점을 둔다.

- 1단계 사실의 확인 – 재해 발생 직후, 재해의 사실을 정확하게 확인하는 단계이다. 여기에는 재해 발생 당시의 현장 상황을 조사하고, 재해 관련 자료를 수집하며, 목격자 진술을 듣는 작업이 포함된다. 구체적 활동으로는 재해 현장의 사진 촬영, 피해 상황 기록, 관련 장비 및 기계 상태 확인, 목격자 진술 청취 등이 있다.
- 2단계 직접원인과 문제점 발견 – 재해를 초래한 직접적인 원인을 분석하는 단계이다. 직접원인은 재해 발생 직전에 작용한 요인들로, 주로 작업자의 행동이나 장비의 상태 등 재해를 일으킨 즉각적인 이유이다. 구체적 활동으로는 작업자의 실수, 방호 장비 미비, 기계의 결함 등 직접적인 재해 원인을 분석, 안전 규정 미준수 여부 확인 등이 있다.
- 3단계 기본원인과 근본적 문제 결정 – 재해를 일으킨 근본적인 원인을 규명하는 단계이다. 기본원인은 재해의 직접 원인 뒤에 숨어 있는 더 깊은 문제를 의미하며, 주로 조직의 관리 체계, 작업환경, 교육 부족 등 근본적인 문제가 될 수 있다. 구체적 활동으로는 교육과 훈련 부족, 안전 관리 체계의 미흡, 작업 환경의 문제점 분석, 조직적, 시스템적 문제 발견 등이 있다.
- 4단계 동종 및 유사재해 예방대책 수립 – 확인된 문제점과 원인에 대한 분석을 바탕으로, 동종 및 유사한 재해의 재발을 방지하기 위한 예방 대책을 수립하는 단계이다. 여기에서는 단순히 원인을 제거하는 것뿐만 아니라, 조직적 변화와 장기적인 개선책을 마련하는 것이 중요하다. 구체적 활동으로는 작업자 교육 및 훈련 강화, 방호 장치 추가 설치 및 설비 개선, 관리 시스템 강화 및 주기적인 안전 점검 계획 수립 등이 있다.

정답 ③

36
■ 재해통계

① 강도율은 연근로시간 1,000시간당 근로손실일수를 말하며, 사망재해의 경우 요양재해자의 총 요양기간을 합산하여 계산한다.
② 도수율은 근로자 100만명이 1시간 작업 시 발생하는 재해건수, 근로자 1명이 100만 시간 작업 시 발생하는 재해건수
③ 재해율은 1년간 발생하는 연 평균 근로자 1,000명당 발생하는 재해자 수
④ 종합재해지수는 도수율과 강도율을 곱한 것을 제곱근($\sqrt{\ }$)으로 계산한 값이다.

정답 ⑤

37
■ 재해 발생 시 조치순서 7단계

⑤ 빠른 복구가 아닌 재발방지에 역점을 두고 2차 재해 방지 안전조치를 실시하며 신속히 재해조사를 실시한다.

정답 ⑤

38 인간 - 기계 시스템에 관한 설명으로 옳은 것은?

① 인간 - 기계 인터페이스는 인간 - 기계 시스템을 구성하는 요소이다.
② 인간 - 기계 시스템에서 표시장치는 인간의 반응을 표시하는 장치를 의미한다.
③ 작업자가 전동 공구를 사용하여 제품을 조립하는 과정은 인간 - 기계 시스템에 해당하지 않는다.
④ 인간의 주관적 반응은 인간 - 기계 시스템의 평가기준 중 시스템 기준(System-Descriptive Critria)에 해당한다.
⑤ 인간 - 기계 시스템을 평가할 때 심박수는 인간 성능에 관한 척도(Performance Measure)에 해당한다.

39 산업안전보건기준에 관한 규칙 상 소음 및 진동에 의한 건강장해의 예방에 관한 내용으로 옳지 않은 것은?

① 1일 8시간 작업을 기준으로 90데시벨의 소음이 발생한 작업은 소음작업에 해당한다.
② 105데시벨의 소음이 1일 30분 발생하는 작업은 강렬한 소음작업에 해당한다.
③ 임팩트 렌치(Impact Wrench)를 사용하는 작업은 진동작업에 속한다.
④ 1초 간격으로 125데시벨의 소음이 12일 1만회 발생하는 작업은 충격소음작업에 해당한다.
⑤ 청력보전 프로그램 시행 대상 사업장에서는 소음의 유해성과 예방에 관한 교육과 정기적 청력검사를 실시해야 한다.

40 인간의 시각 기능에 관한 설명으로 옳지 않은 것은?

① 명순응은 암순응에 비해 시간이 짧게 걸린다.
② 암순응 과정에서 원추세포와 간상세포의 순으로 순응 단계가 진행된다.
③ 눈에서 물체까지의 거리가 멀어질수록 수정체의 두께를 두껍게 하여 초점을 맞춘다.
④ 최소가분시력(Minimum Separable Acuity)은 일정 거리에서 구분할 수 있는 표적의 최소 크기에 따라 정해진다.
⑤ 가장 민감한 빛의 파장은 간상세포가 원추세포에 비해 짧다.

38 ▪ 자동제어 체계
② 인간-기계 시스템에서 표시장치는 기계 장치의 정보를 제시하는 부분이다.
③ 작업자가 전동 공구를 사용하여 제품을 조립하는 과정은 반자동시스템이다.
④ 인간 기준의 종류에는 1.인간의 성능척도, 2.주관적반응 3.생리학적 지표, 4.사고 및 과오빈도가 있다.
　　시스템기준은 시스템이 의도하는 바를 나타내는 척도로 인간의 성능척도와 유사하다.
⑤ 인간 성능 척도는 감각, 정신, 근육 활동 등이며, 혈압, 맥박수, 등은 생리학적 지표이다.

정답 ①

39 ▪ 산업안전보건기준에 관한 규칙 상 소음 및 진동에 의한 건강장해의 예방
② 강렬한 소음작업의 기준은 1일 85데시벨 이상의 소음에 8시간 노출되는 작업으로 정의되며, 105데시벨의 소음에서 30분 작업은 법적으로 정해진 허용 기준으로 1시간 이상의 노출이 되어서는 안된다.
　법적기준: 105데시벨의 소음이 1일 1시간 발생하는 작업은 강렬한 소음작업에 해당한다.

정답 ②

40 ▪ 시각
① 명순응(어두운 곳에서 밝은 곳으로의 적응)은 1분이내, 암순응(밝은 곳에서 어두운 곳으로의 적응)은 5~30분
② 원추세포와 간상세포는 눈에서 빛을 감지하는 세포이다.
③ 눈의 원근 조절(거리에 따른 초점 조절) - 가까운 곳의 물체를 볼 때 수정체 두꺼워짐.
　　　　　　　　　　　　　　　　　　　　먼 곳의 물체를 볼 때 수정체 얇아짐.
⑤ 눈의 망막에 있는 원추세포를 통해 빛의 파장 구별함. 간상 세포는 498nm 파장의 빛(초록색, 파란색)에 민감하고, 원추세포는 종류에 따라 564nm ~ 420nm인 빛에 민감하다.

정답 ③

41 제품 설계에 인체 측정치를 적용하는 절차를 순서대로 옳게 나열한 것은?

> ㄱ. 설계에 필요한 인체치수 선택 ㄴ. 적절한 인체측정 자료 선택
> ㄷ. 필요한 여유치 결정 ㄹ. 인체측정 자료 응용 원리 결정

① ㄱ → ㄴ → ㄹ → ㄷ
② ㄱ → ㄹ → ㄴ → ㄷ
③ ㄴ → ㄱ → ㄹ → ㄷ
④ ㄴ → ㄷ → ㄱ → ㄹ
⑤ ㄹ → ㄴ → ㄱ → ㄷ

42 산업안전보건기준에 관한 규칙 상 근골격계부담작업으로 인한 건강장해 예방과 관련된 내용으로 옳지 않은 것은?

① 근골격계질환 예방과 관련하여 노사 간 이견이 없는 근로자 수 80명인 사업장에서 연간 업무상 질병으로 인정받은 근골격계질환자가 5명 발생한 경우에 근골격계질환 예방관리 프로그램을 수립 및 시행해야 한다.
② 근로자가 근골격계 부담작업을 하는 경우에 해당 작업에 대해 3년마다 유해요인 조사를 실시하여야 한다.
③ 근골격계 부담작업에 해당하는 새로운 작업·설비를 도입한 경우에는 지체 없이 유해요인조사를 실시해야 한다.
④ 5킬로그램 이상의 중량물을 들어올리는 작업을 하는 경우에는 취급하는 물품의 중량과 무게중심에 대해 작업장 주변에 안내표시 하여야 한다.
⑤ 근골격계 부담작업 유해요인조사를 실시할 때 작업과 관련된 근골격계질환 징후와 증상 유무를 조사해야 한다.

41
■ 인체 측정치의 적용절차
인체공학적으로 사용자가 편안하고 안전하게 제품이나 작업 환경을 이용할 수 있도록 돕는다.
1. 설계에 필요한 인체치수 선택 – 제품이나 작업 환경의 목적에 따라 어떤 인체치수(예: 키, 팔 길이, 앉은 키 등)가 필요한지 결정한다.
2. 인체측정 자료 응용 원리 결정 – 선택한 인체 측정 자료를 어떻게 설계에 적용할지 결정한다. 이 단계에서는 최소치, 최대치, 또는 중앙값을 사용할지, 특정 사용자의 비율을 고려할지 등을 결정한다.
3. 적절한 인체측정 자료 선택 – 사용자의 신체적 특성을 나타내는 인체 측정 데이터를 선택한다. 해당 데이터는 인체공학적 연구, 통계 자료 등을 통해 얻을 수 있다.
4. 필요한 여유치 결정 – 설계 시 안전성이나 사용 편의성을 위해 여유치를 고려해야 한다. 예를 들어, 작업 공간이 좁지 않도록 일정한 여유 공간을 확보하는 것이다.

정답 ②

42
■ 근골격계질환 예방관리 프로그램 적용대상
1) 자율적인 시행
   근골격계질환 예방을 위하여 종합적, 전사적으로 참여하여 유해요인 조사, 작업환경 개선, 통증호소자 관리 등의 추진을 희망하는 경우
2) 법적인 시행
   ① 근골격계질환으로 산업재해보상보험법 시행령 별표3에 따라 업무상 질병으로 인정받은 근로자가 연간 10인 이상 발생한 사업장 또는 5인 이상 발생한 사업장으로 근로자수의 10%이상 발생한 경우
   ② 근골격계질환 예방관련 노·사간 이견이 지속되는 사업장으로 고용노동부장관이 필요하다고 인정하여 명령한 경우

정답 ①

43 근골격계질환 예방을 위한 유해요인 평가방법에 관한 설명으로 옳은 것은?

① REBA는 손으로 물체를 잡을 때 손잡이 조건을 평가에 반영한다.
② NLE의 LI는 값이 클수록 안전한 작업이다.
③ REBA는 보행 동작을 평가에 반영한다.
④ NLE는 중량물의 수평 운반거리를 평가에 반영한다.
⑤ OWAS는 팔꿈치 각도를 평가에 반영한다.

44 정상 청력을 가진 성인이 느끼는 소리의 크기를 비교할 때, 1,000HZ 순음에서 80db의 소리는 60db의 소리에 비해 얼마나 더 크게 들리는가?

① 약 1.3배
② 약 2배
③ 약 2.6배
④ 약 4배
⑤ 약 8배

45 산업안전보건법령 상 유해위험방지계획서 제출 대상인 공사를 모두 고른 것은?

ㄱ. 지상높이 25미터 건축물 건설
ㄴ. 연면적 2만제곱미터 건축물 해체
ㄷ. 연면적 6천제곱미터 판매시설 건설
ㄹ. 깊이 12미터 굴착공사

① ㄴ
② ㄱ, ㄹ
③ ㄴ, ㄷ
④ ㄷ, ㄹ
⑤ ㄱ, ㄷ, ㄹ

43 ▪ 근골격계질환 평가기법

② NLE의 LI(들기지수)는 값이 클수록 작업자의 부담이 크다는 것을 의미한다. 들기지수가 1보다 크게되면 요통 위험성이 높은 것으로 간주한다.
③ REBA는 직업성상지질환과 관련한 위해인자 평가 목적으로 개발, 작업의 반복성, 정적작업, 힘, 작업자세, 연속 작업시간 등을 고려하여 평가한다.
④ NLE는 중량물의 수평 운반거리가 아니라, 물체를 최대한 멀리 잡고 들수 있는 수평거리를 평가에 반영한다.
⑤ OWAS 평가방법에는 허리, 팔, 다리의 자세와 무게 항목에 따라 평가 항목별 로 4가지 위험 수준으로 분류한다.

🔍 정답 ①

44 ▪ 음량크기

소리의 크기를 비교할 때, 인간이 느끼는 소리의 크기(음의 크기)는 데시벨(dB) 값의 차이에 따라 로그 스케일로 변한다. 이는 소리의 물리적 강도와 사람이 느끼는 주관적 크기가 일대일 대응이 아니기 때문에 발생하는 차이이다. 소리의 크기 차이를 느끼는 정도는 약 10dB 차이가 날 때, 사람은 소리가 약 두 배 더 크게 들린다고 한다. 따라서, <u>1,000Hz의 순음에서 80dB의 소리는 60dB의 소리보다 20dB 더 크다.</u>
이 차이를 이용해 인간이 느끼는 소리의 상대적인 크기를 비교하면, <u>20dB 차이는 약 4배 더 크게 들린다고 할 수 있다.</u>
구체적으로
1. 10dB 차이는 2배 더 크게,
2. 20dB 차이는 2배 더 크게 느껴지는 소리의 2배, 즉 4배 더 크게 느껴진다.
따라서 <u>1,000Hz에서 80dB의 소리는 60dB의 소리에 비해 약 4배 더 크게 느껴진다.</u>

🔍 정답 ④

45 ▪ 유해위험방지계획서 작성대상

1. 지상높이가 31m 이상인 건축물 또는 인공구조물
   - 연면적 30,000㎡ 이상인 건축물 또는 연면적 5,000㎡ 이상의 문화 및 집회시설(전시장 및 동물원·식물원은 제외한다), 판매시설, 운수시설(고속철도의 역사 및 집배송시설은 제외한다), 종교시설, 의료시설 중 종합병원, 숙박시설 중 관광숙박시설, 지하도 상가 또는 냉동·냉장창고시설의 건설·개조 또는 해체(이하 "건설등"이라 한다.)
2. 연면적 5,000㎡ 이상의 냉동·냉장창고시설의 설비공사 및 단열공사
3. 최대 지간길이가 50m 이상인 교량건설 등 공사
4. 터널 건설등의 공사
5. 다목적댐, 발전용댐 및 저수용량 2천만톤 이상의 용수 전용댐, 지방상수도 전용 댐 건설 등의 공사
6. 깊이 10m 이상인 굴착공사

🔍 정답 ④

46 서로 독립인 기본사상 a, b, c로 구성된 아래의 결함수(Fault Tree)에서 정상사상 T에 관한 최소절단집합 (Minimal cut set)을 모두 구하면?

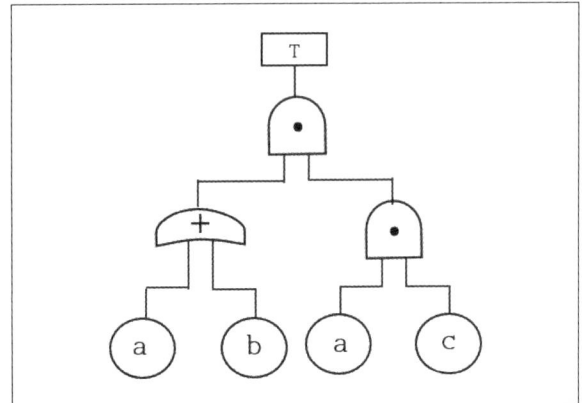

① {a, b}
② {a, c}
③ {b, c}
④ {a, b, c}
⑤ {a, c}, {a, b, c}

47 신뢰도가 A인 동일한 부품 3개를 그림과 같이 직렬 및 병렬로 연결하였을 때 전체시스템의 신뢰도는 0.8309 이다. 이 부품의 신뢰도 A는 얼마인가?

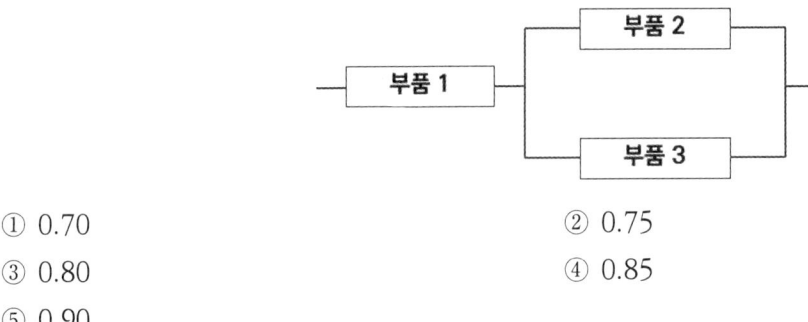

① 0.70
② 0.75
③ 0.80
④ 0.85
⑤ 0.90

48 정성적, 귀납적인 시스템안전 분석기법으로 시스템에 영향을 미치는 모든 요소의 고장을 형태별로 분석하여 그 영향을 검토하는 기법은?

① ETA
② FMEA
③ THERP
④ FTA
⑤ PHA

46
■ Minimal cut set

$T = A_1 \times A_2 = \begin{pmatrix} a \\ b \end{pmatrix}(a,c)$, 컷셋 =(a,c), (a,b,c)

미니멀켓셋은 (a,c)

🔍정답 ②

47
■ 신뢰도(R) 계산

$1-(1-A)^2$을 전개하면

$1-(1-2A+A^2) = 2A-A^2$

$0.8309 = A \times (2A-A^2) = 2A^2 - A^3$, $A^3 - 2A^2 + 0.8309 = 0$

1. A=0.8대입
   $(0.8)^3 - 2(0.8)^2 + 0.8309 = 0.512 - 1.28 + 0.8309 = 0.0629$
2. A=0.85대입
   $(0.85)^3 - 2(0.85)^2 + 0.8309 = 0.614125 - 1.445 + 0.8309 = -0.000025$

이 값은 거의 0에 가깝기 때문에 A=0.85

🔍정답 ④

48
■ 고장형태와 영향분석 FMEA

고장형태와 영향분석(FMEA, Failure Mode and Effects Analysis)는 시스템, 제품 또는 프로세스의 고장 형태(Failure Mode)와 그로 인한 영향(Effect)을 체계적으로 분석하여, 잠재적인 문제를 사전에 식별하고 대응하는 신뢰성 분석 기법이다.

FMEA의 주요 목적
1) 잠재적인 고장 형태와 그로 인한 영향을 파악
2) 고장 발생 가능성을 평가하고, 우선순위를 결정
3) 개선 방안을 도출하고, 고장 발생 가능성을 줄이기 위한 사전 대책 마련

🔍정답 ②

49 A부품의 고장확률 밀도함수는 지수분포를 따르며, 평균수명은 10^4시간 이다. 이 부품을 10^3시간 작동시켰을 때의 신뢰도는 얼마인가? (단, 소수점 셋째 자리에서 반올림하여 소수점 둘째자리까지 구한다.)

① 0.05
② 0.10
③ 0.15
④ 0.85
⑤ 0.90

50 사업장 위험성평가에 관한 지침에 따라 위험성평가 실시규정을 작성할 때 반드시 포함되어야 할 사항이 아닌 것은?

① 평가의 목적 및 방법
② 결과의 기록·보존
③ 위험성평가 인정신청서 작성방법
④ 근로자에 대한 참여·공유방법 및 유의사항
⑤ 평가담당자 및 책임자의 역할

49 ■ 신뢰도 계산

$R(t) = e^{-\lambda t}$

1. 고장률 λ 계산

$$\lambda = \frac{1}{평균수명} = \frac{1}{10,000}$$

2. 신뢰도 계산

$$R(1000) = e^{-\frac{1}{10,000} \times 1000} = e^{-0.1} = 0.9048$$

1000시간 동안의 부품 신뢰도는 약 0.9048이며, 이는 이 부품이 1000시간 동안 고장 없이 작동할 확률이 약 90.48%임을 의미한다.

정답 ⑤

50 ■ 위험성평가 실시 규정 작성사항

1. 평가 목적 및 방법
2. 평가 담당자 및 책임과 역할
3. 평가시기 및 절차
4. 근로자참여 공유방법 및 유의사항
5. 결과 기록보존

위험성평가 실시 규정 작성사항은 작업장에서 발생할 수 있는 위험을 체계적으로 평가하고 관리하기 위한 규정으로, 위험 요소의 식별, 평가 방법, 감소 대책, 책임자 지정, 평가 주기, 교육 계획, 기록 관리 등의 항목을 명확히 포함해야 한다. 이를 통해 작업장 내의 안전을 보장하고, 재해 발생 가능성을 최소화할 수 있다.

정답 ③

제13회 2023년 기출문제

26 산업안전보건법령상 안전보건교육 교육대상별 교육내용에서 특별교육 대상에 해당하지 않는 작업명은?

① 전압이 75볼트 이상인 정전 및 활선작업
② 콘크리트 파쇄기를 사용하여 하는 파쇄작업(2미터 이상인 구축물의 파쇄작업만 해당한다)
③ 굴착면의 높이가 2미터 이상이 되는 지반 굴착(터널 및 수직갱 외의 갱 굴착은 제외한다)작업
④ 선박에 짐을 쌓거나 부리거나 이동시키는 작업
⑤ 게이지 압력을 제곱미터당 1킬로그램 이상으로 사용하는 압력용기의 설치 및 취급작업

27 교육훈련 기법에서 강의법(Lecture method)의 장점으로 옳지 않은 것은?

① 수강자의 학습참여도가 높고 적극성과 협조성을 부여하는 데 효과적이다.
② 오래된 전통 교수방법이며 안전지식의 전달방법으로 유용하다.
③ 시간과 장소의 제약이 비교적 적다.
④ 수업의 도입이나 초기단계에 적용이 효과적이다.
⑤ 많은 인원을 대상으로 교육할 수 있다.

28 원인결과분석(CCA)기법에 관한 기술지침상 원인결과분석의 평가절차를 순서대로 옳게 나열한 것은?

ㄱ. 안전요소의 확인	ㄴ. 최소컷세트 평가
ㄷ. 사건수의 구성	ㄹ. 평가할 사건의 선정
ㅁ. 결과의 문서화	ㅂ. 결함수의 구성

① ㄱ → ㄹ → ㄷ → ㅂ → ㄴ → ㅁ
② ㄱ → ㄹ → ㅂ → ㄴ → ㄷ → ㅁ
③ ㄷ → ㅂ → ㄴ → ㄹ → ㄱ → ㅁ
④ ㄹ → ㄱ → ㄷ → ㅂ → ㄴ → ㅁ
⑤ ㄹ → ㄱ → ㅂ → ㄴ → ㄷ → ㅁ

26 ▪ 특별교육 대상작업

특별교육 대상 작업은 사고 위험성이 높아 특별한 안전교육이 요구되는 작업이다.

⑤ 게이지 압력을 <u>제곱미터당 1킬로그램</u> 이상으로 사용하는 압력용기의 설치 및 취급작업: 압력용기는 폭발 위험이 있어 특별교육 대상이다. → 이 지문이 틀린 이유는 게이지 압력을 "<u>제곱센티미터당 1킬로그램</u>" 이상으로 이다.

🔍 정답 ⑤

27 ▪ 강의법

강의법(lecture method)은 교사가 주도적으로 지식이나 정보를 학습자에게 전달하는 전통적인 교육 방식이다. 강의법은 대규모 인원에게 동일한 내용을 효율적으로 전달하는 데 유용하며, 교사가 중심이 되어 진행되는 교육 방식이다. 강의법의 장점은 한 명의 교사가 다수의 학습자에게 짧은 시간 안에 많은 정보를 전달할 수 있고, 학습 주제를 논리적이고 체계적으로 설명할 수 있어, 중요한 개념을 쉽게 정리할 수 있다. 또한 대규모 교육에서 인적 자원이나 시간적 비용을 절감할 수 있다.

🔍 정답 ①

28 ▪ 원인결과분석(CCA기법)

원인결과 분석(CCA, Cause-Consequence Analysis) 기법은 시스템에서 발생할 수 있는 특정 사건의 원인과 그로 인해 발생할 수 있는 결과를 분석하는 방법이다. 이는 사고나 위험을 사전에 분석하고, 그 결과를 평가하여 시스템의 안전성을 확보하는 데 사용된다. CCA 기법은 주로 안전 요소와 위험 분석에 많이 사용되며, 시스템의 결함 및 위험 발생 가능성을 체계적으로 분석할 수 있다.

1. 평가할 사건의 선정 – 분석할 특정 사건(이벤트)을 정의하고, 그 사건이 발생할 가능성과 그로 인한 결과를 평가하는 데 초점을 맞춥니다.
2. 안전 요소의 확인 – 사건이 발생하기 전에 관련된 안전 요소(Safety Elements)를 파악하고, 그 요소들이 시스템의 안전성에 미치는 영향을 평가한다.
3. 사건수의 구성 – 분석할 사건을 나누어 각각의 사건수(Event Tree)를 구성한다. 이를 통해 사건의 발생 순서를 시간 흐름에 따라 체계적으로 정리하고, 각 사건이 시스템에 미치는 영향을 분석한다.
4. 결함수의 구성 – 시스템 내에서 발생할 수 있는 결함(Faults)을 분석하고, 이를 시각화한 결함수(Fault Tree)를 작성한다. 이를 통해 사건이 발생하는 데 기여하는 각 구성 요소의 역할과 그 결함이 시스템에 미치는 영향을 분석한다.
5. 최소 컷 세트(Minimal Cut Set) 평가 – 시스템 내에서 사고를 유발할 수 있는 최소한의 원인 집합(컷 세트, Cut Set)을 파악한다. 최소 컷 세트는 사건이 발생할 수 있는 최단 경로를 분석하는 기법으로, 이 경로를 통해 시스템에서 위험이 발생할 수 있는 요소들을 최소화할 수 있다.
6. 결과의 문서화 – 분석한 결과를 체계적으로 문서화하여 관리하고, 필요 시 관련 부서나 담당자와 공유한다. 문서화는 향후 사고 예방 대책이나 위험 완화 조치를 마련하는 데 중요한 자료로 활용된다.

🔍 정답 ④

29 안전관리 활동을 통해서 얻을 수 있는 긍정적인 효과가 아닌 것은?

① 근로자의 사기 진작　　　　② 생산성 향상
③ 손실비용 증가　　　　　　④ 신뢰성 유지 및 확보
⑤ 이윤 증대

30 현장이나 직장에서 직속상사가 부하직원에게 일상 업무를 통하여 지식, 기능, 문제해결능력 및 태도 등을 교육 훈련하는 방법으로 개별교육에 적합한 것은?

① TWI(Training Within Industry)
② OJT(On the Job Training)
③ ATP(Administration Training Program)
④ MTP(Management Training Program)
⑤ Off JT(Off the Job Training)

31 산업안전보건법상 산업안전보건위원회의 심의·의결 사항으로 옳은 것을 모두 고른 것은?

> ㄱ. 산업재해에 관한 통계의 기록 및 유지에 관한 사항
> ㄴ. 사업장의 산업재해 예방계획의 수립에 관한 사항
> ㄷ. 작업환경측정 등 작업환경의 점검 및 개선에 관한 사항
> ㄹ. 유해하거나 위험한 기계·기구·설비를 도입한 경우 안전 및 보건 관련 조치에 관한 사항

① ㄱ　　　　　　　　　　② ㄴ, ㄹ
③ ㄷ, ㄹ　　　　　　　　④ ㄱ, ㄴ, ㄷ
⑤ ㄱ, ㄴ, ㄷ, ㄹ

29
■ 안전관리 긍정적효과
③ 손실비용 증가 - 안전관리 활동은 사고 예방을 통해 손실비용을 줄이는 것이 목표이므로, 손실비용이 증가하는 것은 긍정적인 효과가 아니다.

정답 ③

30
■ OJT(On-the-Job Training)
OJT는 현장에서 실제 업무를 수행하면서 상사나 선임자가 부하 직원에게 필요한 기술이나 지식, 태도를 교육하는 방법이다. 이를 통해 학습자는 실무 경험을 쌓으며 업무 능력을 향상시킬 수 있다

정답 ②

31
■ 산업안전보건위원회 심의 의결사항
1. 사업장의 산업재해 예방계획의 수립에 관한 사항
2. 안전보건관리규정의 작성 및 변경에 관한 사항
3. 안전보건교육에 관한 사항
4. 작업환경측정 등 작업환경의 점검 및 개선에 관한 사항
5. 근로자의 건강진단 등 건강관리에 관한 사항
6. 산업재해의 원인 조사 및 재발 방지대책 수립에 관한 사항
7. 산업재해에 관한 통계의 기록 및 유지에 관한 사항
8. 유해하거나 위험한 기계·기구·설비를 도입한 경우 안전 및 보건 관련 조치에 관한 사항
9. 그 밖에 해당 사업장 근로자의 안전 및 보건을 유지·증진시키기 위하여 필요한 사항

정답 ⑤

32 재해의 통계적 원인분석 방법에 해당하지 않는 것은?

① 파레토도　　　　　　　② 특성요인도
③ 소시오메트리도　　　　④ 클로즈분석도
⑤ 관리도

33 제조물 책임법에 관한 내용으로 옳지 않은 것은?

① "제조업자"란 제조물의 제조·가공 또는 수입을 업(業)으로 하는 자를 말한다.
② 동일한 손해에 대하여 배상할 책임이 있는 자가 2인 이상인 경우에는 연대하여 그 손해를 배상할 책임이 있다.
③ "제조물"이란 제조되거나 가공된 동산(다른 동산이나 부동산의 일부를 구성하는 경우를 포함한다)을 말한다.
④ "설계상의 결함"이란 제조업자가 합리적인 설명·지시·경고 또는 그 밖의 표시를 하였더라면 해당 제조물에 의하여 발생할 수 있는 피해나 위험을 줄이거나 피할 수 있었음에도 이를 하지 아니한 경우를 말한다.
⑤ 제조업자는 제조물의 결함으로 생명·신체 또는 재산에 손해(그 제조물에 대하여만 발생한 손해는 제외한다)를 입은 자에게 그 손해를 배상하여야 한다.

34 제어시스템에서의 안전무결성등급(SIL)에 관한 일부내용이다. (　　)에 들어갈 것으로 옳은 것은?

안전무결성등급	목표평균 고장확률
(ㄱ)	10^{-5}이상 ~ 10^{-4}미만
(ㄴ)	10^{-2}이상 ~ 10^{-1}미만

① ㄱ: 1, ㄴ: 4　　　　　　② ㄱ: 1, ㄴ: 5
③ ㄱ: 4, ㄴ: 1　　　　　　④ ㄱ: 5, ㄴ: 1
⑤ ㄱ: 5, ㄴ: 2

32

■ **산업재해 통계적 원인분석 방법**

산업재해의 통계적 원인 분석 방법은 재해의 발생 원인을 체계적으로 분석하고, 재발 방지를 위한 대책을 마련하는 데 중요한 역할을 한다. 각 방법은 산업재해 데이터의 다양한 측면을 분석하고, 문제를 시각화하거나 패턴을 발견하는 데 사용된다.

1. 파레토도 (Pareto Chart) - 파레토도는 80:20 법칙에 기반하여, 재해의 주요 원인을 분석하는 데 사용된다. 재해의 원인 중 중요한 소수의 원인(20%)이 전체 재해의 대다수(80%)를 차지한다는 개념을 바탕으로, 어떤 원인이 우선적으로 해결되어야 하는지를 파악하는 데 유용하다.
2. 특성요인도 (Fishbone Diagram, Ishikawa Diagram) - 특성요인도는 재해의 원인과 결과 간의 관계를 시각적으로 나타낸 도구로, 물고기 뼈 모양을 닮아서 Fishbone Diagram이라고도 한다. 재해의 근본 원인을 찾기 위해 사용한다.
3. 크로스 분석 (Cross Tabulation Analysis) - 크로스 분석은 두 개 이상의 변수 간의 관계를 분석하는 방법으로, 산업재해와 관련된 데이터의 상관관계를 파악하는 데 사용된다. 예를 들어, 재해 유형과 작업 환경의 관계, 연령과 재해 발생률 등을 분석할 수 있다.
4. 관리도 (Control Chart) - 관리도는 재해 발생 과정에서 변동의 정도를 분석하여, 과정이 통제 상태에 있는지 또는 이상 상태가 있는지를 판단하는 데 사용된다. 시간 흐름에 따른 데이터 변동을 시각화하여, 통제 가능한 범위 내에서 일어나는지 여부를 분석한다.

정답 ③

33

■ **제2조(정의)** 이 법에서 사용하는 용어의 뜻은 다음과 같다.

나. "설계상의 결함"이란 제조업자가 합리적인 대체설계(代替設計)를 채용하였더라면 피해나 위험을 줄이거나 피할 수 있었음에도 대체설계를 채용하지 아니하여 해당 제조물이 안전하지 못하게 된 경우를 말한다.

정답 ④

34

안전무결성등급(Safety Integrity Level, SIL)은 제어 시스템에서 안전 기능의 신뢰성을 나타내는 기준이다. 주로 안전계측제어시스템(SIS)에 사용되며, 시스템이 위험 상황에서 안전하게 동작하는지 여부를 평가하는 중요한 지표이다.

SIL의 4단계

1. SIL 1: 가장 낮은 수준의 안전 무결성.
2. SIL 2: 중간 수준의 안전 무결성.
3. SIL 3: 고도의 안전 무결성.
4. SIL 4: 가장 높은 수준의 안전 무결성. 극히 위험한 상황에서도 매우 낮은 사고 발생 확률을 보장하는 시스템이다. 주로 원자력, 항공우주, 화학 공장 등에서 적용된다.

안전무결성등급(SIL)에서 목표 평균 고장확률(PFD, Probability of Failure on Demand)은 각 등급별로,

ㄱ. 10^{-5}이상 ~ 10^{-4}미만 - 이 범위는 SIL 4에 해당
ㄴ. 10^{-2}이상 ~ 10^{-1}미만 - 이 범위는 SIL 1에 해당

정답 ③

35 산업재해발생의 기본 원인 4M에 해당하지 않는 것은?

① Man
② Method
③ Machine
④ Media
⑤ Management

36 공정안전성 분석(K-PSR)기법에 관한 기술지침상 "위험형태"에 해당하는 것을 모두 고른 것은?

| ㄱ. 누출 | ㄴ. 화재·폭발 |
| ㄷ. 공정 트러블 | ㄹ. 상해 |

① ㄱ, ㄴ
② ㄱ, ㄷ
③ ㄴ, ㄷ
④ ㄱ, ㄴ, ㄷ
⑤ ㄱ, ㄴ, ㄷ, ㄹ

37 인간공학적 동작 경제원칙에 관한 내용으로 옳지 않은 것은?

① 양손은 동시에 시작하고 동시에 끝나지 않도록 한다.
② 양팔의 동작은 동시에 서로 반대방향으로 대칭적으로 움직이도록 한다.
③ 손과 신체동작은 작업을 원만하게 수행할 수 있는 범위 내에서 가장 낮은 동작 등급을 사용하도록 한다.
④ 족답장치를 활용하여 양손이 다른 일을 할 수 있도록 한다.
⑤ 휴식시간을 제외하고는 양손이 동시에 쉬지 않도록 한다.

35
- 안전관리 4M
  ① Man(인적) : 근로자 특성, 불안전행동, 작업자세, 동작결함
  ② Machine(기계적) : 기계설비 결함, 방호장치 결함
  ③ Media(작업적) : 작업공간 불량, MSDS 자료 미흡
  ④ Management(관리적) : 관리감독 및 지도 결여, 교육 훈련 미흡

정답 ②

36
- 공정안전성 분석 기법(K-PSR, KOSHA Process safety review)

공정안전성 분석(K-PSR, Korea-Process Safety Review) 기법에서 "위험형태"에 해당하는 것은 공정에서 발생할 수 있는 다양한 위험요소를 말한다. 위험형태는 공정 안전성을 저해할 수 있는 위험 상황이나 조건을 나타내며, 일반적으로 다음과 같은 요소들이 포함된다.

1. 화재 위험 (Fire Hazard)
2. 폭발 위험 (Explosion Hazard)
3. 유독성 물질 누출 (Toxic Release)
4. 고온/고압 위험 (High Temperature/Pressure Hazard)
5. 기계적 위험 (Mechanical Hazard)
6. 전기적 위험 (Electrical Hazard)
7. 누출 위험 (Leakage Hazard)
8. 환경오염 위험 (Environmental Hazard)
9. 인적 위험 (Human Error)

정답 ⑤

37
- 동작경제 3원칙

동작경제 3원칙은 작업 효율성을 높이고 불필요한 움직임을 줄이기 위해 제시된 원칙으로, 산업 공학과 인간공학에서 주로 사용된다. 이 원칙은 작업자의 동작을 최소화하고, 작업의 효율성을 극대화하는 방법을 제공함으로써 생산성을 높이고 작업자의 피로를 줄이는 데 목적이 있다.

1. 신체 사용의 원칙 – 작업 중 인체의 움직임을 효율적으로 사용하여 불필요한 동작을 줄이고 피로를 최소화하는 방법이다.

세부 원칙
1) 최소한의 동작: 작업자는 필요 이상의 동작을 하지 않도록, 작은 동작으로 작업을 수행해야 한다.
2) 양손의 동시 사용: 작업을 할 때 양손을 동시에 사용하도록 설계하는 것이 효율적이다. 단, 양손의 움직임이 상호 보완적이고, 동일한 시간에 완료될 수 있어야 한다.
3) 최소한의 근육 사용: 큰 근육보다는 작은 근육을 주로 사용하는 것이 효율적이다. 큰 근육은 피로를 더 빨리 유발할 수 있다.
4) 자연스러운 움직임: 동작은 신체의 자연스러운 움직임에 따라 이루어져야 하며, 불편하거나 비정상적인 자세를 피해야 한다.

정답 ①

38 부품 신뢰도가 A인 동일한 4개의 부품을 병렬로 연결하였을 때 전체시스템의 신뢰도는 0.9984가 되었다. 이 부품 신뢰도 A는 얼마인가?

① 0.5
② 0.6
③ 0.7
④ 0.8
⑤ 0.9

39 안전성평가 6단계에서 단계별 내용으로 옳지 않은 것은?

① 2단계: 정성적 평가
② 3단계: 정량적 평가
③ 4단계: 안전대책
④ 5단계: 재해정보에 의한 재평가
⑤ 6단계: ETA에 의한 재평가

40 인간-기계시스템 설계과정 6단계를 순서대로 옳게 나열한 것은?

ㄱ. 시스템 정의	ㄴ. 목표 및 성능명세 결정
ㄷ. 기본설계	ㄹ. 인터페이스 설계
ㅁ. 촉진물, 보조물 설계	ㅂ. 시험 및 평가

① ㄱ → ㄴ → ㄷ → ㄹ → ㅁ → ㅂ
② ㄱ → ㄴ → ㄹ → ㄷ → ㅁ → ㅂ
③ ㄱ → ㄷ → ㄴ → ㅁ → ㄹ → ㅂ
④ ㄴ → ㄱ → ㄷ → ㄹ → ㅁ → ㅂ
⑤ ㄴ → ㄷ → ㄱ → ㅁ → ㄹ → ㅂ

38
- 신뢰도(R) 계산

$1-(1-A)^4 = 0.9984$
$(1-A)^4 = 0.0016$
$1-A = \sqrt[4]{0.0016} = 0.2$
$A = 0.8$

정답 ④

39
- 안전성 평가 6단계
1. 관계자료 검토 – 안전성 평가를 수행하기 위해 관련된 자료와 데이터를 수집하고 검토하는 단계로, 여기에는 설계 도면, 시스템 사양, 작업 절차, 사고 기록, 운영 매뉴얼 등이 포함
2. 정성적 평가 – 시스템 내에서 발생할 수 있는 위험 요소를 정성적으로 평가하는 단계로, 주로 위험 요소를 식별하고, 각 위험의 심각성과 발생 가능성을 평가
3. 정량적 평가 – 정량적인 데이터를 기반으로 위험 요소를 평가하는 단계로, 각 위험의 발생 확률을 수치로 계산하고, 그에 따른 위험도를 평가
4. 안전 대책 수립 – 정성적, 정량적 평가 결과를 바탕으로 적절한 안전 대책을 마련하는 단계로 여기서는 위험 요소를 줄이기 위한 방안을 수립하고, 예방 조치 및 개선책을 제안
5. 재해 사례 평가 – 유사한 시스템이나 산업에서 발생한 재해 사례를 분석하여, 현재 평가 중인 시스템에 적용 가능한 교훈을 도출하는 단계로 과거 사고로부터 학습하고, 이를 통해 추가적인 위험 요소를 식별
6. FTA 재평가 – 이전 단계에서 수립한 대책과 분석 결과를 바탕으로 FTA(Fault Tree Analysis) 재평가를 수행하여, 새로 도입된 대책이 제대로 작동할지 여부를 검토하고, 시스템의 안전성을 다시 평가

정답 ⑤

40
- 인간-기계시스템 설계과정 6가지 단계
1. 목표 및 성능 명세 결정 (Goal and Performance Specification) – 이 단계에서는 시스템의 목적과 성능 목표를 설정한다. 사용자가 달성해야 하는 목표를 명확히 정의하고, 시스템이 얼마나 효율적이고 안전하게 동작해야 하는지 성능 기준을 명확히 설정한다.
2. 시스템 정의 (System Definition) – 시스템의 주요 구성 요소와 그 상호작용을 정의하는 단계이다. 시스템의 경계, 하위 시스템, 인간과 기계 간의 역할을 구체적으로 정의한다.
3. 기본 설계 (Preliminary Design) – 시스템의 전체적인 구조와 기능을 설계하는 단계로, 각 기능을 수행하기 위한 기본적인 설계 요소를 도출한다. 시스템의 전반적인 작동 원리와 구성 요소 간의 관계를 명확히 설정한다.
4. 인터페이스 설계 (Interface Design) – 사용자가 기계를 조작하고 정보를 확인할 수 있도록 하는 인터페이스를 설계하는 단계이다. 인터페이스는 사용자가 쉽게 이해하고 사용할 수 있도록 설계해야 하며, 시각적, 청각적, 촉각적 요소를 모두 고려한다.
5. 촉진물 및 보조물 설계 (Facilitators and Support Systems Design) – 사용자가 시스템을 더 효과적으로 사용할 수 있도록 돕는 촉진물과 보조 시스템을 설계한다. 매뉴얼, 경고 시스템, 교육 시스템 등 사용자가 시스템을 쉽게 이해하고 사용할 수 있도록 지원하는 요소를 포함한다.
6. 시험 및 평가 (Testing and Evaluation) – 설계된 시스템이 실제로 사용자 요구를 충족하고 성능 목표를 달성하는지 평가하는 단계이다. 시스템의 사용성, 안전성, 효율성을 검증하고, 필요한 경우 개선한다.

정답 ④

41. 사고 피해예측 기법에 관한 기술지침상 위험 기준의 정립에 관한 내용이다. ( )에 들어갈 것으로 옳은 것은?

- 화재(복사열): 화구 등과 같이 짧은 시간동안 발생하는 강력한 복사열에 의한 위험 또는 증기운화재, 고압분출 화재, 액면 화재 등에 의한 장시간의 복사열에 의하여 근로자 또는 주변 기기에 미치는 영향을 판단할 수 있는 기준은 (ㄱ) kW/m2의 복사열이 미치는 거리로 한다.
- 폭발(과압): 증기운 폭발 등과 같은 폭발 사고시 주변 기기 및 근로자 등에 미치는 영향을 판단할 수 있는 기준은 (ㄴ) kPa의 과압이 도달 하는 거리로 한다.

① ㄱ: 1, ㄴ: 0.07
② ㄱ: 1, ㄴ: 6.9
③ ㄱ: 5, ㄴ: 0.0
④ ㄱ: 5, ㄴ: 6.9
⑤ ㄱ: 10, ㄴ: 0.07

42. A부품의 고장확률 밀도함수는 평균고장률이 시간당 10^{-2}인 지수분포를 따르고 있다. 이 부품을 180분 작동시켰을 때의 불신뢰도는? (단, 소수점 셋째 자리에서 반올림하여 소수점 둘째자리까지 구하시오.)

① 0.03
② 0.05
③ 0.95
④ 0.97
⑤ 0.99

43. 산업안전보건기준에 관한 규칙상 공기압축기를 가동하기 전에 관리감독자가 하여야 하는 작업시작 전 점검사항으로 옳지 않은 것은?

① 슬라이드 또는 칼날에 의한 위험방지 기구의 기능
② 압력방출장치의 기능
③ 언로드밸브(unloading valve)의 기능
④ 회전부의 덮개
⑤ 드레인밸브(drain valve)의 조작 및 배수

41

■ 사고 피해예측 기법에 관한 기술지침

① 화재(복사열) 화구 등과 같이 짧은 시간동안 발생하는 강렬한 복사열에 의한 위험 또는 증기운 화재, 고압분출 화재, 액면 화재 등에 의한 장시간의 복사열에 의하여 근로자 또는 주변 기기에 미치는 영향을 판단할 수 있는 기준은 5 kW/m²(1,585Btu/hr/ft2)의 복사열이 미치는 거리로 한다.

② 폭발(과압) 증기운 폭발 등과 같은 폭발 사고 시 주변 기기 및 근로자 등에 미치는 영향을 판단할 수 있는 기준은 0.07 kgf/cm² (6.9 kPa, 1 psi)의 과압이 도달하는 거리로 한다.

정답 ④

42

■ 불신뢰도 계산

$R(t) = e^{-\lambda t} = e^{-0.01 \times 3} = 0.97$

$F(t) = 1 - R(t) = 1 - 0.97 = 0.03$

정답 ①

43

■ 산업안전보건기준에 관한 규칙 [별표 3] 작업시작 전 점검사항(제35조제2항 관련)

3. 공기압축기를 가동할 때(제2편제1장제7절)

　가. 공기저장 압력용기의 외관 상태

　나. 드레인밸브(drain valve)의 조작 및 배수

　다. 압력방출장치의 기능

　라. 언로드밸브(unloading valve)의 기능

　마. 윤활유의 상태바. 회전부의 덮개 또는 울

　사. 그 밖의 연결 부위의 이상 유무

정답 ①

44 재해사례연구의 진행단계에 관한 내용이다. 진행단계를 순서대로 옳게 나열한 것은?

> ㄱ. 재해와 관계가 있는 사실 및 재해요인으로 알려진 사실을 객관적으로 확인한다.
> ㄴ. 재해의 중심이 된 근본적인 문제점을 결정한 후 재해원인을 결정한다.
> ㄷ. 재해 상황을 파악한다.
> ㄹ. 파악된 사실로부터 문제점을 파악한다.
> ㅁ. 동종재해와 유사재해의 예방대책 및 실시계획을 수립한다.

① ㄱ → ㄷ → ㄴ → ㄹ → ㅁ
② ㄱ → ㄷ → ㄹ → ㄴ → ㅁ
③ ㄴ → ㄷ → ㄱ → ㄹ → ㅁ
④ ㄷ → ㄱ → ㄴ → ㄹ → ㅁ
⑤ ㄷ → ㄱ → ㄹ → ㄴ → ㅁ

45 암실 내에서 정지된 작은 빛을 응시하고 있으면 그 빛이 움직이는 것처럼 보이는 것을 자동운동이라고 한다. 자동운동이 생기기 쉬운 조건으로 옳은 것은?

① 광점이 클 것
② 광의 강도가 작을 것
③ 시야의 다른 부분이 밝을 것
④ 대상이 복잡할 것
⑤ 광의 눈부심과 조도가 클 것

46 통전경로별 위험도가 큰 순서대로 옳게 나열한 것은?

| ㄱ. 오른손 - 가슴 | ㄴ. 왼손 - 한발 또는 양발 |
| ㄷ. 왼손 - 가슴 | ㄹ. 왼손 - 오른손 |

① ㄱ 〉ㄴ 〉ㄷ 〉ㄹ
② ㄴ 〉ㄷ 〉ㄱ 〉ㄹ
③ ㄷ 〉ㄱ 〉ㄴ 〉ㄹ
④ ㄹ 〉ㄱ 〉ㄴ 〉ㄷ
⑤ ㄹ 〉ㄱ 〉ㄷ 〉ㄴ

44
■ 재해조사 순서 4단계

재해조사 순서에서 제시된 4단계는 재해 발생 시 원인을 분석하고, 향후 유사 재해를 예방하기 위한 대책을 수립하는 과정을 설명하는 것으로, 안전 관리 및 재해 예방의 핵심적인 절차이다. 각 단계는 재해의 원인을 체계적으로 분석하고, 문제를 해결하기 위한 구체적인 방안을 마련하는 데 중점을 둔다.

- 1단계 사실의 확인 – 재해 발생 직후, 재해의 사실을 정확하게 확인하는 단계이다. 여기에는 재해 발생 당시의 현장 상황을 조사하고, 재해 관련 자료를 수집하며, 목격자 진술을 듣는 작업이 포함된다. 구체적 활동으로는 재해 현장의 사진 촬영, 피해 상황 기록, 관련 장비 및 기계 상태 확인, 목격자 진술 청취 등이 있다.
- 2단계 직접원인과 문제점 발견 – 재해를 초래한 직접적인 원인을 분석하는 단계이다. 직접원인은 재해 발생 직전에 작용한 요인들로, 주로 작업자의 행동이나 장비의 상태 등 재해를 일으킨 즉각적인 이유이다. 구체적 활동으로는 작업자의 실수, 방호 장비 미비, 기계의 결함 등 직접적인 재해 원인을 분석 안전 규정 미준수 여부 확인 등이 있다.
- 3단계 기본원인과 근본적 문제 결정 – 재해를 일으킨 근본적인 원인을 규명하는 단계이다. 기본원인은 재해의 직접 원인 뒤에 숨어 있는 더 깊은 문제를 의미하며, 주로 조직의 관리 체계, 작업환경, 교육 부족 등 근본적인 문제가 될 수 있다. 구체적 활동으로는 교육과 훈련 부족, 안전 관리 체계의 미흡, 작업 환경의 문제점 분석, 조직적, 시스템적 문제 발견 등이 있다.
- 4단계 동종 및 유사재해 예방대책 수립 – 확인된 문제점과 원인에 대한 분석을 바탕으로, 동종 및 유사한 재해의 재발을 방지하기 위한 예방 대책을 수립하는 단계이다. 여기에서는 단순히 원인을 제거하는 것뿐만 아니라, 조직적 변화와 장기적인 개선책을 마련하는 것이 중요하다. 구체적 활동으로는 작업자 교육 및 훈련 강화, 방호 장치 추가 설치 및 설비 개선, 관리 시스템 강화 및 주기적인 안전 점검 계획 수립 등이 있다.

정답 ⑤

45
자동운동(autokinesis)은 암실과 같은 어두운 환경에서 고정된 작은 빛을 응시할 때, 그 빛이 실제로는 움직이지 않지만 움직이는 것처럼 느껴지는 현상을 말한다. 이 현상은 시각 시스템의 착시로 인해 발생하며, 주로 어두운 환경과 고정된 작은 광점을 장시간 응시할 때 나타난다.

자동운동이 생기기 쉬운 조건으로는 광의 강도가 작을 것 : 너무 밝은 빛보다는 약한 빛일 때 자동운동이 더 잘 발생한다. 어두운 배경에서 약한 빛을 볼 때 눈의 미세한 움직임을 감지하게 되어 움직임이 느껴지므로 ② 광의 강도가 작은 것이 자동운동이 생기기 쉬운 조건으로 옳다.

정답 ②

46
통전경로는 전류가 인체를 통과할 때 심장이나 주요 장기를 경유하는 경로에 따라 위험도가 달라진다. 전류가 심장을 통과할 경우 치명적인 위험이 발생할 가능성이 크기 때문에, 심장에 가까운 경로일수록 위험도가 더 높다.

통전경로별 위험도를 큰 순서대로 나열하면
ㄷ. 왼손 – 가슴: 왼손에서 가슴으로 전류가 흐르면 심장을 직접적으로 통과하므로 가장 위험하다.
ㄱ. 오른손 – 가슴: 오른손에서 가슴으로 전류가 흐를 때도 심장을 지나가므로 매우 위험하다.
ㄴ. 왼손 – 한발 또는 양발: 전류가 손에서 발로 흐르지만 심장을 통과할 가능성이 있으므로 위험도가 높다.
ㄹ. 왼손 – 오른손: 전류가 가슴을 통과하지 않기 때문에 상대적으로 덜 위험하다.

따라서 위험도가 큰 순서는 ㄷ 〉 ㄱ 〉 ㄴ 〉 ㄹ.

정답 ③

47 반지름 30cm의 조종구를 20° 움직였을 때 표시계기의 지침이 2cm 이동하였다면, 이 계기의 통제표시비는?

① 약 4.12 ② 약 5.23 ③ 약 7.34
④ 약 8.42 ⑤ 약 10.46

48 시몬즈(Simonds)의 재해손실비 평가방법에 관한 내용이다. ( )에 들어갈 것으로 옳은 것은?

- 총 재해비용 = 산재보험비용 + (ㄱ)비용
- (ㄱ)비용 = 휴업상해건수×A + (ㄴ)건수×B + (ㄷ)건수×C + 무상해 사고건수×D
  (여기서, A, B, C, D는 장해 정도별 비보험비용의 평균치임)

① ㄱ: 비보험, ㄴ: 입원상해, ㄷ: 유족상해
② ㄱ: 간접, ㄴ: 입원상해, ㄷ: 비응급조치
③ ㄱ: 비보험, ㄴ: 통원상해, ㄷ: 응급조치
④ ㄱ: 간접, ㄴ: 통원상해, ㄷ: 중상해
⑤ ㄱ: 비보험, ㄴ: 물적손실, ㄷ: 비응급조치

49 매슬로우(Maslow)의 동기부여이론(욕구5단계이론)에 관한 내용으로 옳지 않은 것은?

① 제1단계: 생리적 욕구(생명유지의 기본적 욕구)
② 제2단계: 도전 욕구(새로운 것에 대한 도전 욕구)
③ 제3단계: 사회적 욕구(소속감과 애정 욕구)
④ 제4단계: 존경 욕구(인정받으려는 욕구)
⑤ 제5단계: 자아실현 욕구(잠재적 능력의 실현 욕구)

50 산업안전보건기준에 관한 규칙에서 정하고 있는 "충격소음작업" 정의의 일부내용이다. ( )에 들어갈 것으로 옳은 것은?

"충격소음작업"이란 소음이 1초 이상의 간격으로 발생하는 작업으로서 다음 각 목의 어느 하나에 해당하는 작업을 말한다.
가. 120데시벨을 초과하는 소음이 1일 (ㄱ)회 이상 발생하는 작업
나. (ㄴ)데시벨을 초과하는 소음이 1일 1천회 이상 발생하는 작업

① ㄱ: 1천, ㄴ: 125 ② ㄱ: 3천, ㄴ: 125 ③ ㄱ: 5천, ㄴ: 125
④ ㄱ: 8천, ㄴ: 130 ⑤ ㄱ: 1만, ㄴ: 130

47 ■ 통제표시비

통제표시비는 조종구의 이동 거리와 표시계기의 지침 이동 거리의 비율로 계산된다.
반지름 30cm = L, 조종구 20° = a, 표시계기 2cm = 표시장치 이동거리

$$조종구이동거리 = 2\pi \times 30 \left(\frac{20}{360}\right) = 10.47 cm$$

$$통제표시비 = \frac{조종구이동거리}{지침이동거리} = \frac{10.47cm}{2cm} = 5.24$$

정답 ②

48 ■ 시몬즈(RH. Simonds) 방식

1) 총 재해코스트 = 보험코스트 + 비보험코스트
2) 비보험 코스트 = **(A × 휴업상해건수 + B × 통원 상해 건수 + C × 구급 조치 건수 + D × 무상해 사고 건수)**

시몬즈(Simonds) 방식은 재해코스트를 산출하는 방법 중 하나로, 재해로 인해 발생하는 비용을 보다 정확하고 체계적으로 분석하기 위해 고안된 방식이다. 이 방식은 재해와 관련된 직접비와 간접비를 구분하고, 간접비의 구체적인 항목들을 세분화하여 접근하는 방법이다.

1. 직접비 (Direct Costs) – 재해가 발생했을 때 즉각적으로 발생하는 비용으로, 주로 보험사에서 보상하는 비용들이 포함
   항목 – 치료비, 병원비, 상해에 대한 보상금 (근로자 재해 보상), 보험료 상승
2. 간접비 (Indirect Costs) – 직접적으로 산출되기 어려운 비용으로, 재해로 인해 간접적으로 발생하는 다양한 추가 비용이다. 이는 시몬즈 방식에서 보다 세밀하게 분석되고 강조된다.
   항목 – 작업 중단 비용, 대체 인력 비용, 손상된 장비 복구 비용, 조사 및 처리 비용, 사기 저하로 인한 생산성 감소, 법적 비용, 훈련 비용, 기타 간접적 비용

정답 ③

49 ■ 매슬로우의 욕구 5단계

1. 생리적 욕구 – 인간이 생존하기 위해 반드시 필요한 기본적인 욕구
2. 안전의 욕구 – 신체적, 정서적 안전을 원하는 욕구
3. 사회적 욕구 – 사람들과 관계를 맺고 사랑과 소속감을 느끼고자 하는 욕구
4. 존경의 욕구 – 자신에 대한 자존감, 타인으로부터의 존경을 얻고자 하는 욕구
5. 자아실현의 욕구 – 자신의 잠재력을 최대한 발휘하고, 자신이 될 수 있는 최상의 모습이 되고자 하는 욕구

정답 ②

50 ■ 산업안전보건기준에 관한 규칙 상 소음 및 진동에 의한 건강장해의 예방

충격소음의 노출기준

1일 노출횟수	소음강도(dBA)
100	140
1,000	130
10,000	120

140dBA를 초과하는 충격 소음에 노출되어서는 안됨

정답 ⑤

제12회 2022년 기출문제

26 리스크 관리의 용어 정의에 관한 지침에서 "가능성과 결과에 대한 범위를 구분하여 리스크 등급을 표시하고, 리스크 우선순위를 정하기 위한 도구"로 정의되는 용어는?

① 리스크 통합(Risk aggregation)
② 리스크 프로파일(Risk profile)
③ 리스크 수준 판정(Risk evaluation)
④ 리스크 기준(Risk criteria)
⑤ 리스크 매트릭스(Risk matrix)

27 안전교육의 단계별 과정 중 태도 교육의 내용이 아닌 것은?

① 작업동작 및 표준작업 방법의 습관화
② 공구·보호구 등의 관리 및 취급 태도의 확립
③ 작업 전후 점검 및 검사요령의 정확화 및 습관화
④ 작업지시·전달 등의 언어·태도의 정확화 및 습관화
⑤ 작업에 필요한 안전 규정 숙지

28 학습지도원리에 해당하지 않는 것은?

① 자발성의 원리
② 개별화의 원리
③ 사회화의 원리
④ 도미노 이론의 원리
⑤ 직관의 원리

26 ▪ 리스크 매트릭스

리스크 매트릭스는 리스크의 발생 가능성(빈도)과 그에 따른 결과(영향도)를 두 축으로 하여 리스크의 등급을 평가하는 도구이다. 이 도구는 리스크의 심각성을 시각적으로 표현하고, 이를 기반으로 리스크의 우선순위를 결정하는 데 사용된다.

정답 ⑤

27 ▪ 안전 교육의 3단계

1. 지식교육 (Knowledge Education) - 근로자들이 안전과 관련된 이론적 지식을 습득하도록 돕는 단계로 안전의 중요성과 기본 원칙, 법적 요구 사항, 위험 요소의 종류 및 관리 방법 등을 교육한다. 또한 사고 사례 분석, 안전 규정, 법률적 책임, 회사의 안전 정책 등 이론적인 부분을 포함한다.
2. 기능교육 (Skill Education) - 근로자들이 안전한 작업 방법과 기술을 익혀 현장에서 바로 적용할 수 있도록 하는 단계로 안전 장비 사용법, 기계 및 장비의 안전한 조작 방법, 비상 상황에서의 대처 방법 등을 실습 위주로 교육한다. 이론 교육에서 배운 내용을 실제 작업 환경에서 적용할 수 있는 기술과 능력을 기르도록 한다.
3. 태도교육 (Attitude Education) - 근로자들이 안전을 중요하게 생각하고, 이를 실천하는 올바른 태도를 형성하도록 하는 단계로 안전 규정 준수에 대한 중요성, 안전한 작업 방식의 필요성, 협동과 책임의식, 동료 근로자에 대한 배려 등을 교육한다. 이를 통해 근로자들은 안전에 대한 긍정적인 태도를 갖추고, 이를 습관화할 수 있게 한다.

안전교육 3단계는 단순한 정보 전달이 아닌, 지식-기술-태도라는 세 가지 요소가 결합되어 근로자가 안전에 대해 종합적으로 준비할 수 있도록 하는 체계적인 방법이다. 지식을 기반으로 실질적인 기능을 익히고, 이를 실천하기 위한 올바른 태도를 갖추는 것이 산업현장에서의 사고 예방에 중요한 역할을 한다.

정답 ⑤

28 ▪ 학습지도의 원리

① 자기활동의 원리 - 스스로 자발성 참여
② 개별화의 원리 - 모든 학습자에게 능력, 수준에 맞게
③ 사회화의 원리 - 사회의 바로 적용
④ 통합의 원리 - 전체로서 지도
⑤ 직관의 원리 - 대상을 직접 파악

학습지도의 원리는 학습자가 능동적으로 참여하고, 개별적 차이를 고려하며, 사회적 맥락에서 통합적으로 학습하도록 유도하는 데 중요한 지침을 제공한다. 직접적 경험을 통한 학습은 특히 학습자가 학습 내용을 정확히 이해하고 실생활에 적용할 수 있도록 돕는 중요한 방법이다.

정답 ④

29 산업안전보건법령상 안전보건교육에서 다음 작업의 특별교육 교육내용이 아닌 것은? (단, 그 밖에 안전·보건관리에 필요한 사항은 고려하지 않는다.)

> 작업명: 동력에 의하여 작동되는 프레스기계를 5대 이상 보유한 사업장에서 해당 기계로 하는 작업

① 프레스의 특성과 위험성에 관한 사항
② 방호장치 종류와 취급에 관한 사항
③ 안전작업방법에 관한 사항
④ 국소배기장치 및 안전설비에 관한 사항
⑤ 프레스 안전기준에 관한 사항

30 OJT(on the job training)에 비하여 Off JT(off the job training)의 장점으로 옳은 것을 모두 고른 것은?

> ㄱ. 다수의 근로자에게 조직적 훈련이 가능하다.
> ㄴ. 개개인에 적합한 지도훈련이 가능하다.
> ㄷ. 훈련에만 전념할 수 있다.
> ㄹ. 전문가를 강사로 초청할 수 있다.

① ㄱ, ㄴ
② ㄴ, ㄷ
③ ㄱ, ㄷ, ㄹ
④ ㄴ, ㄷ, ㄹ
⑤ ㄱ, ㄴ, ㄷ, ㄹ

31 사업장 위험성평가에 관한 지침에서 사업주는 위험성평가를 효과적으로 실시하기 위하여 위험성평가 실시규정을 작성하고 관리하여야 한다. 이때 실시규정에 포함되어야 할 사항이 아닌 것은?

① 평가의 목적 및 방법
② 인정심사위원회의 구성·운영
③ 평가담당자 및 책임자의 역할
④ 평가시기 및 절차
⑤ 주지방법 및 유의사항

32 산업안전보건법령상 고용노동부장관이 사업주에게 안전보건진단을 받아 안전보건개선계획을 수립하여 시행할 것을 명할 수 있는 사업장으로 옳지 않은 것은?

① 산업재해율이 같은 업종 평균 산업재해율의 1.5배인 사업장
② 사업주가 필요한 안전조치를 이행하지 아니하여 중대재해가 발생한 사업장
③ 직업성 질병자가 연간 2명 발생한 상시근로자 900명인 사업장
④ 직업성 질병자가 연간 3명 발생한 상시근로자 1,500명인 사업장
⑤ 작업환경 불량, 화재·폭발 또는 누출 사고 등으로 사업장 주변까지 피해가 확산된 사업장으로서 고용노동부령으로 정하는 사업장

29
■ 특별안전·보건교육 대상 작업별 교육내용
11. 동력에 의하여 작동되는 프레스기계를 5대 이상 보유한 사업장에서 해당 기계로 하는 작업
  - 프레스의 특성과 위험성에 관한 사항
  - 방호장치 종류와 취급에 관한 사항
  - 안전작업방법에 관한 사항
  - 프레스 안전기준에 관한 사항
  - 그 밖에 안전·보건관리에 필요한 사항

정답 ④

30
■ Off-jt(Off-the-Job Training)
Off-JT(Off-the-Job Training)은 OJT(On-the-Job Training)와 달리 업무 현장에서 벗어나 별도의 교육 환경에서 이루어지는 훈련 방식이다. 주로 강의실, 교육 기관, 워크숍 등을 통해 이루어지며, 업무와 직접적인 연관이 없는 이론적 학습, 기술 향상, 관리 교육 등을 목적으로 실시한다.

Off-JT는 OJT와 달리, 직무 환경에서 벗어나 보다 체계적이고 집중적인 교육이 이루어질 수 있는 환경을 제공한다. 또한 이론적 학습, 관리자 교육, 창의적 사고 등을 기르기에 적합하며, 다양한 교육 방법을 통해 학습자의 역량을 전방위적으로 개발하는 데 효과적이다. OJT는 현장 중심의 실습형 교육에 효과적이지만, Off-JT는 이론적, 전략적, 관리적 측면에서 더욱 깊이 있는 교육을 제공한다.

정답 ③

31
■ 제9조(사전준비) ① 사업주는 위험성평가를 효과적으로 실시하기 위하여 최초 위험성평가시 다음 각 호의 사항이 포함된 위험성평가 실시규정을 작성하고, 지속적으로 관리하여야 한다.
  1. 평가의 목적 및 방법
  2. 평가담당자 및 책임자의 역할
  3. 평가시기 및 절차
  4. 주지방법 및 유의사항
  5. 결과의 기록·보존

정답 ②

32
■ 시행령 제49조(안전보건진단을 받아 안전보건개선계획을 수립할 대상)
1. 산업재해율이 같은 업종 평균 산업재해율의 2배 이상인 사업장
2. 법 제49조제1항제2호에 해당하는 사업장
3. 직업성 질병자가 연간 2명 이상(상시근로자 1천명 이상 사업장의 경우 3명 이상) 발생한 사업장
4. 그 밖에 작업환경 불량, 화재·폭발 또는 누출 사고 등으로 사업장 주변까지 피해가 확산된 사업장으로서 고용노동부령으로 정하는 사업장

정답 ①

33 작업장의 도구, 부품, 조종장치 배치에서 작업의 효율성 향상을 위해 적용 하는 원리가 아닌 것은?

① 일관성 원리
② 중요도 원리
③ 독창성 원리
④ 사용 순서의 원리
⑤ 사용 빈도의 원리

34 인간-기계 시스템에서 표시장치(display)와 조종장치(control)의 설계에 관한 내용으로 옳지 않은 것은?

① 작업자의 즉각적 행동이 필요한 경우에 청각적 표시장치가 시각적 표시장치보다 유리하다.
② 330m 이상 정도의 장거리에 신호를 전달하고자 할 때는 청각 신호의 주파수를 1,000Hz 이하로 하는 것이 좋다.
③ 광삼현상으로 인해 음각(검은 바탕의 흰 글씨)의 글자 획폭(stroke width)은 양각(흰 바탕의 검은 글씨)보다 작은 값이 권장된다.
④ 조종-반응 비(C/R 비)가 작을수록 조종장치와 표시장치의 민감도가 낮아져 미세조종에 유리하다.
⑤ 공간적 양립성은 표시장치와 조종장치의 배치와 관련된다.

35 인간-컴퓨터 상호작용에서 닐슨(J. Nielsen)이 정의한 사용성의 세부 속성에 해당하지 않는 것은?

① 적합성(conformity)
② 학습 용이성(learnability)
③ 기억 용이성(memorability)
④ 주관적 만족도(subjective satisfaction)
⑤ 오류의 빈도와 정도(error frequency and severity)

33
■ 작업성능 향상시키기 위한 작업공간 배치의 기본원칙
① 중요성의 원칙 – 중요한 요소일수록 사용하기 편리한 지점에 배치
② 사용빈도의 원칙 – 자주 사용할수록 편리한 지점에 배치
③ 기능별 배치의 원칙 – 기능적으로 관련성이 높은 요소들은 가깝게 배치
④ 사용순서의 원칙 – 사용순서를 고려하여 배치

정답 ③

34
■ C/R비(Control-Response Ratio)
13년 32번 해설 참조
③ 광삼현상은 검은 배경위에 있는 흰색 글씨나 모양이 실제보다 더 번져 보이는 현상

정답 ④

35
■ 인터페이스 설계 구분
1. 학습용이성 (Learnability) – 사용자가 시스템이나 인터페이스를 처음 접할 때 얼마나 쉽게 배우고 사용할 수 있는지를 의미한다. 인터페이스가 직관적일수록 사용자는 짧은 시간 내에 기능을 익히고, 효과적으로 사용할 수 있다.
2. 효율성 (Efficiency) – 사용자가 인터페이스를 숙지한 후 작업을 얼마나 빠르고 효율적으로 수행할 수 있는지를 의미한다. 효율성 높은 인터페이스는 사용자가 적은 노력으로 더 많은 작업을 수행할 수 있도록 돕다.
3. 기억용이성 (Memorability) – 사용자가 시스템을 사용하지 않다가 다시 돌아왔을 때, 얼마나 쉽게 이전에 배운 내용을 기억하고 다시 사용할 수 있는지를 의미한다. 사용성 높은 인터페이스는 기억하기 쉬워 반복적으로 사용해도 쉽게 익숙해진다.
4. 오류 (Errors) – 사용자가 인터페이스를 사용하는 동안 발생하는 오류의 빈도와 심각성을 최소화하는 것이 중요하다. 또한, 오류가 발생했을 때 사용자가 이를 쉽게 해결할 수 있어야 한다.
5. 만족감 (Satisfaction) – 사용자가 시스템을 사용할 때 느끼는 주관적인 만족감을 의미한다. 사용자가 인터페이스를 사용하는 동안 즐거움을 느끼고, 전체적인 경험이 긍정적이어야 한다.

이 다섯 가지 요소를 고려한 인터페이스 설계는 사용자가 쉽게 배우고, 효율적으로 사용하며, 오류 없이 만족스럽게 경험할 수 있는 시스템을 구축하는 데 중요한 역할을 한다.

정답 ①

36 사업장 위험성평가에 관한 지침에서 위험성평가의 실시에 관한 내용으로 옳지 않은 것은?

① 위험성평가는 최초평가 및 수시평가, 정기평가로 구분하여 실시하여야 한다.
② 최초평가 및 정기평가는 전체작업을 대상으로 한다.
③ 중대산업사고 또는 산업재해(휴업 이상의 요양을 요하는 경우에 한정한다) 발생 시에는 재해발생 작업을 대상으로 작업을 재개하기 전에 수시평가를 실시하여야 한다.
④ 사업장 건설물의 설치·이전·변경 또는 해체 계획이 있는 경우에는 해당 계획의 실행을 착수하기 전에 수시평가를 실시하여야 한다.
⑤ 정기평가는 최초평가 후 2년에 1회 실시하여야 한다.

36 제15조(위험성평가의 실시 시기)

① 사업주는 사업이 성립된 날(사업 개시일을 말하며, 건설업의 경우 실착공일을 말한다)로부터 1개월이 되는 날까지 제5조의2제1항에 따라 위험성평가의 대상이 되는 유해·위험요인에 대한 최초 위험성평가의 실시에 착수하여야 한다. 다만, 1개월 미만의 기간 동안 이루어지는 작업 또는 공사의 경우에는 특별한 사정이 없는 한 작업 또는 공사 개시 후 지체 없이 최초 위험성평가를 실시하여야 한다.

② 사업주는 다음 각 호의 어느 하나에 해당하여 추가적인 유해·위험요인이 생기는 경우에는 해당 유해·위험요인에 대한 수시 위험성평가를 실시하여야 한다. 다만, 제5호에 해당하는 경우에는 재해발생 작업을 대상으로 작업을 재개하기 전에 실시하여야 한다.
1. 사업장 건설물의 설치·이전·변경 또는 해체
2. 기계·기구, 설비, 원재료 등의 신규 도입 또는 변경
3. 건설물, 기계·기구, 설비 등의 정비 또는 보수(주기적·반복적 작업으로서 이미 위험성평가를 실시한 경우에는 제외)
4. 작업방법 또는 작업절차의 신규 도입 또는 변경
5. 중대산업사고 또는 산업재해(휴업 이상의 요양을 요하는 경우에 한정한다) 발생
6. 그 밖에 사업주가 필요하다고 판단한 경우

③ 사업주는 다음 각 호의 사항을 고려하여 제1항에 따라 실시한 위험성평가의 결과에 대한 적정성을 **1년마다 정기적**으로 재검토(이때, 해당 기간 내 제2항에 따라 실시한 위험성평가의 결과가 있는 경우 함께 적정성을 재검토하여야 한다)하여야 한다. 재검토 결과 허용 가능한 위험성 수준이 아니라고 검토된 유해·위험요인에 대해서는 제12조에 따라 위험성 감소대책을 수립하여 실행하여야 한다.
1. 기계·기구, 설비 등의 기간 경과에 의한 성능 저하
2. 근로자의 교체 등에 수반하는 안전·보건과 관련되는 지식 또는 경험의 변화
3. 안전·보건과 관련되는 새로운 지식의 습득
4. 현재 수립되어 있는 위험성 감소대책의 유효성 등

④ 사업주가 사업장의 상시적인 위험성평가를 위해 다음 각 호의 사항을 이행하는 경우 제2항과 제3항의 수시평가와 정기평가를 실시한 것으로 본다.
1. 매월 1회 이상 근로자 제안제도 활용, 아차사고 확인, 작업과 관련된 근로자를 포함한 사업장 순회점검 등을 통해 사업장 내 유해·위험요인을 발굴하여 제11조의 위험성결정 및 제12조의 위험성 감소대책 수립·실행을 할 것
2. 매주 안전보건관리책임자, 안전관리자, 보건관리자, 관리감독자 등(도급사업주의 경우 수급사업장의 안전·보건 관련 관리자 등을 포함한다)을 중심으로 제1호의 결과 등을 논의·공유하고 이행상황을 점검할 것
3. 매 작업일마다 제1호와 제2호의 실시결과에 따라 근로자가 준수하여야 할 사항 및 주의하여야 할 사항을 작업 전 안전점검회의 등을 통해 공유·주지할 것

▶ ① 위험성평가는 실시 시기에 따라 최초, 수시, 정기, 상시평가로 구분되고, 두 가지 진행 방법이 있습니다. 하나는 "최초평가-수시평가-정기평가"의 진행 방법이고, 다른 하나는 "최초평가-상시평가"의 진행 방법입니다.
⑤ 정기평가는 최초평가 후 **매년** 정기적으로 실시한다.

현행고시 반영   답 ① ⑤

①, ⑤

37 재해 조사 과정에서 수행해야 할 절차 내용을 순서대로 옳게 나열한 것은?

ㄱ. 근본적 문제점 결정
ㄴ. 4M 모델에 따른 기본 원인 파악
ㄷ. 5W1H 원칙에 따른 사실 확인
ㄹ. 불안전 상태와 불안전 행동에 해당하는 직접 원인 파악

① ㄱ → ㄴ → ㄷ → ㄹ
② ㄴ → ㄱ → ㄷ → ㄹ
③ ㄷ → ㄴ → ㄹ → ㄱ
④ ㄷ → ㄹ → ㄴ → ㄱ
⑤ ㄹ → ㄷ → ㄱ → ㄴ

38 산업재해 연구에 관한 내용으로 옳은 것을 모두 고른 것은?

ㄱ. 시몬즈(Simonds)는 평균치법을 적용해 재해손실비용을 산출하였다.
ㄴ. 하인리히(Heinrich)는 재해손실비용의 직접비와 간접비 비율을 약 1 : 4로 제시하였다.
ㄷ. 버드(Bird)는 1건의 중상이 발생할 때 10건의 경상, 300건의 아차 사고가 발생한다고 하였다.

① ㄱ
② ㄷ
③ ㄱ, ㄴ
④ ㄴ, ㄷ
⑤ ㄱ, ㄴ, ㄷ

39 시력이 1.2인 사람이 6m 떨어진 곳에서 구분할 수 있는 벌어진 틈의 최소 크기(mm)는? (단, 소수점 둘째자리에서 반올림하여 소수점 첫째자리까지 구하시오.)

① 1.0
② 1.3
③ 1.5
④ 1.7
⑤ 1.9

37
■ 재해조사 순서 4단계

재해조사 순서에서 제시된 4단계는 재해 발생 시 원인을 분석하고, 향후 유사 재해를 예방하기 위한 대책을 수립하는 과정을 설명하는 것으로, 안전 관리 및 재해 예방의 핵심적인 절차이다. 각 단계는 재해의 원인을 체계적으로 분석하고, 문제를 해결하기 위한 구체적인 방안을 마련하는 데 중점을 둔다.

- 1단계 사실의 확인 – 재해 발생 직후, 재해의 사실을 정확하게 확인하는 단계이다. 여기에는 재해 발생 당시의 현장 상황을 조사하고, 재해 관련 자료를 수집하며, 목격자 진술을 듣는 작업이 포함된다. 구체적 활동으로는 재해 현장의 사진 촬영, 피해 상황 기록, 관련 장비 및 기계 상태 확인, 목격자 진술 청취 등이 있다.
- 2단계 직접원인과 문제점 발견 – 재해를 초래한 직접적인 원인을 분석하는 단계이다. 직접원인은 재해 발생 직전에 작용한 요인들로, 주로 작업자의 행동이나 장비의 상태 등 재해를 일으킨 즉각적인 이유이다. 구체적 활동으로는 작업자의 실수, 방호 장비 미비, 기계의 결함 등 직접적인 재해 원인을 분석 안전 규정 미준수 여부 확인 등이 있다.
- 3단계 기본원인과 근본적 문제 결정 – 재해를 일으킨 근본적인 원인을 규명하는 단계이다. 기본원인은 재해의 직접 원인 뒤에 숨어 있는 더 깊은 문제를 의미하며, 주로 조직의 관리 체계, 작업환경, 교육 부족 등 근본적인 문제가 될 수 있다. 구체적 활동으로는 교육과 훈련 부족, 안전 관리 체계의 미흡, 작업 환경의 문제점 분석, 조직적, 시스템적 문제 발견 등이 있다.
- 4단계 동종 및 유사재해 예방대책 수립 – 확인된 문제점과 원인에 대한 분석을 바탕으로, 동종 및 유사한 재해의 재발을 방지하기 위한 예방 대책을 수립하는 단계이다. 여기에서는 단순히 원인을 제거하는 것뿐만 아니라, 조직적 변화와 장기적인 개선책을 마련하는 것이 중요하다. 구체적 활동으로는 작업자 교육 및 훈련 강화, 방호 장치 추가 설치 및 설비 개선, 관리 시스템 강화 및 주기적인 안전 점검 계획 수립 등이 있다.

정답 ④

38
■ 시몬즈는 총재해코스트 = 보험코스트 + 비보험코스트, 평균치법 채택
■ 하인리히(H. W. Heinrich)방식
직접비 : 간접비 = 1:4
■ 버드의 재해구성 비율
1 : 10 : 30 : 600
① 중상 1회 1/641
② 경상(물적, 인적상해) 10회 10/641
③ 무상해 사고(물적손실) 30회 30/641
④ 무상해 무사고 고장(위험순간) 600회 600/641

정답 ③

39
■ 시력 – 물체의 형태를 알아보는 능력 (시력=1/시각)

$$시력 = \frac{1}{시각}, \quad 시각 = \frac{1}{시력} = \frac{1}{1.2} = 0.83$$

$$시각 = 0.83 = 57.3 \times 60 \times \frac{물체의 크기 D}{물체와 눈사이거리 L}$$

$$0.83 = 57.3 \times 60 \times \frac{D}{6,000}$$

$$D = 1.44 ≒ 1.5$$

정답 ③

40 근골격계부담작업 유해성 평가를 위한 인간공학적 도구에 관한 내용으로 옳지 않은 것은?

① RULA는 하지 자세를 평가에 반영한다.
② REBA는 동작의 반복성을 평가에 반영한다.
③ QEC는 작업자의 주관적 평가 과정이 포함되어 있다.
④ OWAS는 중량물 취급 정도를 평가에 반영한다.
⑤ NLE는 중량물의 수평 이동거리를 평가에 반영한다.

41 신뢰도 이론의 욕조곡선(bathtub curve)을 나타낸 것으로 옳은 것은? (단, t: 시간, h(t): 고장률, f(t): 확률밀도함수, F(t): 불신뢰도 이다.)

①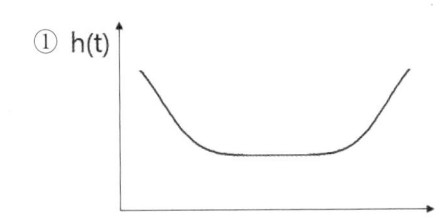

②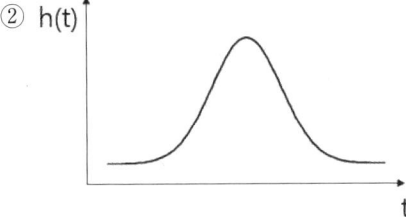

③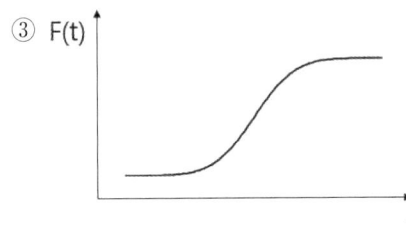

④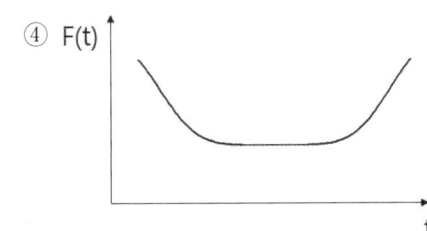

⑤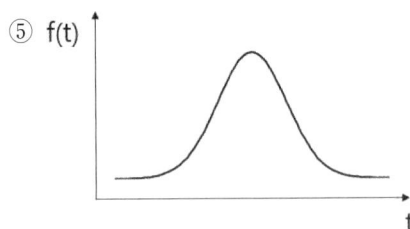

40 ▪ NLE(납하중한계, NIOSH Lifting Equation)

NLE(NIOSH Lifting Equation)는 중량물을 들어올리는 작업에서 작업자의 근골격계에 가해지는 부담을 평가하고, 작업자의 허리 부상을 방지하기 위한 권장 중량 한계를 계산하는 도구이다. 이를 통해 안전한 작업 환경을 조성하고, 작업자의 부상 위험을 줄이기 위한 기준을 설정할 수 있다.

NLE의 주요 목적

1. 중량물 취급 시 작업자의 근골격계 부상(특히 허리)을 예방하기 위한 안전한 중량 한계를 설정.
2. 들어올리는 동작의 안전성을 평가하고, 반복적인 중량물 취급 작업에서 부상 가능성을 최소화하는 기준을 제공.
   부상 가능성 평가 - 리프팅 인덱스(LI) 작업이 얼마나 위험한지를 평가한다.
   LI = 실제 들어올리는 중량 / RWL로 계산되며, LI 값이 1 이상이면 작업자가 허리 부상 위험에 노출될 가능성이 높다는 것을 의미한다.
1. LI ≤ 1: 안전한 작업.
2. LI > 1: 부상의 위험이 있으며, 작업 환경 개선이 필요함.

정답 ⑤

41 ▪ 욕조곡선

욕조곡선(Bathtub Curve)은 신뢰도 이론에서 시스템 또는 구성 요소의 고장률(failure rate)이 시간에 따라 어떻게 변화하는지를 설명하는 그래프이다.

1. 초기 고장 구간 (Infant Mortality/Decreasing Failure Rate) - 초기에는 고장률이 높다가 점차 감소하는 구간이다. 이 단계에서 고장은 주로 제조 결함, 초기 설치나 설정 문제, 초기 사용 중에 발생하는 불량으로 인해 발생한다.
   1) 원인: 제조 공정에서 발생한 결함, 초기 품질 문제, 설치 실수 등.
   2) 특징: 시간이 지남에 따라 결함이 발견되고 제거되므로 고장률이 감소한다.
   3) 대처 방법: 초기 테스트 및 검증을 통해 문제를 해결하는 "소진 테스트" 또는 "버닝 테스트" 같은 방법을 사용할 수 있다.
2. 정상 작동 구간 (Useful Life/Constant Failure Rate) - 이 구간은 시스템의 수명이 다할 때까지 고장률이 일정한 상태이다. 시스템이 설계된 대로 작동하며, 주로 외부 요인이나 확률적 고장에 의해 고장이 발생하는 단계이다.
   1) 원인: 예측할 수 없는 외부 요인, 확률적 고장.
   2) 특징: 고장률이 일정하게 유지되며, 시스템이 안정적으로 작동하는 시기이다. 이 구간이 일반적으로 시스템의 정상 수명 구간이다.
   3) 대처 방법: 정기적인 유지보수와 예방적 유지보수를 통해 고장 위험을 최소화할 수 있다.
3. 마모 고장 구간 (Wear-out/Increasing Failure Rate) - 시간이 지나면서 시스템의 구성 요소들이 노후화되고 마모됨에 따라 고장률이 점차 증가하는 구간이다. 이 시점에서는 물리적인 마모나 부품의 수명이 다하면서 고장 확률이 증가하게 된다.
   1) 원인: 부품의 물리적 마모, 노후화, 피로.
   2) 특징: 시간이 지남에 따라 고장률이 급격히 증가한다.
   3) 대처 방법: 부품 교체나 시스템 갱신이 필요하며, 수명 종료 전에 예방적 교체가 요구된다.

정답 ①

42 2,500명의 근로자가 근무하는 사업장의 재해율(천인율)은 1.6, 도수율은 0.8, 강도율은 1.2이었다. 이 사업장의 연간 재해발생건수와 근로손실일수로 옳은 것은? (단, 1일 8시간, 연간 250일 근무하는 것으로 가정한다.)

① 재해발생건수: 4건, 근로손실일수: 4,000일
② 재해발생건수: 4건, 근로손실일수: 6,000일
③ 재해발생건수: 6건, 근로손실일수: 6,000일
④ 재해발생건수: 6건, 근로손실일수: 8,000일
⑤ 재해발생건수: 8건, 근로손실일수: 8,000일

43 라스무센(Rasmussen)의 SRK 모델을 근거로 리전(J. Reason)이 제안한 인적오류 분류에 관한 내용으로 옳은 것을 모두 고른 것은?

> ㄱ. 실수(slip)와 망각(lapse)은 비의도적 행동으로 분류되는 숙련 기반 오류이다.
> ㄴ. 잘못된 규칙을 적용하는 것은 비의도적 행동으로 분류되는 규칙 기반 착오(mistake)이다.
> ㄷ. 불충분한 정보로 인해 잘못된 결정을 내리는 것은 의도적 행동으로 분류되는 지식 기반 착오(mistake)이다.

① ㄱ
② ㄴ
③ ㄱ, ㄷ
④ ㄴ, ㄷ
⑤ ㄱ, ㄴ, ㄷ

42

이문제는 괄호( )를 묻는 문제로

- 도수율 $= \dfrac{(재해건수)}{연근로시간수} \times 1,000,000$

  연근로시간수 $= 2500명 \times 8시간 \times 250일 = 5,000,000$

  도수율 $0.8 = \dfrac{(\ 재해건수\ )}{2500 \times 8 \times 250} \times 1,000,000 = 4$

- 강도율 $= \dfrac{(근로손실일수)}{연근로시간수} \times 1,000$

  강도율 $1.2 = \dfrac{(\ 근로손실일수\ )}{2500 \times 8 \times 250} \times 1,000 = 6000$

정답 ②

43

- **휴먼에러 분류**

1. 라스무센의 SRK 모델
   1) 숙련 기반 행동 (Skill-based Behavior) – 자동화된 행동으로, 사람이 반복적이고 습관적인 작업을 수행할 때 사용된다. 이 수준에서 행동은 무의식적으로 이루어지며, 거의 생각하지 않고도 수행된다. 예시: 운전 중 핸들을 돌리거나, 키보드 타이핑과 같이 이미 충분히 훈련된 작업.
   2) 규칙 기반 행동 (Rule-based Behavior) – 과거의 경험이나 규칙에 기반하여 수행되는 행동이다. 이미 학습된 규칙을 적용하여 문제를 해결하거나, 규정된 절차를 따릅니다. 예시: 도로 표지판을 보고 속도를 조절하거나, 장비 매뉴얼에 따라 작동 절차를 따르는 행동.
   3) 지식 기반 행동 (Knowledge-based Behavior) – 새로운 상황에서 기존에 가지고 있지 않은 정보를 기반으로 문제를 해결하는 고도의 인지적 작업이다. 즉, 직접적인 규칙이나 경험이 없을 때, 문제를 분석하고 학습하면서 행동한다. 예시: 처음 접하는 기계를 조작하거나, 복잡한 문제를 분석하여 새로운 해결책을 찾는 상황.
2. 제임스 리즌(James Reason)의 불안전 행동 이론
   1) 의도되지 않은 행동 (Unintended Actions)
      ① 실수(Slip) – 행동의 실행 과정에서 발생하는 오류로, 목표나 의도는 올바르지만 행동 과정에서 의도치 않게 잘못된 행동이 수행되는 경우이다.
      ② 망각(Lapse) – 기억이나 주의의 실패로 인해 어떤 행동을 잊어버리거나 빠뜨리는 경우이다.
   2) 의도된 행동 (Intended Actions)
      ① 착오(Mistake) – 규칙 기반 실수: 잘못된 규칙을 적용하거나, 적절한 규칙을 잘못 사용한 경우.
                        지식 기반 실수: 지식 부족으로 인해 잘못된 판단을 내린 경우.
      ② 위반(Violation) – 일상적 위반(Routine Violation): 일상적으로 규칙을 어기는 경우이다. 작업 효율성 등을 위해 규칙을 지속적으로 무시하는 경우.
                          예외적 위반(Exceptional Violation): 일반적이지 않은 상황에서 발생하는 규칙 위반이다. 비상 상황이나 특수한 상황에서 발생한다.

정답 ③

44 신뢰성 수명분포 중 지수분포에 관한 내용으로 옳은 것을 모두 고른 것은?

> ㄱ. 우발적인 고장을 다루는 데 적합하다.
> ㄴ. 무기억성(memoryless property)을 갖는다.
> ㄷ. 평균(mean)이 중앙값(median)보다 작다.

① ㄱ
② ㄷ
③ ㄱ, ㄴ
④ ㄴ, ㄷ
⑤ ㄱ, ㄴ, ㄷ

45 예방보전에 해당하지 않는 것은?

① 기회보전
② 고장보전
③ 수명기반보전
④ 시간기반보전
⑤ 상태기반보전

44
■ 신뢰성 수명분포 중 지수 분포

지수 분포(Exponential Distribution)는 신뢰성 이론에서 널리 사용되는 수명 분포 중 하나로, 주로 고장률이 시간에 따라 일정한 경우를 모델링할 때 사용된다. 지수 분포는 시스템이나 구성 요소의 고장 발생 시점이 기억이 없는 특성을 가질 때 적합하며, 이는 과거의 상태와 무관하게 고장 확률이 항상 일정하다는 의미이다.

① 고장률 함수가 상수로 시간의 변화와 관계 없이 고장률이 일정한 경우
② 우발 고장은 욕조 곡선에서 고장률이 일정하여 우발적인 고장을 다루는데 적합
③ 무기억성(시간의 지남에 따라 고장 확률이 변화 하는 것이 정상이나, 지수 분포의 경우 시간의 지남에 따라 고장 확률이 일정함)
④ 평균값과 중앙값이 같음

정답 ③

45
■ 예방보전

예방보전(Preventive Maintenance)은 고장을 미리 방지하기 위해 정기적으로 수행하는 유지보수 활동이다. 예방보전은 계획된 점검이나 부품 교체를 통해 장비나 시스템의 신뢰성을 높이고, 예기치 않은 고장을 방지하는 데 목적이 있다.

1. 정기 보전 (Time-Based Maintenance, TBM) - 정해진 주기에 따라 장비나 시스템을 점검하고, 필요한 경우 부품을 교체하거나 수리하는 방식
   예시: 자동차 엔진 오일 교체, 항공기 점검, 정기적인 필터 교체 등.
2. 상태 기반 보전 (Condition-Based Maintenance, CBM) - 장비의 실시간 상태나 성능을 모니터링하여, 필요할 때만 유지보수를 수행하는 방식
   예시: 기계의 진동 모니터링을 통해 이상 진동 발생 시 점검을 수행.
3. 예지 보전 (Predictive Maintenance, PdM) - 장비의 고장 가능성을 예측하여, 고장이 발생하기 전에 예방 조치를 취하는 방식이다. 상태 기반 보전과 유사하지만, 더 정교한 데이터 분석과 알고리즘을 사용하여 고장 시기를 예측
   예시: 기계 부품의 마모 데이터를 분석하여 부품 교체 시기를 예측.
4. 기회 보전 (Opportunity-Based Maintenance) - 설비나 시스템이 정기 점검이나 수리로 인해 일시적으로 가동 중지될 때, 기회를 활용하여 추가적인 예방보전을 수행하는 방식
   예시: 공장 설비가 정기 점검으로 가동을 중지할 때, 필요한 다른 장비들도 함께 점검하거나 보전 작업을 수행.
5. 위험 기반 보전 (Risk-Based Maintenance, RBM) - 장비나 시스템의 고장이 발생했을 때 미치는 위험도를 평가하여, 중요한 장비나 위험성이 높은 장비에 더 집중적으로 보전을 수행하는 방식
   예시: 핵심 장비나 고장 시 큰 손실이 예상되는 장비에 대해서는 더 자주 유지보수를 수행하고, 중요성이 낮은 장비는 덜 빈번하게 유지보수.

정답 ②

46 어떤 사고의 발생건수는 연평균 1회로 포아송(Poisson)분포를 따른다. 이사고가 3년 동안 한 건도 발생하지 않을 확률은 얼마인가? (단, 소수점 셋째자리에서 반올림하여 소수점 둘째자리까지 구하시오.)

① 0.05
② 0.15
③ 0.25
④ 0.33
⑤ 0.50

47 다음에서 설명하고 있는 위험성평가 기법은?

- 초기 개발 단계에서 시스템 고유의 위험성을 파악하고 예상되는 재해의 위험수준을 결정한다.
- 시스템 내의 위험요소가 어떤 위험 상태에 있는가를 평가하는 정성적인 기법이다.

① CA
② FMEA
③ MORT
④ THERP
⑤ PHA

46
■ 포아송 분포를 이용한 확률 계산

이 문제는 포아송 분포를 이용한 확률 계산 문제입니다. 포아송 분포는 일정 시간 동안 사건이 발생하는 횟수를 나타내는 확률 분포로, 주로 드물게 발생하는 사건의 확률을 계산할 때 사용된다.

포아송 분포의 확률 밀도 함수 $P(X=k) = \dfrac{(\lambda t)^k e^{-\lambda t}}{k!}$

$P(X=k)$: 사건이 k번 발생할 확률
λ : 평균 발생률 (여기서는 연평균 1회)
t : 시간 기간 (여기서는 3년)
k : k는 사건 발생 횟수 (여기서는 $k=0$, 즉 한 건도 발생하지 않을 확률을 구하려고 한다)
e : 자연로그의 상수 (약 2.718)

풀이 과정
1. λ와 t 계산: 주어진 연평균 발생 건수(λ)는 1이고, 시간은 3년이다. 따라서
$$\lambda \times t = 1 \times 3 = 3$$
2. 사건이 0번 발생할 확률: 포아송 분포에서 사건이 0번 발생할 확률을 구하려면 k=0로 설정하여 공식에 대입한다.
$$P(X=k) = \dfrac{(3)^0 e^{-3}}{0!} = e^{-3} = 0.0498$$
3. 소수점 둘째자리로 반올림 0.0498 ≒ 0.05
   3년 동안 한 건도 사고가 발생하지 않을 확률은 0.05 이다.

정답 ①

47
■ 위험성 평가 기법 - 예비위험분석 PHA

예비위험분석(PHA, Preliminary Hazard Analysis)는 시스템, 프로세스, 또는 제품의 초기 설계 단계에서 잠재적인 위험 요소를 식별하고, 그에 따른 위험을 사전에 평가하는 방법이다. PHA는 안전성을 높이기 위한 위험 분석 기법 중 하나로, 주요 위험 요소와 그 영향을 초기에 파악함으로써 적절한 대책을 마련하는 데 목적이 있다. 이 방법은 시스템 개발의 초기 단계에서 위험을 최소화하고, 안전성 개선에 기여한다.

1. PHA의 주요 목적
   1) 시스템 설계 초기에 잠재적 위험 요소를 식별
   2) 잠재적 위험이 시스템에 미치는 영향을 평가
   3) 위험의 발생 가능성과 심각도를 바탕으로 우선순위를 결정
   4) 초기 위험 완화를 위한 조치 제안
2. PHA의 활용 사례
   1) 신제품 개발: 신제품을 설계하거나 개발하는 초기 단계에서 안전성과 위험 요소를 평가하는 데 사용된다.
   2) 건설 및 산업 프로젝트: 대규모 건설 프로젝트나 산업 공정에서 발생할 수 있는 위험 요소를 사전에 평가하여 안전 대책을 마련한다.
   3) 항공, 우주, 군사 산업: 고도의 신뢰성을 요구하는 항공, 우주, 군사 시스템에서 설계 초기 단계에서 잠재적 위험을 식별하고 대비한다.

정답 ⑤

48 시스템 안전성 확보를 위한 방법이 아닌 것은?

① 위험상태 존재의 최소화
② 중복설계(redundancy)의 배제
③ 안전장치의 채용
④ 경보장치의 채택
⑤ 인간공학적 설계의 적용

49 서로 독립인 기본사상 a, b, c로 구성된 아래의 결함수(Fault Tree)에서 정상사상 T에 관한 최소절단집합(minimal cut set)을 모두 구하면?

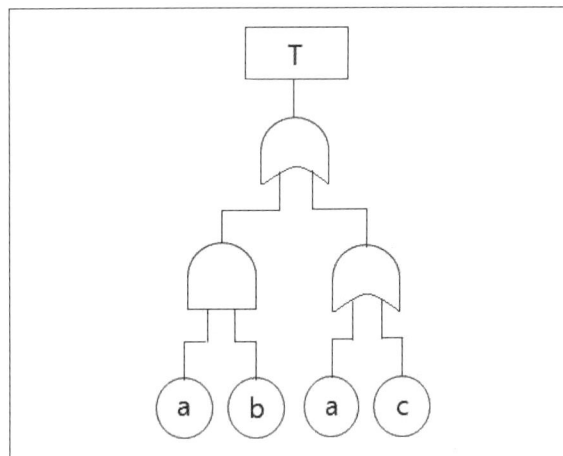

① {a}
② {a, b}
③ {a, c}
④ {a}, {b}
⑤ {a}, {c}

50 안전성평가 종류 중 기술개발의 종합평가(technology assessment)에서 단계별 내용으로 옳지 않은 것은?

① 1 단계: 생산성 및 보전성
② 2 단계: 실현가능성
③ 3 단계: 안전성 및 위험성
④ 4 단계: 경제성
⑤ 5 단계: 종합 평가

48
■ **고장형태와 영향분석 FMEA**

고장형태와 영향분석(FMEA, Failure Mode and Effects Analysis)는 시스템, 제품 또는 프로세스의 고장 형태(Failure Mode)와 그로 인한 영향(Effect)을 체계적으로 분석하여, 잠재적인 문제를 사전에 식별하고 대응하는 신뢰성 분석 기법이다.

FMEA의 주요 목적
1) 잠재적인 고장 형태와 그로 인한 영향을 파악
2) 고장 발생 가능성을 평가하고, 우선순위를 결정
3) 개선 방안을 도출하고, 고장 발생 가능성을 줄이기 위한 사전 대책 마련

정답 ②

49
■ **FT도 발생 확률**

(a,b)+(a+c)=(a),(c),(a,b),(a,b,c) 따라서, 미니멀 컷셋은 (a),(c)

정답 ⑤

50
■ **기술개발 종합평가 5단계**
1. 사회적 복리 기여도 - 이 단계에서는 기술이 사회에 미치는 긍정적인 영향을 평가한다. 기술이 개발 또는 도입됨으로써 사회에 어떤 이익을 제공하는지, 사회적 문제 해결에 기여하는지를 분석한다.
2. 실현가능성 - 이 단계에서는 기술이 실제로 구현 가능한지, 그리고 현실적인 환경에서 성공적으로 적용될 수 있는지를 평가한다. 기술적 구현 가능성, 개발 여건 등을 고려하여 기술 도입이나 개발이 가능한지 검토한다.
3. 안전성, 위험성 비교 평가 - 기술이 안전한지, 그리고 잠재적인 위험이 있는지를 평가하는 단계이다. 기술의 도입이 사용자나 환경에 미치는 위험을 파악하고, 그 위험을 줄이기 위한 방안을 마련한다. 여러 기술 간 안전성과 위험성을 비교하여 최적의 선택을 도출한다.
4. 경제성 검토 - 기술 도입에 따른 경제적 타당성을 평가하는 단계이다. 개발 비용, 운영 비용, 유지 보수 비용 등을 포함한 전체적인 비용을 평가하며, 투자 대비 수익(ROI) 분석을 통해 기술 도입의 경제적 효용성을 판단한다.
5. 종합평가 및 조정 - 앞선 4단계에서 수집된 결과를 종합적으로 평가하고, 필요할 경우 추가 조정이 이루어진다. 각 요소를 통합적으로 검토하여 최종적으로 기술 도입 여부를 결정하는 단계이다. 기술이 실제로 도입될 준비가 되었는지 판단하며, 추가로 필요한 조치나 조정 사항이 있는지 확인한다.

정답 ①

제11회 2021년 기출문제

26 TWI(Training Within Industry)의 교육훈련내용이 아닌 것은?

① 작업적응훈련(JAT) ② 작업방법훈련(JMT)
③ 작업안전훈련(JST) ④ 작업지도훈련(JIT)
⑤ 인간관계훈련(JRT)

27 안전관리 조직에 관한 내용으로 옳지 않은 것은?

① 라인스태프형은 명령 계통과 조언·권고적 참여가 혼돈되기 쉬운 단점이 있다.
② 라인형은 1,000명 이상의 대규모 사업장에 주로 활용된다.
③ 라인형은 안전에 대한 지시 및 전달이 비교적 신속하다.
④ 스태프형은 권한다툼이나 조정 때문에 라인형 보다 통제수속이 복잡하며 시간과 노력이 더 소모된다.
⑤ 안전관리 조직 형태는 라인형(Line type), 스태프형(Staff type), 라인스태프형(Line-Staff type)으로 구분할 수 있다.

28 다음 (   )에 들어갈 것으로 옳은 것은?

> (   )는 330건의 사고가 발생하는 가운데 중상 또는 사망 1건, 경상 29건, 무상해 사고 300건의 비율로 재해가 발생한다는 법칙을 주장하였다.

① 버드(F. Bird) ② 아담스(E. Adams) ③ 시몬즈(R. Simonds)
④ 하인리히(H. Heinrich) ⑤ 콤페스(P. Compes)

26 ■ TWI(Training with industry, 기업내, 산업내 훈련)

TWI(Training Within Industry)는 제2차 세계대전 중 미국에서 개발된 산업 현장 관리 및 작업자의 역량 강화를 위한 교육훈련 프로그램이다. 주로 현장 작업자나 중간 관리자의 작업 능률 향상, 리더십 개발, 직무 수행 능력 개선을 목표로 하며, 직장 내 기술 및 업무 수행 방법의 표준화를 통해 효율성을 극대화하는 데 중점을 둔다.

1. 직무 방법 훈련 (JM: Job Methods Training) – 작업자의 작업 방법을 개선하고, 더 나은 작업 절차를 설계하는 데 중점을 둔다. 작업자와 관리자는 기존 작업 절차를 분석하여 비효율적인 요소를 제거하고, 더 효율적인 작업 방식을 개발한다.
2. 직무 지도 훈련 (JI: Job Instruction Training) – 작업자들이 효율적으로 작업을 수행하도록 표준화된 작업 방법을 교육하는 데 중점을 둔다. 작업자는 어떻게 작업을 수행해야 하는지 단계별로 배우고, 작업을 수행하는 데 필요한 핵심 요소와 주의사항을 익힌다.
3. 직무 관계 훈련 (JR: Job Relations Training) – 관리자가 작업자들과의 관계를 개선하고, 효과적인 리더십을 발휘할 수 있도록 돕는다. 팀워크와 협력을 강화하며, 갈등 상황에서 문제를 해결하는 능력을 키우는 것이 주된 목표이다.
4. 직무 안전 훈련 (JS: Job Safety Training) – 안전한 작업 환경을 유지하고, 산업 재해를 예방하는 데 중점을 둔다. 작업자는 안전 수칙을 준수하고, 작업 중 발생할 수 있는 위험 요소를 인식하며, 사고를 예방하는 방법을 학습한다.

정답 ①

27 ■ 안전보건 관리조직

② 라인형은 100명이하의 사업장에 적합하며, 1,000명 이상의 대규모 사업장에는 라인스탭형이 적합하다.

정답 ②

28 ■ 하인리히 재해구성비율

하인리히(Heinrich)의 재해 구성 비율(Heinrich Accident Triangle 또는 Heinrich's Law)은 산업재해 발생 패턴을 분석하여 사고와 재해의 발생 빈도를 설명하는 이론이다. 하인리히는 많은 경미한 사고가 발생하는 작업 환경에서는 중대한 사고도 발생할 가능성이 높다는 점을 강조했다.

하인리히의 재해 구성 비율 (1:29:300)
1: 중대한 재해 (사망이나 심각한 부상)
29: 경미한 부상 (치료가 필요하지만 생명에는 지장이 없는 부상)
300: 무상해 사고 (사고는 발생했지만 부상이나 물적 피해가 없는 상황)

하인리히는 많은 경미한 사고와 무상해 사고가 일어나는 곳에서는 중대한 사고가 발생할 확률이 높다는 것을 보여주기 위해 이 비율을 제시했다. 작은 사고들이 반복적으로 일어나면 그 중 하나가 결국 중대한 사고로 이어질 가능성이 커진다는 뜻이다.

정답 ④

29 보호구 안전인증 고시에서 정하고 있는 추락 및 감전 위험방지용 안전모의 성능기준에 관한 내용 중 안전모의 시험성능기준 항목이 아닌 것은?

① 내관통성
② 충격흡수성
③ 내약품성
④ 턱끈풀림
⑤ 내수성

30 산업안전보건법령상 대여자 등이 안전조치 등을 해야 하는 기계·기구·설비 및 건축물 등에 해당하는 것을 모두 고른 것은?

ㄱ. 타워크레인	ㄴ. 이동식 크레인
ㄷ. 고소작업대	ㄹ. 리프트

① ㄱ, ㄴ
② ㄷ, ㄹ
③ ㄱ, ㄴ, ㄹ
④ ㄴ, ㄷ, ㄹ
⑤ ㄱ, ㄴ, ㄷ, ㄹ

29
■ **위험예지훈련 4라운드**
1라운드 – 현상파악 : 작업환경에서 위험요소가 무엇인지를 파악하는 단계
2라운드 – 본질추구 : 파악된 위험요소의 근본 원인을 분석하는 단계
3라운드 – 대책수립 : 파악된 위험요소를 제거하거나 줄이기 위한 구체적인 대책 수립하는 단계
4라운드 – 목표설정 : 대책을 실행에 옮기기 위한 구체적인 목표와 행동방침을 설정하는 단계
위험예지훈련 4라운드 방식은 4라운드 방식은 작업 현장에서 발생할 수 있는 위험을 사전에 예측하고, 그에 대한 대책을 마련하기 위한 단계적 훈련 방법이다. 이 훈련은 주로 안전사고 예방을 위해 작업자들이 팀을 이루어 실행하며, 작업 중 발생할 수 있는 위험 요소를 체계적으로 파악하고 해결책을 제시하는 것을 목표로 한다.

정답 ③

30
■ **대여자 등이 안전조치 등을 해야 하는 기계·기구·설비 및 건축물 등(제71조 관련)**
1. 사무실 및 공장용 건축물
2. 이동식 크레인
3. 타워크레인
4. 불도저
5. 모터 그레이더
6. 로더
7. 스크레이퍼
8. 스크레이퍼 도저
9. 파워 셔블
10. 드래그라인
11. 클램셸
12. 버킷굴삭기
13. 트렌치
14. 항타기
15. 항발기
16. 어스드릴
17. 천공기
18. 어스오거
19. 페이퍼드레인머신
20. 리프트
21. 지게차
22. 롤러기
23. 콘크리트 펌프
24. 고소작업대
25. 그 밖에 산업재해보상보험및예방심의위원회 심의를 거쳐 고용노동부장관이 정하여 고시하는 기계, 기구, 설비 및 건축물 등

정답 ⑤

31 "미끄러운 기름이 흘러있는 복도 위를 걷다가 미끄러지면서 넘어져 기계에 머리를 부딪쳐서 다쳤다." 이러한 재해상황에 관한 내용으로 옳은 것은?

① 가해물: 복도, 기인물: 기름, 사고유형: 추락
② 가해물: 기름, 기인물: 복도, 사고유형: 끼임
③ 가해물: 기계, 기인물: 기름, 사고유형: 전도
④ 가해물: 기름, 기인물: 기계, 사고유형: 화재
⑤ 가해물: 기계, 기인물: 기름, 사고유형: 감전

32 비행기로부터 30m 떨어진 곳에서의 음압이 140dB이라면, 300m 떨어진 곳에서의 음압은 몇 dB 인가? (단, 조건은 동일하다.)

① 90
② 100
③ 110
④ 120
⑤ 130

31
■ 재해사례의 조사분석

1. 가해물 (Aggressor) – 가해물은 직접적으로 재해를 일으킨 물체나 요인을 의미한다. 재해가 발생했을 때 피해를 준 물체나 요인이 무엇인지 파악하는 것이 중요하다. 예시 – 기계에 눌려 발생한 사고에서 기계가 가해물이며, 화학 물질 누출로 인한 화상 사고에서는 화학 물질이 가해물이다.
2. 기인물 (Associated Object or Factor) – 기인물은 재해 발생에 직접적으로 기여한 대상으로, 주로 재해가 발생한 환경이나 작업 조건에서 사고가 발생하게 한 주요 원인을 의미한다. 예시 – 공장에서 작업 중 작업대가 미끄러져 넘어졌다면, 작업대가 기인물이며, 건설 현장에서 작업하다가 추락한 경우, 발판이나 직입 플랫폼이 기인물로 간주될 수 있다.
3. 사고유형 (Accident Type) – 사고유형은 재해가 발생한 방식이나 사고의 형태를 의미한다. 즉, 재해가 어떤 방식으로 발생했는지를 구체적으로 설명하는 것으로, 재해를 분류하는 데 중요한 기준이다.

추락: 높은 곳에서 떨어져서 발생한 사고.
끼임: 기계나 설비 등에 신체 일부가 끼여서 발생한 사고.
넘어짐: 미끄러짐, 걸려서 넘어짐 등으로 발생한 사고.
화재 및 폭발: 화재나 폭발로 인해 발생한 사고.
물체에 맞음: 떨어지는 물체에 맞거나 충격을 받아 발생한 사고.

정답 ③

32
■ 소음계산

음압 레벨(dB)은 거리와 음원 강도의 관계를 설명하는 역제곱 법칙에 따라 거리의 제곱에 반비례하여 감소한다. 소리가 퍼지면서 거리가 증가할수록 음압이 줄어드는 현상을 설명하는 법칙이다.

음압 레벨이 거리에 따라 어떻게 변하는지 계산할 때 사용하는 공식은 다음과 같다: $L_2 = L_1 - 20\log\left(\frac{r2}{r1}\right)$

L_1 = 처음 거리에서의 음압 레벨 (dB) = 140dB

L_2 = 새로운 거리에서의 음압 레벨 (dB)

r1 = 처음 거리 (m) = 30m

r2 = 새로운 거리 (m) = 300m

$L_2 = 140 - 20\log\left(\frac{300}{30}\right) = 140 - 20\log(10) = 140 - 20 \times 1 = 120 dB$

따라서, 비행기로부터 300m 떨어진 곳에서의 음압은 120dB이다.

정답 ④

33 공기 중 연소(폭발)범위가 가장 넓은 것은?

① 수소
② 암모니아
③ 프로판
④ 에탄
⑤ 메탄

34 사업장 위험성평가에 관한 지침에서 정하고 있는 위험성평가의 절차에서 "상시근로자수가 20명 미만 사업장 (총 공사금액 20억원 미만의 건설공사)의 경우"에 생략할 수 있는 절차는?

① 평가대상의 선정 등 사전준비
② 근로자의 작업과 관계되는 유해・위험요인의 파악
③ 파악된 유해・위험요인별 위험성의 추정
④ 위험성 감소대책의 수립 및 실행
⑤ 위험성평가 실시내용 및 결과에 관한 기록

33

■ 연소범위

공기 중 연소범위는 가연성 물질이 공기와 혼합되어 불이 붙을 수 있는 농도 범위를 말한다. 이 범위는 연소 하한(LEL, Lower Explosive Limit)과 연소 상한(UEL, Upper Explosive Limit)으로 나뉘며, 가연성 혼합물이 이 범위 안에 있어야만 연소나 폭발이 일어날 수 있다.

1. 주요 개념
    1) 연소 하한(LEL, Lower Explosive Limit): 연소가 일어나기 위한 최소 농도. 이 농도보다 낮으면, 혼합물이 너무 희박하여 불이 붙지 않다.
    2) 연소 상한(UEL, Upper Explosive Limit): 연소가 일어날 수 있는 최대 농도. 이 농도보다 높으면, 혼합물이 너무 농후하여 산소가 부족해 불이 붙지 않는다.
2. 예시
    1) 메탄(CH_4)의 연소범위는 약 5%~15%이다. 즉, 메탄이 공기 중에서 농도가 5% 미만이면 연소할 수 없고, 15%를 넘어서면 산소가 부족하여 연소가 일어나지 않는다.
    2) 프로판(C_3H_8)의 연소범위는 약 2.1%~9.5%로, 이 범위 안에서만 불이 붙을 수 있다.
3. 중요성
    안전 관리: 연소범위를 이해하고 관리하는 것은 화재 및 폭발 사고를 예방하는 데 매우 중요하다. 가연성 물질이 연소범위 안에 있을 경우, 발화원이 존재하면 폭발이나 화재가 일어날 수 있기 때문에 주의가 필요하다.

연소범위

가연성 가스	영문	분자식	하한계	상한계	범위
수소	Hydrogen	H2	4	75	71
일산화탄소	Carbon Monoxide	CO	12.5	74	61.5
아세틸렌	Acetylene	C2H2	2.5	81	78.5
에틸렌	Ethylene	C2H4	2.7	36	33.3
벤젠	Benzene	C6H6	1.3	7.9	6.6
메탄	Methane	CH4	5	15	10
에탄	Ethane	C2H6	3	12.4	9.4
프로판	Propane	C3H8	2.1	9.5	7.4
부탄	Butane	C4H10	1.86	8.41	6.55
헵탄	Heptane	C7H16	1.05	6.7	5.65
암모니아	Ammonia	NH3	15	28	13

정답 ①

34

▶ 제8조(위험성평가의 절차) 사업주는 위험성평가를 다음의 절차에 따라 실시하여야 한다. 다만, 상시근로자 5인 미만 사업장(건설공사의 경우 1억원 미만)의 경우 제1호의 절차를 생략할 수 있다.
    1. 사전준비
    2. 유해·위험요인 파악
    3. 삭제
    4. 위험성 결정
    5. 위험성 감소대책 수립 및 실행
    6. 위험성평가 실시내용 및 결과에 관한 기록 및 보존

◆ 24년 현행고시와 상이하여 정답이 없음.

35 인간 - 기계체계의 신뢰도 유지방안 중 피드백 제어방식에 해당하는 것을 모두 고른 것은?

> ㄱ. 서보 메커니즘(servo mechanism)
> ㄴ. 프로세스 컨트롤(process control)
> ㄷ. 오토매틱 레귤레이션(automatic regulation)

① ㄱ
② ㄴ
③ ㄱ, ㄷ
④ ㄴ, ㄷ
⑤ ㄱ, ㄴ, ㄷ

36 학습평가 기본기준 4가지에 해당하지 않는 것은?

① 타당성
② 신뢰성
③ 객관성
④ 실용성
⑤ 주관성

35 ■ 피드백 제어방식

인간-기계 체계에서 피드백 제어방식은 시스템의 신뢰도를 유지하고 성능을 개선하는 중요한 방식이다. 피드백 제어는 시스템이 목표 상태와 실제 상태를 비교하여 필요한 조정을 자동으로 수행하는 방식이다. 이러한 피드백 제어 방식은 인간-기계 시스템에서 발생할 수 있는 오류나 변동을 최소화하고, 시스템이 원활하게 작동하도록 돕는다.

1. 서보 메커니즘 (Servo Mechanism) – 주로 운동 제어와 정밀한 위치 조정에 적합하며, 위치나 속도를 지속적으로 조정하여 목표 상태를 유지한다.

   적용 예시
   1) 로봇 팔이 정밀한 위치로 이동할 때 서보 모터를 사용하여 목표 위치에 정확하게 도달.
   2) 항공기의 자동 조종 시스템에서 기체의 자세와 속도를 제어.

2. 프로세스 컨트롤 (Process Control) – 산업 공정에서 주로 사용되어 변수(예: 온도, 압력)를 일정하게 유지한다.

   적용 예시
   1) 화학 공정에서 온도와 압력을 일정하게 유지하는 시스템.
   2) 발전소에서 증기 압력과 온도를 관리하여 시스템의 안정성을 유지하는 제어 시스템.

3. 오토매틱 레귤레이션 (Automatic Regulation) – 다양한 시스템에서 변동하는 변수들을 자동으로 조정하여 안정성을 보장하는 방식이다.

   적용 예시
   1) 전기 시스템에서 전압이나 전류의 변동을 자동으로 조절하는 시스템.
   2) HVAC 시스템에서 실내 온도와 습도를 자동으로 유지하는 장치.

정답 ⑤

36 ■ 학습평가 도구기준

학습평가 도구의 기준은 타당도, 신뢰도, 객관도, 실용도로 나뉘며, 각 기준은 학습자가 평가 도구를 통해 정확하고 공정하게 평가받을 수 있는지 여부를 결정하는 중요한 요소들이다. 이 기준들은 학습평가 도구의 질과 효과성을 판단하는 척도로 사용된다.

1. 타당도(Validity) – 타당도는 평가 도구가 측정하고자 하는 내용을 얼마나 정확하게 측정하고 있는가를 의미하며 평가 도구가 학습자가 배운 내용을 평가하는 데 적합한지 여부를 나타낸다.
2. 신뢰도(Reliability) – 신뢰도는 평가 결과의 일관성을 의미한다. 동일한 평가 도구를 여러 번 사용했을 때 일정한 결과를 도출할 수 있는지 여부를 평가한다. 평가 도구가 안정적이고 일관된 결과를 제공해야 신뢰도가 높다고 볼 수 있다.
3. 객관도(Objectivity) – 객관도는 평가자의 주관적인 판단이 평가 결과에 영향을 미치지 않고, 평가 도구가 공정하고 일관되게 적용되는지를 의미한다. 여러 평가자가 동일한 평가 도구를 사용했을 때 같은 결과를 도출할 수 있는가를 평가한다.
4. 실용도(Practicality) – 실용도는 평가 도구가 실제 교육 환경에서 적용 가능한지 여부를 의미한다. 평가 도구가 사용하기 쉬운지, 비용이나 시간 면에서 효율적인지를 평가한다.

정답 ⑤

37 다음은 위험성평가 기법인 MORT에 관한 설명이다. ( )에 들어갈 것으로 옳은 것은?

> MORT는 ( )와(과) 동일한 논리방법을 사용하여 관리, 설계, 생산 및 보전 등의 넓은 범위에 걸친 안전 확보를 위하여 활용하는 기법으로 원자력 산업 등에 이용된다.

① HAZOP ② FTA ③ CA
④ FMEA ⑤ PHA

38 CA(Criticality Analysis)기법에서 "작업의 실패로 이어질 염려가 있는 고장"의 카테고리는?

① 카테고리-Ⅰ ② 카테고리-Ⅱ
③ 카테고리-Ⅲ ④ 카테고리-Ⅳ
⑤ 카테고리-Ⅴ

39 건구온도 42℃, 습구온도 32℃ 일 경우 Oxford지수는?

① 33.5℃ ② 35.5℃ ③ 37.5℃
④ 38.5℃ ⑤ 40.5℃

40 화학물질 및 물리적 인자의 노출기준에서 제시된 소음의 노출기준(충격소음 제외)에 관한 일부내용이다. ( )에 들어갈 내용으로 옳은 것은?

1일 노출시간(hr)	소음강도dB(A)
8	(ㄱ)
4	(ㄴ)

① ㄱ: 90, ㄴ: 95 ② ㄱ: 90, ㄴ: 100
③ ㄱ: 95, ㄴ: 100 ④ ㄱ: 95, ㄴ: 105
⑤ ㄱ: 100, ㄴ: 100

37 ▪ 경영과 위험분석 MORT

MORT(Management Oversight and Risk Tree)는 시스템의 위험 관리와 안전 분석을 위한 기법으로, 결함수(Fault Tree)를 활용하여 발생 가능한 문제와 그 원인을 논리적으로 분석하는 방식이다. FTA와 같은 논리 구조를 기반으로 하여, 사고를 예방하기 위한 조직적 관리 활동과 설계 개선에 주로 사용된다.

🔍정답 ②

38 ▪ 치명도 분석 CA

치명도 분석(Criticality Analysis, CA)는 시스템에서 발생할 수 있는 고장 형태의 중요도와 고장이 시스템에 미치는 영향을 평가하여, 고장의 심각도(Severity)와 발생 가능성(Occurrence)에 따라 우선순위를 결정하는 신뢰성 분석 기법이다. FMECA(Failure Mode, Effects, and Criticality Analysis)의 일부로, FMEA(Failure Mode and Effects Analysis)에서 다룬 고장 형태에 대한 정량적인 분석을 수행하여, 고장의 중요성을 더 명확히 평가하는 단계로 볼 수 있다.
1. 카테고리 1 - 생명의 상실로 이어질 염려가 있는 고장
2. 카테고리 2 - 작업의 실패로 이어질 염려가 있는 고장
3. 카테고리 3 - 운용의 지연 또는 손실로 이어질 고장
4. 카테고리 4 - 극단적인 계획 외의 관리로 이어질 고장

🔍정답 ②

39 ▪ 옥스퍼드(oxford)지수(습구건구지수)

① WD = 0.85Wb(습구온도) + 0.15Db(건구온도)
   = 0.85 × 32 + 0.15 × 42 = 33.5℃

🔍정답 ①

40 ▪ 소음의 노출기준

소음 노출기준(충격음 제외)	소음강도(dBA)
8	90
4	95
2	100
1	105
1/2	110
1/4	115

115dBA를 초과하는 소음수준에 노출되어서는 안됨

1일 노출횟수	소음강도(dBA)
100	140
1,000	130
10,000	120

140dBA를 초과하는 충격 소음에 노출되어서는 안됨

🔍정답 ①

41 브레인스토밍 기법에 관한 내용으로 옳은 것을 모두 고른 것은?

> ㄱ. 타인의 아이디어를 비판하지 않을 것
> ㄴ. 자유로운 분위기를 조성할 것
> ㄷ. 타인의 아이디어에 내 아이디어를 덧붙여 아이디어를 제시하는 것은 금지할 것
> ㄹ. 다수의 아이디어를 낼 수 있도록 할 것

① ㄱ, ㄴ   ② ㄴ, ㄷ   ③ ㄱ, ㄴ, ㄹ
④ ㄱ, ㄷ, ㄹ   ⑤ ㄱ, ㄴ, ㄷ, ㄹ

42 산업안전보건기준에 관한 규칙의 일부이다. ( )에 들어갈 내용으로 옳은 것은?

> 제8조(조도) 사업주는 근로자가 상시 작업하는 장소의 작업면 조도(照度)를 다음 각 호의 기준에 맞도록 하여야 한다. 다만, 갱내(坑內) 작업장과 감광재료(感光材料)를 취급하는 작업장은 그러하지 아니하다.
> 1. 초정밀작업: (ㄱ)럭스(lux) 이상
> 2. 정밀작업: (ㄴ)럭스 이상

① ㄱ: 600, ㄴ: 300   ② ㄱ: 650, ㄴ: 250
③ ㄱ: 700, ㄴ: 200   ④ ㄱ: 750, ㄴ: 300
⑤ ㄱ: 800, ㄴ: 250

43 일본의 의학자인 하시모토 쿠니에가 제시한 의식수준 5단계(Phase)의 의식 상태와 신뢰성에 관한 내용으로 옳은 것은?

① Phase 0의 의식상태는 무의식 상태이며 신뢰성은 0.3이다.
② Phase 1의 의식상태는 실신 상태이며 신뢰성은 0.6 이상이다.
③ Phase 2의 의식상태는 의식이 둔한 상태이며 신뢰성은 0.9이다.
④ Phase 3의 의식상태는 명석한 상태이며 신뢰성은 0.999999 이상이다.
⑤ Phase 4의 의식상태는 편안한 상태이며 신뢰성은 1.0이다.

41

■ 브레인스토밍
1. 비판 금지 (No Criticism) - 아이디어에 대한 비판이나 평가를 하지 않는다.
2. 자유분방 (Freewheeling Welcome) - 자유롭고 파격적인 아이디어를 환영한다.
3. 대량발언 (Quantity over Quality) - 아이디어의 수를 최대한 많이 제시한다.
4. 수정발언 (Combination and Improvement) - 아이디어를 결합하거나 발전시킨다.

브레인스토밍은 자유롭고 개방적인 환경에서 많은 아이디어를 내는 것이 목표이며, 이를 수행하기 위해 4원칙을 준수해야 한다. 많은 아이디어를 얻기 위해서는 리더의 역할과 분위기 조성이 중요하다.

정답 ③

42

■ 조도
제8조(조도)
1. 초정밀작업: 750럭스(lux) 이상
2. 정밀작업: 300럭스 이상
3. 보통작업: 150럭스 이상
4. 그 밖의 작업: 75럭스 이상

정답 ④

43

■ 인간의 의식수준 5단계
하시모토 쿠니에(橋本邦江)는 일본의 의학자로, 인간의 의식 상태를 5단계로 구분한 의식수준 5단계(Phase)를 제시했다. 이는 주로 환자들의 의식 상태를 평가하기 위한 도구로 사용되며, 각 단계는 의식의 명료성, 반응성, 신뢰성에 따라 구분된다. 이 모델은 의식 상태의 심각도를 평가하고, 의료적 처치나 대응의 지침으로 활용된다.
1. Phase 0 - 수면중, 무의식
2. Phase 1 - 깬상태, 의식둔화
3. Phase 2 - 정상상태
4. Phase 3 - 각성상태
5. Phase 4 - 과몰입, 일점집중

정답 ④

44 산업안전보건법령상 안전보건표지의 색도기준 및 용도에 관한 내용으로 옳지 않은 것은? (단, 색도기준은 한국산업규격(KS)에 따른 색의 3속성에 의한 표시방법(KSA 0062 기술표준원 고시 제2008-0759)에 따른다.)

① 7.5R 4/14: 정지신호, 소화설비 및 그 장소, 유해행위의 금지
② N9.5: 화학물질 취급장소에서의 유해·위험 경고
③ 5Y 8.5/12: 화학물질 취급장소에서의 유해·위험경고 이외의 위험경고, 주의표지 또는 기계방호물
④ 2.5PB 4/10: 특정 행위의 지시 및 사실의 고지
⑤ 2.5G 4/10: 비상구 및 피난소, 사람 또는 차량의 통행표지

45 다음은 푸르키네 효과(Purkinje Effect)에 관한 내용이다. (   )에 들어갈 내용으로 옳은 것은?

- 색의 식별은 암순응과 명순응으로 나누어지고 우리 눈의 망막에는 추상체와 간상체라는 두 종류의 시신경이 있는데 추상체는 (ㄱ)을(를) 주로 느끼고 간상체는 (ㄴ)을(를) 주로 느낀다.
- (ㄷ)된 눈의 최대비시감도는 약 555nm이고 (ㄹ)된 눈의 최대비 시감도는 약 510nm로서 짧은 파장으로 이동한다.

① ㄱ: 색상, ㄴ: 명암, ㄷ: 명순응, ㄹ: 암순응
② ㄱ: 명암, ㄴ: 색상, ㄷ: 암순응, ㄹ: 명순응
③ ㄱ: 명암, ㄴ: 채도, ㄷ: 암순응, ㄹ: 명순응
④ ㄱ: 명암, ㄴ: 색상, ㄷ: 명순응, ㄹ: 암순응
⑤ ㄱ: 채도, ㄴ: 명암, ㄷ: 암순응, ㄹ: 명순응

44 ▪ 안전보건표지의 색도기준 및 용도

■ 산업안전보건법 시행규칙 [별표 8]

안전보건표지의 색도기준 및 용도(제38조제3항 관련)

색채	색도기준	용도	사용례
빨간색	7.5R 4/14	금지	정지신호, 소화설비 및 그 장소, 유해행위의 금지
		경고	화학물질 취급장소에서의 유해·위험 경고
노란색	5Y 8.5/12	경고	화학물질 취급장소에서의 유해·위험경고 이외의 위험경고, 주의표지 또는 기계방호물
파란색	2.5PB 4/10	지시	특정 행위의 지시 및 사실의 고지
녹색	2.5G 4/10	안내	비상구 및 피난소, 사람 또는 차량의 통행표지
흰색	N9.5		파란색 또는 녹색에 대한 보조색
검은색	N0.5		문자 및 빨간색 또는 노란색에 대한 보조색

(참고)
1. 허용 오차 범위 H=± 2, V=± 0.3, C=± 1(H는 색상, V는 명도, C는 채도를 말한다)
2. 위의 색도기준은 한국산업규격(KS)에 따른 색의 3속성에 의한 표시방법(KSA 0062 기술표준원 고시 제 2008-0759)에 따른다.

정답 ②

45 ▪ 푸르키네 효과

푸르키네 효과(Purkinje effect)는 인간의 시각에서 밝기와 색 인식이 변화하는 현상을 설명하는 개념이다. 주로 저조도 환경에서 발생하는 시각적 현상으로, 낮은 조명에서는 파란색 계열의 색이 더 밝게 보이고, 빨간색 계열의 색은 더 어둡게 보이는 현상이다.
이 효과는 눈의 두 가지 주요 광수용체인 간상세포(rods)와 원추세포(cones)가 작용하는 방식에서 기인한다.

푸르키네 효과의 주요 특징

1. 명소 적응(Photopic Vision) : 밝은 빛에서 원추세포가 주로 작용하여 빨간색이나 녹색 같은 장파장(따뜻한 색)에 더 민감한다.
2. 암소 적응(Scotopic Vision) : 어두운 빛에서 간상세포가 주로 작용하여 파란색이나 보라색 같은 단파장(차가운 색)에 더 민감한다.
3. 푸르키네 효과 : 밝은 빛에서는 빨간색이 더 밝아 보이지만, 어두운 환경에서는 파란색이 더 밝게 보이는 현상이다.

정답 ①

2과목 산업안전일반

46 5m 떨어진 곳에서 1.5mm 벌어진 틈을 구분할 수 있는 사람의 최소가분시력은? (단, 소수점 둘째자리에서 반올림하여 소수점 첫째자리까지 구하시오.)

① 0.5　　② 1.0　　③ 2.0
④ 2.5　　⑤ 3.0

47 관리격자이론에서 "생산에 관한 관심은 대단히 높으나 인간에 대한 관심이 극히 낮은 리더십"의 유형은?

① (1.1)형　　② (1.9)형　　③ (9.1)형
④ (9.9)형　　⑤ (5.5)형

48 산업안전보건법령상 산업안전보건위원회를 구성할 수 있는 사용자위원 중 상시근로자 50명 이상 100명 미만을 사용하는 사업장에서는 제외할 수 있는 사람은?

① 해당 사업의 대표자(같은 사업으로서 다른 지역에 사업장이 있는 경우에는 그 사업장의 안전보건관리책임자를 말한다. 이하 같다)
② 안전관리자(제16조제1항에 따라 안전관리자를 두어야 하는 사업장으로 한정하되, 안전관리자의 업무를 안전관리전문기관에 위탁한 사업장의 경우에는 그 안전관리전문기관의 해당 사업장 담당자를 말한다) 1명
③ 보건관리자(제20조제1항에 따라 보건관리자를 두어야 하는 사업장으로 한정하되, 보건관리자의 업무를 보건관리전문기관에 위탁한 사업장의 경우에는 그 보건관리전문기관의 해당 사업장 담당자를 말한다) 1명
④ 산업보건의(해당 사업장에 선임되어 있는 경우로 한정한다)
⑤ 해당 사업의 대표자가 지명하는 9명 이내의 해당 사업장 부서의 장

46
- **시력**

  시각(분) = 57.3 × 60 × D:물체의 크기/L:물체와 눈사이 거리
  시각 = 57.3 × 60 × 1.5/5,000mm = 1.03
  시력 = 1/시각 = 1/1.0314 ≒ 1.0

  정답 ②

47
- **블레이크(Blake)와 머튼(Mouton)의 관리격자이론(Managerial Grid Theory)**

  관리격자이론(Managerial Grid Theory)은 블레이크(Blake)와 머튼(Mouton)이 개발한 리더십 이론으로, 관리자의 리더십 스타일을 두 가지 축을 기준으로 구분한다.

  1. 리더십 기준
     1) 생산에 대한 관심(Concern for Production): 업무 성과, 효율성, 목표 달성 등에 얼마나 집중하는지.
     2) 인간에 대한 관심(Concern for People): 구성원들의 복지, 만족, 인간적 관계 등에 얼마나 관심을 가지는지.
  2. "생산에 관한 관심은 대단히 높으나 인간에 대한 관심이 극히 낮은 리더십"의 유형
     (9,1)형 리더십: 권위-복종형 리더십 - 목표 달성과 생산성을 중시하지만, 사람에 대한 배려가 부족한 리더십 스타일을 나타낸다.

  정답 ③

48
- **시행령 제35조(산업안전보건위원회의 구성)**

  ① 산업안전보건위원회의 근로자위원은 다음 각 호의 사람으로 구성한다.
  1. 근로자대표
  2. 명예산업안전감독관이 위촉되어 있는 사업장의 경우 근로자대표가 지명하는 1명 이상의 명예산업안전감독관
  3. 근로자대표가 지명하는 9명(근로자인 제2호의 위원이 있는 경우에는 9명에서 그 위원의 수를 제외한 수를 말한다) 이내의 해당 사업장의 근로자

  ② 산업안전보건위원회의 사용자위원은 다음 각 호의 사람으로 구성한다. 다만, <u>상시근로자 50명 이상 100명 미만을 사용하는 사업장에서는 제5호에 해당하는 사람을 제외하고 구성할 수 있다.</u>
  1. 해당 사업의 대표자(같은 사업으로서 다른 지역에 사업장이 있는 경우에는 그 사업장의 안전보건관리책임자를 말한다. 이하 같다)
  2. 안전관리자(제16조제1항에 따라 안전관리자를 두어야 하는 사업장으로 한정하되, 안전관리자의 업무를 안전관리전문기관에 위탁한 사업장의 경우에는 그 안전관리전문기관의 해당 사업장 담당자를 말한다) 1명
  3. 보건관리자(제20조제1항에 따라 보건관리자를 두어야 하는 사업장으로 한정하되, 보건관리자의 업무를 보건관리전문기관에 위탁한 사업장의 경우에는 그 보건관리전문기관의 해당 사업장 담당자를 말한다) 1명
  4. 산업보건의(해당 사업장에 선임되어 있는 경우로 한정한다)
  5. <u>해당 사업의 대표자가 지명하는 9명 이내의 해당 사업장 부서의 장</u>

  정답 ⑤

49 500명의 근로자가 근무하는 사업장에서 연간 30건의 재해가 발생하여 35명의 재해자로 인해 120일의 근로손실일수가 발생한 경우, 이 사업장의 재해 통계(도수율, 강도율)로 옳은 것은? (단, 1일 8시간, 연 300일 근무하는 것으로 가정한다.)

① 도수율: 0.25, 강도율: 0.1
② 도수율: 2.1, 강도율: 0.1
③ 도수율: 25, 강도율: 1.0
④ 도수율: 0.21, 강도율: 10
⑤ 도수율: 25, 강도율: 0.1

50 다음 논리식을 가장 간단하게 표현한 것은?

$$\{(A+B+C)(\overline{A}+B+C)\}+AB+BC$$

① $A+B$
② $A+\overline{B}$
③ $B+C$
④ $\overline{B}+\overline{C}$
⑤ $A+\overline{B}+C$

49 연근로자를 먼저 계산 후 도수율과 강도율식에 대입

- 연근로시간수 = 근로자수 × 근로시간 × 근무일 = 50명×8시간×300=1,200,000
- 도수율 = $\dfrac{재해건수}{연근로시간수} \times 1,000,000$

  도수율 = $\dfrac{30}{1,200,000} \times 1,000,000 = 25$

- 강도율 = $\dfrac{근로손실일수}{연근로시간수} \times 1,000$

  강도율 = $\dfrac{120}{1,200,000} \times 1,000 = 0.1$

따라서, 도수율 25, 강도율 0.1

정답 ⑤

50 ■ 부울대수 법칙

$F = \{(A+B+C)(\overline{A}+B+C)\} + AB + BC$

1. 항등식 (X+Y)(X+Z)=X+YZ 적용

   $\{(A+B+C)(\overline{A}+B+C)\} = (B+C) + A\overline{A} = (B+C) + 0 = B+C$

2. 나머지 항 흡수

   $F = (B+C) + AB + BC$

흡수법칙 B + AB = B, B + BC = B 사용하면

F = B + C

정답 ③

제10회 2020년 기출문제

26 학습지도의 원리로 옳은 것을 모두 고른 것은?

```
ㄱ. 개별화의 원리          ㄴ. 직관의 원리
ㄷ. 구체화의 원리          ㄹ. 통합의 원리
ㅁ. 주관화의 원리
```

① ㄱ, ㄴ, ㄹ　　② ㄱ, ㄷ, ㅁ　　③ ㄱ, ㄹ, ㅁ
④ ㄴ, ㄷ, ㄹ　　⑤ ㄴ, ㄹ, ㅁ

27 수공구 설계원칙에 관한 설명으로 옳은 것을 모두 고른 것은?

```
ㄱ. 손에 맞는 장갑을 착용한다.
ㄴ. 손잡이를 꺾지 말고 손목을 꺾는다.
ㄷ. 손잡이 접촉면적을 작게 하여 힘을 집중시킨다.
ㄹ. 가능한 수동공구가 아닌 동력공구를 사용한다.
ㅁ. 양손잡이를 모두 고려한 설계를 한다.
```

① ㄱ, ㄴ, ㄷ　　② ㄱ, ㄹ, ㅁ　　③ ㄴ, ㄷ, ㄹ
④ ㄴ, ㄹ, ㅁ　　⑤ ㄷ, ㄹ, ㅁ

28 피교육자의 능력에 따라 교육하고 급소를 강조하며, 주안점을 두어 논리적·체계적으로 반복교육을 실시하는 교육진행 단계는?

① 도입단계　　② 확인단계　　③ 적용단계
④ 응용단계　　⑤ 제시단계

26 ▪ 학습지도의 원리
① 자기활동의 원리 - 스스로 자발성 참여
② 개별화의 원리 - 모든 학습자에게 적용가능
③ 사회화의 원리 - 사회의 바로 적용
④ 통합의 원리 - 전체로서 지도
⑤ 직관의 원리 - 대상을 직접 파악
학습지도의 원리는 학습자가 능동적으로 참여하고, 개별적 차이를 고려하며, 사회적 맥락에서 통합적으로 학습하도록 유도하는 데 중요한 지침을 제공한다. 직접적 경험을 통한 학습은 특히 학습자가 학습 내용을 정확히 이해하고 실생활에 적용할 수 있도록 돕는 중요한 방법이다.

정답 ①

27 ▪ 수공구 설계원칙
수공구 설계 원칙은 작업자가 안전하고 효율적으로 도구를 사용할 수 있도록 인체공학적인 요소를 고려한 설계 기준을 의미한다. 올바르게 설계된 수공구는 작업자의 피로를 줄이고, 작업 효율성을 높이며, 작업 중 부상 위험을 최소화할 수 있다. 수공구 설계는 주로 인체공학적 원리에 기반하며, 도구를 사용하는 작업자의 편안함과 안전성을 고려한 설계가 이루어진다.

세부 원칙
1. 자연스러운 손목 자세 : 도구를 사용할 때 작업자의 손목이 자연스러운 자세(중립 자세)를 유지할 수 있도록 설계해야 한다. 손목을 비틀거나 꺾지 않도록 해야 한다.
2. 넓은 접촉면적 : 손잡이와 손이 접촉하는 면적이 넓을수록, 특정 부위에 가해지는 압력이 줄어들어 피로를 감소시킵니다. 손바닥 전체에 골고루 힘이 전달될 수 있도록 설계되어야 한다.

정답 ②

28 ▪ 교육방법의 4단계
교육방법 4단계(도입, 제시, 적용, 확인)는 교육의 효과를 극대화하기 위한 체계적인 접근 방식이다. 이 단계들은 지식 전달과 실천을 연결하여 교육 내용을 학습자에게 명확히 이해시키고, 실제로 적용할 수 있도록 돕는다.
1. 도입 (Introduction) - 학습자의 흥미와 관심을 유도하며, 교육의 필요성을 인식시키는 단계로 교육의 목표와 중요성, 교육의 주제와 관련된 사전 지식을 설명한다.
2. 제시 (Presentation) - 학습할 내용을 명확하고 구체적으로 전달하는 단계로 교육의 핵심 내용을 설명하고 시각자료, 동영상, 실습 도구 등을 활용해 구체적으로 제시한다.
3. 적용 (Application) - 학습자가 배운 내용을 실제 상황에 적용해보는 단계로 배운 내용을 바탕으로 실습이나 과제를 수행하게 하여, 학습자가 실제로 이를 적용할 수 있도록 한다.
4. 확인 (Confirmation) - 학습 내용이 제대로 이해되고 적용되었는지 평가하는 단계로 학습자들의 실습 결과를 평가하거나 퀴즈, 질의응답, 피드백 등을 통해 교육 내용을 다시 한 번 점검한다

정답 ⑤

29 위험예지훈련 4라운드를 순서대로 바르게 나열한 것은?

ㄱ. 이것이 위험요점이다.　　ㄴ. 우리는 이렇게 한다.
ㄷ. 당신이라면 어떻게 할 것인가?　　ㄹ. 어떤 위험이 잠재하고 있는가?

① ㄱ - ㄹ - ㄷ - ㄴ
② ㄷ - ㄹ - ㄱ - ㄴ
③ ㄹ - ㄱ - ㄷ - ㄴ
④ ㄹ - ㄷ - ㄱ - ㄴ
⑤ ㄹ - ㄷ - ㄴ - ㄱ

30 빛의 성질에 관한 설명으로 옳지 않은 것은?

① 과녁이 배경보다 어두우면 대비는 0 ~ 100% 사이의 값이다.
② 명도는 색의 선명한 정도, 즉 색깔의 강약을 말한다.
③ 휘도는 단위면적당 표면에서 반사 또는 방출되는 빛의 양을 말한다.
④ 조도는 어떤 물체나 표면에 도달하는 빛의 밀도를 말한다.
⑤ 빛을 완전히 발산 및 반사시키는 표면의 반사율은 100%이다.

31 재해조사의 1단계(사실의 확인)에서 수행하지 않는 것은?

① 재해의 직접원인 및 문제점 파악
② 사고 또는 재해발생 시 조치
③ 불안전 행동 유무에 관한 관계자 사실 청취
④ 작업 중 지도·지휘의 조사
⑤ 작업 환경·조건의 조사

29 ■ 위험예지훈련 4라운드

1라운드 – 현상파악 : 작업환경에서 위험요소가 무엇인지를 파악하는 단계
2라운드 – 본질추구 : 파악된 위험요소의 근본 원인을 분석하는 단계
3라운드 – 대책수립 : 파악된 위험요소를 제거하거나 줄이기 위한 구체적인 대책 수립하는 단계
4라운드 – 목표설정 : 대책을 실행에 옮기기 위한 구체적인 목표와 행동방침을 설정하는 단계

위험예지훈련 4라운드 방식은 4라운드 방식은 작업 현장에서 발생할 수 있는 위험을 사전에 예측하고, 그에 대한 대책을 마련하기 위한 단계적 훈련 방법이다. 이 훈련은 주로 안전사고 예방을 위해 작업자들이 팀을 이루어 실행하며, 작업 중 발생할 수 있는 위험 요소를 체계적으로 파악하고 해결책을 제시하는 것을 목표로 한다.

정답 ③

30 ■ 명도(Brightness 또는 Lightness)

명도(Brightness 또는 Lightness)는 색의 밝기를 나타내는 개념으로, 색의 밝고 어두운 정도를 의미한다. 명도는 색의 밝음과 어두움의 차이를 표현하며, 색을 구분하는 중요한 요소 중 하나이다.

명도의 특징
1. 명도 범위: 명도는 0에서 100까지의 범위로 표현되며, 0은 완전한 검정색, 100은 완전한 흰색을 의미한다.
2. 밝은 색 vs 어두운 색: 명도가 높은 색은 흰색에 가까운 밝은 색을 의미하고, 명도가 낮은 색은 검정에 가까운 어두운 색을 나타낸다.
3. 명도의 영향: 명도는 색의 시각적 인식에 큰 영향을 미치며, 특정 환경에서 시각적 피로도를 줄이기 위해 적절한 명도를 사용하는 것이 중요한다.

정답 ②

31 ■ 재해조사 순서 4단계

재해조사 순서에서 제시된 4단계는 재해 발생 시 원인을 분석하고, 향후 유사 재해를 예방하기 위한 대책을 수립하는 과정을 설명하는 것으로, 안전 관리 및 재해 예방의 핵심적인 절차이다. 각 단계는 재해의 원인을 체계적으로 분석하고, 문제를 해결하기 위한 구체적인 방안을 마련하는 데 중점을 둔다.

- 1단계 사실의 확인 – 재해 발생 직후, 재해의 사실을 정확하게 확인하는 단계이다. 여기에는 재해 발생 당시의 현장 상황을 조사하고, 재해 관련 자료를 수집하며, 목격자 진술을 듣는 작업이 포함된다. 구체적 활동으로는 재해 현장의 사진 촬영, 피해 상황 기록, 관련 장비 및 기계 상태 확인, 목격자 진술 청취 등이 있다.
- 2단계 직접원인과 문제점 발견 – 재해를 초래한 직접적인 원인을 분석하는 단계이다. 직접원인은 재해 발생 직전에 작용한 요인들로, 주로 작업자의 행동이나 장비의 상태 등 재해를 일으킨 즉각적인 이유이다. 구체적 활동으로는 작업자의 실수, 방호 장비 미비, 기계의 결함 등 직접적인 재해 원인을 분석 안전 규정 미준수 여부 확인 등이 있다.
- 3단계 기본원인과 근본적 문제 결정 – 재해를 일으킨 근본적인 원인을 규명하는 단계이다. 기본원인은 재해의 직접 원인 뒤에 숨어 있는 더 깊은 문제를 의미하며, 주로 조직의 관리 체계, 작업환경, 교육 부족 등 근본적인 문제가 될 수 있다. 구체적 활동으로는 교육과 훈련 부족, 안전 관리 체계의 미흡, 작업 환경의 문제점 분석, 조직적, 시스템적 문제 발견 등이 있다.
- 4단계 동종 및 유사재해 예방대책 수립 – 확인된 문제점과 원인에 대한 분석을 바탕으로, 동종 및 유사한 재해의 재발을 방지하기 위한 예방 대책을 수립하는 단계이다. 여기에서는 단순히 원인을 제거하는 것뿐만 아니라, 조직적 변화와 장기적인 개선책을 마련하는 것이 중요하다. 구체적 활동으로는 작업자 교육 및 훈련 강화, 방호 장치 추가 설치 및 설비 개선, 관리 시스템 강화 및 주기적인 안전 점검 계획 수립 등이 있다.

정답 ①

32 재해조사방법에 관한 설명으로 옳지 않은 것은?

① 피해자에 대한 조사자의 기본적 태도는 동정적이고 피해자의 입장을 이해해야 한다.
② 목격자 등이 증언하는 사실 이외의 추측의 말은 참고로만 한다.
③ 사고의 재발방지보다 책임소재 파악을 우선하는 기본적 태도를 갖는다.
④ 재해조사는 재해발생 직후 현장을 보존하며 신속하게 수행한다.
⑤ 피해자에 대한 구급조치를 우선한다.

33 하인리히(Heinrich)의 도미노(Domino)이론에서 사고의 직접원인이 아닌 것은?

① 불안전한 자세 및 위치
② 권한 없이 행한 조작
③ 당황, 놀람, 잡담, 장난
④ 부적절한 태도
⑤ 불량한 정리정돈

34 산업안전보건법령상 근로자 정기교육의 내용에 해당하지 않는 것은?

① 건강증진 및 질병 예방에 관한 사항
② 산업재해보상보험 제도에 관한 사항
③ 기계·장비의 주요장치에 관한 사항
④ 유해·위험 작업환경 관리에 관한 사항
⑤ 직무스트레스 예방 및 관리에 관한 사항

32
■ 재해조사의 근본취지
재해의 발생원인과 결함을 규명하고 예방 자료를 수집하여 동종 재해 및 유사 재해의 재발 방지 대책을 강구

■ 재해조사 방법
재해조사 방법은 재해가 발생했을 때 그 원인과 문제점을 정확하게 파악하고, 재발을 방지하기 위한 대책을 수립하는 과정이다. 재해조사는 체계적이고 철저하게 수행되어야 하며, 다양한 조사 방법을 통해 재해의 원인과 문제점을 분석하게 된다.
1. 현장 조사 (On-site Investigation)
2. 목격자 진술 수집 (Witness Testimony)
3. 작업자 면담 (Interview with Workers)
4. 기록 분석 (Document Review)
5. 사진 및 영상 분석 (Photo and Video Analysis)
6. 원인 분석 도구 사용 (Root Cause Analysis Tools) - 재해의 근본적인 원인을 파악하기 위해 분석 도구를 사용 (FTA(Fault Tree Analysis), 5 Whys 기법, FMEA(Failure Mode and Effects Analysis))
7. 실험 및 재현 (Experiment and Simulation)

정답 ③

33
■ 하인리히 재해발생 5단계
하인리히(Heinrich)의 재해발생 5단계는 산업 안전에서 재해가 발생하는 과정을 설명한 모델이다. 하인리히는 사고가 단순히 운이 나빠서 일어나는 것이 아니라 일정한 과정에 따라 발생한다고 주장했다.
1. 사회적 환경과 유전적 요소 - 사고를 일으킬 수 있는 인간의 성향은 개인의 유전적 요소나 사회적 환경으로부터 영향을 받는다. 불안정한 행동을 유발할 수 있는 기질과 습관이 형성될 수 있다.
2. 개인의 결함 - 유전적 요소나 사회적 환경으로 인해 개인에게 결함이 생길 수 있다. 이는 성격적 문제, 판단력 부족, 성급함, 무책임한 행동 등을 포함한다.
3. 불안정한 행동 또는 상태 - 개인의 결함으로 인해 작업장에서 불안정한 행동(안전 규칙을 따르지 않거나, 부주의한 행동)이나 불안정한 상태(기계의 결함이나 작업 환경의 문제)가 나타난다.
4. 사고 - 불안정한 행동이나 상태로 인해 사고가 발생한다.
5. 재해 - 사고의 결과로 재해가 발생한다.

④ 개인적 결함은 신체적 또는 정신적 결함으로 부적절한 태도가 해당된다.

정답 ④

34
■ 산업안전보건법 시행규칙 [별표 5] 〈개정 2023. 9. 27.〉 안전보건교육 교육대상별 교육내용
1. 근로자 안전보건교육
   가. 정기교육
      - 산업안전 및 사고 예방에 관한 사항
      - 산업보건 및 직업병 예방에 관한 사항
      - 위험성 평가에 관한 사항
      - 건강증진 및 질병 예방에 관한 사항
      - 유해·위험 작업환경 관리에 관한 사항
      - 산업안전보건법령 및 산업재해보상보험 제도에 관한 사항
      - 직무스트레스 예방 및 관리에 관한 사항
      - 직장 내 괴롭힘, 고객의 폭언 등으로 인한 건강장해 예방 및 관리에 관한 사항

정답 ③

35 위험성평가 실시 주체에 관한 설명으로 옳은 것은?

① 사업주는 위험성평가 시 해당 작업장의 근로자를 참여시켜야 한다.
② 안전보건관리책임자는 유해·위험요인을 파악하고 그 결과에 따라 개선조치를 시행한다.
③ 관리감독자는 위험성평가 실시에 대하여 안전보건관리책임자를 보좌하고 지도·조언한다.
④ 안전보건관리책임자는 주체가 되어 도급사업주와 함께 각자의 역할을 분담하여 위험성 평가를 실시한다.
⑤ 안전·보건관리자는 위험성평가 실시를 총괄한다.

36 산업안전보건법령상 사업주가 위험성평가 실시내용 및 결과를 기록·보존 할 때 포함되어야 할 사항을 모두 고른 것은?

ㄱ. 산업안전보건관리비의 산출내역과 변경관리
ㄴ. 위험성 결정의 내용
ㄷ. 위험성평가 제외 대상 공종의 작업계획 및 회의내용
ㄹ. 위험성평가 대상의 유해·위험요인
ㅁ. 위험성평가의 실시내용을 확인하기 위하여 필요한 사항으로서 고용노동부장관이 정하여 고시하는 사항

① ㄱ, ㄴ, ㄷ
② ㄱ, ㄷ, ㄹ
③ ㄴ, ㄷ, ㄹ
④ ㄴ, ㄹ, ㅁ
⑤ ㄷ, ㄹ, ㅁ

35 ▶ 제5조(위험성평가 실시주체)

① **사업주**는 스스로 사업장의 유해·위험요인을 파악하고 이를 평가하여 관리 개선하는 등 위험성평가를 실시하여야 한다.

② 법 제63조에 따른 작업의 일부 또는 전부를 도급에 의하여 행하는 사업의 경우는 **도급을 준 도급인(이하 "도급사업주"라 한다)과 도급을 받은 수급인(이하 "수급사업주"라 한다)은 각각 제1항에 따른 위험성평가를 실시하여야** 한다.

③ 제2항에 따른 도급사업주는 수급사업주가 실시한 위험성평가 결과를 검토하여 도급사업주가 개선할 사항이 있는 경우 이를 개선하여야 한다.

▶ 제7조(위험성평가의 방법)

① **사업주**는 다음과 같은 방법으로 위험성평가를 실시하여야 한다.
  1. **안전보건관리책임자** 등 해당 사업장에서 사업의 실시를 총괄 관리하는 사람에게 **위험성평가의 실시를 총괄 관리하게 할 것**
  2. 사업장의 **안전관리자, 보건관리자** 등이 위험성평가의 실시에 관하여 **안전보건관리책임자를 보좌하고 지도·조언하게 할 것**
  3. **유해·위험요인을 파악하고 그 결과에 따른 개선조치를 시행할 것**
  4. 기계·기구, 설비 등과 관련된 위험성평가에는 해당 기계·기구, 설비 등에 전문 지식을 갖춘 사람을 참여하게 할 것
  5. 안전·보건관리자의 선임의무가 없는 경우에는 제2호에 따른 업무를 수행할 사람을 지정하는 등 그 밖에 위험성평가를 위한 체제를 구축할 것

▶ 제6조(근로자 참여)

<u>사업주는 위험성평가를 실시할 때, 법 제36조제2항에 따라 다음 각 호에 해당하는 경우 해당 작업에 종사하는 근로자를 참여시켜야 한다.</u>

🔍**정답** ①

36 ■ 제14조(기록 및 보존) ① 규칙 제37조제1항제4호에 따른 "그 밖에 위험성평가의 실시내용을 확인하기 위하여 필요한 사항으로서 고용노동부장관이 정하여 고시하는 사항"이란 다음 각 호에 관한 사항을 말한다.

■ **시행규칙 제37조(위험성평가 실시내용 및 결과의 기록·보존)** ① 사업주가 법 제36조제3항에 따라 위험성평가의 결과와 조치사항을 기록·보존할 때에는 다음 각 호의 사항이 포함되어야 한다.
  1. 위험성평가 대상의 유해·위험요인
  2. 위험성 결정의 내용
  3. 위험성 결정에 따른 조치의 내용
  4. 그 밖에 위험성평가의 실시내용을 확인하기 위하여 필요한 사항으로서 고용노동부장관이 정하여 고시하는 사항

② 사업주는 제1항에 따른 자료를 3년간 보존해야 한다.

🔍**정답** ④

37 산업안전보건법령상 중대재해 발생 시 업무절차 및 원인조사에 관한 설명으로 옳은 것은?

① 사업주는 중대재해가 발생한 사실을 알게 된 경우에는 대통령령으로 정하는 바에 따라 지체 없이 한국산업안전보건공단에 보고하여야 한다.
② 고용노동부장관은 중대재해 발생 시 사업주가 자율적으로 안전보건개선계획 수립·시행 후 결과를 제출하면 중대재해 원인조사를 생략한다.
③ 누구든지 중대재해 발생 현장을 훼손하거나 고용노동부장관의 원인조사를 방해해서는 아니 된다.
④ 중대재해가 발생한 사업장에 대한 원인조사의 내용 및 절차, 그 밖에 필요한 사항은 대통령령으로 정한다.
⑤ 한국산업안전보건공단이사장은 중대재해 발생 시 그 원인 규명 또는 산업재해 예방대책 수립을 위하여 그 발생 원인을 조사할 수 있다.

38 교육훈련 기법에서 토의법의 종류가 아닌 것은?

① 강의법(Lecture Method)
② 문제법(Problem Method)
③ 포럼(Forum)
④ 심포지움(Symposium)
⑤ 사례연구(Case Study)

37
■ 중대재해 발생 시 업무절차 및 원인조사

① 사업주는 중대재해가 발생한 사실을 알게 된 경우에는 고용노동부령으로 정하는 바에 따라 지체 없이 고용노동부장관에게 보고하여야 한다.
② 중대재해가 발생하면, 그 원인을 철저히 규명하여 유사한 사고의 재발을 방지하고 책임을 명확히 하는 것이 중요하므로 원인조사 생략은 법적으로 허용되지 않는다.
④ 중대재해가 발생한 사업장에 대한 원인조사의 내용 및 절차, 그 밖에 필요한 사항은 고용노동부령으로 정한다.
⑤ 고용노동부장관은 중대재해가 발생하였을 때에는 그 원인 규명 또는 산업재해 예방대책 수립을 위하여 그 발생 원인을 조사할 수 있다.

정답 ③

38
■ 토의법 유형

1. 자유토론 (Free Discussion) – 특정 주제에 대해 학습자들이 자유롭게 의견을 나누고 토론하는 방식
2. 원탁토의 (Round Table Discussion) – 참가자들이 원형 테이블에 앉아 대등한 위치에서 특정 주제에 대해 의견을 나누는 방식
3. 패널토의 (Panel Discussion) – 소수의 전문가나 학습자가 패널로 구성되어 특정 주제에 대해 토론하고, 나머지 참가자들은 패널의 토론을 경청하고 질문하는 방식
4. 심포지엄 (Symposium) – 특정 주제에 대해 여러 명의 발표자가 각자의 관점에서 발표한 후, 그 발표 내용에 대해 학습자들이 토론하는 방식
5. 브레인스토밍 (Brainstorming) – 주제나 문제에 대해 학습자들이 자유롭게 아이디어를 내고, 그 아이디어를 평가 없이 모두 수집하는 방식
6. 배심토의 (Debate) – 찬반 양측이 나뉘어 서로의 입장에 대해 논리적으로 논쟁하는 방식이다. 한 가지 주제에 대해 각자의 주장을 펼치고 상대의 주장을 논리적으로 반박하며 토론이 진행되는 방식
7. 대담토의 (Colloquium) – 소수의 전문가가 특정 주제에 대해 질의응답 형식으로 토의하는 방식이다. 주로 청중이 질문을 하고, 이에 대해 전문가가 답변하는 형식
8. 회의식 토의 (Conference) – 참가자들이 일정한 시간 동안 모여서 특정 주제에 대해 논의하고 결론을 도출하는 방식
9. 버즈 세션 (Buzz Session) – 대규모 학습자를 소규모 그룹으로 나누어 특정 주제에 대해 짧은 시간 동안 집중적으로 토론하게 한 후, 각 그룹의 결과를 다시 전체로 모아서 토론하는 방식
10. 피라미드 토의 (Pyramid Discussion) – 처음에는 소수의 인원이 모여 토론을 시작하고, 점차 그룹의 크기를 늘려가며 토론을 확장하는 방식

정답 ①

39 안전보건조정자의 업무로 옳은 것을 모두 고른 것은?

ㄱ. 같은 장소에서 이루어지는 각각의 공사 간에 혼재된 작업의 파악
ㄴ. 혼재된 작업으로 인한 산업재해 발생의 위험성 파악
ㄷ. 혼재된 작업의 능률 개선을 위한 작업의 시기·내용 조정
ㄹ. 각각의 공사 도급인의 안전관리자 간 교육내용 공유 확인

① ㄱ, ㄴ ② ㄱ, ㄷ ③ ㄴ, ㄷ
④ ㄴ, ㄹ ⑤ ㄷ, ㄹ

40 안전보건경영시스템(KOSHA 18001)에 관한 설명으로 옳지 않은 것은?

① "안전보건경영"이란 사업주가 자율적으로 해당 사업장의 산업재해를 예방하기 위하여 안전보건관리체제를 구축하고 정기적으로 위험성평가를 실시하여 잠재 유해·위험 요인을 지속적으로 개선하는 등 산업재해예방을 위한 조치 사항을 체계적으로 관리하는 제반 활동을 말한다.
② "인증심사"란 인증서를 받은 사업장에서 인증기준을 지속적으로 유지·개선 또는 보완하여 운영하고 있는지를 판단하기 위하여 인증 후 매년 1회 정기적으로 실시하는 심사를 말한다.
③ "심사원 양성교육"이란 심사원을 양성하기 위하여 인증운영·인증기준·심사절차 및 심사요령 등에 관하여 실시하는 총 교육시간이 34시간 이상을 실시하는 안전보건경영시스템 교육을 말한다.
④ "연장심사"란 인증 유효기간을 연장하고자 하는 사업장에 대하여 인증 유효기간이 만료되기 전까지 인증의 연장 여부를 결정하기 위하여 실시하는 심사를 말한다.
⑤ "실태심사"란 인증 신청 사업장에 대하여 인증심사를 실시하기 전에 안전보건경영 관련 서류와 사업장의 준비상태 및 안전보건경영활동 운영현황 등을 확인하는 심사를 말한다.

41 안전보건진단에 관한 산업안전보건법 제47조 규정의 일부이다. ( )에 들어갈 내용을 순서대로 나열한 것은?

고용노동부장관은 (ㄱ)·붕괴, 화재·폭발, 유해하거나 위험한 물질의 누출 등 (ㄴ) 발생의 위험이 현저히 높은 사업장의 (ㄷ)에게 산업안전보건법 제48조에 따라 지정받은 기관(이하 "안전보건진단기관"이라 한다)이 실시하는 안전보건진단을 받을 것을 명할 수 있다.

① ㄱ: 감전 ㄴ: 사망사고 ㄷ: 사업주
② ㄱ: 감전 ㄴ: 산업재해 ㄷ: 관리감독자
③ ㄱ: 추락 ㄴ: 산업재해 ㄷ: 안전관리자
④ ㄱ: 추락 ㄴ: 산업재해 ㄷ: 사업주
⑤ ㄱ: 전도 ㄴ: 사망사고 ㄷ: 관리감독자

39
■ 안전보건조정자
제68조(안전보건조정자) ① 2개 이상의 건설공사를 도급한 건설공사발주자는 그 2개 이상의 건설공사가 같은 장소에서 행해지는 경우에 작업의 혼재로 인하여 발생할 수 있는 산업재해를 예방하기 위하여 건설공사 현장에 안전보건조정자를 두어야 한다.

정답 ①

40
■ **제2조(정의)** ① 이 규칙에서 사용하는 용어의 뜻은 다음과 같다.
6. "인증심사"란 인증 신청 사업장에 대한 인증의 적합 여부를 판단하기 위하여 인증기준과 관련된 안전보건경영 절차의 이행상태 등을 현장 확인을 통해 실시하는 심사를 말한다.

정답 ②

41
■ 안전보건진단
제47조(안전보건진단) ① 고용노동부장관은 추락·붕괴, 화재·폭발, 유해하거나 위험한 물질의 누출 등 산업재해 발생의 위험이 현저히 높은 사업장의 사업주에게 제48조에 따라 지정받은 기관(이하 "안전보건진단기관"이라 한다)이 실시하는 안전보건진단을 받을 것을 명할 수 있다.

정답 ④

42 고장률에 관한 욕조곡선(Bathtub Curve)의 설명으로 옳은 것을 모두 고른 것은?

> ㄱ. 시간에 따른 평균고장시간(MTTF)을 도시한 것이다.
> ㄴ. 초기고장 기간, 우발고장 기간, 마모고장 기간으로 구분된다.
> ㄷ. 초기고장을 줄이기 위해 디버깅(Debugging)이나 번인(Burn-in)을 실시한다.
> ㄹ. 피로나 노화 고장은 마모고장 기간에서 발생한다.
> ㅁ. 예방보전은 우발고장 기간에서 가장 효과적이다.

① ㄱ, ㄴ
② ㄱ, ㄴ, ㄷ
③ ㄴ, ㄷ, ㄹ
④ ㄷ, ㄹ, ㅁ
⑤ ㄴ, ㄷ, ㄹ, ㅁ

43 부품의 신뢰도가 $R(t) = e^{-0.5t}$일 때 옳지 않은 것은? (단, 시간 t는 년(year)이며, 소수점 아래 넷째자리에서 반올림한다.)

① 고장확률밀도함수는 $f(t) = 0.5e^{-0.5t}$이다.
② 평균고장시간(MTTF)은 2년이다.
③ 부품의 MTTF 동안 신뢰도는 0.368이다.
④ 시간에 따라 고장률은 점차 증가한다.
⑤ 부품이 3년 내에 고장 날 확률은 0.777이다.

44 다음에 적용된 본질적 안전 설계의 개념으로 옳은 것은?

> ㄱ. 극성이 정해져 있는 전원 커넥터를 극성이 다르게 삽입되지 않도록 설계
> ㄴ. 전기히터가 넘어지면 저절로 꺼지도록 설계

① ㄱ: Fool Proof, ㄴ: Fail Safe
② ㄱ: Fool Proof, ㄴ: Fool Proof
③ ㄱ: Fail Safe, ㄴ: Fool Proof
④ ㄱ: Fail Safe, ㄴ: Fail Safe
⑤ ㄱ: Fail Proof, ㄴ: Fail Safe

42
■ 욕조곡선
ㄱ. 욕조곡선(Bathtub Curve)은 시간에 따른 시스템 또는 부품의 고장률(failure rate)을 도시화한 그래프이다. 이 곡선은 시스템의 수명 주기 동안 고장률이 어떻게 변화하는지를 시각적으로 나타낸다.
ㅁ. 예방보전은 정상 작동구간에서 가장 효과적이다.

정답 ③

43
■ 신뢰도
① 고장확률밀도함수 $f(t) = 0.5e^{(-0.5t)}$
② 평균고장시간(MTTF:Mean Time Between Failure): 평균고장간격, 부품, 장치나 컴퓨터시스템의 고장에서 고장까지의 평균시간 (MTTF = 총가동시간 / 고장건수, 10 / 5 = 2)
③ 신뢰도(e-λt), MTTF동안 $R(t) = e^{(-\lambda t)} = e^{(-0.5*2)} = 0.367879$
④ 시간에 따라 고장률은 일정하다.(지수 함수)
⑤ 부품이 3년 내에 고장 날 활률 = 1-신뢰도(e-λt) = $1 - e^{(-0.5*3)} = 1 - e^{(-1.5)} = 0.7768$

정답 ④

44
■ Fail-Safe와 Fool-Proof
1. Fail-Safe - 시스템에서 고장이나 오류가 발생했을 때, 안전한 상태로 자동 전환하여 시스템이 사용자의 안전이나 외부 환경에 악영향을 미치지 않도록 설계하는 기법.
예시:
  1) 엘리베이터: 전원이 꺼지면 자동으로 가장 가까운 층에 멈추고 문을 여는 시스템.
  2) 자동차 브레이크 시스템: 브레이크 유압이 빠져도 수동으로 최소한의 제동이 가능하도록 설계.
  3) 산업용 기계: 비상 정지 버튼을 눌렀을 때 모든 기계가 멈추고, 안전한 상태로 전환.

2. Fool-Proof (또는 Fail-Proof) - 사용자가 잘못된 조작을 하더라도 시스템이 문제가 발생하지 않도록 설계하는 기법
예시:
  1) USB 연결: 한 방향으로만 연결 가능하도록 설계되어 잘못 연결할 수 없음.
  2) 자동차 기어 잠금: 자동차가 주행 중이거나 브레이크를 밟지 않으면 기어를 변경할 수 없도록 설계.
  3) 전기 플러그: 특정 전압에 맞는 플러그와 콘센트만 맞물리도록 설계되어, 잘못된 전압 장비를 연결할 수 없게 만듦.

정답 ①

45 작업공간 배치의 기본 원칙에 관한 설명으로 옳지 않은 것은?

① 자주 사용하는 요소일수록 사용하기 편리한 지점에 배치한다.
② 사용 및 조작 순서를 고려하여 배치한다.
③ 동일한 요소들은 기억과 탐색이 쉽도록 일관된 지점에 배치한다.
④ 기능적으로 관련성이 높은 요소들은 분산 배치한다.
⑤ 목적 달성에 중요한 요소일수록 사용하기 편리한 지점에 배치한다.

46 다음은 FMEA에서 어떤 고장유형의 심각도, 발생도, 검출도, 가용도를 평가한 결과이다. 이 고장유형에 대한 위험우선순위점수(Risk Priority Number)는 얼마인가?

- 심각도(Severity): 6
- 발생도(Occurrence): 5
- 검출도(Detection): 10
- 가용도(Availability): 2

① 7 ② 21 ③ 300
④ 600 ⑤ 900

47 사용자 인터페이스 설계에서 고려되는 사용성(Usability)의 세부내용에 관한 설명으로 옳지 않은 것은?

① 학습 용이성: 과거의 경험과 직관에 의해 사용법을 쉽게 익히도록 설계한다.
② 효율성: 저렴한 비용으로 최상의 정보를 얻을 수 있도록 설계한다.
③ 기억 용이성: 시간이 지나도 사용법을 기억하기 쉽도록 설계한다.
④ 오류 최소화 및 복구 용이성: 오류가 적어야 하고 오류가 발생하더라도 복구하기 쉽게 설계한다.
⑤ 주관적 만족감: 사용자가 만족하고 몰입할 수 있도록 설계한다.

45
■ 작업성능 향상시키기 위한 작업공간 배치의 기본원칙
① 중요성의 원칙 - 중요한 요소일수록 사용하기 편리한 지점에 배치
② 사용빈도의 원칙 - 자주 사용할수록 편리한 지점에 배치
③ 기능별 배치의 원칙 - 기능적으로 관련성이 높은 요소들은 가깝게 배치
④ 사용순서의 원칙 - 사용순서를 고려하여 배치

정답 ④

46
■ FMEA에서 위험우선순위 점수
위험우선순위점수(RPN, Risk Priority Number)는 FMEA에서 고장 유형의 위험 수준을 평가하기 위한 지표로, 심각도(Severity), 발생도(Occurrence), 그리고 검출도(Detection)를 곱하여 계산한다.

: RPN(Risk Priority Number): 위험우선순위(= 발생도 × 심각도 × 검출도)
위험우선순위 = 5 ×6 ×10 = 300

정답 ③

47
■ 인터페이스 설계 구분
1. 학습용이성 (Learnability) - 사용자가 시스템이나 인터페이스를 처음 접할 때 얼마나 쉽게 배우고 사용할 수 있는지를 의미한다. 인터페이스가 직관적일수록 사용자는 짧은 시간 내에 기능을 익히고, 효과적으로 사용할 수 있다.
2. 효율성 (Efficiency) - 사용자가 인터페이스를 숙지한 후 작업을 얼마나 빠르고 효율적으로 수행할 수 있는지를 의미한다. 효율성 높은 인터페이스는 사용자가 적은 노력으로 더 많은 작업을 수행할 수 있도록 돕는다.
3. 기억용이성 (Memorability) - 사용자가 시스템을 사용하지 않다가 다시 돌아왔을 때, 얼마나 쉽게 이전에 배운 내용을 기억하고 다시 사용할 수 있는지를 의미한다. 사용성 높은 인터페이스는 기억하기 쉬워 반복적으로 사용해도 쉽게 익숙해진다.
4. 오류 (Errors) - 사용자가 인터페이스를 사용하는 동안 발생하는 오류의 빈도와 심각성을 최소화하는 것이 중요한다. 또한, 오류가 발생했을 때 사용자가 이를 쉽게 해결할 수 있어야 한다.
5. 만족감 (Satisfaction) - 사용자가 시스템을 사용할 때 느끼는 주관적인 만족감을 의미한다. 사용자가 인터페이스를 사용하는 동안 즐거움을 느끼고, 전체적인 경험이 긍정적이어야 한다.

이 다섯 가지 요소를 고려한 인터페이스 설계는 사용자가 쉽게 배우고, 효율적으로 사용하며, 오류 없이 만족스럽게 경험할 수 있는 시스템을 구축하는 데 중요한 역할을 한다.

정답 ②

48 경계, 경보를 위한 청각신호 선택 지침에 관한 설명으로 옳지 않은 것은?

① 개시기간이 짧은 고강도 신호를 사용한다.
② 주파수는 500 ~ 3,000Hz가 가장 효과적이다.
③ 장거리 신호는 1,000Hz 이하로 한다.
④ 주의, 집중을 위해서는 변조된 신호를 사용한다.
⑤ 배경소음의 주파수와 동일하게 한다.

49 결함수(Fault Tree)가 다음과 같을 때 정상사상 T가 발생할 확률은? (단, 기본사상 a, b, c는 서로 독립이고 발생확률은 각각 0.1이다.)

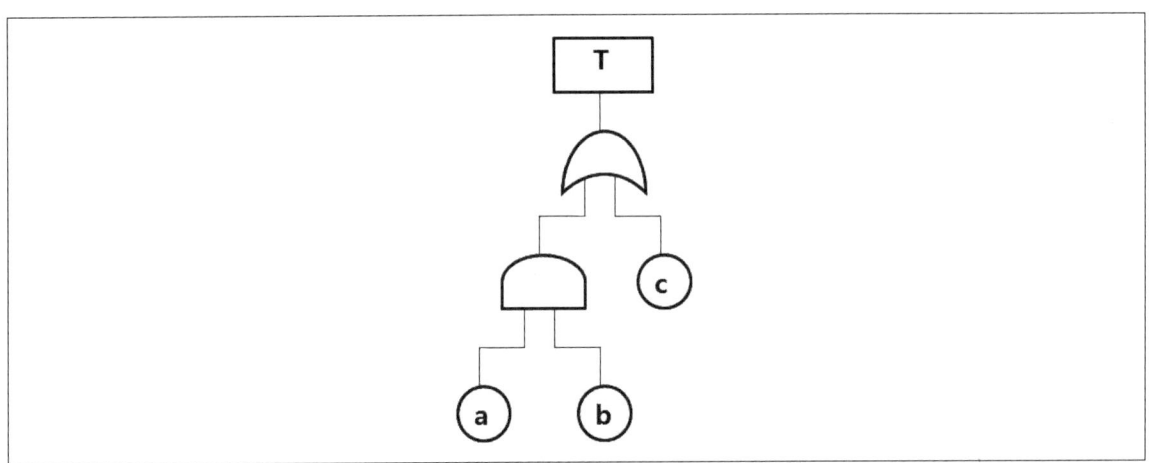

① 0.001
② 0.009
③ 0.019
④ 0.109
⑤ 0.729

48
■ 청각신호 선택 지침
① 개시시간이 짧은 고강도 신호 사용
② 주파수 500~3,000Hz 진동수 사용
③ 장거리 신호는 1,000Hz 이하
④ 주의 집중이 필요하면 변조된 신호 사용
⑤ 배경 소음의 진동수와 다른 신호를 사용

정답 ⑤

49
■ FT도 발생 확률
a: 0.1, b: 0.1, c: 0.1
0.1 × 0.1=0.01, 1−{(1−0.01)(1−0.1)} = 0.109

FT도(Fault Tree Diagram)에서 정상사상(Top Event)은 시스템에서 발생한 주요 고장이나 사고를 의미한다. 이는 분석의 출발점이 되는 사상으로, 시스템의 주요 기능 실패나 사고를 나타낸다. 정상사상(Top Event)은 FTA에서 가장 상위에 위치하며, 이 사상이 발생하게 된 원인을 분석하기 위해 FTA가 수행된다.

정상사상의 특징
1) 시스템에서 발생한 주요 고장이나 사고를 의미한다.
2) FTA(Fault Tree Analysis)는 이 정상사상이 왜 발생했는지를 분석하기 위한 기법이다.
3) 정상사상은 상위사상(Top Event)라고도 하며, 이를 유발한 하위 원인들을 분석해나가는 과정에서 결함수가 구성된다.

FTA 분석의 목표는 이 정상사상이 발생한 이유를 밝혀내고, 그 원인을 규명하여 개선책을 도출하는 것이다.

정답 ④

50 다음은 4중2 시스템의 신뢰성 블록도(Reliability Block Diagram)이다. 시스템은 동일한 4개의 부품으로 구성되며 4개 중 2개 이상이 정상이면 시스템은 정상 작동한다. 시스템 신뢰도는 얼마인가? (단, 모든 부품의 신뢰도는 0.9이다.)

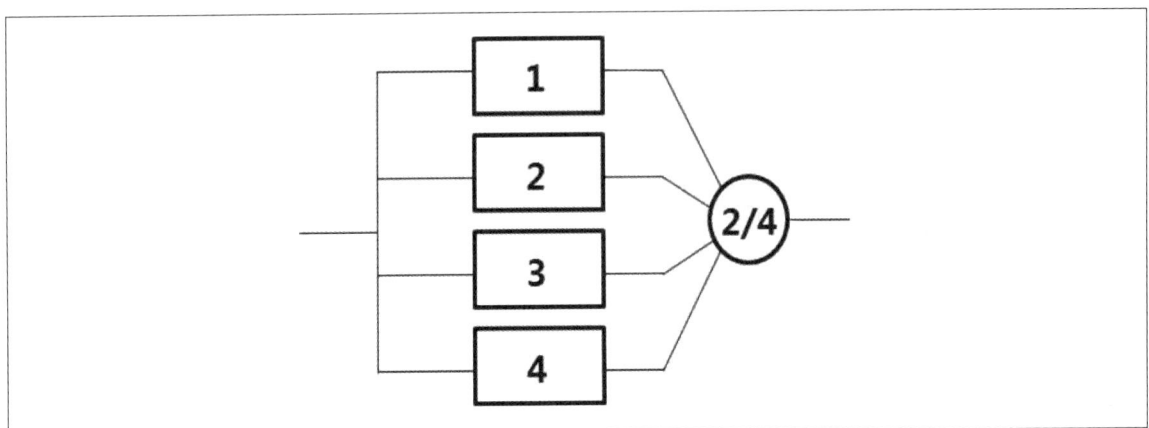

① 0.2916
② 0.6561
③ 0.7290
④ 0.9963
⑤ 0.9999

50 이 문제는 4중 2 시스템의 신뢰도를 구하는 문제로, 이는 조합 논리를 사용한 이항분포 기반의 계산이다. 주어진 조건은 시스템이 4개의 부품으로 구성되어 있으며, 그중 2개 이상이 정상 작동하면 시스템이 정상적으로 작동한다는 것이다. 또한 각 부품의 신뢰도는 0.9이다.

4중 2 시스템에서 시스템이 정상 작동하기 위한 경우는 부품이 2개, 3개, 혹은 4개가 정상일 때이다. 이를 계산하는 과정은 다음과 같다
1. 성공 확률 (각 부품의 신뢰도, P) : 0.9
2. 실패 확률 (1 - P) : 0.1

이때, 시스템의 신뢰도는 최소 2개의 부품이 정상일 확률을 계산하는 것이므로, 4개의 부품 중 2개, 3개, 또는 4개가 정상일 확률을 모두 합산한다. 이 확률을 구하는 방법은 이항분포 공식을 이용하여 각 경우의 조합 확률을 구하는 것이다.
P(시스템 정상)=P(2개정상)+P(3개정상)+P(4개정상)

이항분포 공식
$$P(k) = \binom{n}{k} \cdot P^K \cdot (1-P)^{n-k}$$
여기서, n=4, k=2,3,4, P=0.9,1-P=0.1입니다.
1. 두 개의 부품이 정상일 확률 P(2)
$$P(2) = \binom{4}{2} \cdot 0.9^2 \cdot (0.1)^{4-2} = 0.0486$$
2. 세 개의 부품이 정상일 확률 P(3)
$$P(3) = \binom{4}{3} \cdot 0.9^3 \cdot (0.1)^{4-3} = 0.2916$$
3. 네 개의 부품이 정상일 확률 P(4)
$$P(4) = \binom{4}{4} \cdot 0.9^4 \cdot (0.1)^{4-4} = 0.6561$$
4. 전체 시스템 신뢰도 계산
P(시스템 정상)=0.0486+0.2916+0.6561=0.9963

정답 ④

제09회 2019년 기출문제

26. TWI(Training Within Industry) 교육훈련내용 중 사람을 다루는 방법(인간관계 관리기법)에 대한 훈련인 것은?

① JIT(Job Instruction Training)
② JMT(Job Method Training)
③ JRT(Job Relation Training)
④ CCS(Civil Communication Section)
⑤ MTP(Management Training Program)

27. 산업안전보건법령상 사업주가 근로자에 대하여 실시하여야 하는 교육 중 채용 시 및 작업내용 변경 시의 교육내용으로 명시되어 있는 것이 아닌 것은?

① 기계·기구의 위험성과 작업의 순서 및 동선에 관한 사항
② 작업 개시 전 점검에 관한 사항
③ 정리정돈 및 청소에 관한 사항
④ 사고 발생 시 재해조사 및 방지계획에 관한 사항
⑤ 산업보건 및 직업병 예방에 관한 사항

26 ■ TWI(Training with industry, 기업내, 산업내 훈련)
TWI(Training Within Industry)는 제2차 세계대전 중 미국에서 개발된 산업 현장 관리 및 작업자의 역량 강화를 위한 교육훈련 프로그램이다. 주로 현장 작업자나 중간 관리자의 작업 능률 향상, 리더십 개발, 직무 수행 능력 개선을 목표로 하며, 직장 내 기술 및 업무 수행 방법의 표준화를 통해 효율성을 극대화하는 데 중점을 둔다.
1. 직무 방법 훈련 (JM: Job Methods Training) – 작업자의 작업 방법을 개선하고, 더 나은 작업 절차를 설계하는 데 중점을 둔다. 작업자와 관리자는 기존 작업 절차를 분석하여 비효율적인 요소를 제거하고, 더 효율적인 작업 방식을 개발한다.
2. 직무 지도 훈련 (JI: Job Instruction Training) – 작업자들이 효율적으로 작업을 수행하도록 표준화된 작업 방법을 교육하는 데 중점을 둔다. 작업자는 어떻게 작업을 수행해야 하는지 단계별로 배우고, 작업을 수행하는 데 필요한 핵심 요소와 주의사항을 익힌다.
3. 직무 관계 훈련 (JR: Job Relations Training) – 관리자가 작업자들과의 관계를 개선하고, 효과적인 리더십을 발휘할 수 있도록 돕다. 팀워크와 협력을 강화하며, 갈등 상황에서 문제를 해결하는 능력을 키우는 것이 주된 목표이다.
4. 직무 안전 훈련 (JS: Job Safety Training) – 안전한 작업 환경을 유지하고, 산업 재해를 예방하는 데 중점을 둔다. 작업자는 안전 수칙을 준수하고, 작업 중 발생할 수 있는 위험 요소를 인식하며, 사고를 예방하는 방법을 학습한다.

정답 ③

27 ■ 산업안전보건법 시행규칙 [별표 5] 〈개정 2023. 9. 27.〉안전보건교육 교육대상별 교육내용
다. 채용 시 교육 및 작업내용 변경 시 교육
 - 산업안전 및 사고 예방에 관한 사항
 - <u>산업보건 및 직업병 예방에 관한 사항</u>
 - 위험성 평가에 관한 사항
 - 산업안전보건법령 및 산업재해보상보험 제도에 관한 사항
 - 직무스트레스 예방 및 관리에 관한 사항
 - 직장 내 괴롭힘, 고객의 폭언 등으로 인한 건강장해 예방 및 관리에 관한 사항
 - <u>기계·기구의 위험성과 작업의 순서 및 동선에 관한 사항</u>
 - <u>작업 개시 전 점검에 관한 사항</u>
 - <u>정리정돈 및 청소에 관한 사항</u>
 - 사고 발생 시 긴급조치에 관한 사항
 - 물질안전보건자료에 관한 사항

정답 ④

28 하인리히(H.W.Heinrich)의 재해코스트 산정 시 간접비에 해당하는 것을 모두 고른 것은?

```
ㄱ. 휴업보상비              ㄴ. 장해보상비
ㄷ. 재산손실                ㄹ. 유족보상비
ㅁ. 생산감소
```

① ㄱ, ㄴ ② ㄱ, ㅁ ③ ㄴ, ㄹ
④ ㄷ, ㄹ ⑤ ㄷ, ㅁ

29 산업안전보건기준에 관한 규칙상 지게차에 관한 내용으로 옳지 않은 것은?

① 사업주는 화물의 낙하에 의하여 지게차의 운전자에게 위험을 미칠 우려가 있는 경우에는 지게차 최대하중의 1.5배 값(3톤을 넘는 값에 대해서는 3톤으로한다)의 등분포정하중에 견딜 수 있는 헤드가드를 갖추어야 한다.
② 사업주는 백레스트(backrest)를 갖추지 아니한 지게차를 사용해서는 아니 된다. 다만, 마스트의 후방에서 화물이 낙하함으로써 근로자가 위험해질 우려가 없는 경우에는 그러하지 아니하다.
③ 사업주는 전조등과 후미등을 갖추지 아니한 지게차를 사용해서는 아니 된다. 다만, 작업을 안전하게 수행하기 위하여 필요한 조명이 확보되어 있는 장소에서 사용하는 경우에는 그러하지 아니하다.
④ 사업주는 앉아서 조작하는 방식의 지게차를 운전하는 근로자에게 좌석 안전띠를 착용하도록 하여야 한다.
⑤ 사업주는 지게차에 의한 하역운반작업에 사용하는 팔레트(pallet)는 적재하는 화물의 중량에 따른 충분한 강도를 가지고 심한 손상·변형 또는 부식이 없는 것을 사용하여야 한다.

30 사업장 위험성평가에 관한 지침에서 위험성 추정 시 유의사항으로 옳지 않은 것은?

① 예상되는 부상 또는 질병의 대상자 및 내용을 명확하게 예측할 것
② 최악의 상황에서 가장 큰 부상 또는 질병의 중대성을 추정할 것
③ 부상 또는 질병의 중대성은 부상이나 질병 등의 종류에 따라 각각 별도의 척도를 사용하는 것이 바람직하며, 기본적으로 부상 또는 질병에 의한 요양기간 또는 근로손실 일수 등을 척도로 사용하지 아니 할 것
④ 기계·기구, 설비, 작업 등의 특성과 부상 또는 질병의 유형을 고려할 것
⑤ 유해성이 입증되어 있지 않은 경우에도 일정한 근거가 있는 경우에는 그 근거를 기초로 하여 유해성이 존재하는 것으로 추정할 것

28
■ 하인리히(H. W. Heinrich)방식

하인리히의 재해 손실비 이론에 따르면, 산업재해로 인한 손실은 직접비와 간접비로 나뉜다. 직접비는 주로 보험, 치료비, 보상금 등 눈에 보이는 비용이며, 간접비는 재해로 인해 발생하는 직접적으로 산출하기 어려운 추가 비용을 의미한다. 하인리히는 직간접비의 비율이 1:4 라고 주장했으며, 이는 간접비가 직접비보다 훨씬 더 많다는 의미이다.
간접비는
1. 작업 중단으로 인한 생산성 손실
2. 기계나 설비의 손상에 대한 복구 비용
3. 대체 인력 채용 및 훈련 비용
4. 사고 처리에 소요된 관리 시간
5. 사기 저하로 인한 업무 효율성 감소
6. 조사 및 법적 비용
7. 대외 이미지 손실 및 평판 저하

정답 ⑤

29
■ 산업안전보건기준에 관한 규칙상 지게차

제180조(헤드가드) 사업주는 다음 각 호에 따른 적합한 헤드가드(head guard)를 갖추지 아니한 지게차를 사용해서는 안 된다. 다만, 화물의 낙하에 의하여 지게차의 운전자에게 위험을 미칠 우려가 없는 경우에는 그렇지 않다. 〈개정 2019. 1. 31., 2022. 10. 18.〉

1. 강도는 지게차의 최대하중의 2배 값(4톤을 넘는 값에 대해서는 4톤으로 한다)의 등분포정하중(等分布靜荷重)에 견딜 수 있을 것
2. 상부틀의 각 개구의 폭 또는 길이가 16센티미터 미만일 것
3. 운전자가 앉아서 조작하거나 서서 조작하는 지게차의 헤드가드는 한국산업표준에서 정하는 높이 기준 이상일 것

정답 ①

30
■ 고시 제2023-19호 사업장 위험성평가에 관한 지침 제11조(위험성 추정) 조문 삭제

현행고시와 상이한 문제

31 다음에서 설명하는 논리기호의 명칭은?

- 더 이상 해석이나 분석할 필요가 없는 사상
- 결함수 분석법(FTA)의 도표에 사용되는 논리기호 중 '원'기호로 표시됨

① 결함사상 ② 기본사상
③ 이하 생략의 결함사상 ④ 통상사상
⑤ 전이기호

32 산업안전보건기준에 관한 규칙상 통로에 관한 내용으로 옳지 않은 것은?

① 가설통로를 설치하는 경우 경사가 15도를 초과하는 경우에는 미끄러지지 아니하는 구조로 설치하여야 한다.
② 사다리식 통로를 설치하는 경우 사다리의 상단은 걸쳐놓은 지점으로부터 60센티미터 이상 올라가도록 설치하여야 한다.
③ 계단 및 계단참을 설치하는 경우 매제곱미터당 400킬로그램 이상의 하중에 견딜 수 있는 강도를 가진 구조로 설치하여야 한다.
④ 높이가 3미터를 초과하는 계단에 높이 3미터 이내마다 너비 1.2미터 이상의 계단참을 설치하여야 한다.
⑤ 높이 1미터 이상인 계단의 개방된 측면에 안전난간을 설치하여야 한다.

33 인간공학에서는 인간의 신체적 특성과 인지적 특성을 고려하여 제품을 설계한다. 인간특성과 설계사례의 연결로 옳지 않은 것은?

① 신체적 특성 - 사용자의 손 크기를 고려한 박스의 손잡이 설계
② 인지적 특성 - 전자레인지가 작동 중에 문을 열면 작동을 멈추도록 하는 인터락 설계
③ 신체적 특성 - 오금 높이를 기준으로 책상용 의자의 높이를 설계
④ 인지적 특성 - 작업자의 팔 행동반경을 고려하여 조종 장치를 배치
⑤ 인지적 특성 - 전화기 버튼을 누르면, 눌릴 때 마다 청각적 피드백을 제공하는 설계

31
- **논리기호**

기본사상(Basic Event):
1. FTA에서 기본사상은 고장이나 사고의 가장 근본적인 원인으로, 더 이상 분석이 필요 없는 사상이다.
2. '원' 기호로 표시되며, 분석의 끝 단계에서 나타나는 최종 원인이라고 할 수 있다.

정답 ②

32
- **산업안전보건기준에 관한 규칙 제26조(계단의 강도)**

① 사업주는 계단 및 계단참을 설치하는 경우 매제곱미터당 500킬로그램 이상의 하중에 견딜 수 있는 강도를 가진 구조로 설치하여야 하며, 안전율[안전의 정도를 표시하는 것으로서 재료의 파괴응력도(破壞應力度)와 허용응력도(許容應力度)의 비율을 말한다)]은 4 이상으로 하여야 한다.
② 사업주는 계단 및 승강구 바닥을 구멍이 있는 재료로 만드는 경우 렌치나 그 밖의 공구 등이 낙하할 위험이 없는 구조로 하여야 한다.

정답 ③

33
- **인간공학(Human Factors Engineering)**

인간공학(Human Factors Engineering)은 인간의 신체적 및 인지적 특성을 고려하여 제품, 시스템, 환경 등을 설계하는 학문이다. 이를 통해 사용자의 안전성, 편의성, 효율성을 향상시키는 것이 목표이다.

1. 신체적 특성 (Physical Characteristics) - 인간의 신체 구조와 능력을 고려하여 제품을 설계한다. 이때 신체적 특성에는 키, 몸무게, 손 크기, 힘의 세기, 운동 범위 등이 포함된다. 이러한 특성을 고려하지 않으면 사용자가 불편함을 느끼거나 부상을 입을 수 있다.
    예시:
    1) 의자, 책상, 도구 등의 높이와 크기를 사람의 평균 신체 크기에 맞게 조정.
    2) 도구의 손잡이 크기를 다양한 손 크기에 맞게 설계하여 사용성을 개선.
    3) 작업 공간에서 손을 뻗거나 움직일 때 과도한 힘이나 불편한 자세를 요구하지 않도록 설계.

2. 인지적 특성 (Cognitive Characteristics) - 인간의 정보 처리 능력, 주의력, 기억력, 판단력 등을 고려하여 제품이나 시스템을 설계한다. 사용자가 시스템을 쉽게 이해하고 사용할 수 있도록 설계하는 것이 목적이다. 복잡한 인터페이스나 정보의 과부하는 사용자에게 혼란을 줄 수 있다.
    예시:
    1) 운전 중 사용되는 자동차 계기판은 운전자가 쉽게 정보를 인식하고 빠르게 반응할 수 있도록 단순하고 직관적으로 설계.
    2) 복잡한 소프트웨어의 메뉴 구조를 단순화하여 사용자가 쉽게 사용할 수 있도록 인터페이스를 설계.
    3) 경고 시스템에서 색상, 소리, 진동을 적절히 사용하여 사용자가 즉각적으로 상황을 인지하고 대응할 수 있도록 설계.

정답 ④

34 인간이 느끼는 음량크기에 관한 내용으로 옳지 않은 것은?

① phon은 특정 음과 같은 크기로 들리는 1,000Hz 순음의 음압수준(dB) 값으로 정의된다.
② 40phon은 20phon 보다 2배 큰 음이다.
③ 2sone은 1sone의 2배 크기의 음이다.
④ 등음량 곡선은 주파수를 변화시켜 가면서 같은 크기로 들리는 음압수준(dB)들을 연결한 곡선이다.
⑤ 1sone은 1,000Hz, 40dB인 음의 크기이다.

35 근골격계 질환 예방을 위한 유해요인 평가방법 중 안전하게 작업할 수 있는 중량물의 허용중량 한계(RWL)를 계산할 수 있는 평가방법은?

① OWAS
② REBA
③ RULA
④ NIOSH Lifting Guidelines
⑤ Strain Index

36 1 칸델라(cd)의 점광원으로부터 2m 떨어진 곳의 조도는 얼마인가?

① 0.25 lux   ② 0.5 lux   ③ 1 lux
④ 2 lux   ⑤ 3 lux

37 고장률(failure rate)에 관한 내용으로 옳은 것을 모두 고른 것은?

> ㄱ. 고장률은 특정시점까지 고장나지 않고 작동하던 부품이 다음 순간에 고장나게 될 가능성을 나타내는 척도다.
> ㄴ. 고장률(h(t)), 신뢰도 함수(R(t))와 고장밀도함수(f(t)) 사이의 관계는 h(t) = f(t)/R(t)다.
> ㄷ. 고장률은 시간의 흐름에 따라 감소형, 증가형, 유지형으로 구분할 수 있다.
> ㄹ. 제품 혹은 부품의 전체 수명기간에 걸친 고장률의 변화는 욕조곡선(bathtub curve)의 형태로 나타난다.

① ㄱ, ㄴ   ② ㄴ, ㄷ   ③ ㄱ, ㄴ, ㄹ
④ ㄴ, ㄷ, ㄹ ⑤ ㄱ, ㄴ, ㄷ, ㄹ

34
▪ phon(음의 강도)
폰(phon)은 소리의 크기를 나타내는 단위로, 주관적인 음의 크기를 측정하는 데 사용된다. 이는 주파수에 따른 등청감 곡선을 기반으로 하며, 사람의 청각이 주파수에 따라 소리를 다르게 느끼는 특성을 반영한다.

40폰과 20폰의 차이를 설명할 때, 소리 크기의 폰(phon) 값이 10 증가할 때마다 사람은 소리가 약 두 배 더 크게 느껴진다. 따라서 40폰의 소리는 20폰의 소리보다 2배 더 크게 느껴지는 소리가 2배 더 커지므로, 총 4배 더 크게 느껴진다.

정리하면, <u>40폰의 소리는 20폰의 소리에 비해 사람에게 약 4배 더 크게 들린다.</u>

정답 ②

35
▪ NIOSH 들기 지침(NIOSH Lifting Guidelines)
NIOSH 들기 지침(NIOSH Lifting Guidelines)은 미국 국립산업안전보건연구원(NIOSH)에서 개발한 기준으로, 중량물 취급 작업 중 근골격계 부상(특히 허리 부상)을 예방하기 위한 방법을 제시한다. 이 지침은 중량물을 안전하게 들어올릴 수 있는 최대 하중을 계산하고, 작업자에게 적절한 작업 환경과 절차를 제안하는 도구로 널리 사용된다. NIOSH 들기 방정식(NLE, NIOSH Lifting Equation)을 사용하여 권장 하중 한계(RWL, Recommended Weight Limit)를 산출하고, 작업자의 부상 위험성을 평가한다.

정답 ④

36
▪ 조도(Illuminance)
$$조도 = \frac{광원}{거리^2} = \frac{1cd}{2^2} = \frac{1}{4} = 0.25$$

정답 ①

37
▪ 고장률
고장률(Failure Rate)은 시스템, 장비, 또는 구성 요소가 일정한 시간 동안 고장날 확률을 나타내는 지표이다. 고장률은 주로 신뢰성 이론에서 사용되며, 시간 경과에 따른 고장 발생 경향을 평가하는 데 중요한 역할을 한다.

1. 고장률의 수학적 정의

$$\lambda(t) = \frac{f(t)}{R(t)}$$

$f(t)$는 시스템이 시간 t에 고장날 확률 밀도 함수(확률 밀도),
$R(t)$는 신뢰도 함수로, 시간 t까지 시스템이 고장 없이 정상적으로 작동할 확률이다.

2. 고장률의 단위

고장률은 주로 시간당 고장 횟수로 표현되며, 보통 시간(시간, 시간당 고장수), 회수(주기당), 또는 백만 시간당 고장수(MTTF, Mean Time to Failure) 등의 단위로 사용된다.

3. 고장률의 활용 - MTTF(Mean Time to Failure) 및 MTBF(Mean Time Between Failures)

$MTTF = \frac{1}{\lambda}$ - 고장률이 일정할 때, 평균적으로 고장이 발생하기까지 걸리는 시간을 나타낸다.

$MTBF$ - 고장이 발생한 후 수리한 다음, 다시 고장나기까지의 평균 시간을 의미하며, 주로 복구 가능한 시스템에서 사용된다.

정답 ⑤

38 다음의 시각적 표지장치 중 정성적 표시장치는?

① 횡단보도의 삼색신호등
② 지침이 움직이는 중량계
③ 디지털시계
④ 눈금이 움직이는 체중계
⑤ 지침이 움직이는 시계

39 다음에서 설명하고 있는 인간실수 유형은?

- 상황이나 목표의 해석은 제대로 하였으나 의도와는 다른 행동을 하는 경우에 발생하는 오류이다.
- 행동 결과에 대한 피드백이 있으면, 목표와 결과의 불일치가 쉽게 발견된다.
- 주의산만, 주의결핍에 의해 발생할 수 있으며, 잘못된 디자인이 원인이기도 하다.

① 작위오류(commission error) ② 착오(mistake)
③ 실수(slip) ④ 시간오류(timing error)
⑤ 위반(violation)

40 다음 중 올바른 작업방법 설계 시 고려해야 할 사항으로 옳지 않은 것은?

① 동작을 천천히 하여 최대 근력을 얻도록 한다.
② 동작의 중간범위에서 최대한의 근력을 얻도록 한다.
③ 가능하다면 중력의 방향으로 작업을 수행하도록 한다.
④ 최대한 발휘할 수 있는 힘의 50% 이상을 유지한다.
⑤ 눈동자의 움직임을 최소화한다.

38
■ 표시장치

인간공학에서의 표시장치는 사용자가 시스템의 상태나 작업의 진행 상황을 시각적, 청각적, 촉각적으로 인식할 수 있도록 정보를 제공하는 도구이다. 표시장치는 주로 정성적 정보와 정량적 정보를 전달하며, 이 두 가지 정보는 사용 목적과 요구사항에 따라 다르게 설계된다.

1. 정성적 표시장치 (Qualitative Displays) – 정성적 정보는 대략적인 상태나 경향을 보여주며, 구체적인 숫자나 수치 대신 범위, 상태, 방향 등을 직관적으로 표현한다. 이 정보는 사용자가 빠르게 전체적인 상황을 파악해야 할 때 유용하다.
   종류 – 경고등, 온도계의 색상 변화, 자동차 연료 게이지, 배터리 상태 표시

2. 정량적 표시장치 (Quantitative Displays) – 정량적 정보는 정확한 수치나 데이터를 표시하여 정밀한 측정 값을 제공한다. 이 정보는 사용자가 구체적인 수치나 데이터를 기반으로 의사결정을 해야 할 때 유용하다.
   종류 – 속도계, 디지털 온도계, 유량 측정기, 배터리 잔량(예: 85%).

정성적 표시장치는 빠른 상태 인식과 경향 파악이 필요한 상황에서 유용하며, 시각적 직관성이 중요할 때 사용된다. 정량적 표시장치는 정밀한 데이터가 필요하고, 정확한 판단이 필요한 상황에서 적합하다.

정답 ①

39
■ 제임스 리즌(James Reason)의 불안전 행동 이론

1) 의도되지 않은 행동 (Unintended Actions)
   ① 실수(Slip) – 행동의 실행 과정에서 발생하는 오류로, 목표나 의도는 올바르지만 행동 과정에서 의도치 않게 잘못된 행동이 수행되는 경우이다. 사람이 무언가를 잘못하거나, 조작 실수가 일어나는 상황이다.
   예시 – 버튼을 잘못 눌러서 의도와 다른 결과가 나오는 경우.
   자동차의 방향 지시등을 켜려고 했지만, 실수로 와이퍼를 작동시키는 경우.

정답 ③

40
■ 올바른 작업방법 설계 시 고려해야 할 사항

④ 올바른 작업방법 설계 시, 작업자가 최대한 발휘할 수 있는 힘의 15% 이하로 작업을 설계하는 원칙은 작업자의 피로를 줄이고, 장시간 작업을 효율적으로 수행할 수 있도록 하기 위한 중요한 인체공학적 고려 사항이다. 이 원칙은 지속적이고 반복적인 작업을 수행할 때, 근육 피로를 최소화하고 부상 위험을 줄이기 위해 적용된다.

정답 ④

41 작업장에서 근로자가 1일 8시간 작업하는 동안 90dB(A)에서 4시간, 95dB(A)에서 4시간 소음에 노출되었다. 아래 허용노출시간표를 활용한 소음 노출지수는 얼마인가?

1일 노출시간	소음강도
8 시간	90dB(A)
4 시간	95dB(A)
2 시간	100dB(A)
1 시간	105dB(A)
0.5 시간	110dB(A)

① 0.8 ② 0.9 ③ 1.0
④ 1.2 ⑤ 1.5

42 사업장 위험성평가에 관한 지침에 명시하고 있는 "유해·위험요인이 부상 또는 질병으로 이어질 수 있는 가능성(빈도)과 중대성(강도)을 조합한 것"을 정의하는 용어는?

① 유해·위험요인
② 위험성 결정
③ 위험성
④ 위험성 추정
⑤ 위험성 감소대책 수립 및 실행

43 제조물 책임법에 관한 내용으로 옳지 않은 것은?

① 제조업자는 제조물의 결함으로 생명·신체 또는 재산에 손해를 입은 자에게 그 손해를 배상하여야 한다.
② 제조물이란 제조되거나 가공된 동산을 말한다.
③ 제조상의 결함이란 제조업자가 제조물에 대하여 제조상·가공상의 주의의무를 이행하였는지에 관계없이 제조물이 원래 의도한 설계와 다르게 제조·가공됨으로써 안전하지 못하게 된 경우를 말한다.
④ 설계상의 결함이란 제조업자가 합리적인 설명·지시·경고 또는 그 밖의 표시를 하였더라면 해당 제조물에 의하여 발생할 수 있는 피해나 위험을 줄이거나 피할 수 있었음에도 이를 하지 아니한 경우를 말한다.
⑤ 제조물의 제조·가공 또는 수입을 업으로 하는 자는 제조업자에 해당한다.

41

- 소음노출지수(D)=(C1*T1)+(C2*t2)+...+(Cn*tn)
  C1: 특정 소음에 노출된 총시간
  T1: 특정 소음에 노출될 수 있는 허용노출시간
  따라서 4/8 + 4/4 = 1.5

소음 노출지수(Noise Exposure Index, NEI)는 작업장에서 근로자가 소음에 노출된 정도를 평가하기 위한 지표이다. 이는 근로자가 일정 기간 동안 다양한 소음 수준에 노출되었을 때 그 노출량이 허용 기준을 얼마나 초과했는지를 나타내며, 작업장에서 소음 노출을 관리하고 근로자의 청각 건강을 보호하는 중요한 지표로 사용된다.

정답 ⑤

42

- 제3조(정의)
  ① 이 고시에서 사용하는 용어의 뜻은 다음과 같다.
    1. "유해·위험요인"이란 유해·위험을 일으킬 잠재적 가능성이 있는 것의 고유한 특징이나 속성을 말한다.
    2. "위험성"이란 유해·위험요인이 **사망, 부상 또는 질병으로 이어질 수 있는 가능성과 중대성 등을 고려한 위험의 정도를** 말한다.
    3. "위험성평가"란 사업주가 스스로 유해·위험요인을 파악하고 해당 유해·위험요인의 위험성 수준을 결정하여, 위험성을 낮추기 위한 적절한 조치를 마련하고 실행하는 과정을 말한다.
    4. 삭제
    5. 삭제
    6. 삭제
    7. 삭제
    8. 삭제

정답 ③

43

- 제2조(정의) 이 법에서 사용하는 용어의 뜻은 다음과 같다.
  나. "설계상의 결함"이란 제조업자가 합리적인 대체설계(代替設計)를 채용하였더라면 피해나 위험을 줄이거나 피할 수 있었음에도 대체설계를 채용하지 아니하여 해당 제조물이 안전하지 못하게 된 경우를 말한다.

정답 ④

44 위험성평가(risk assessment)를 실시하는 절차를 순서대로 옳게 나열한 것은?

> ㄱ. 위험성 감소대책의 수립 및 실행
> ㄴ. 파악된 유해·위험요인별 위험성의 추정
> ㄷ. 근로자의 작업과 관계되는 유해·위험요인의 파악
> ㄹ. 추정한 위험성이 허용 가능한 위험성인지 여부의 결정
> ㅁ. 평가대상의 선정 등 사전준비

① ㄷ → ㄴ → ㄹ → ㅁ → ㄱ
② ㄷ → ㅁ → ㄴ → ㄱ → ㄹ
③ ㄷ → ㅁ → ㄴ → ㄹ → ㄱ
④ ㅁ → ㄴ → ㄷ → ㄹ → ㄱ
⑤ ㅁ → ㄷ → ㄴ → ㄹ → ㄱ

45 위험성 평가 시 유해위험요인의 발굴을 위해 4M기법을 활용한다. 다음 중 인적(Man) 항목이 아닌 것은?

① 작업자세
② 개인 보호구 미착용
③ 휴먼에러
④ 관리조직의 결함 및 건강관리의 불량
⑤ 미숙련자의 불안전한 행동

46 국내 어느 사업장의 전년도 도수율은 3, 강도율은 27이었다. 이 사업장의 종합재해지수(FSI)는 얼마인가?

① 5 ② 6 ③ 7
④ 8 ⑤ 9

47 다음 FT도에서 정상사상 X의 값은 얼마인가?

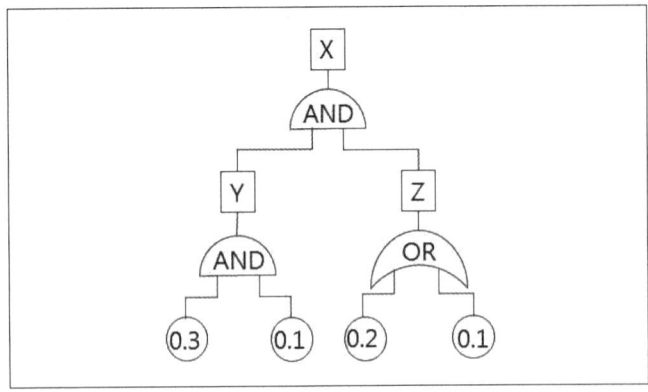

① 0.0084
② 0.3826
③ 0.42
④ 0.55
⑤ 0.61

44
▶ 제8조(위험성평가의 절차) 사업주는 위험성평가를 다음의 절차에 따라 실시하여야 한다. 다만, 상시근로자 5인 미만 사업장(건설공사의 경우 1억원 미만)의 경우 제1호의 절차를 생략할 수 있다.
1. 사전준비
2. 유해·위험요인 파악
3. 삭제
4. 위험성 결정
5. 위험성 감소대책 수립 및 실행
6. 위험성평가 실시내용 및 결과에 관한 기록 및 보존

현행고시와 상이한 문제

45
■ 4M(Man, Machine, Media, Management) 위험성평가 중 인적(Man)항목
① 미숙련자 등 작업자 특성에 의한 불안전 행동
② 작업에 대한 안전보건 정보의 부적절
③ 작업자세, 작업동작의 결함
④ 작업방법의 부적절
⑤ 휴먼에러
⑥ 개인보호구 미착용

정답 ④

46
■ 종합재해지수(FSI) =√도수율 × 강도율
종합재해지수 $= \sqrt{3 \times 27} = 9$
종합재해지수(Frequency Severity Indicator)는 재해 빈도의 다수와 상해 정도의 강약을 종합하여 나타낸다.

정답 ⑤

47
■ FT도 발생 확률
Y: 0.3 × 0.1 = 0.03
Z: 1-{(1-0.2)(1-0.1)} = 0.28
X: 0.03 × 0.28 = 0.0084

정답 ①

48 안전관리 조직에 관한 설명으로 옳지 않은 것은?

① 안전관리 조직 형태는 라인형(Line type), 스태프형(Staff type), 라인스태프형(Line-staff type)으로 구분할 수 있다.
② 라인형은 회사내에 별도의 안전전담부서가 있으며 안전계획에서 실시까지 담당한다.
③ 스태프형은 안전에 관한 전문지식축적과 기술개발이 용이한 장점이 있다.
④ 라인스태프형은 명령 계통과 조언·권고적 참여가 혼돈되기 쉬운 단점이 있다.
⑤ 소규모 사업장일수록 라인형이 적합하며, 규모가 큰 사업장일수록 라인스태프형이 적합하다.

49 다음과 같은 특징을 가지고 있는 위험성평가 기법은?

- 재해나 사고가 일어나는 것을 확률적인 수치로 평가하는 것이 가능하다.
- 어떤 기능이 고장 또는 실패할 경우 그 이후 다른 부분에 어떤 결과를 초래하는지를 분석하는 귀납적 방법이다.

① 위험과 운전분석(HAZOP)   ② 사건수분석(ETA)
③ 예비위험분석(PHA)   ④ 체크리스트(Checklist)
⑤ 고장 형태에 따른 영향분석(FMEA)

50 하인리히(H.W.Heinrich)의 사고방지를 위한 기본 원리 5단계를 순서대로 옳게 나열한 것은?

ㄱ. 안전관리조직   ㄴ. 시정책의 분석평가
ㄷ. 사실의 발견   ㄹ. 시정방법의 선정
ㅁ. 실행

① ㄱ → ㄷ → ㅁ → ㄹ → ㄴ   ② ㄱ → ㅁ → ㄷ → ㄹ → ㄴ
③ ㄷ → ㄹ → ㄴ → ㅁ → ㄱ   ⑤ ㄷ → ㅁ → ㄹ → ㄴ → ㄱ
④ ㄷ → ㅁ → ㄱ → ㄹ → ㄴ

48 ■ 안전보건 관리조직
② 라인형은 회사내에 별도의 안전부서가 없으며, 생산과 안전을 동시에 실시하는 형태이다.
라인형 안전보건 관리조직은 직계식 조직과 유사한 조직으로, 조직 내에서 명령과 책임이 명확하게 한 방향으로 전달되는 계층적인 구조를 가진 안전 관리 조직 유형이다.

🔍정답 ②

49 ■ 사건수 분석 ETA(Event Tree Analysis)
사건수 분석(Event Tree Analysis, ETA)는 시스템에서 특정 사건이 발생했을 때, 그로 인해 발생할 수 있는 여러 결과를 분석하는 기법이다. ETA는 사건이 발생한 이후의 여러 가지 경로를 체계적으로 분석하여 시스템의 안전성이나 신뢰성을 평가하는 데 사용된다. 이 분석 기법은 FTA(Fault Tree Analysis)와 함께 사용되는 경우가 많으며, 시스템에서 발생할 수 있는 다양한 시나리오를 예측하여 잠재적 위험을 평가하는 데 유용한다.

1. ETA의 주요 목적:
   1) 시스템 내에서 발생할 수 있는 사건 후 결과를 분석하여, 위험과 잠재적인 문제를 파악.
   2) 사고가 발생했을 때의 대응 시스템의 효과를 분석하고, 각 대응 시스템의 성공 여부에 따른 결과를 예측.
   3) 다양한 사건 발생 경로와 그에 따른 결과를 구조화하여 분석.

🔍정답 ②

50 ■ 하인리히 사고방지 기본원리 5단계
① 안전관리 조직
② 사실의 발견
③ 원인분석
④ 시정책의 선정
⑤ 시정책의 적용실시

하인리히의 사고방지 기본원리 5단계는 사고를 예방하기 위한 체계적인 접근을 제시한 이론으로 이 과정이 반복적으로 이루어져야 사고를 효과적으로 줄일 수 있다고 강조했다.

🔍정답 ①

제08회 2018년 기출문제

26 산업안전보건법령상 관리감독자를 대상으로 실시하는 정기 안전·보건교육 내용으로 옳지 않은 것은?

① 작업공정의 유해·위험과 재해 예방대책에 관한 사항
② 표준 안전 작업방법 및 지도요령에 관한 사항
③ 산업보건 및 직업병 예방에 관한 사항
④ 산업재해보상보험 제도에 관한 사항
⑤ 산업안전보건법 및 일반관리에 관한 사항

27 교육의 3요소에는 주체, 객체, 매개체가 있다. 이 중 교육의 객체(object of education)에 해당하는 것은?

① 교육생   ② 강사   ③ 교재
④ 설문지   ⑤ 교육기관

28 A기업은 학습지도 방법의 형태 중 '교재에 의한 피교육자의 자율적 학습' 방법을 선택하여 근로자에게 안전·보건교육을 실시하고 있다. A 기업의 학습지도 방식에 해당하는 것은?

① 강의식   ② 필기식   ③ 독서식
④ 시범식   ⑤ 계도식

26
■ 산업안전보건법 시행규칙 [별표 5] 〈개정 2023. 9. 27.〉 안전보건교육 교육대상별 교육내용
1의2. 관리감독자 안전보건교육(제26조제1항 관련)
가. 정기교육
- 산업안전 및 사고 예방에 관한 사항
- <u>산업보건 및 직업병 예방에 관한 사항</u>
- 위험성평가에 관한 사항
- 유해·위험 작업환경 관리에 관한 사항
- 산업안전보건법령 및 <u>산업재해보상보험 제도에 관한 사항</u>
- 직무스트레스 예방 및 관리에 관한 사항
- 직장 내 괴롭힘, 고객의 폭언 등으로 인한 건강장해 예방 및 관리에 관한 사항
- <u>작업공정의 유해·위험과 재해 예방대책에 관한 사항</u>
- 사업장 내 안전보건관리체제 및 안전·보건조치 현황에 관한 사항
- <u>표준안전 작업방법 결정 및 지도·감독 요령에 관한 사항</u>
- 현장근로자와의 의사소통능력 및 강의능력 등 안전보건교육 능력 배양에 관한 사항
- 비상시 또는 재해 발생 시 긴급조치에 관한 사항
- 그 밖의 관리감독자의 직무에 관한 사항

정답 ⑤

27
■ 안전교육 3요소
1. 주체 (교육자 또는 강사) - 안전교육을 시행하는 사람이나 기관을 의미한다. 주체는 교육을 기획하고 진행하며, 교육 내용 전달의 책임을 진다.
2. 객체 (교육 대상자) - 안전교육을 받는 사람, 즉 교육의 대상이 되는 근로자나 직원이다. 객체는 주체로부터 전달된 안전 지식을 습득하고, 이를 바탕으로 안전한 행동을 실천해야 한다.
3. 매개체 (교육 방법 또는 도구) - 교육 내용을 전달하는 수단이나 방법을 의미한다. 매개체는 교육의 효과를 높이고, 이해를 돕는 중요한 요소이다.

정답 ①

28
■ 교육훈련기법 독서식
A 기업의 학습지도 방식에 해당하는 것은 자율학습(독학, 자기주도 학습)이다. '교재에 의한 피교육자의 자율적 학습'은 교사가 직접 교육을 주도하기보다는, 피교육자가 스스로 교재를 통해 학습 내용을 파악하고 학습을 진행하는 방식이다. 이러한 학습지도 방법은 피교육자의 자기주도성을 강조하며, 학습자가 스스로 학습 속도와 방법을 조절할 수 있다는 특징이 있다.

정답 ③

29 사업장 위험성평가에 관한 지침 중 용어의 정의로 옳지 않은 것은?

① 유해·위험요인은 유해·위험을 일으킬 잠재적 가능성이 있는 것의 고유한 특징이나 속성을 뜻한다.
② 위험성추정은 유해·위험요인이 부상 또는 질병으로 이어질 수 있는 가능성과 중대성을 조합한 것이다.
③ 위험성결정은 유해·위험요인별로 추정한 위험성의 크기가 허용가능한 범위인지를 판단하는 것을 말한다.
④ 기록은 사업장에서 위험성평가 활동을 수행한 근거와 그 결과를 문서로 작성하여 보존하는 것이다.
⑤ 유해·위험요인 파악은 유해요인과 위험요인을 찾아내는 과정을 말한다.

30 안전관리계획의 운영방법에서 안전보건평가 항목의 주요 평가척도의 종류에 해당되지 않는 것은?

① 절대척도
② 상대척도
③ 평정척도
④ 기능척도
⑤ 도수척도

31 사업장 위험성평가에 관한 지침에 관한 설명 중 ( )에 들어갈 내용으로 옳은 것은?

> 사업주가 스스로 사업장의 유해·위험요인에 대한 실태를 파악하고 이를 평가하여 관리·개선하는 등 필요한 조치를 할 수 있도록 지원하기 위하여 위험성평가 ( ), ( ), ( ) 등에 관한 기준을 제시하고, 위험성평가 활성화를 위한 시책의 운영 및 지원사업 등 그 밖에 필요한 사항을 규정함을 목적으로 한다.

① 계획, 실시, 결과조치
② 방법, 절차, 시기
③ 목표, 계획, 시기
④ 규정, 계획, 방법
⑤ 계획, 절차, 결과

29

■ **제3조(정의)**
① 이 고시에서 사용하는 용어의 뜻은 다음과 같다.
  1. "유해・위험요인"이란 유해・위험을 일으킬 잠재적 가능성이 있는 것의 고유한 특징이나 속성을 말한다.
  2. "위험성"이란 유해・위험요인이 사망, 부상 또는 질병으로 이어질 수 있는 가능성과 중대성 등을 고려한 위험의 정도를 말한다.
  3. "위험성평가"란 사업주가 스스로 유해・위험요인을 파악하고 해당 유해・위험요인의 위험성 수준을 결정하여, 위험성을 낮추기 위한 적절한 조치를 마련하고 실행하는 과정을 말한다.
  4. 삭제
  5. 삭제
  6. 삭제
  7. 삭제
  8. 삭제

현행고시와 상이한 문제 **정답**

30

■ **평가척도**
안전보건평가 항목에서 사용되는 평가척도는 특정 기준에 따라 안전 및 보건 수준을 평가하는 방법을 말한다.
1. 절대척도 (Absolute Scale) - 절대적인 기준에 따라 평가하는 방법으로, 고정된 기준에 의해 측정값을 평가
   예시: 특정 장비가 작업장에서 요구하는 안전 기준(예: 최소 안전거리 2m)을 충족하는지 평가하는 경우.
2. 상대척도 (Relative Scale) - 다른 대상과의 비교를 통해 평가하는 방법입니다. 절대적인 기준이 아니라 평가 대상끼리의 상대적인 차이를 측정
   예시: 여러 사업장에서 발생한 재해 빈도를 비교하거나, A 공장과 B 공장의 안전수준을 상대적으로 비교하는 경우.
3. 평정척도 (Rating Scale) - 평가 항목에 대해 여러 등급을 설정하여 그 등급에 따라 평가하는 방법
   예시: 작업장의 위험도를 1점(매우 낮음)에서 5점(매우 높음)까지 평가하는 경우.
4. 도수척도 (Frequency Scale) - 발생 빈도나 횟수를 기준으로 평가하는 방법입니다. 사고나 재해가 얼마나 자주 발생했는지 측정하는 데 사용
   예시: 특정 작업장에서 발생한 사고 횟수를 기준으로 안전성을 평가하는 경우.

정답 ④

31

■ **제1조(목적)** 이 고시는 「산업안전보건법」제36조에 따라 사업주가 스스로 사업장의 유해・위험요인에 대한 실태를 파악하고 이를 평가하여 관리・개선하는 등 필요한 조치를 할 수 있도록 지원하기 위하여 위험성평가 방법, 절차, 시기 등에 대한 기준을 제시하고, 위험성평가 활성화를 위한 시책의 운영 및 지원사업 등 그 밖에 필요한 사항을 규정함을 목적으로 한다.

정답 ②

32 교육훈련평가의 4단계에서 각 단계별로 내용이 올바르게 연결된 것은?

① 제 1단계 - 반응단계
② 제 2단계 - 행동단계
③ 제 3단계 - 결과단계
④ 제 4단계 - 학습단계
⑤ 제 4단계 - 행동단계

33 B기업은 근로자들에게 안전지식을 높이고 의식을 함양하기 위해서 안전교육을 다음과 같은 방식으로 실시하였다. B기업에서 채택하고 있는 교육의 진행 방식으로 옳은 것은?

> 새로운 자료나 교재를 제시하고 거기에서 나온 문제점을 피교육자로 하여금 제기하게 하거나, 의견을 여러 가지 방법으로 발표하게 하고, 다시 깊이 파고들어서 토의를 진행하는 방법이다.

① Forum
② On the Job Training(OJT)
③ Panel Discussion
④ Buzz Session
⑤ Case Study

34 재해손실에 따른 평가산정방식에서 재해코스트 이론을 주장한 인물과 평가산정방식의 내용이 옳지 않은 것은?

① 하인리히(H. Heinrich): 총 재해코스트는 직접비와 간접비의 합이다.
② 시몬즈(R. Simonds): 총 재해코스트는 산재보험코스트와 비보험코스트의 합이다.
③ 콤페스(P. Compes): 총 재해손실비용은 공동비용(불변)과 개별비용(변수)의 합이다.
④ 버드(F. Bird): 간접비의 빙산원리를 주장하였으며, 총 재해손실비용은 보험비, 비보험 재산비용, 비보험 제반비용을 포함한다고 하였다.
⑤ 노구찌(野口三郎): 하인리히의 평균치법을 근거로 일본의 상황에 맞는 손실방법을 제시하였다.

35 ( )에 들어갈 내용으로 옳은 것은?

> 산업안전보건법령상 산업안전보건위원회의 회의는 정기회의와 임시회의로 구분하되, 정기회의는 ( )마다 위원장이 소집하며, 임시회의는 위원장이 필요하다고 인정할 때에 소집한다.

① 1개월
② 분기
③ 반기
④ 1년
⑤ 격년

32 ■ 교육훈련 평가 4단계

교육훈련 평가 4단계는 커크패트릭의 4단계 평가 모델로 알려져 있으며, 교육훈련 프로그램의 효과를 체계적으로 평가하기 위한 중요한 방법론이다. 이 모델은 교육이나 훈련 후 학습자의 반응부터 실제 성과까지 다양한 차원에서 교육의 효과를 평가하는 구조로 되어 있다. 각 단계는 훈련의 성공 여부와 그 영향을 더 깊이 분석할 수 있도록 도와준다.

1. 반응 (Reaction) - 교육훈련에 대한 학습자의 즉각적인 반응과 만족도를 평가하는 단계로 설문조사, 인터뷰 등을 통해 학습자의 감정적 반응을 수집한다.
2. 학습 (Learning) - 교육훈련을 통해 학습자가 새로운 지식, 기술, 태도를 얼마나 습득했는지 평가하는 단계로 교육이 끝난 후, 학습자가 무엇을 배웠는지를 평가한다. 지식, 기술, 태도 변화가 목표로 한 수준에 도달했는지를 확인한다.
3. 행동 (Behavior) - 학습자가 교육훈련에서 배운 내용을 실제 업무나 생활에서 얼마나 적용하고 있는지 평가하는 단계로 학습자가 직장에서 배운 지식이나 기술을 실제로 어떻게 적용하는지를 평가한다.
4. 결과 (Results) - 교육훈련이 조직의 목표에 얼마나 기여했는지를 평가하는 단계로 교육훈련이 조직의 생산성, 효율성, 수익성, 사고율 감소 등 구체적인 성과와 어떤 연관이 있는지를 평가한다.

정답 ①

33 ■ 토의법 유형 포럼

포럼(Forum)은 특정 주제에 대해 다양한 의견을 자유롭게 발표하고, 서로 토론하는 공개 토론의 한 형태를 말한다. 포럼은 공개 토론이나 토의의 형식을 띠며, 다양한 참가자들이 의견을 제시하고 상호작용하는 방식으로 진행된다. 포럼의 특징은 개방적 발표, 문제 제기 및 토의, 심층 토의, 다양한 참여자 등이 있으며 다양한 시각을 공유하고 참가자들의 능동적참여를 유도하며 비판적 사고를 촉진하는 장점이 있다. 반면에 참가자가 많거나 논의가 길어질 경우 효율성이 부족하며, 일부 참가자만 활발하게 참여하여 참여 불균형을 초래할 수 있다. 포럼 방식은 참가자들이 자유롭게 의견을 발표하고, 여러 의견을 종합하며 문제 해결 방안을 모색하는 형식이다.

정답 ①

34 ■ 노구찌방식

노구찌는 시몬즈의 평균치법에 근거를 두고 일본의 상황에 맞는 손실방법 제시함.

정답 ⑤

35 ■ 산업안전보건위원회

제37조(산업안전보건위원회의 회의 등) ① 법 제24조제3항에 따라 산업안전보건위원회의 회의는 정기회의와 임시회의로 구분하되, 정기회의는 <u>분기마다</u> 산업안전보건위원회의 위원장이 소집하며, 임시회의는 위원장이 필요하다고 인정할 때에 소집한다.

정답 ②

36 신뢰성의 개념에 관한 설명으로 옳지 않은 것은? (단, t는 시간이다.)

① 신뢰도는 시스템, 기기 및 부품 등이 정해진 사용조건에서 의도하는 기간에 정해진 기능을 수행할 확률이다.
② 누적고장률함수 F(t)는 처음부터 임의의 시점까지 고장이 발생할 확률을 나타내는 함수이다.
③ 고장밀도함수 f(t)는 시간당 어떤 비율로 고장이 발생하고 있는가를 나타내는 함수이다.
④ 고장률 h(t)는 현재 고장이 발생하지 않은 제품 중 단위시간 동안 고장이 발생할 제품의 비율이다.
⑤ 신뢰도함수 R(t)는 임의의 시점에서 고장을 일으키지 않고 남아 있는 제품의 비율로, 1- f(t)로 정의된다. (단, f(t)는 고장밀도함수이다.)

37 C회사에서 생산되는 가변저항의 수명이 지수분포를 따르고 고장밀도함수 $f(t) = \dfrac{1}{200}e^{-t/200}$ 이라면, t = 200 주(week) 일 때 누적고장률 F(200)은 얼마인가? (단, 소숫점 넷째짜리에서 반올림한다.)

① 0.018
② 0.268
③ 0.368
④ 0.632
⑤ 0.732

38 시스템의 수명주기 5단계를 순서대로 나열한 것은?

ㄱ. 생산	ㄴ. 구상
ㄷ. 개발	ㄹ. 운전
ㅁ. 정의	

① ㄱ - ㄴ - ㄷ - ㄹ - ㅁ
② ㄴ - ㄷ - ㄱ - ㅁ - ㄹ
③ ㄴ - ㅁ - ㄷ - ㄱ - ㄹ
④ ㄹ - ㄷ - ㄱ - ㅁ - ㄴ
⑤ ㅁ - ㄴ - ㄱ - ㄷ - ㄹ

36
■ 신뢰도함수

신뢰도 함수 R(t)는 시스템이나 구성 요소가 시간 t까지 고장 없이 정상적으로 작동할 확률을 나타내는 함수이다. 즉, 신뢰도 함수는 특정 시간이 경과한 후에도 시스템이 여전히 정상적으로 작동할 확률을 계산하는데 사용된다.

신뢰도 함수와 관련된 함수

1. 확률 밀도 함수 f(t): 시스템이 정확히 시간 t에 고장 날 확률

$$f(t) = \frac{d}{dt}F(t), \quad F(t) = 1 - R(t)$$

2. 고장률 함수 λ(t): 시간 t에서 시스템이 고장 날 조건부 확률이다. 고장률 함수는 시스템이 시간 t까지 고장 나지 않은 경우, 그 시점에 고장 날 확률을 나타낸다.

$$\lambda(t) = \frac{f(t)}{R(t)}$$

3. 지수 분포에서의 신뢰도 함수 - 지수 분포는 고장률이 일정한 시스템의 신뢰도를 표현하는 데 많이 사용된다. 만약 고장률 λ가 일정하다면, 신뢰도 함수는 다음과 같이 표현된다.

$$R(t) = e^{-\lambda t}$$

여기서 λ는 일정한 고장률이다. 이는 시간이 지남에 따라 신뢰도가 지수적으로 감소하는 것을 나타낸다.

정답 ⑤

37
■ 누적고장률 F(200) 구하기

$$F(t) = 1 - e^{-\lambda t}, \quad R(t) = e^{-\lambda t}$$

$$f(t) = \frac{1}{200}e^{-t/200}$$

$$\lambda = \frac{1}{200}, \quad t = 200$$

$$F(t) = 1 - e^{-\lambda t}, \quad F(200) = 1 - e^{-\frac{200}{200}} = 1 - e^{-1} = 1 - 0.3679 = 0.6321$$

정답 ④

38
■ 시스템의 수명주기 5단계

1. 구상 단계 (Concept Stage) - 이 단계는 시스템의 필요성을 파악하고, 시스템의 기본적인 목표와 목적을 설정하는 단계
2. 정의 단계 (Definition Stage) - 구상 단계에서 설정된 목표와 요구사항을 구체적으로 명확히 하고, 시스템의 요구 사항을 정의하는 단계
3. 개발 단계 (Development Stage) - 시스템을 구체적으로 설계하고, 필요한 기술과 자원을 이용해 시스템을 구현하는 단계
4. 생산 단계 (Production Stage) - 개발된 시스템을 대규모로 제작하고, 사용자에게 제공하는 단계
5. 운전(운영) 단계 (Operation Stage) - 생산된 시스템이 사용자에 의해 운영되고, 실제 사용되는 단계

정답 ③

39 D부품회사는 최근 개발한 신규 볼 베어링의 수명을 예측하기 위하여 가속시험을 수행하였다. 통상적으로 볼 베어링에 작용하는 하중은 20kN이다. 이 볼 베어링에 80kN의 하중을 가해 가속시험을 하였을 때 가속계수는 얼마인가? (단, 가속모델은 n승 법칙 모델을 따르고, n=2.5이다.)

① 4
② 16
③ 32
④ 64
⑤ 128

40 FTA(Fault Tree Analysis) 분석기법을 이용하여, 다음의 정상사상 (top event) T의 미니멀 컷셋(minimal cut set)을 구하면?

| T= A1 · A2 |
| A1= X1 · X2,　　　　　A2= X1 + X3 |

① (X1, X2)
② (X1, X3)
③ (X2, X3)
④ (X1, X2, X3)
⑤ (X1, X2), (X2, X3)

41 광원으로부터 2m 떨어진 곳의 조도가 2,000lux이면, 같은 광원으로부터 4m 거리에서의 조도(lux)는? (단, 동일한 조명 환경이 유지되는 것으로 가정한다.)

① 100
② 200
③ 250
④ 500
⑤ 1,000

39
■ 가속계수

가속계수(Acceleration Factor, AF)는 가속시험에서 사용된 스트레스 조건과 정상 사용 조건을 비교하여, 가속 조건에서 얻은 데이터를 정상 조건으로 변환할 때 사용된다. n승 법칙 모델(power law model)을 사용할 때, 가속계수는 다음과 같은 수식으로 계산된다

$$AF = (\frac{S_t}{S_n})^n$$

S_t : 가속시험에서 사용된 스트레스(여기서는 하중), → 80kn

S_n : 정상 조건에서의 스트레스(하중), → 20kn

n : 하중에 대한 민감도를 나타내는 지수 → n=2.5

$$AF = (\frac{80}{20})^{2.5} = (4)^{2.5} = 4^2 \times 4^{0.5} = 16 \times 2 = 32$$

따라서, 가속시험에서 얻은 데이터는 정상 조건에서의 데이터를 32배 빠르게 얻을 수 있음을 의미한다.

정답 ③

40
■ ■ FT도 발생 확률

T=A1(X1.X2)·A2(X1+X3) => 컷셋은 (X1.X2),(X1,X2,X3),
미니멀 컷셋은 (X1,X2)

정답 ①

41
■ 조도(Illuminance)

조도(lux) = 광원/거리² = 광원/2² = 2,000 lux

따라서 광원 = 2000 * 2² = 8,000 lux, 조도 = 8,000 / 4²= 500 lux

정답 ④

42 E사의 안전관리자는 최근 설치된 수입 기계의 긴급 정지 버튼이 파란색으로 표시되어 있는 것을 발견하고, 이를 빨간색으로 교체하도록 시정 조치하였다. 안전관리자의 이러한 조치와 직접적으로 관련된 양립성은?

① 운동 양립성
② 위치 양립성
③ 공간 양립성
④ 개념 양립성
⑤ 양식 양립성

43 인간-기계 시스템에서 인간 기준(human criteria) 평가 척도의 유형이 나머지와 다른 것은?

① 근전도
② 피부온도
③ 심박수
④ 뇌파
⑤ 선호도

42
■ **양립성**

인간공학에서의 양립성(Compatibility)은 사용자와 시스템 간의 상호작용이 얼마나 자연스럽고 직관적인지를 나타내는 개념이다. 양립성이 높을수록 사용자가 시스템을 직관적으로 이해하고 조작할 수 있으며, 이를 통해 작업 효율성이 높아지고 오류가 줄어들며, 학습 시간이 단축된다.

양립성은 인간공학의 중요한 요소로, 시스템 설계가 사용자의 기대나 행동 방식과 얼마나 일치하는지를 평가하는 기준으로 사용된다. 양립성이 좋은 시스템은 사용자가 간편하고 자연스럽게 사용할 수 있어, 시스템 사용 중 발생하는 스트레스와 실수를 최소화한다.

1. 공간적 양립성 (Spatial Compatibility) – 조작 장치의 움직임과 그에 따른 시스템 반응 또는 출력 방향이 물리적 공간에서 일치하는 정도를 의미한다. 사용자가 직관적으로 이해할 수 있는 공간적 배치가 중요
2. 운동적 양립성 (Movement Compatibility) – 조작의 방향과 기계의 반응이 사용자의 기대와 일치하는 정도를 의미한다. 사용자가 레버나 다이얼 등을 움직일 때 그 움직임이 기계나 시스템의 동작 방향과 얼마나 자연스럽게 일치하는지를 나타낸다.
3. 개념적 양립성 (Conceptual Compatibility) – 시스템의 논리나 구조가 사용자의 기존 지식이나 경험과 얼마나 일치하는지를 나타낸다. 즉, 사용자가 시스템을 처음 접했을 때, 기존 경험을 바탕으로 쉽게 이해하고 사용할 수 있는 정도를 의미한다.
4. 양태적 양립성 (Modality Compatibility) – 정보 제공 방식(양식)이 작업의 요구사항과 일치하는지 여부를 나타낸다. 시각, 청각, 촉각 등의 감각을 통해 제공되는 정보가 작업과 얼마나 잘 맞는지를 평가한다.

인간공학에서의 양립성은 사용자 기대와 시스템 반응 간의 일치성을 의미하며, 시스템 설계에서 중요한 요소이다. 양립성이 높을수록 사용자가 시스템을 더 쉽고 빠르게, 그리고 정확하게 사용할 수 있다. 이를 통해 시스템의 안전성, 효율성, 사용자 만족도가 향상된다.

정답 ④

43
■ **인간공학 평가 척도의 유형**

인간-기계 시스템(Human-Machine System)에서 인간 기준(human criteria) 평가 척도는 인간과 기계 간의 상호작용이 얼마나 효과적, 안전하고, 편안하게 이루어지는지 평가하기 위한 다양한 기준을 의미한다. 이 평가 척도는 시스템 설계가 인간의 신체적, 인지적 한계를 얼마나 잘 반영하고 있는지를 측정하는 데 사용된다.

1. 작업 성과 척도 (Task Performance Criteria) – 인간이 기계 시스템과 상호작용하는 동안 작업의 성과를 측정하는 척도이다. 주로 정확성, 속도, 효율성을 기준으로 평가
2. 신체적 편안함 및 피로 척도 (Physical Comfort and Fatigue Criteria) – 기계 시스템 사용 중 신체적 부담과 피로도를 평가하는 척도이다. 작업자가 기계를 사용하면서 불편함이나 피로를 얼마나 느끼는지를 측정
3. 인지적 요구 척도 (Cognitive Load Criteria) – 인간이 기계와 상호작용하는 동안 정신적 노력이 얼마나 요구되는지를 평가하는 척도이다. 시스템 사용 시 인지적 부담, 즉 사용자가 정보를 처리하고 결정을 내리는 데 드는 정신적 에너지의 양을 평가
4. 안전성 척도 (Safety Criteria) – 인간-기계 상호작용에서 작업자가 얼마나 안전하게 기계를 사용할 수 있는지를 평가하는 척도이다. 작업 중 발생할 수 있는 위험 요소와 부상 위험을 고려
5. 사용자 만족도 척도 (User Satisfaction Criteria) – 사용자가 기계와 상호작용하는 경험에 대해 얼마나 만족하는지를 평가하는 척도이다. 사용자가 느끼는 만족감과 편리함, 사용 용이성을 평가
6. 작업 환경 척도 (Work Environment Criteria) – 인간이 기계를 사용하는 물리적 작업 환경을 평가하는 척도이다. 작업 환경이 사용자의 작업 성과와 신체적, 정신적 상태에 미치는 영향을 측정

정답 ⑤

44 500명이 근무하는 (주)안전의 작년 재해 통계를 기준으로 하였을 때, (주)안전의 근로자가 입사하여 정년까지 평균적으로 경험하는 재해 건수와 근로손실일수가 각각 0.5건과 10일인 것으로 나타났다. (주)안전의 작년 재해자수와 근로손실일수는? (단, 근로자 1인당 연간 총근로 시간은 2,400시간, 근로자 1인이 입사하여 정년까지 근무하는 총근로 시간은 100,000시간으로 가정한다.)

① 재해자수: 5명, 근로손실일수: 60일
② 재해자수: 5명, 근로손실일수: 120일
③ 재해자수: 6명, 근로손실일수: 60일
④ 재해자수: 6명, 근로손실일수: 120일
⑤ 재해자수: 10명, 근로손실일수: 100일

45 스웨인(Swain)의 인적오류 분류 방법에 따를 때, 제품에 라벨을 부착 하는 작업 중 잘못된 위치에 라벨을 부착한 경우에 해당되는 오류는?

① 작위 오류
② 누락 오류
③ 시간 오류
④ 순서 오류
⑤ 불필요한 수행 오류

46 개인보호구에 관한 설명으로 옳지 않은 것은?

① 개인보호구는 근로자의 몸에 맞출 수 있도록 조절될 수 있어야 한다.
② ABE형 안전모는 규정된 시험 절차에 따라 내전압성 성능시험을 통과해야 한다.
③ 금속 흄 등과 같이 열적으로 생기는 분진 발생 장소에서는 1급 방진 마스크를 사용하는 것이 적절하다.
④ 차음해야 할 소음이 저음부터 고음까지 고른 경우에는 2종 귀마개(EP-2)를 사용해야 한다.
⑤ 청력보호구는 보호구 착용으로 8시간 시간가중평균 90dB(A) 이하의 소음 노출수준이 되도록 차음 효과가 있어야 한다.

44 환산도수율이 0.5건과 환산강도율이 10일로 작년 재해자수와 근로손실을 묻는 문제

- 환산도수율 = 도수율 × 0.1
 연근로시간수 = 근로자수 × 연간총근로시간
 환산도수율 0.5 = 도수율 × 0.1, 도수율 = 5
- 환산강도율 = 강도율 × 100

 도수율 $5 = \dfrac{(\quad)}{500 \times 2400} \times 1{,}000{,}000$ 재해건수 = 6

 환산강도율 10 = 강도율 × 100, 강도율 = 0.1

 강도율 $0.1 = \dfrac{(\quad)}{500 \times 2400} \times 1{,}000$, 근로손실일수 = 120

정답 ④

45
- **스웨인 인적오류의 종류**
1. 생략오류(누락오류) - 절차 미수행
2. 실행에러(작위오류) - 부정확하게 수행
3. 과잉행동에러(불필요한 행동오류) - 불필요한 작업 수행
4. 순서에러 - 작업순서 틀리게 진행
5. 시간에러 - 정해진 시간동안 작업 완수 못하는 에러

정답 ①

46
- **개인보호구**
④ 1종 귀마개(EP-1): 저음부터 고음까지 넓은 주파수 범위에서 소음을 차단하는 데 효과적이다. 저주파수부터 고주파수까지 균일한 소음 차단이 요구되는 환경에서는 1종 귀마개를 사용하는 것이 적합하다. 2종 귀마개(EP-2): 주로 고주파 소음에 대한 차단 효과가 높다. 저주파 소음 차단 성능이 낮기 때문에, 저주파 소음이 포함된 환경에서는 적합하지 않다.

정답 ④

47 인간-기계시스템에 관한 설명으로 옳지 않은 것은?

① 인간-기계시스템에서 인간과 기계는 공통의 목표를 갖고 있다.
② 기계에서 경보음을 위한 스피커는 인간-기계시스템의 청각적 표시장치에 해당된다.
③ 인간-기계 인터페이스(interface)를 설계할 때는 인간의 신체적 특성, 인지 특성, 감성 특성 등을 고려해야 한다.
④ 인간-기계시스템은 정보 표시 방식에 따라 개회로(open-loop) 시스템과 폐회로(closed-loop) 시스템으로 구분된다.
⑤ 인간-기계시스템은 사용 환경을 고려하여 설계하여야 한다.

48 NIOSH 들기작업 공식을 이용한 중량물취급 작업의 평가에 관한 설명으로 옳은 것을 모두 고른 것은?

> ㄱ. 들기지수(LI)가 1보다 작으면 안전한 작업이다.
> ㄴ. 작업지속시간과 작업의 횟수를 조사해야 한다.
> ㄷ. 가장 좋은 조건에서 들기작업의 최대 권장 하중은 25kg이다.

① ㄱ ② ㄷ ③ ㄱ, ㄴ
④ ㄴ, ㄷ ⑤ ㄱ, ㄴ, ㄷ

49 재해원인을 파악하고 분석하는데 쓰이는 기법에 관한 설명으로 옳은 것을 모두 고른 것은?

> ㄱ. 파레토 분석은 여러 관련 요인 중 재해의 주요 원인을 파악하는데 적합하다.
> ㄴ. 관리도는 재해 관련 요인의 특성 변화 추이를 파악하여 목표를 관리하는데 적합하다.
> ㄷ. 특성요인도는 재해 발생 과정을 포괄적으로 파악하여 특성별 수준에 따라 재해 발생 원인을 분석하는데 적합하다.

① ㄱ ② ㄴ ③ ㄱ, ㄷ
④ ㄴ, ㄷ ⑤ ㄱ, ㄴ, ㄷ

47
■ 인간-기계 시스템에서 정보 표시 방식

인간-기계 시스템에서 정보 표시 방식에 따라 여러 가지 유형으로 구분할 수 있다. 이를 통해 사용자는 시스템과 상호작용하는 방식에 따라 다양한 정보 제공 방법을 선택할 수 있다. 일반적으로 정보 표시 방식은 다음과 같이 분류된다
1. 아날로그 표시 방식
2. 디지털 표시 방식
3. 혼합 표시 방식 - 아날로그와 디지털 정보를 동시에 제공하는 방식
4. 시각적 표시 방식
5. 청각적 표시 방식
6. 촉각적 표시 방식

정답 ④

48
■ NLE(납하중한계, NIOSH Lifting Equation)

리프팅 인덱스(LI)

LI = 실제 들어올리는 중량 / RWL로 계산되며, LI 값이 1 이상이면 작업자가 허리 부상 위험에 노출될 가능성이 높다는 것을 의미한다.
1. LI ≤ 1: 안전한 작업.
2. LI > 1: 부상의 위험이 있으며, 작업 환경 개선이 필요함.

정답 ③

49
■ 산업재해 통계적 원인분석 방법

파레토도는 중요한 원인을 파악하여 우선순위 설정에 유용하며, 특성요인도는 근본 원인을 찾고 전체적인 문제 구조를 시각화할 수 있다. 크로스 분석은 변수 간 관계를 분석하여 패턴을 파악하는 데 도움이 되며, 관리도는 재해 발생 상황이 통제 상태에 있는지 여부를 파악하고 이상 상황을 감지하는 데 유용하다.

정답 ⑤

50 F사 안전보건팀은 작년에 이 회사에서 발생한 재해와 관련하여 다음과 같은 업무를 수행하였다. 재해사례 연구의 진행단계에 따라 각 업무 활동을 순서대로 나열한 것은?

> ㄱ. 재해와 관련된 사실 및 재해요인으로 알려진 사실을 확인하였다.
> ㄴ. 유사 재해가 발생하는 것을 방지하기 위한 대책을 수립하였다.
> ㄷ. 인적, 물적, 관리적 측면에서 문제점을 파악하고 분석하였다.
> ㄹ. 재해 발생의 근본적 문제점을 결정하였다.

① ㄱ - ㄴ - ㄷ - ㄹ
② ㄱ - ㄷ - ㄹ - ㄴ
③ ㄱ - ㄹ - ㄷ - ㄴ
④ ㄹ - ㄱ - ㄷ - ㄴ
⑤ ㄹ - ㄷ - ㄱ - ㄴ

50 ■ 재해조사 순서 4단계

재해조사 순서에서 제시된 4단계는 재해 발생 시 원인을 분석하고, 향후 유사 재해를 예방하기 위한 대책을 수립하는 과정을 설명하는 것으로, 안전 관리 및 재해 예방의 핵심적인 절차이다. 각 단계는 재해의 원인을 체계적으로 분석하고, 문제를 해결하기 위한 구체적인 방안을 마련하는 데 중점을 둔다.

- 1단계 사실의 확인 – 재해 발생 직후, 재해의 사실을 정확하게 확인하는 단계이다. 여기에는 재해 발생 당시의 현장 상황을 조사하고, 재해 관련 자료를 수집하며, 목격자 진술을 듣는 작업이 포함된다. 구체적 활동으로는 재해 현장의 사진 촬영, 피해 상황 기록, 관련 장비 및 기계 상태 확인, 목격자 진술 청취 등이 있다.
- 2단계 직접원인과 문제점 발견 – 재해를 초래한 직접적인 원인을 분석하는 단계이다. 직접원인은 재해 발생 직전에 작용한 요인들로, 주로 작업자의 행동이나 장비의 상태 등 재해를 일으킨 즉각적인 이유이다. 구체적 활동으로는 작업자의 실수, 방호 장비 미비, 기계의 결함 등 직접적인 재해 원인을 분석 안전 규정 미준수 여부 확인 등이 있다.
- 3단계 기본원인과 근본적 문제 결정 – 재해를 일으킨 근본적인 원인을 규명하는 단계이다. 기본원인은 재해의 직접 원인 뒤에 숨어 있는 더 깊은 문제를 의미하며, 주로 조직의 관리 체계, 작업환경, 교육 부족 등 근본적인 문제가 될 수 있다. 구체적 활동으로는 교육과 훈련 부족, 안전 관리 체계의 미흡, 작업 환경의 문제점 분석, 조직적, 시스템적 문제 발견 등이 있다.
- 4단계 동종 및 유사재해 예방대책 수립 – 확인된 문제점과 원인에 대한 분석을 바탕으로, 동종 및 유사한 재해의 재발을 방지하기 위한 예방 대책을 수립하는 단계이다. 여기에서는 단순히 원인을 제거하는 것뿐만 아니라, 조직적 변화와 장기적인 개선책을 마련하는 것이 중요하다. 구체적 활동으로는 작업자 교육 및 훈련 강화, 방호 장치 추가 설치 및 설비 개선, 관리 시스템 강화 및 주기적인 안전 점검 계획 수립 등이 있다.

정답 ②

제07회 2017년 기출문제

26 제조물책임법상 용어의 정의로 옳지 않은 것은?

① 제조물이란 제조되거나 가공된 동산(다른 동산이나 부동산의 일부를 구성하는 경우를 포함한다)을 말한다.
② 제조업자란 제조물의 제조·가공 또는 수입을 업으로 하는 자를 말한다.
③ 제조물의 결함에는 제조상의 결함, 설계상의 결함, 유통상의 결함이 있다.
④ 설계상의 결함이란 제조업자가 합리적인 대체설계를 채용하였더라면 피해나 위험을 줄이거나 피할 수 있었음에도 대체설계를 채용하지 아니하여 해당 제조물이 안전하지 못하게 된 경우를 말한다.
⑤ 통상적으로 기대할 수 있는 안전성이 결여되어 있는 것도 결함이라 할 수 있다.

27 파블로프(Pavlov) 조건반사설의 학습원리에 해당하지 않는 것은?

① 강도의 원리: 자극이 강할수록 학습이 보다 더 잘된다.
② 시간의 원리: 조건자극을 무조건자극보다 조금 앞서거나 동시에 주어야 강화가 잘된다.
③ 계속성의 원리: 자극과 반응의 관계는 횟수가 거듭될수록 강화가 잘된다.
④ 일관성의 원리: 일관된 자극을 사용하여야 한다.
⑤ 불확실성의 원리: 학습의 목표가 반드시 달성된다고 확신 할 수 없다.

26
- **제2조(정의)** 이 법에서 사용하는 용어의 뜻은 다음과 같다.
1. "제조물"이란 제조되거나 가공된 동산(다른 동산이나 부동산의 일부를 구성하는 경우를 포함한다)을 말한다.
2. "결함"이란 해당 제조물에 다음 각 목의 어느 하나에 해당하는 제조상·설계상 또는 표시상의 결함이 있거나 그 밖에 통상적으로 기대할 수 있는 안전성이 결여되어 있는 것을 말한다.
   가. "제조상의 결함"이란 제조업자가 제조물에 대하여 제조상·가공상의 주의의무를 이행하였는지에 관계없이 제조물이 원래 의도한 설계와 다르게 제조·가공됨으로써 안전하지 못하게 된 경우를 말한다.
   나. "설계상의 결함"이란 제조업자가 합리적인 대체설계(代替設計)를 채용하였더라면 피해나 위험을 줄이거나 피할 수 있었음에도 대체설계를 채용하지 아니하여 해당 제조물이 안전하지 못하게 된 경우를 말한다.
   다. "표시상의 결함"이란 제조업자가 합리적인 설명·지시·경고 또는 그 밖의 표시를 하였더라면 해당 제조물에 의하여 발생할 수 있는 피해나 위험을 줄이거나 피할 수 있었음에도 이를 하지 아니한 경우를 말한다.

정답 ③

27
- **파블로프의 조건반사 반응설(개 먹이 종 실험)**
1) 내용 - 조건화에 의해 새로운 행동이 성립(개 먹이 주기 전 종울림, 종소리만으로 개가 침흘림)
2) 학습의 법칙
   ⓐ 일관성의 원리-일관된 자극
   ⓑ 강도의 원리-종소리보다 음식강도가 높아야 함
   ⓒ 시간의 원리-조건 자극(종)이 먼저
   ⓓ 계속성의 원리-반복

파블로프의 조건반사설(Pavlov's Theory of Classical Conditioning)은 고전적 조건형성(Classical Conditioning)이라는 개념으로 학습의 기초 원리를 설명한 이론이다. 이 이론은 자극과 반응의 연관을 통해 학습이 이루어진다는 것을 보여준다. 파블로프는 개 실험을 통해 중립적 자극(예: 종소리)과 무조건 자극(예: 먹이)을 연관 지으면, 나중에는 중립적 자극만으로도 조건 반응(예: 침을 흘리는 행동)이 일어난다는 것을 발견했다.
파블로프의 조건반사설은 자극과 반응의 연관성을 기반으로 한 학습의 중요성을 보여준다. 이를 교육에 적용할 때, 교사는 반복적인 자극과 강화를 통해 학습자가 배운 내용을 강화하고 유지하는 것이 중요하며, 학습 환경을 체계적으로 관리하여 올바른 학습 행동을 유도할 수 있다.

정답 ⑤

28 관리감독자를 대상으로 하는 TWI(Training Within Industry)의 교육훈련내용이 아닌 것은?

① 작업준비훈련(JPT)
② 작업지도훈련(JIT)
③ 작업방법훈련(JMT)
④ 인간관계훈련(JRT)
⑤ 작업안전훈련(JST)

29 산업안전보건법령상 고용노동부장관이 필요하다고 인정할 때에 해당 사업주에게 안전·보건진단을 받아 안전보건개선계획을 수립·제출할 것을 명할 수있는 사업장이 아닌 것은?

① 사업주가 안전·보건조치의무를 이행하였으나, 2개월의 요양이 필요한 부상자가 동시에 8명이 발생한 재해발생사업장
② 산업재해율이 같은 업종 평균 산업재해율의 2.5배인 사업장
③ 상시 근로자가 1,000명이고 직업병에 걸린 사람이 연간 3명이 발생한 사업장
④ 상시 근로자가 1,500명이고 직업병에 걸린 사람이 연간 4명이 발생한 사업장
⑤ 작업환경 불량, 화재·폭발 또는 누출사고 등으로 사회적 물의를 일으킨 사업장

30 산업안전보건법령상 사업주가 해당 사업장의 근로자에 대하여 정기적으로 하여야 하는 안전·보건에 관한 교육내용이 아닌 것은?

① 산업재해보상보험 제도에 관한 사항
② 유해·위험 작업환경 관리에 관한 사항
③ 사고 발생 시 긴급조치에 관한 사항
④ 건강증진 및 질병 예방에 관한 사항
⑤ 산업보건 및 직업병 예방에 관한 사항

28
- **TWI(Training with industry, 기업내, 산업내 훈련)**
  TWI(Training Within Industry)는 제2차 세계대전 중 미국에서 개발된 산업 현장 관리 및 작업자의 역량 강화를 위한 교육훈련 프로그램이다. 주로 현장 작업자나 중간 관리자의 작업 능률 향상, 리더십 개발, 직무 수행 능력 개선을 목표로 하며, 직장 내 기술 및 업무 수행 방법의 표준화를 통해 효율성을 극대화하는 데 중점을 둔다.
  1. 직무 방법 훈련 (JM: Job Methods Training) – 작업자의 작업 방법을 개선하고, 더 나은 작업 절차를 설계하는 데 중점을 둔다. 작업자와 관리자는 기존 작업 절차를 분석하여 비효율적인 요소를 제거하고, 더 효율적인 작업 방식을 개발한다.
  2. 직무 지도 훈련 (JI: Job Instruction Training) – 작업자들이 효율적으로 작업을 수행하도록 표준화된 작업 방법을 교육하는 데 중점을 둔다. 작업자는 어떻게 작업을 수행해야 하는지 단계별로 배우고, 작업을 수행하는 데 필요한 핵심 요소와 주의사항을 익힌다.
  3. 직무 관계 훈련 (JR: Job Relations Training) – 관리자가 작업자들과의 관계를 개선하고, 효과적인 리더십을 발휘할 수 있도록 돕다. 팀워크와 협력을 강화하며, 갈등 상황에서 문제를 해결하는 능력을 키우는 것이 주된 목표이다.
  4. 직무 안전 훈련 (JS: Job Safety Training) – 안전한 작업 환경을 유지하고, 산업 재해를 예방하는 데 중점을 둔다. 작업자는 안전 수칙을 준수하고, 작업 중 발생할 수 있는 위험 요소를 인식하며, 사고를 예방하는 방법을 학습한다.

  정답 ①

29
- **안전보건진단을 받아 안전보건개선계획을 수립할 대상**
  제49조(안전보건진단을 받아 안전보건개선계획을 수립할 대상) 법 제49조제1항 각 호 외의 부분 후단에서 "대통령령으로 정하는 사업장"이란 다음 각 호의 사업장을 말한다.
  1. 산업재해율이 같은 업종 평균 산업재해율의 2배 이상인 사업장
  2. 법 제49조제1항제2호에 해당하는 사업장
  3. 직업성 질병자가 연간 2명 이상(상시근로자 1천명 이상 사업장의 경우 3명 이상) 발생한 사업장
  4. 그 밖에 작업환경 불량, 화재·폭발 또는 누출 사고 등으로 사업장 주변까지 피해가 확산된 사업장으로서 고용노동부령으로 정하는 사업장

  정답 ①

30
- **산업안전보건법 시행규칙 [별표 5] 〈개정 2023. 9. 27.〉안전보건교육 교육대상별 교육내용**
  1. 근로자 안전보건교육(제26조제1항 관련)
     가. 정기교육
        - 산업안전 및 사고 예방에 관한 사항
        - <u>산업보건 및 직업병 예방에 관한 사항</u>
        - 위험성 평가에 관한 사항
        - <u>건강증진 및 질병 예방에 관한 사항</u>
        - <u>유해·위험 작업환경 관리에 관한 사항</u>
        - 산업안전보건법령 및 <u>산업재해보상보험 제도에 관한 사항</u>
        - 직무스트레스 예방 및 관리에 관한 사항
        - 직장 내 괴롭힘, 고객의 폭언 등으로 인한 건강장해 예방 및 관리에 관한 사항

  정답 ③

31 산업안전보건법령상 산업안전보건위원회를 설치·운영해야 할 사업의 종류 및 규모가 아닌 것은?

① 어업 - 상시 근로자 400명
② 토사석 광업 - 상시 근로자 200명
③ 1차 금속 제조업 - 상시 근로자 400명
④ 금융 및 보험업 - 상시 근로자 200명
⑤ 비금속 광물제품 제조업 - 상시 근로자 400명

32 교육지도의 원칙에 관한 내용으로 옳지 않은 것은?

① 교육내용을 충분히 이해할 수 있도록 상대방의 입장을 고려하여 교육한다.
② 학습의욕을 고취하기 위하여 어려운 내용에서부터 쉬운 내용의 순서로 교육한다.
③ 교육의 성과는 양보다 질을 중시한다는 점에서 순서에 따라 한 번에 한 가지씩 교육한다.
④ 지식, 기술, 기능 및 태도가 몸에 익혀지도록 반복교육을 실시한다.
⑤ 인간의 5가지 감각기관을 복합적으로 활용하여 교육한다.

31 ■ 산업안전보건위원회를 구성해야 할 사업의 종류 및 사업장의 상시근로자 수
　　■ 산업안전보건법 시행령 [별표 9] 〈개정 2024. 6. 25.〉

산업안전보건위원회를 구성해야 할 사업의 종류 및 사업장의 상시근로자 수(제34조 관련)

사업의 종류	사업장의 상시근로자 수
1. 토사석 광업 2. 목재 및 나무제품 제조업; 가구제외 3. 화학물질 및 화학제품 제조업; 의약품 제외(세제, 화장품 및 광택제 제조업과 화학섬유 제조업은 제외한다) 4. 비금속 광물제품 제조업 5. 1차 금속 제조업 6. 금속가공제품 제조업; 기계 및 가구 제외 7. 자동차 및 트레일러 제조업 8. 기타 기계 및 장비 제조업(사무용 기계 및 장비 제조업은 제외한다) 9. 기타 운송장비 제조업(전투용 차량 제조업은 제외한다)	상시근로자 50명 이상
10. 농업 11. 어업 12. 소프트웨어 개발 및 공급업 13. 컴퓨터 프로그래밍, 시스템 통합 및 관리업 13의2. 영상·오디오물 제공 서비스업 14. 정보서비스업 15. 금융 및 보험업 16. 임대업; 부동산 제외 17. 전문, 과학 및 기술 서비스업(연구개발업은 제외한다) 18. 사업지원 서비스업 19. 사회복지 서비스업	상시근로자 300명 이상
20. 건설업	공사금액 120억원 이상 (토목공사업 150억원 이상)
21. 제1호부터 제13호까지, 제13호의2 및 제14호부터 제20호까지의 사업을 제외한 사업	상시근로자 100명 이상

🔍정답 ④

32 ■ 안전교육의 지도 원칙 8원칙 (한인 오기는 동쉬에 반상회 한다.)

안전교육 지도 8원칙은 산업안전 분야에서 효과적인 안전 교육을 수행하기 위해 고려해야 할 핵심 지침이다. 이를 통해 안전 사고 예방을 돕고, 근로자의 안전 의식을 고취시킬 수 있다. 안전교육 지도 8원칙은 산업 현장에서 효과적인 안전교육이 사고 예방과 근로자 안전의식을 강화하는 데 얼마나 중요한 역할을 하는지를 강조한다.

② 교육의 효과를 극대화하기 위해서는 쉬운 부분에서 어려운 부분으로 점진적으로 교육하는 것이 일반적으로 더 효과적이다.

🔍정답 ②

33 학습지도원리의 내용에 해당하지 않는 것은?

① 자발성의 원리: 학습자 스스로 학습에 참여해야 한다는 원리
② 집단화의 원리: 학습자의 공통된 요구 및 능력 위주로 지도해야 한다는 원리
③ 사회화의 원리: 공동학습을 통해서 협력적이고 우호적인 학습을 진행한다는 원리
④ 통합의 원리: 학습을 통합적인 전체로서 지도해야 한다는 원리
⑤ 직관의 원리: 구체적인 사물을 직접 제시하거나 경험시킴으로써 큰 효과를 거둘 수 있다는 원리

34 입식 작업대에 관한 설명으로 옳지 않은 것은?

① 작업대의 높이가 팔꿈치의 높이보다 낮은 것이 중(重)작업에 적합하다.
② 작업대의 높이가 팔꿈치의 높이보다 약간 높은 것이 정밀작업에 적합하다.
③ 일반적으로 고정높이 작업면은 가장 키가 작은 사용자에게 맞추어 설계한다.
④ 중량물을 다루는 경우에는 입식 작업대가 적합하다.
⑤ 포장작업에서와 같이 아랫방향으로 힘을 발휘해야 하는 경우에는 입식 작업대가 적합하다.

35 공기 중 연소범위가 가장 넓은 것은?

① 암모니아
② 메탄
③ 프로판
④ 에탄
⑤ 아세틸렌

33 ■ 학습지도의 원리
② 개별화의 원리 – 학습은 모든 학습자에게 동일하게 적용되기보다는, 학습자의 능력, 흥미, 필요에 맞춰 개별화되어야 한다는 원리이다. 학습자의 수준이나 배경에 따라 맞춤형 교육을 제공하는 것이 중요하다. 핵심은 맞춤형 학습과 개별 학습자 고려이다. 학습자의 차이점을 인정하고, 그에 맞는 지도 방식을 제공함으로써 학습 효과를 극대화할 수 있다.

정답 ②

34 ■ 입식 작업대의 고정 높이
③ 고정 높이 작업대는 키가 중간 정도인 사용자를 기준으로 설계하거나, 조절 가능한 작업대를 제공하여 모든 사용자가 편안하게 작업할 수 있도록 해야 한다. 이렇게 하면 다양한 신체 크기의 작업자들이 불편 없이 작업을 수행할 수 있다.

정답 ③

35 ■ 연소범위
공기 중 연소범위는 가연성 물질이 공기와 혼합되어 불이 붙을 수 있는 농도 범위를 말한다. 이 범위는 연소 하한(LEL, Lower Explosive Limit)과 연소 상한(UEL, Upper Explosive Limit)으로 나뉘며, 가연성 혼합물이 이 범위 안에 있어야만 연소나 폭발이 일어날 수 있다.

1. 주요 개념
   1) 연소 하한(LEL, Lower Explosive Limit): 연소가 일어나기 위한 최소 농도. 이 농도보다 낮으면, 혼합물이 너무 희박하여 불이 붙지 않다.
   2) 연소 상한(UEL, Upper Explosive Limit): 연소가 일어날 수 있는 최대 농도. 이 농도보다 높으면, 혼합물이 너무 농후하여 산소가 부족해 불이 붙지 않는다.
2. 예시
   1) 메탄(CH_4)의 연소범위는 약 5%~15%이다. 즉, 메탄이 공기 중에서 농도가 5% 미만이면 연소할 수 없고, 15%를 넘어서면 산소가 부족하여 연소가 일어나지 않는다.
   2) 프로판(C_3H_8)의 연소범위는 약 2.1%~9.5%로, 이 범위 안에서만 불이 붙을 수 있다.
3. 중요성
   안전 관리: 연소범위를 이해하고 관리하는 것은 화재 및 폭발 사고를 예방하는 데 매우 중요하다. 가연성 물질이 연소범위 안에 있을 경우, 발화원이 존재하면 폭발이나 화재가 일어날 수 있기 때문에 주의가 필요하다.

연소범위

가연성 가스	영문	분자식	하한계	상한계	범위
수소	Hydrogen	H_2	4	75	71
일산화탄소	Carbon Monoxide	CO	12.5	74	61.5
아세틸렌	Acetylene	C_2H_2	2.5	81	78.5
에틸렌	Ethylene	C_2H_4	2.7	36	33.3
벤젠	Benzene	C_6H_6	1.3	7.9	6.6
메탄	Methane	CH_4	5	15	10
에탄	Ethane	C_2H_6	3	12.4	9.4
프로판	Propane	C_3H_8	2.1	9.5	7.4
부탄	Butane	C_4H_{10}	1.86	8.41	6.55
헵탄	Heptane	C_7H_{16}	1.05	6.7	5.65

정답 ⑤

36 시각적 표시장치에 관한 설명으로 옳은 것을 모두 고른 것은?

ㄱ. 디지털 표시장치는 정량적 표시장치이다.
ㄴ. 이동지침을 가진 고정눈금 방식은 수치정보를 잘 표시하지 못하는 단점이 있다.
ㄷ. 디지털 표시장치는 수치를 정확히 읽어야 할 때 적합하다.
ㄹ. 정성적 표시장치는 대략적인 상태나 변화의 추세를 판정하는 용도로 쓰인다.

① ㄱ, ㄹ　　② ㄴ, ㄷ　　③ ㄴ, ㄹ
④ ㄱ, ㄴ, ㄷ　　⑤ ㄱ, ㄷ, ㄹ

37 23kg의 부재를 제자리에서 들어 올리는 들기작업을 수행할 때 시작점에서 NIOSH의 들기작업공식에 의한 들기지수(LI)는?

- 중량물과 몸통과의 수평거리(H)는 50cm이다.
- 중량물을 들기 시작하는 손의 수직높이(V)는 75cm이다.
- 중량물을 들어올리는 수직이동거리(D)는 25cm이다.
- 회전(A)은 발생하지 않는다.
- 물체의 모양은 손으로 쉽게 잡을 수 있는 경우이다.(CM = 1.0)
- 1시간 이내의 작업 이후 회복시간이 작업시간의 1.2배 정도 되는 짧은 수준의 작업으로서 빈도변수(FM)는 0.8이다.

① 1.25　　② 1.50　　③ 2.00
④ 2.50　　⑤ 3.00

38 산업안전보건법령상 안전인증 대상 기계·기구 등에 해당하지 않는 것은?

① 산업용 로봇　　② 프레스　　③ 크레인
④ 압력용기　　⑤ 곤돌라

36 ■ 정보입력표시방법
ㄴ. 이동지침을 가진 고정눈금 방식은 정목동침형 아날로그 표시장치로, 온도계, 속도계, 압력계 등에서 널리 사용된다. 　🔍정답　⑤

37

$$LI = \frac{\text{실제작업 무게} \, LC}{\text{권장무게 한계} \, RWL}$$

$$RWL = 23 \times HM \times VM \times DM \times AM \times FM \times CM$$
$$= 23 \times 0.5 \times 1 \times 1 \times 1 \times 0.8 \times 1 = 9.2$$

$$LI = \frac{23}{9.2} = 2.5$$

$$HM(\text{수평계수}) = \frac{25}{H} = \frac{25}{50} = 0.5$$

$$VM(\text{수직계수}) = 1 - [0.003 \times (V-75)] = 1 - [0.003 \times (75-75)] = 1 - 0 = 1$$

$$DM(\text{거리계수}) = 0.82 + \frac{4.5}{D} = 0.82 + \frac{4.5}{25} = 1$$

$$AM(\text{비대칭성계수}) = 1 - (0.0032 \times A)$$

① 신체중심에서 물건중심까지 비틀린 각도
② 비틀림이 없으면 → 1
③ 비틀림이 135도가 넘으면 → 0
∴ AM = 1

　🔍정답　④

38 ■ 안전인증대상기계 등
제74조(안전인증대상기계등)
1. 다음 각 목의 어느 하나에 해당하는 기계 또는 설비
    <u>가. 프레스</u>　　　　　　나. 전단기 및 절곡기(折曲機)
    <u>다. 크레인</u>　　　　　　라. 리프트
    <u>마. 압력용기</u>　　　　　바. 롤러기
    사. 사출성형기(射出成形機)　아. 고소(高所) 작업대
    <u>자. 곤돌라</u>

　🔍정답　①

39 하인리히(Heinrich)가 주장한 재해발생과 재해예방에 관한 이론으로 옳은 것을 모두 고른 것은?

> ㄱ. 재해는 원인만 제거하면 예방이 가능하다.
> ㄴ. 사고의 발생과 그 원인은 우연적인 관계가 있다.
> ㄷ. 재해예방을 위한 가능한 안전대책은 존재한다.
> ㄹ. 재해는 연쇄작용으로 발생되며 사회적 환경과 개인적 결함, 불안전한 상태 및 개인의 불안전한 행동에 의해 순차적으로 사고가 유발된다.

① ㄱ, ㄴ ② ㄴ, ㄷ ③ ㄷ, ㄹ
④ ㄱ, ㄴ, ㄹ ⑤ ㄱ, ㄷ, ㄹ

40 극한강도가 60 MPa, 허용응력이 40 MPa일 경우 안전계수(S)는?

① 0.7 ② 1.0 ③ 1.5
④ 2.4 ⑤ 2,400

41 2,000명이 근무하는 기업의 작년 1년간 산업재해자가 48명 발생하여 근로손실일수가 2,400일이었다면 이 회사에 근무하는 근로자가 입사하여 정년까지 평균적으로 경험하는 재해의 건수와 근로손실일수는? (단, 근로자 1인당 연간총근로시간은 2,400시간, 근로자 1인이 입사하여 정년까지 근무하는 총근로시간은 100,000 시간으로 가정한다.)

① 재해건수: 1건, 근로손실일수: 50일
② 재해건수: 0.5건, 근로손실일수: 100일
③ 재해건수: 2건, 근로손실일수: 200일
④ 재해건수: 1.5건, 근로손실일수: 150일
⑤ 재해건수: 2.5건, 근로손실일수: 200일

39
■ 하인리히 사고예방 4원칙
① 원인계기 – 사고는 원인이 있고 연결됨.
② 손실우연 – 손실의 크기는 우연에 의해서 정해짐.
③ 예방가능 – 원인만 제거하면 사고는 예방가능
④ 대책선정 – 모든 사고는 예방이 가능하므로 예방대책을 강구해야 함.

하인리히 사고예방 4원칙은 안전 사고의 근본적인 원인과 예방 방법을 설명하고, 사고를 예방하기 위해서는 원인에 대한 종합적인 분석이 필요함을 강조했다.

정답 ⑤

40
■ 안전계수(S)
안전계수(S)는 구조물이나 기계 부품이 설계된 하중이나 응력을 초과하지 않도록 안전한 한계를 정하는 값이다. 이는 재료가 파괴되거나 변형되기 전에 견딜 수 있는 최대 응력(극한강도)과 실제로 적용할 수 있는 응력(허용응력) 사이의 비율을 나타낸다.

1. 안전계수(S)

$$S = \frac{극한강도}{허용응력} = \frac{60 Mpa}{40 Mpa} = 1.5$$

2. 안전계수의 의미
   1) S > 1 : 안전한 상태를 의미한다. 극한강도가 허용응력보다 크기 때문에 시스템이 더 큰 하중을 견딜 수 있다.
   2) S = 1 : 안전계수가 1이면 극한강도와 허용응력이 동일해 안전 여유가 없다는 의미이다.
   3) S < 1 : 안전계수가 1보다 작으면 설계가 위험할 수 있으며, 하중이 극한강도를 초과할 위험이 있다.
   ∴ 안전계수가 클수록 설계가 보수적이고 안전한 설계라고 할 수 있다.

정답 ③

41
평생근로 시 예상재해건수와 예상근로손실일수를 묻는 문제로 환상강도율과 환산도수율을 구하는 문제
■ 환산도수율과 환산강도율 계산
1) 환산도수율(평생근로시 예상재해건수) = 도수율 × 0.1
2) 환산강도율(평생근로시 예상근로손실일수) = 강도율 × 100

연근로시간수 = 근로자수 × 연간총근로시간 = 2,000명 × 2,400시간

$$도수율 = \frac{48}{2000 \times 2400} \times 1,000,000 = 10$$

환산도수율 = 10 × 0.1 = 1

$$강도율 = \frac{2400}{2000 \times 2400} \times 1,000 = 0.5$$

환산강도율 = 0.5 × 100 = 50

정답 ①

42 시스템의 구성요소들이 동시에 가동되고 있고, 어느 하나만이라도 작동하면 그 시스템이 가동되는 구조는?

① 직렬구조 ② 병렬구조
③ 대기결함구조 ④ n중 k구조
⑤ R구조

43 기계나 설비를 작업공간에 배치하는 경우에 작업 성능을 향상시키기 위한 배치원칙이 아닌 것은?

① 중요성의 원칙 ② 기능성의 원칙
③ 사용심리의 원칙 ④ 사용빈도의 원칙
⑤ 사용순서의 원칙

44 산업안전보건기준에 관한 규칙상 소음 및 진동에 의한 건강장해의 예방에 관한 설명으로 옳지 않은 것은?

① "소음작업"이란 1일 8시간 작업을 기준으로 85데시벨 이상의 소음이 발생하는 작업을 말한다.
② 105데시벨 이상의 소음이 1일 1시간 이상 발생하는 작업은 강렬한 소음작업이다.
③ "청력보존 프로그램"이란 소음노출 평가, 소음노출 기준 초과에 따른 공학적 대책, 청력보호구의 지급과 착용, 소음의 유해성과 예방에 관한 교육, 정기적 청력검사, 기록·관리 사항 등이 포함된 소음성 난청을 예방·관리하기 위한 종합적인 계획을 말한다.
④ 체인톱, 동력을 이용한 연삭기를 사용하는 작업은 진동작업에 속한다.
⑤ 1초 이상의 간격으로 130데시벨을 초과하는 소음이 1일 1백회 발생하는 작업은 충격소음작업이다.

42
■ 병렬연결 구조

시스템 병렬 연결 구조(Parallel System Configuration)는 여러 구성 요소가 병렬로 연결되어 있어, 하나 이상의 구성 요소가 정상적으로 작동하면 시스템 전체가 정상 작동하는 구조이다. 즉, 병렬 연결 구조는 시스템의 신뢰성을 높이기 위한 방법으로, 하나의 구성 요소가 고장 나더라도 다른 구성 요소가 기능을 대신하여 시스템이 계속 정상적으로 작동할 수 있도록 설계된다.

병렬 연결 구조의 주요 특징
1. 고장 허용성(Fault Tolerance) - 병렬 연결 구조에서는 한 구성 요소가 고장 나더라도 다른 요소가 정상적으로 작동할 수 있으므로, 시스템 전체의 고장 확률이 낮아진다. 이는 고장 허용성을 높여 시스템의 신뢰도를 크게 향상시킨다.
2. 신뢰성 증가 - 병렬 구조에서는 구성 요소가 서로 백업 역할을 하므로, 하나의 요소가 고장 나더라도 전체 시스템은 고장 없이 작동할 가능성이 높다. 즉, 각 요소의 신뢰도가 낮더라도 병렬 연결을 통해 전체 시스템의 신뢰도를 크게 향상시킬 수 있다.
3. 병렬 연결에서의 신뢰도 계산 - 병렬 연결 구조의 신뢰도는 구성 요소들이 모두 고장 날 확률을 이용해 계산한다. 즉, 시스템 전체가 고장 나려면 병렬로 연결된 모든 구성 요소가 고장 나야 한다.
$$R_P = 1 - (1 - R_1)(1 - R_2)$$
4. 병렬 연결의 확장 - 여러 개의 구성 요소가 병렬로 연결된 경우, 각 구성 요소의 고장 확률을 모두 곱하여 전체 고장 확률을 계산할 수 있다. 일반적으로 병렬로 연결된 구성 요소가 많을수록 시스템의 신뢰도는 증가한다.

정답 ②

43
■ 작업성능 향상시키기 위한 작업공간 배치의 기본원칙
① 중요성의 원칙 - 중요한 요소일수록 사용하기 편리한 지점에 배치
② 사용빈도의 원칙 - 자주 사용할수록 편리한 지점에 배치
③ 기능별 배치의 원칙 - 기능적으로 관련성이 높은 요소들은 가깝게 배치
④ 사용순서의 원칙 - 사용순서를 고려하여 배치

정답 ③

44
■ 소음의 노출기준

소음 노출기준(충격음 제외)	소음강도(dBA)
8	90
4	95
2	100
1	105
1/2	110
1/4	115

115dBA를 초과하는 소음수준에 노출되어서는 안됨

충격소음의 노출기준	
1일 노출횟수	소음강도(dBA)
100	140
1,000	130
10,000	120

140dBA를 초과하는 충격 소음에 노출되어서는 안됨

정답 ⑤

45 다음의 FT도에서 G1의 발생확률은?

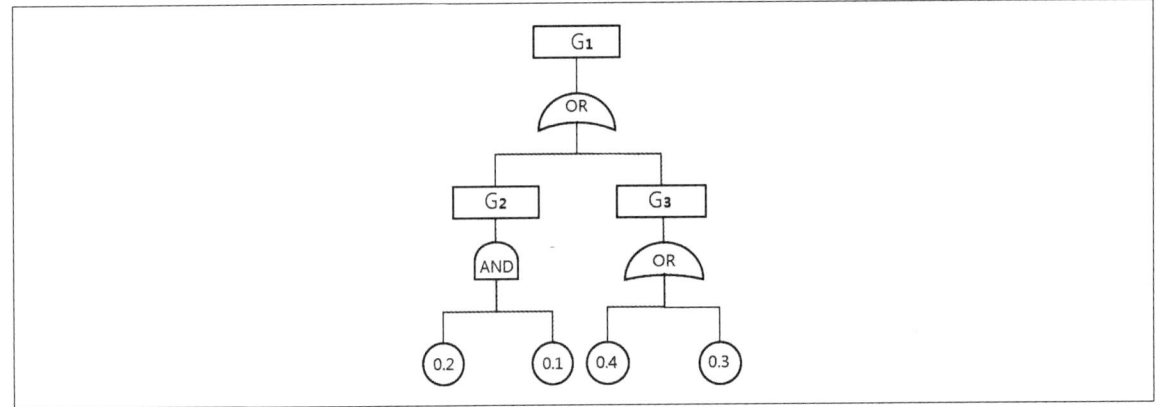

① 0.4884 ② 0.5884 ③ 0.6884
④ 0.7884 ⑤ 0.8884

46 다음에서 설명하고 있는 것은?

- 취급, 조작자의 부주의와 잘못에 의해 사고가 발생하는 것을 방지하기 위한 방법으로 인간의 실수가 직접적으로 고장 또는 사고로 이어지지 않도록 하는 것
- 세탁기 구동 시에 사람이 부주의나 실수로 상단뚜껑을 열면 동작이 자동으로 멈추고 경고음이 발생하는 것
- 위험성을 모르는 아이들이 실수로 먹는 것을 방지하기 위해 약병의 안전마개를 열기 위해서 힘을 아래 방향으로 가해 돌려야 하는 것

① fail safe ② fail soft ③ fool proof
④ failure rate ⑤ back up

47 가속수명 시험방법에서 스트레스 부과방법이 아닌 것은?

① 일정형 스트레스시험 ② 점진형 스트레스시험
③ 계단형 스트레스시험 ④ 간접형 스트레스시험
⑤ 주기형 스트레스시험

45

- FT도 발생 확률

  G2: and gate → 0.2 × 0.1 = 0.02
  G3: or gate → 1-{(1-0.4)(1-0.3)} = 0.58
  G1: or gate → 1-{(1-0.02)(1-0.58)} = 0.5884

  정답 ②

46

- Fool-Proof

  사용자가 실수를 해도 시스템이 고장나거나 오류를 일으키지 않도록 설계하는 기법이다.

  정답 ③

47

- 가속수명 시험

  가속수명시험에서 스트레스 부과 방법은 제품의 수명을 단시간 내에 예측하기 위해 다양한 형태의 스트레스를 부과하여 제품의 성능을 시험하는 방식이다.
  1. 일정형 스트레스 부과 방법 (Constant Stress) - 일정한 스트레스 수준을 지속적으로 부과
  2. 점진형 스트레스 부과 방법 (Progressive Stress, Ramp Stress) - 스트레스 강도를 시간이 지남에 따라 점진적으로 증가
  3. 주기형 스트레스 부과 방법 (Cyclic Stress) - 일정한 주기로 스트레스가 가해졌다가 제거되기를 반복하는 방식
  4. 계단형 스트레스 부과 방법 (Step Stress) - 스트레스를 단계적으로 증가시키는 방식

  정답 ④

48 무재해운동의 3원칙 중 다음에 해당하는 것은?

> 단순히 사망재해나 휴업재해만 없으면 된다는 소극적인 사고가 아닌, 사업장 내의 잠재위험요인을 적극적으로 사전에 발견하고 파악·해결함으로써 산업재해의 근원적인 요소들을 없앤다는 것을 의미함

① 무의 원칙 ② 보장의 원칙 ③ 참여의 원칙
④ 조사의 원칙 ⑤ 안전제일의 원칙

49 FMEA에서 '실제의 손실'의 발생확률(β)을 나타내는 것은?

① $\beta = 1.00$
② $0.10 \leq \beta < 2.00$
③ $0.30 < \beta \leq 0.50$
④ $0 < \beta < 0.20$
⑤ $0.20 < \beta < 0.30$

50 고용노동부에서 고시로 정한 사업장 위험성평가에 관한 지침에서 사용하는 용어에 관한 설명으로 옳지 않은 것은?

① "위험성평가"란 유해·위험요인을 파악하고 해당 유해·위험요인에 의한 부상 또는 질병의 발생 가능성(빈도)과 중대성(강도)을 추정·결정하고 감소대책을 수립하여 실행하는 일련의 과정을 말한다.
② "유해·위험요인 파악"이란 유해요인과 위험요인을 찾아내는 과정을 말한다.
③ "위험성"이란 유해·위험요인이 부상 또는 질병으로 이어질 수 있는 가능성(빈도)과 중대성(강도)을 조합한 것을 의미한다.
④ "위험성 추정"이란 유해·위험요인별로 추정한 위험성의 크기가 허용 가능한 범위인지 여부를 판단하는 것을 말한다.
⑤ "위험성 감소대책 수립 및 실행"이란 위험성 결정 결과 허용 불가능한 위험성을 합리적으로 실천 가능한 범위에서 가능한 한 낮은 수준으로 감소시키기 위한 대책을 수립하고 실행하는 것을 말한다.

48
■ 무재해 이념의 3원칙
① 무의 원칙
② 참가의 원칙
③ 선취의 원칙

무재해 이념의 3원칙은 사고와 재해를 예방하고 완전히 무재해 상태를 달성하기 위한 기본적인 원칙을 제시한 개념으로 재해를 예방하기 위한 체계적이고 협력적인 접근을 강조한다.

정답 ①

49
■ FMEA에서 발생 확률

영향	발생확률(β)
실제손실	$\beta = 1$
예상손실	$0.1 \leq \beta \leq 1.0$
가능손실	$0 < \beta \leq 0.1$
영향없음	$\beta = 0$

정답 ①

50
■ 제3조(정의)
① 이 고시에서 사용하는 용어의 뜻은 다음과 같다.
   1. "유해·위험요인"이란 유해·위험을 일으킬 잠재적 가능성이 있는 것의 고유한 특징이나 속성을 말한다.
   2. "위험성"이란 유해·위험요인이 사망, 부상 또는 질병으로 이어질 수 있는 가능성과 중대성 등을 고려한 위험의 정도를 말한다.
   3. "위험성평가"란 사업주가 스스로 유해·위험요인을 파악하고 해당 유해·위험요인의 위험성 수준을 결정하여, 위험성을 낮추기 위한 적절한 조치를 마련하고 실행하는 과정을 말한다.
   4. 삭제
   5. 삭제
   6. 삭제
   7. 삭제
   8. 삭제

현행고시와 상이한 문제

2016년 기출문제

26 신뢰성 척도에 관한 설명으로 옳지 않은 것은?

① 특정시점에서의 신뢰도는 시스템 혹은 부품이 작동을 시작하여 어느 시점에서 작동하고 있지 않을 확률로 정의된다.
② 고장률(failure rate)은 특정시점까지 고장나지 않고 작동하던 시스템 혹은 부품이 이 시점으로부터 단위기간 내에 고장을 일으키는 비율을 나타낸 것이다.
③ 평균수명(MTTF)은 수리가 불가능한 시스템 혹은 부품인 경우의 평균수명을 뜻한다.
④ 평균잔여수명(MRL)은 현장에서 사용되고 있는 기존 설비의 교체 여부를 결정하는 데에 의미있는 정보를 제공하는 척도가 된다.
⑤ 백분위수명은 전체 부품 가운데 100%가 고장나는 시점을 나타낸다.

27 정보입력표시방법으로서 시각적 표시장치로 옳지 않은 것은?

① 연속적으로 변하는 변수의 대략적인 값을 표시하는 것과 같은 자동차 계기판의 연료계
② 화재 등 비상 상황이 발생하였을 때 울리는 경보기
③ 지나가는 차량의 댓수 같은 정보를 제공하는 데 사용되는 계수기
④ 진행과 정지 그리고 방향전환 및 주의 등을 색상이 있는 등화로 표시하는 교통 신호기
⑤ 항해 중인 선박에게 항운 정보를 제공하는 야간의 등대 불빛

26 ■ 신뢰도함수

신뢰도 함수 R(t)는 시스템이나 구성 요소가 시간 t까지 고장 없이 정상적으로 작동할 확률을 나타내는 함수이다. 즉, 신뢰도 함수는 특정 시간이 경과한 후에도 시스템이 여전히 정상적으로 작동할 확률을 계산하는데 사용된다.

신뢰도 함수와 관련된 함수

1. 확률 밀도 함수 f(t): 시스템이 정확히 시간 t에 고장 날 확률

$$f(t) = \frac{d}{dt}F(t), \quad F(t) = 1 - R(t)$$

2. 고장률 함수 λ(t): 시간 t에서 시스템이 고장 날 조건부 확률이다. 고장률 함수는 시스템이 시간 t까지 고장 나지 않은 경우, 그 시점에 고장 날 확률을 나타낸다.

$$\lambda(t) = \frac{f(t)}{R(t)}$$

3. 지수 분포에서의 신뢰도 함수 - 지수 분포는 고장률이 일정한 시스템의 신뢰도를 표현하는 데 많이 사용된다. 만약 고장률 λ가 일정하다면, 신뢰도 함수는 다음과 같이 표현된다.

$$R(t) = e^{-\lambda t}$$

여기서 λ는 일정한 고장률이다. 이는 시간이 지남에 따라 신뢰도가 지수적으로 감소하는 것을 나타낸다.

정답 ①

27 ■ 정보입력표시방법

② 화재 등 비상상황이 발생하였을 때 울리는 경보기는 청각신호이다.

인간공학에서의 정보 입력 및 표시 방법은 사용자가 시스템에 정보를 입력하고, 시스템이 정보를 표시하는 방식에 대한 설계 원칙을 의미한다. 이러한 방법은 사용자 친화적이어야 하며, 효율성, 정확성, 편리성을 극대화하는 데 목적이 있다. 인간공학적 설계는 사용자가 기계나 시스템과 상호작용하는 방식이 직관적이고 자연스러워야 함을 강조한다.

1. 시각적 표시 장치 (Visual Displays) - 눈을 통해 정보를 전달하는 방식으로, 대부분의 정보는 시각적 표시를 통해 제공된다.
   유형 - 디지털 디스플레이, 아날로그 디스플레이, 경고등, 그래픽 사용자 인터페이스(GUI)
2. 청각적 표시 장치 (Auditory Displays) - 소리를 통해 정보를 전달하는 방법으로, 즉각적인 반응이 필요하거나 시각적 정보가 제한된 상황에서 효과적이다.
   유형 - 경고등, 음성안내
3. 촉각적 표시 장치 (Haptic Displays) - 촉각을 통해 정보를 전달하는 방법으로, 주로 진동을 사용해 피드백을 제공한다.
   유형 - 진동 피드백, 촉각 디스플레이

정답 ②

28 위험성평가(risk assessment)의 순서가 올바르게 나열한 것은?

ㄱ. 위험요인의 결정 ㄴ. 유해위험 요인별 위험성 조사·분석
ㄷ. 기록 및 검토 ㄹ. 위험성 감소조치의 실시
ㅁ. 유해 위험요인 파악

① ㄱ → ㄴ → ㄷ → ㄹ → ㅁ ② ㄱ → ㄴ → ㄹ → ㄷ → ㅁ
③ ㄴ → ㅁ → ㄱ → ㄹ → ㄷ ④ ㅁ → ㄴ → ㄱ → ㄹ → ㄷ
⑤ ㅁ → ㄹ → ㄷ → ㄱ → ㄴ

29 고장분포함수가 $F(t)$ $(t=time)$ 일 때, 함수간의 관계가 잘못 표시된 것은? (단, $f(t)$는 고장밀도함수이고, $R(t)$는 신뢰도함수이며, $h(t)$는 고장률함수이다.)

① $f(t) = \dfrac{d}{dt}F(t)$ ② $R(t) = 1 - F(t)$

③ $h(t) = \dfrac{f(t)}{1-F(t)}$ ④ $f(t) = \dfrac{h(t)}{1-R(t)}$

⑤ $h(t) = \dfrac{f(t)}{R(t)}$

30 A 시스템은 그림과 같이 3가지의 부품을 직렬로 연결한 체계를 체계중복으로 하여 구성되어 있으며, 그림의 수치들은 각각 부품들의 신뢰도를 표기한 것이다. A 시스템의 신뢰도는? (단, 소수점 넷째자리에서 반올림하여 소수점 셋째자리까지 구하시오.)

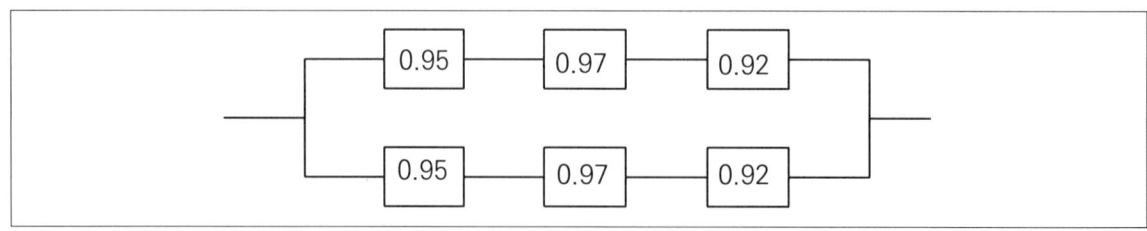

① 0.957 ② 0.967 ③ 0.977
④ 0.987 ⑤ 0.997

28

■ **제8조(위험성평가의 절차)** 사업주는 위험성평가를 다음의 절차에 따라 실시하여야 한다. 다만, 상시근로자 5인 미만 사업장(건설공사의 경우 1억원 미만)의 경우 제1호의 절차를 생략할 수 있다.

1. 사전준비
2. 유해·위험요인 파악
3. 삭제
4. 위험성 결정
5. 위험성 감소대책 수립 및 실행

정답 ④

29

■ **척도**

④ 고장 밀도 함수는 시스템이 정확히 시간 t에 고장 날 확률을 나타내는 함수이다. 이 함수는 누적 분포 함수 F(t)의 미분으로 정의된다.

$f(t) = \dfrac{dF(t)}{dt}$ 지수 분포에서는 $f(t) = \lambda e^{-\lambda t}$ 와 같은 형태로 주어진다.

고장률 함수 h(t)는 조건부 확률로서, 시간 t까지 고장 나지 않은 경우 그 시점에서 고장이 발생할 확률을 나타낸다.

$h(t) = \dfrac{f(t)}{R(t)}$ 여기서 R(t)는 시간 t까지 고장이 나지 않을 확률, 즉 신뢰도 함수이다.

신뢰도 함수는 시스템이 시간 t까지 고장 나지 않고 정상적으로 작동할 확률을 나타낸다.

$R(t) = 1 - F(t)$ 여기서 F(t)는 누적 고장률, 즉 시간 t까지 고장이 발생할 확률이다.

수식의 올바른 관계

고장률 함수 h(t)와 고장 밀도 함수 f(t)의 관계는 $f(t) = h(t)R(t)$

따라서 $f(t) = \dfrac{h(t)}{1-R(t)}$ 식은 잘못된 것이다.

정답 ④

30

■ **신뢰도(R) 계산**

R = 1−(1−0.95×0.97×0.92)² = 0.977

정답 ③

31 인간공학에 관한 설명으로 옳지 않은 것은?

① 인간공학은 인간이 사용할 수 있도록 설계하는 과정을 말하는 것으로 인간의 복지를 향상시키는 데 목적이 있다.
② 인간공학의 핵심 포인트는 인간이 사용하는 물건 또는 환경을 설계할 시 건강, 안정, 만족 등과 같은 특정한 인간본위의 가치기준보다는 실용적 기능을 높이는데 있다.
③ 인간공학은 인간이 사용하는 물건 또는 환경을 설계할 시 인간의 행동에 관한 적절한 정보를 체계적으로 적용하는 것이다.
④ 인간공학은 기계와 그 기계조작 및 환경조건을 인간의 특성, 능력과 한계에 잘 조화되도록 설계하기 위한 공학이다.
⑤ 인간공학은 안전성의 향상과 사고예방, 생산성의 향상, 쾌적성 등을 추구한다.

32 시스템의 특성에 관한 설명으로 옳지 않은 것은?

① 시스템은 환경에 적응하거나 극복하면서 유지시켜야 한다.
② 각각의 하위시스템들은 상호 간의 연관관계에 의해 시스템의 목표가 달성될 수 있도록 하여야 한다.
③ 시스템은 하나 이상의 하위시스템으로 구성된다.
④ 시스템은 단순히 구성요소들의 합이 아니며, 시스템 그 자체는 별개의 존재로서 하나의 단일체이다.
⑤ 시스템은 복잡한 환경 속에서 목표를 달성하기 위하여, 각각의 하위시스템이 독립적인 목표를 가지고 작동되도록 하여야 한다.

33 휴먼에러(human error)의 심리적 분류에 포함되지 않는 것은?

① 정보처리오류(information processing error)
② 시간오류(time error)
③ 작위오류(commission error)
④ 순서오류(sequential error)
⑤ 누락오류(omission error)

31 ■ 인간공학의 핵심 포인트

인간공학(Ergonomics)의 핵심 포인트는 인간의 능력과 한계에 맞춘 작업 환경을 설계하여 안전성, 효율성, 편안함을 극대화하는 데 있다. 인간공학은 작업자의 신체적, 인지적 특성을 고려해 작업 환경, 도구, 장비 등을 설계함으로써 작업 피로를 줄이고, 생산성을 향상시키며, 안전 사고를 예방하는 것을 목표로 한다. 인간공학을 적절히 적용하면, 부상과 사고를 줄이고, 생산성을 극대화하며, 작업자의 삶의 질을 향상시킬 수 있다.

정답 ②

32 ■ 시스템 특성

⑤ 시스템의 하위 시스템이 독립적인 목표를 가져서는 안 되기 때문이다. 시스템 내의 하위 시스템들은 각기 독립적인 목표를 갖는 것이 아니라, 전체 시스템의 공동 목표를 달성하기 위한 일관된 목적을 공유하고 상호작용해야 한다. 하위 시스템들이 독립적인 목표를 가지면, 시스템 전체의 목표와 충돌하거나 비효율적인 결과를 초래할 수 있다.

정답 ⑤

33 ■ 작위오류(Commission Error)의 종류

1. 생략오류(누락오류) - 절차 미수행
2. 실행에러(작위오류) - 부정확하게 수행
3. 과잉행동에러(불필요한 행동오류) - 불필요한 작업 수행
4. 순서에러 - 작업순서 틀리게 진행
5. 시간에러 - 정해진 시간동안 작업 완수 못하는 에러

정보처리 오류는 인간이 정보를 수집하고 해석하며 이를 바탕으로 결정을 내리는 과정에서 발생하는 오류를 의미한다. 이는 인지심리학에서 다루는 중요한 주제로, 정보를 처리하는 각 단계에서 실수가 발생할 수 있으며, 인간의 한계로 인해 오류가 발생하는 경우가 많다. 정보처리 오류는 주로 주관적 판단, 인지적 한계, 주의력 부족 등에서 기인한다.

정답 ①

34. 산업안전보건기준에 관한 규칙상 근골격계부담작업과 근골격계질환에 관한 설명으로 옳지 않은 것은?

① "근골격계부담작업"이란 단순반복작업 또는 인체에 과도한 부담을 주는 작업에 의한 건강장해에 따른 작업으로서 작업량·작업속도·작업강도 및 작업장 구조 등에 따라 고용노동부장관이 정하여 고시하는 작업을 말한다.
② "근골격계질환"이란 반복적인 동작, 부적절한 작업자세, 무리한 힘의 사용, 날카로운 면과의 신체접촉, 진동 및 온도 등의 요인에 의하여 발생하는 건강장해로서 목, 어깨, 허리, 팔·다리의 신경·근육 및 그 주변 신체조직 등에 나타나는 질환을 말한다.
③ "근골격계질환 예방관리 프로그램"이란 유해요인 조사, 작업환경 개선, 의학적 관리, 교육·훈련, 평가에 관한 사항 등이 포함된 근골격계질환을 예방관리하기 위한 종합적인 계획을 말한다.
④ 사업주는 유해요인 조사 결과 근골격계질환이 발생할 우려가 있는 경우에 인간공학적으로 설계된 인력작업 보조설비 및 편의설비를 설치하는 등 작업환경 개선에 필요한 조치를 하여야 한다.
⑤ 근로자는 근골격계부담작업으로 인하여 운동범위의 축소, 쥐는 힘의 저하, 기능의 손실 등의 징후가 나타나는 경우 즉시 관할 지방노동청에 신고하여야 한다.

35. 토의식 교육 시 유의사항이 아닌 것은?

① 교육생이 토의될 주제를 충분히 파악해야 한다.
② 진행자는 토의될 구체적인 문제나 이유에 대하여 말로 설명하지 않고 서면으로 하여야 한다.
③ 진행자는 교육생들이 토의결과에 대하여 명료화 내지 요약을 하도록 요구해야 한다.
④ 진행자는 진행에 충실하고 강의나 설명을 가급적 하지 않는다.
⑤ 진행자는 주제를 이해하지 못하는 교육생을 배려하여야 한다.

36. 다음은 안전보건관리 이론 중 재해발생 메커니즘(모델, 구조)을 도식화한 것이다. ( )의 내용이 올바르게 연결된 것은?

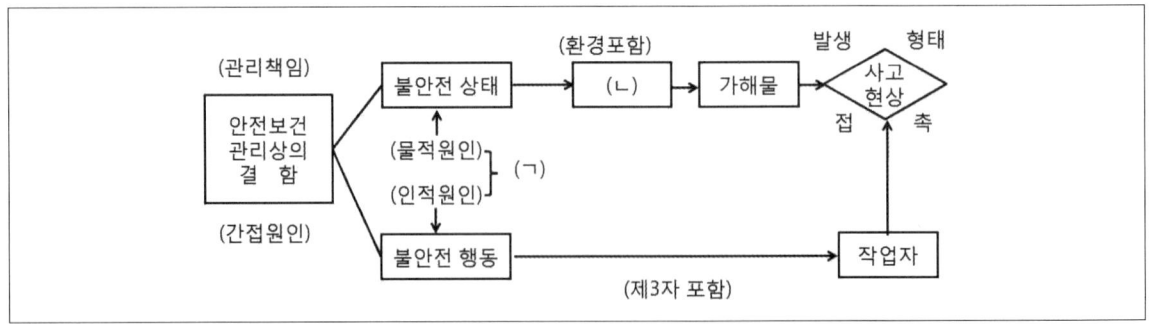

① ㄱ: 간접요인, ㄴ: 추락물
② ㄱ: 직접원인, ㄴ: 낙하물
③ ㄱ: 간접요인, ㄴ: 기인물
④ ㄱ: 직접원인, ㄴ: 기인물
⑤ ㄱ: 간접요인, ㄴ: 낙하물

34
■ 근골격계부담작업

산업안전보건기준에 관한 규칙 제660조(통지 및 사후조치) ① 근로자는 근골격계부담작업으로 인하여 운동범위의 축소, 쥐는 힘의 저하, 기능의 손실 등의 징후가 나타나는 경우 그 사실을 <u>사업주에게 통지할 수 있다.</u>

② 사업주는 근골격계부담작업으로 인하여 제1항에 따른 징후가 나타난 근로자에 대하여 의학적 조치를 하고 필요한 경우에는 제659조에 따른 작업환경 개선 등 적절한 조치를 하여야 한다.

정답 ⑤

35
■ 교육훈련기법 토의법

토의법(Discussion Method)은 학습자들이 서로 의견을 나누고 논의하는 과정을 통해 학습 내용을 심화하고 문제를 해결하는 교육훈련 기법이다. 이 방법은 학습자들의 참여와 상호작용을 촉진하여, 주어진 주제에 대해 다양한 시각을 공유하고, 비판적 사고를 발전시키는 데 매우 효과적이다.

토의법의 주요특징으로는 참여중심, 문제해결 능력 강화, 비판적 사고 촉진, 협동적 학습 등이 있다. 토의법은 학습자들이 주도적으로 문제를 해결하고, 상호작용을 통해 학습 내용을 보다 깊이 있게 이해할 수 있도록 돕는 강력한 교육훈련 기법이다.

정답 ②

36
■ 재해발생 메커니즘 모델

재해발생 메커니즘 모델은 재해가 발생하는 과정을 이해하고 이를 예방하기 위해 만들어진 여러 이론과 모델 중 하나이다.
1. 하인리히의 도미노 이론 - 하인리히는 재해가 여러 가지 원인이 연결되어 발생하는 도미노 현상과 유사하다고 설명
2. 버드의 재해사고 이론 - 버드(Bird)는 하인리히의 이론을 확장하여 관리적 요인을 강조한 이론을 제시
3. 아담스의 사고 발생 모형 - 아담스(Adams)는 사고 발생에 있어서 사람, 장비, 환경 간의 상호작용을 강조한 모델을 제시
4. 스위스 치즈 모델 - 스위스 치즈 모델은 사고와 재해가 여러 단계의 방어 시스템이 작동하지 않을 때 발생한다고 설명

■ 재해발생 원인 및 대책
1) 직접원인: 불안전한 행동, 불안전한 상태, 천재지변
2) 간접요인: Engineering, Education, Enforcement
3) 대책: 사고예방 5단계, Harvey's 3E, 시설적 대책, 법령준수

정답 ④

37 OJT(on the job training)에 비하여 Off JT(off the job training)의 장점으로 옳은 것은?

① 많은 근로자들을 집중적으로 단시간에 훈련하기에 적합하다.
② 직장 및 직무의 실정에 맞는 실제적 훈련에 적합하다.
③ 훈련에 필요한 업무의 계속성이 끊어지지 않는다.
④ 개개인에게 적절한 지도 훈련이 가능하다.
⑤ 실무지식의 함양에 대한 직원들의 만족도가 상대적으로 높다.

38 산업안전보건법령상 안전보건관리책임자 등에 대한 교육내용 중 안전보건관리책임자의 '보수과정'에 해당하는 것은?

① 안전관리계획 및 안전보건개선계획의 수립·평가·실무에 관한 사항
② 사업장 안전개선기법에 관한 사항
③ 자율안전·보건관리에 관한 사항
④ 분야별 재해 및 개선사례연구실무에 관한 사항
⑤ 산업안전보건관리비 사용기준 및 사용방법에 관한 사항

39 안전·보건교육 중 기능교육의 특징이 아닌 것은?

① 작업 능력 및 기술 능력 부여
② 광범위한 지식의 전달
③ 교육 기간의 장기화
④ 작업 동작의 표준화
⑤ 대규모 인원에 대한 교육 곤란

40 결함수분석(FTA)에 관한 설명으로 옳지 않은 것은?

① 기계, 설비 또는 인간-기계 시스템의 고장이나 재해의 발생요인을 FT도표에 의하여 분석하는 방법이다.
② 해석하고자 하는 재해의 발생확률을 계산한다.
③ 재해발생 이전에 예측기법으로 활용함으로써 예방적 가치가 높은 기법이다.
④ 재해현상과 재해원인의 상호관련을 정량적으로 해석하여 안전대책을 검토할 수 있다.
⑤ 각 요소의 고장유형과 그 고장이 미치는 영향을 분석하는 연역적이면서 정성적인 방법을 사용한다.

37
■ Off-jt(Off-the-Job Training)
Off-JT(Off-the-Job Training)은 OJT(On-the-Job Training)와 달리 업무 현장에서 벗어나 별도의 교육 환경에서 이루어지는 훈련 방식이다. 주로 강의실, 교육 기관, 워크숍 등을 통해 이루어지며, 업무와 직접적인 연관이 없는 이론적 학습, 기술 향상, 관리 교육 등을 목적으로 실시한다.

Off-JT는 OJT와 달리, 직무 환경에서 벗어나 보다 체계적이고 집중적인 교육이 이루어질 수 있는 환경을 제공한다. 또한 이론적 학습, 관리자 교육, 창의적 사고 등을 기르기에 적합하며, 다양한 교육 방법을 통해 학습자의 역량을 전방위적으로 개발하는 데 효과적이다. OJT는 현장 중심의 실습형 교육에 효과적이지만, Off-JT는 이론적, 전략적, 관리적 측면에서 더욱 깊이 있는 교육을 제공한다.

정답 ①

38
■ 산업안전보건법 시행규칙 [별표 5] 〈개정 2023. 9. 27.〉안전보건교육 교육대상별 교육내용
안전보건관리책임자 등에 대한 교육(제29조제2항 관련)
가. 안전보건관리책임자

신규과정	보수과정
1) 관리책임자의 책임과 직무에 관한 사항	1) 산업안전・보건정책에 관한 사항
2) 산업안전보건법령 및 안전・보건조치에 관한 사항	2) 자율안전・보건관리에 관한 사항

정답 ③

39
■ 기능 교육의 특징
② 광범위한 지식의 전달은 지식교육이다.
기능교육 (Skill Education) - 근로자들이 안전한 작업 방법과 기술을 익혀 현장에서 바로 적용할 수 있도록 하는 단계로 안전 장비 사용법, 기계 및 장비의 안전한 조작 방법, 비상 상황에서의 대처 방법 등을 실습 위주로 교육한다. 이론 교육에서 배운 내용을 실제 작업 환경에서 적용할 수 있는 기술과 능력을 기르도록 한다.

정답 ②

40
■ 결함수 분석 FTA(Fault Tree Analysis)
결함수 분석(Fault Tree Analysis, FTA)는 시스템에서 발생할 수 있는 고장이나 실패(Top Event)의 원인을 논리적으로 분석하는 기법이다. FTA는 특정 고장이 발생한 후 그 원인을 체계적으로 분석하는 연역적(Top-down) 기법으로, 사고나 고장의 상위 사건에서 시작하여 그 원인을 찾아가는 방식이다. 주로 안전성 분석, 신뢰성 평가, 위험 관리에 사용된다.
1. FTA의 주요 목적:
    1) 고장 원인을 분석하여, 고장이 발생한 경로를 체계적으로 이해.
    2) 고장의 논리적 관계를 도식화하여, 고장 발생에 기여한 요인을 명확히 식별.
    3) 시스템 안전성을 높이고, 잠재적 문제를 해결하기 위한 대책을 수립.

정답 ⑤

41 하인리히(Heinrich)의 재해발생 5단계에 관한 설명으로 옳지 않은 것은?

① 제1단계: 사회적 환경과 유전적 요소(social environment and inherit)
② 제2단계: 개인적 결함(personal faults)
③ 제3단계: 조직의 결함(organization faults)
④ 제4단계: 사고(accident)
⑤ 제5단계: 재해(disaster)

42 다음이 설명하는 기법은?

기계설비 또는 장치의 일부가 고장났을 때, 기능의 저하가 되더라도 전체로서는 기능을 정지시키지 않는 기법

① Fail safe ② Back up
③ Fail soft ④ Fool proof
⑤ Fail passive

43 재해조사 시의 유의사항으로 옳지 않은 것은?

① 피해자에 대한 구급 조치를 최우선으로 한다.
② 사람과 기계설비 양면의 재해요인을 모두 도출한다.
③ 2차 재해의 예방을 위하여 보호구를 착용한다.
④ 주관적인 입장에서 공정하게 조사하며, 조사는 3인 이상이 한다.
⑤ 조사는 신속하게 행하고 긴급 조치 후, 2차 재해방지에 주력한다.

41 ■ 하인리히 재해발생 5단계
하인리히의 5단계 모델은 사고가 체계적이며, 사고 발생 이전 단계에서 이를 방지할 수 있다는 개념을 바탕으로 하고 있다.

③ 개인적 결함으로 인해 작업장에서 불안전한 행동이나 상태가 발생한다. 이는 기계 결함이나 부적절한 작업 절차 등으로 이어져 사고가 발생하게 된다.

정답 ③

42 ■ Fail-soft
1. Fail-soft는 주로 시스템 가동 중단이 큰 손실을 초래할 수 있는 환경에서 사용된다.
2. Fail-soft는 시스템이 일부 고장나거나 오류가 발생했을 때, 일부 기능을 제한하면서도 전체 시스템의 작동을 유지할 수 있도록 설계된 기법이다.
3. 이 방식에서는 시스템이 완전히 중단되지는 않지만, 제한된 기능이나 성능으로 운영이 계속된다.
4. Fail-soft는 중요한 핵심 기능을 유지하면서도, 덜 중요한 기능의 성능을 희생하여 시스템의 작동을 유지하는 방식이다.

정답 ③

43 ■ 재해조사 방법
재해조사 방법은 재해가 발생했을 때 그 원인과 문제점을 정확하게 파악하고, 재발을 방지하기 위한 대책을 수립하는 과정이다. 재해조사는 체계적이고 철저하게 수행되어야 하며, 다양한 조사 방법을 통해 재해의 원인과 문제점을 분석하게 된다.
1. 현장 조사 (On-site Investigation) – 재해가 발생한 현장에서 즉각적인 조치와 함께 현장 상황을 조사하는 것이다. 이를 통해 재해 당시의 정확한 상황을 기록하고, 초기 증거를 수집하는 것이 중요하다. 방법은 재해 발생 직후의 현장 사진을 찍어 사고 상황을 기록한다. 사고가 발생한 위치, 기계, 장비 상태 등을 면밀히 조사하고 기록한다. 손상된 기계, 파손된 장비, 안전 장비의 상태 등을 수집하여 분석에 활용한다.
2. 목격자 진술 수집 (Witness Testimony)
3. 작업자 면담 (Interview with Workers)
4. 기록 분석 (Document Review)
5. 사진 및 영상 분석 (Photo and Video Analysis)
6. 원인 분석 도구 사용 (Root Cause Analysis Tools)
7. 실험 및 재현 (Experiment and Simulation)

정답 ④

44 600명이 근무하는 A기업에서 2015년에 9건의 재해발생으로 휴업일수는 150일을 기록하였다. A기업의 재해통계로 옳은 것은? (단, A기업의 작업시간 8hr/일, 잔업시간 2hr/일, 월 25일 근무이며, 소수점 셋째자리에서 반올림하여 소수점 둘째자리까지 구하시오.)

① 도수율: 5, 강도율: 0.07
② 도수율: 5, 강도율: 0.78
③ 도수율: 10, 강도율: 0.78
④ 도수율: 15, 강도율: 0.08
⑤ 도수율: 15, 강도율: 9

45 하인리히(Heinrich)의 재해손실비(accident cost)에 관한 설명으로 옳지 않은 것은?

① 직접비와 간접비의 비율은 1 : 4이다.
② 직접비는 법령으로 정한 피해자에게 지급되는 산재보상비이다.
③ 간접비는 재산손실 및 생산중단으로 기업이 입은 손실이다.
④ 간접비의 정확한 산출이 어려울 때는 직접비의 2배를 간접비로 산정한다.
⑤ 총 재해손실비는 직접비와 간접비를 더한 값으로 계산한다.

46 안전점검표(checklist) 작성 시 유의사항이 아닌 것은?

① 사업장에 적합한 독자적인 내용일 것
② 중점도가 낮은 것부터 순서대로 작성할 것
③ 재해방지에 실효성 있게 개조된 내용일 것
④ 일정양식을 정하여 점검대상을 정할 것
⑤ 점검표의 내용은 이해하기 쉽도록 표현하고 구체적일 것

47 산업안전보건법령상 안전보건개선계획서의 포함내용이 아닌 것은?

① 시설
② 안전·보건관리체제
③ 문제해결 방향에서의 계획
④ 산업재해 예방 및 작업환경 개선을 위하여 필요한 사항
⑤ 안전·보건교육

44. 연근로시간수와 근로손실일수를 계산한 후 도수율과 강도율식에 대입

- 근로손실일수 = 휴업일수 × $\dfrac{\text{근무일수}}{365일}$

  연근로시간수 = 600(근로자수) × (8+2(근로시간)) × 25일*12개월(근무일) = 1,800,000

- 도수율 = $\dfrac{9}{1,800,000} \times 1,000,000 = 5$

  근로손실일수 = 150(휴업일수) × $\dfrac{25일 \times 12개월(근무일)}{365일} = 123$

  강도율 = $\dfrac{123}{1,800,000} \times 1,000 = 0.068 = 0.07$ (소수점 셋째자리 반올림)

따라서, 도수율 5, 강도율 0.07

정답 ①

45.
- **하인리히(H. W. Heinrich)방식**
  1) 총재해비용 = 직접비용 + 간접비용
     ① 직접비용: 피해자에게 지불 되는 재해비용(유족급여, 장의비, 휴업급여, 요양급여)
     ② 간접비용: 인적손실, 물적손실, 생산차질, 특수손실
  2) 직접비: 간접비 = 1:4

정답 ④

46.
- **안전점검표 작성 시 유의사항**
  1. 점검 항목의 구체화
  2. 작업 환경에 맞는 항목 설정
  3. 간결하고 명료한 표현
  4. 체크리스트 형식의 사용
  5. 주기적인 업데이트
  6. 법규 및 규정 준수
  7. 위험도 평가 요소 포함
  8. 실제 점검 가능성 고려
  9. 점검 담당자 명시
  10. 점검 기록의 체계적 관리

정답 ②

47.
- **안전보건개선계획서의 포함내용**

산업안전보건법 시행규칙
[시행 2024. 7. 1.] [고용노동부령 제419호, 2024. 6. 28., 일부개정]

제61조(안전보건개선계획의 제출 등) ① 법 제50조제1항에 따라 안전보건개선계획서를 제출해야 하는 사업주는 법 제49조제1항에 따른 안전보건개선계획서 수립·시행 명령을 받은 날부터 60일 이내에 관할 지방고용노동관서의 장에게 해당 계획서를 제출(전자문서로 제출하는 것을 포함한다)해야 한다.

② 제1항에 따른 안전보건개선계획서에는 <u>시설</u>, <u>안전보건관리체제</u>, <u>안전보건교육</u>, <u>산업재해 예방 및 작업환경의 개선</u>을 위하여 필요한 사항이 포함되어야 한다.

정답 ③

48 재해사례 연구의 진행단계별 설명으로 옳지 않은 것은?

① 전제조건: 재해상황을 파악한다.
② 사실의 확인: 재해와 관계가 있는 사실 및 재해요인으로 알려진 사실을 주관적으로 확인한다.
③ 문제점의 발견: 각종 기준과의 차이에서 문제점을 발견한다.
④ 근본적 문제점의 결정: 재해의 중심이 된 근본적인 문제점을 결정한 후 재해 원인을 결정한다.
⑤ 대책의 수립: 동종재해와 유사재해의 방지 및 실시계획을 수립한다.

49 산업재해 발생시 처리순서를 올바르게 나열한 것은?

ㄱ. 긴급처리	ㄴ. 원인분석
ㄷ. 대책실시계획	ㄹ. 재해조사
ㅁ. 대책수립	ㅂ. 평가

① ㄱ → ㄹ → ㄴ → ㅁ → ㄷ → ㅂ
② ㄱ → ㄹ → ㅁ → ㄷ → ㄴ → ㅂ
③ ㄹ → ㄱ → ㄴ → ㄷ → ㅁ → ㅂ
④ ㄹ → ㄱ → ㄷ → ㄴ → ㅁ → ㅂ
⑤ ㄹ → ㄴ → ㄱ → ㅁ → ㄷ → ㅂ

50 사고예방대책 기본원리 5단계 중 2단계인 '사실의 발견'에 해당하지 않는 것은?

① 근로자의 의견수렴 및 여론조사
② 작업분석
③ 점검 및 검사
④ 과거의 사고에 관한 조사
⑤ 기술적 개선

48 ■ 재해조사 순서 4단계
1단계 사실의 확인 – 재해 발생 직후, 재해의 사실을 정확하게 확인하는 단계이다. 여기에는 재해 발생 당시의 현장 상황을 조사하고, 재해 관련 자료를 수집하며, 목격자 진술을 듣는 작업이 포함된다. 구체적 활동으로는 재해 현장의 사진 촬영, 피해 상황 기록, 관련 장비 및 기계 상태 확인, 목격자 진술 청취 등이 있다.

정답 ②

49 ■ 재해 발생 시 조치순서 7단계
「긴급처리 → 재해조사 → 원인강구 → 대책수립 → 대책실시계획 → 실시 → 평가」
1. 긴급처리 (Emergency Response) – 재해 발생 직후 인명 피해를 최소화하고, 사고 현장의 안전을 확보하기 위해 즉각적인 대응이 필요
2. 재해조사 (Accident Investigation) – 해 발생 후, 재해의 원인과 경위를 파악하기 위해 현장 조사를 수행한다. 이를 통해 문제의 근본 원인을 찾는 자료를 수집한다.
3. 원인강구 (Cause Identification) – 재해조사에서 수집된 자료를 분석하여, 재해의 직접적인 원인과 근본적인 원인을 규명하는 단계
4. 대책수립 (Development of Countermeasures) – 파악된 원인을 바탕으로 재발 방지를 위한 구체적인 대책을 수립하는 단계
5. 대책실시계획 (Implementation Plan) – 수립된 대책을 구체적인 실행 계획으로 전환하여, 실질적으로 현장에서 적용되도록 계획을 수립
6. 실시 (Implementation of Countermeasures) – 수립된 대책을 실제로 현장에 적용하여, 유사 재해 발생을 방지하기 위한 조치를 취한다.
7. 평가 (Evaluation) – 시행된 대책의 효과를 평가하고, 추가적으로 보완해야 할 점이 있는지 확인하는 단계
재해 발생 시 조치 순서 7단계는 응급 처리부터 평가에 이르는 전체 과정을 포함하여 재해에 대한 신속하고 체계적인 대응을 목표로 한다. 각 단계는 서로 유기적으로 연결되어 있으며, 이를 통해 재해의 원인을 정확히 파악하고, 재발 방지 대책을 실질적으로 마련하고 실행할 수 있다.

정답 ①

50 ■ 제2단계(사실의 발견)
사고예방대책 기본원리 5단계 중 2단계인 '사실의 발견'은 사고가 발생한 원인과 관련된 사실을 명확히 확인하는 단계이다. 이 단계에서는 사고의 원인과 경위, 그리고 사고와 관련된 여러 요소를 체계적으로 조사하고 기록한다.

⑤ 기술적 개선은 시정책 선정이다. 시정책 선정이란 사고 예방을 위해 확인된 원인과 문제점에 대해 구체적인 대책을 마련하고 적용하는 과정을 의미한다. 이 과정에서는 사고를 유발한 근본 원인을 제거하거나 완화하기 위한 실질적이고 효과적인 조치를 선택하는 것이 목표이다.

정답 ⑤

제 05 회 2015년 기출문제

26 다음은 일반적인 공장설비에 적용한 안전성 평가단계에 관한 내용이다. 올바른 순서대로 나열한 것은?

ㄱ. 관계자료와 정보의 확보 및 검토	ㄴ. 정성적 평가
ㄷ. FTA 실시	ㄹ. 안전대책 수립
ㅁ. 정량적 평가	ㅂ. 재해 자료를 통한 재평가

① ㄱ → ㄴ → ㄷ → ㄹ → ㅁ → ㅂ
② ㄱ → ㄴ → ㅁ → ㄹ → ㅂ → ㄷ
③ ㄱ → ㄷ → ㄹ → ㅂ → ㅁ → ㄴ
④ ㄱ → ㄷ → ㅁ → ㄴ → ㄹ → ㅂ
⑤ ㄱ → ㄹ → ㄴ → ㅁ → ㅂ → ㄷ

27 A사의 세탁기의 고장밀도함수 $f(t) = \dfrac{1}{10} e^{-t/10}$이다. 다음 설명 중 옳지 않은 것은? (단, 수명단위는 년(year)이다.)

① 평균고장시간(MTTF)은 10년이다
② 고장률(h(t))은 0.1/년의 비율로 증가한다.
③ 누적고장률 $F(t) = \displaystyle\int_0^t \dfrac{1}{10} e^{-\frac{t}{10}} dt$이다.
④ 누적고장률(F(t))와 신뢰도(R(t))이다.
⑤ 세탁기의 수명은 지수분포를 따른다.

28 다음 중 점광원에 관한 조도를 나타내는 식으로 옳은 것은?

① $\dfrac{광도}{거리}$
② $\dfrac{광도^2}{거리}$
③ $\dfrac{광도}{거리^2}$
④ $\left(\dfrac{거리}{광도}\right)^2$
⑤ $\dfrac{거리}{광도^2}$

26
- **안전성 평가 6단계**
1. 관계자료 검토 - 안전성 평가를 수행하기 위해 관련된 자료와 데이터를 수집하고 검토하는 단계로, 여기에는 설계 도면, 시스템 사양, 작업 절차, 사고 기록, 운영 매뉴얼 등이 포함
2. 정성적 평가 - 시스템 내에서 발생할 수 있는 위험 요소를 정성적으로 평가하는 단계로, 주로 위험 요소를 식별하고, 각 위험의 심각성과 발생 가능성을 평가
3. 정량적 평가 - 정량적인 데이터를 기반으로 위험 요소를 평가하는 단계로, 각 위험의 발생 확률을 수치로 계산하고, 그에 따른 위험도를 평가
4. 안전 대책 수립 - 정성적, 정량적 평가 결과를 바탕으로 적절한 안전 대책을 마련하는 단계로 여기서는 위험 요소를 줄이기 위한 방안을 수립하고, 예방 조치 및 개선책을 제안
5. 재해 사례 평가 - 유사한 시스템이나 산업에서 발생한 재해 사례를 분석하여, 현재 평가 중인 시스템에 적용 가능한 교훈을 도출하는 단계로 과거 사고로부터 학습하고, 이를 통해 추가적인 위험 요소를 식별
6. FTA 재평가 - 이전 단계에서 수립한 대책과 분석 결과를 바탕으로 FTA(Fault Tree Analysis) 재평가를 수행하여, 새로 도입된 대책이 제대로 작동할지 여부를 검토하고, 시스템의 안전성을 다시 평가

정답 ②

27
- **고장밀도함수**
① 고장률(h(t) = f(t) = f(t) / 1-F(t) = f(t)/R(t)
② 수리 불가능한 경우의 평균수명(MTTF) E(t) = $1/\lambda$→(10년)
③ 고장률함수 $\lambda(t)$가 상수 λ로 시간변화에 관계없이 고장률이 일정한 분포이다. 세탁기의 수명은 f(t)일 때 지수분포를 따른다.
④ 신뢰도 함수 R(t), F(t)=1-R(t) 이므로 누적고장률과 신뢰도의 합은 1이다.

정답 ②

28
- **조도(Illuminance)**
점광원에 의한 조도는 광원의 위치에서 나오는 빛이 특정 지점에 도달할 때의 밝기를 나타낸다. 이를 계산하는 기본적인 수식은 역제곱 법칙을 따르며, 광원에서의 거리와 광원의 광속에 따라 조도가 달라진다.
점광원에 의한 조도를 나타내는 식은 다음과 같다.

$$조도\,E = \frac{I}{r^2} = \frac{광도}{거리^2}$$

식의 구성 요소
1. E : 조도 (Illuminance) [lx, 럭스] - 측정 지점에서의 빛의 밝기.
2. I : 광도의 크기 (Luminous Intensity) [cd, 칸델라] - 광원의 특정 방향에서의 빛의 강도.
3. r : 광원과 측정 지점 사이의 거리 [m, 미터].

이 식은 거리 r가 증가할수록 조도 E가 거리의 제곱에 반비례하여 급격히 감소함을 보여줍니다. 즉, 거리가 두 배가 되면 조도는 1/4로 줄어드는 효과가 있다. 이 수식은 점광원에서 방사되는 빛이 균일하게 퍼진다고 가정할 때 적용할 수 있다.

정답 ③

29 다음 중 시스템 위험분석기법의 설명으로 옳지 않은 것은?

① PHA는 최초 단계의 분석으로 시스템 내의 위험 요소가 얼마나 위험한 상태에 있는가를 정성적으로 평가한다.
② FMEA는 전형적인 정성적, 귀납적 분석방법으로 전체요소의 고장을 유형별로 분석하여 그 영향을 검토한다.
③ THERP는 인간의 실수를 정량적으로 평가한다.
④ FTA는 정상사상인 재해현상으로부터 기본사상인 재해원인을 귀납적인 분석을 통하여 재해현상과 재해원인의 상호관련을 정확하게 해석하여 안전대책을 검토 할 수 있다.
⑤ CA는 직접 시스템의 손실과 인명의 사상에 연결되는 높은 위험도를 가진 요소나 고장의 형태에 따른 분석을 말한다.

30 휴먼에러(Human Error)중 작업에 의한 것이 아닌 것은?

① 조작에러 ② 규칙에러 ③ 보존에러
④ 검사에러 ⑤ 설치에러

31 다음 중 물질안전보건자료(MSDS) 작성 시 포함되어야 할 항목을 모두 고른 것은?

ㄱ. 화학제품과 회사에 관한 정보	ㄴ. 유해성 및 위험성
ㄷ. 취급 및 저장방법	ㄹ. 구성성분의 명칭 및 함유량

① ㄱ, ㄴ ② ㄴ, ㄷ ③ ㄱ, ㄴ, ㄷ
④ ㄴ, ㄷ, ㄹ ⑤ ㄱ, ㄴ, ㄷ, ㄹ

29
■ 결함수 분석 FTA(Fault Tree Analysis)

④ FTA(Fault Tree Analysis)는 귀납적 분석이 아닌, 연역적 분석 방법을 사용한다는 점이다. 즉, FTA는 재해 현상(정상 사상)을 먼저 정의한 다음, 그 원인(기본 사상)을 추적하여 분석하는 방식으로 이루어지며, 이는 연역적(Top-down) 분석이다.

정답 ④

30
■ 휴먼에러

규칙 기반 오류(Rule-based Error)는 휴먼 에러(Human Error)의 한 유형으로, 작업자가 규칙을 잘못 적용하거나 상황에 맞지 않는 규칙을 사용하여 발생하는 오류이다. 이는 제임스 리즌(James Reason)의 인적 오류 분류에서 중요한 개념 중 하나로, 규칙을 따르는 행동에서 오류가 발생할 때를 설명한다.

이 오류는 사람이 새로운 상황에 직면했을 때, 과거의 경험이나 학습된 규칙을 토대로 행동하지만, 그 규칙이 현재 상황에 적절하지 않거나 부적합하게 적용된 경우에 발생한다.

예시: 새로운 장비의 매뉴얼을 따르지 않고 기존 장비에서 사용했던 절차를 적용하여 오작동이 발생.

정답 ②

31
■ 물질안전보건자료 작성 시 포함되어야 할 항목

화학물질의 분류·표시 및 물질안전보건자료에 관한 기준
[시행 2023. 2. 15.] [고용노동부고시 제2023-9호, 2023. 2. 15., 일부개정]
제10조(작성항목)

<u>1. 화학제품과 회사에 관한 정보</u>   <u>2. 유해성·위험성</u>
<u>3. 구성성분의 명칭 및 함유량</u>   4. 응급조치요령
5. 폭발·화재시 대처방법   6. 누출사고시 대처방법
<u>7. 취급 및 저장방법</u>   8. 노출방지 및 개인보호구
9. 물리화학적 특성   10. 안정성 및 반응성
11. 독성에 관한 정보   12. 환경에 미치는 영향
13. 폐기 시 주의사항   14. 운송에 필요한 정보
15. 법적규제 현황   16. 그 밖의 참고사항

정답 ⑤

32 유해·위험방지계획서 제출 대상 사업장에 해당하지 않는 것은? (단, 아래 답지항의 사업장은 전기 계약용량 300 kW 이상이다.)

① 금속가공제품 중 기계 및 가구 제조업
② 비금속 광물제품 제조업
③ 자동차 및 트레일러 제조업
④ 식료품 제조업
⑤ 반도체 제조업

33 공간의 이용 및 배치에서 부품배치의 원칙으로 옳지 않은 것은?

① 중요성의 원칙
② 기능별 배치의 원칙
③ 사용방법의 원칙
④ 사용순서의 원칙
⑤ 사용빈도의 원칙

34 A 공장의 프레스 장비는 평균고장간격(MTBF)이 5년이고, 평균수리시간(MTTR)이 0.5년이다. 프레스 장비의 가용도(Availability)는 약 얼마인가? (단, 프레스 장비의 고장수명은 지수분포를 따르며, 소숫점 아래 셋째자리에서 반올림한다.)

① 0.10
② 0.91
③ 1.10
④ 5.00
⑤ 20.00

32

■ 유해·위험방지계획서 제출 대상 사업장

제42조(유해위험방지계획서 제출 대상) ① 법 제42조제1항제1호에서 "대통령령으로 정하는 사업의 종류 및 규모에 해당하는 사업"이란 다음 각 호의 어느 하나에 해당하는 사업으로서 전기 계약용량이 300킬로와트 이상인 경우를 말한다.

1. 금속가공제품 제조업; 기계 및 가구 제외
2. 비금속 광물제품 제조업
3. 기타 기계 및 장비 제조업
4. 자동차 및 트레일러 제조업
5. 식료품 제조업
6. 고무제품 및 플라스틱제품 제조업
7. 목재 및 나무제품 제조업
8. 기타 제품 제조업
9. 1차 금속 제조업
10. 가구 제조업
11. 화학물질 및 화학제품 제조업
12. 반도체 제조업
13. 전자부품 제조업

정답 ①

33

■ 작업성능 향상시키기 위한 작업공간 배치의 기본원칙
① 중요성의 원칙 – 중요한 요소일수록 사용하기 편리한 지점에 배치
② 사용빈도의 원칙 – 자주 사용할수록 편리한 지점에 배치
③ 기능별 배치의 원칙 – 기능적으로 관련성이 높은 요소들은 가깝게 배치
④ 사용순서의 원칙 – 사용순서를 고려하여 배치

정답 ③

34

■ 가용도

가용도(Availability)는 장비가 정상적으로 작동할 수 있는 비율을 나타내며, MTBF(Mean Time Between Failures)와 MTTR(Mean Time To Repair)를 사용하여 계산된다.

$$가용도 = \frac{MTBF}{MTBF+MTTR} = \frac{5}{5+0.5} = 0.9091$$

프레스 장비의 가용도는 약 0.9091 또는 90.91%이다.
따라서, 이 프레스 장비는 평균적으로 90.91%의 시간 동안 정상적으로 작동하고, 나머지 9.09%의 시간 동안은 수리 중일 것으로 예상된다.

정답 ②

35 인간공학에 관한 내용으로 시스템 설계 과정을 올바른 순서로 나열한 것은?

ㄱ. 기본설계	ㄴ. 계면(Interface)설계
ㄷ. 시험 및 평가	ㄹ. 목표 및 성능 명세 결정
ㅁ. 보조물(편의수단)설계	ㅂ. 체계의 정의

① ㄱ → ㄴ → ㅂ → ㄹ → ㅁ → ㄷ
② ㄱ → ㄹ → ㄴ → ㅂ → ㅁ → ㄷ
③ ㄴ → ㄱ → ㅂ → ㄹ → ㅁ → ㄷ
④ ㄹ → ㅂ → ㄱ → ㄴ → ㅁ → ㄷ
⑤ ㅂ → ㄱ → ㄴ → ㄹ → ㅁ → ㄷ

36 근골격계 질환발생의 원인 중 직접원인이 아닌 것은?

① 숙련도
② 부적절한 자세
③ 반복성
④ 과도한 힘
⑤ 접촉스트레스(신체적 압박)

37 안전교육의 학습지도이론에 관한 내용으로 옳지 않은 것은?

① 자발성의 원리: 학습자 자신이 스스로 자발적으로 학습에 참여하는데 중점을 둔 원리
② 개별화의 원리: 학습자가 지니고 있는 각자의 요구와 능력 등에 알맞은 학습활동의 기회를 마련해 주어야 한다는 원리
③ 직관의 원리: 이론을 통해 학습효과를 거둘 수 있다는 원리
④ 사회화의 원리: 학습내용을 현실사회의 사상과 문제를 기반으로 하여 학교에서 경험한 것과 사회에서 경험한 것을 교류시키고 공동학습을 통해서 협력적이고 우호적인 학습을 진행하는 원리
⑤ 통합의 원리: '학습을 총합적인 전체로서 지도하자' 원리로, 동시학습(Concomitant Learning)의 원리와 같음

35
■ 인간-기계시스템 설계과정 6가지 단계
1. 목표 및 성능 명세 결정 (Goal and Performance Specification) – 이 단계에서는 시스템의 목적과 성능 목표를 설정한다. 사용자가 달성해야 하는 목표를 명확히 정의하고, 시스템이 얼마나 효율적이고 안전하게 동작해야 하는지 성능 기준을 명확히 설정한다.
2. 시스템 정의 (System Definition) – 시스템의 주요 구성 요소와 그 상호작용을 정의하는 단계이다. 시스템의 경계, 하위 시스템, 인간과 기계 간의 역할을 구체적으로 정의한다.
3. 기본 설계 (Preliminary Design) – 시스템의 전체적인 구조와 기능을 설계하는 단계로, 각 기능을 수행하기 위한 기본적인 설계 요소를 도출한다. 시스템의 전반적인 작동 원리와 구성 요소 간의 관계를 명확히 설정한다.
4. 인터페이스 설계 (Interface Design) – 사용자가 기계를 조작하고 정보를 확인할 수 있도록 하는 인터페이스를 설계하는 단계이다. 인터페이스는 사용자가 쉽게 이해하고 사용할 수 있도록 설계해야 하며, 시각적, 청각적, 촉각적 요소를 모두 고려한다.
5. 촉진물 및 보조물 설계 (Facilitators and Support Systems Design) – 사용자가 시스템을 더 효과적으로 사용할 수 있도록 돕는 촉진물과 보조 시스템을 설계한다. 매뉴얼, 경고 시스템, 교육 시스템 등 사용자가 시스템을 쉽게 이해하고 사용할 수 있도록 지원하는 요소를 포함한다.
6. 시험 및 평가 (Testing and Evaluation) – 설계된 시스템이 실제로 사용자 요구를 충족하고 성능 목표를 달성하는지 평가하는 단계이다. 시스템의 사용성, 안전성, 효율성을 검증하고, 필요한 경우 개선한다.

정답 ④

36
■ 근골격계 질환의 원인
① 부적절한 작업자세
② 과도한 힘 필요작업(중량물 취급+ 수공구 취급)
③ 접촉 스트레스 발생작업
④ 진동공구 취급작업
⑤ 반복적인 작업

정답 ①

37
■ 학습지도의 원리
③ 직관의 원리 – 학습자는 대상을 직접 경험하고 파악함으로써 학습을 진행해야 한다는 원리이다. 교사가 설명으로만 가르치는 것이 아니라, 학습자가 직접 보고, 느끼고, 경험함으로써 지식을 이해하도록 돕는 것이 중요하다. 학습자가 실제 대상을 경험함으로써 더 깊고 정확하게 이해하게 되며, 감각을 활용한 학습이 더 효과적이다.

정답 ③

38 산업안전보건법령상 사업주가 건설 일용근로자가 아닌 근로자를 채용할 때 해당업무와 관계되는 안전·보건에 관한 교육내용이 아닌 것은?

① 작업 개시 전 점검에 관한 사항
② 사고 발생 시 긴급조치에 관한 사항
③ 작업공정의 유해·위험과 재해 예방에 관한 사항
④ 물질안전보건자료에 관한 사항
⑤ 기계·기구의 위험성과 작업의 순서 및 동선에 관한 사항

39 안전교육의 방법으로 옳지 않은 것은?

① 동기부여를 하는 방향으로 교육한다.
② 어려운 것에서 시작하여 쉬운 것으로 교육한다.
③ 오감(五感)을 활용해 교육한다.
④ 한 번에 하나씩 교육한다.
⑤ 반복하여 교육한다.

40 산업안전보건기준에 관한 규칙상 소음에 관한 설명으로 옳은 것은?

① "소음작업"이란 1일 8시간 작업을 기준으로 80데시벨의 소음이 발생하는 작업을 말한다.
② 100데시벨 이상의 소음이 1일 1시간 발생한 작업은 "강렬한 소음작업"이다.
③ "충격소음작업"이란 소음이 1초 이상의 간격으로 발생하는 작업으로서 120데시벨을 초과하는 소음이 1일 1천회 이상 발생하는 작업을 말한다.
④ 소음의 작업환경 측정 결과 소음수준이 85데시벨인 사업장에서는 청력보존 프로그램을 실시하여야 한다.
⑤ 115데시벨 이상의 소음이 1일 15분 이상 발생하는 작업은 "강렬한 소음작업"이다.

38
■ 산업안전보건법 시행규칙 [별표 5] 〈개정 2023. 9. 27.〉안전보건교육 교육대상별 교육내용
다. 채용 시 교육 및 작업내용 변경 시 교육
- 산업안전 및 사고 예방에 관한 사항
- 산업보건 및 직업병 예방에 관한 사항
- 위험성 평가에 관한 사항
- 산업안전보건법령 및 산업재해보상보험 제도에 관한 사항
- 직무스트레스 예방 및 관리에 관한 사항
- 직장 내 괴롭힘, 고객의 폭언 등으로 인한 건강장해 예방 및 관리에 관한 사항
- <u>기계・기구의 위험성과 작업의 순서 및 동선에 관한 사항</u>
- <u>작업 개시 전 점검에 관한 사항</u>
- 정리정돈 및 청소에 관한 사항
- <u>사고 발생 시 긴급조치에 관한 사항</u>
- <u>물질안전보건자료에 관한 사항</u>

🔍정답 ③

39
■ 안전교육의 지도 원칙 8원칙 (한인 오기는 동쉬에 반상회 한다.)
안전교육 지도 8원칙은 산업안전 분야에서 효과적인 안전 교육을 수행하기 위해 고려해야 할 핵심 지침이다. 이를 통해 안전 사고 예방을 돕고, 근로자의 안전 의식을 고취시킬 수 있다. 안전교육 지도 8원칙은 산업 현장에서 효과적인 안전교육이 사고 예방과 근로자 안전의식을 강화하는 데 얼마나 중요한 역할을 하는지를 강조한다.

② 교육의 효과를 극대화하기 위해서는 쉬운 부분에서 어려운 부분으로 점진적으로 교육하는 것이 일반적으로 더 효과적이다.

🔍정답 ②

40
■ 소음의 노출기준
① "소음작업"이란 1일 8시간 작업을 기준으로 85dB의 소음이 발생하는 작업을 말한다.

소음 노출기준(충격음 제외)	소음강도(dBA)
8	90
4	95
2	100
1	105
1/2	110
1/4	115

115dBA를 초과하는 소음수준에 노출되어서는 안됨

충격소음의 노출기준	
1일 노출횟수	소음강도(dBA)
100	140
1,000	130
10,000	120

140dBA를 초과하는 충격 소음에 노출되어서는 안됨

🔍정답 ⑤

41 산업안전보건법령상 산업안전보건위원회를 설치·운영해야 할 사업의 종류 및 규모가 아닌 것은?

① 상시 근로자 350명인 농업
② 상시 근로자 60명인 1차 금속 제조업
③ 상시 근로자 400명인 정보서비스업
④ 상시 근로자 250명인 소프트웨어 개발 및 공급업
⑤ 상시 근로자 400명인 사업지원 서비스업

42 산업안전보건법령상 안전·보건진단을 받아 안전보건개선계획을 수립·제출하도록 명할 수 있는 사업장이 아닌 것은?

① 산업재해율이 같은 업종 평균 산업재해율의 2배 이상인 사업장
② 작업환경 불량, 화재·폭발 또는 누출사고 등으로 사회적 물의를 일으킨 사업장
③ 사업주가 안전·보건조치의무를 이행하지 아니하여 사망자가 2명이 발생한 사업장
④ 사업주가 안전·보건조치의무를 이행하지 아니하여 3개월 이상의 요양이 필요한 부상자가 동시에 3명이 발생한 사업장
⑤ 직업병에 걸린 사람이 연간 1명 발생한 사업장

41

- 산업안전보건위원회를 구성해야 할 사업의 종류 및 사업장의 상시근로자 수
- 산업안전보건법 시행령 [별표 9] 〈개정 2024. 6. 25.〉

산업안전보건위원회를 구성해야 할 사업의 종류 및 사업장의 상시근로자 수(제34조 관련)

사업의 종류	사업장의 상시근로자 수
1. 토사석 광업 2. 목재 및 나무제품 제조업; 가구제외 3. 화학물질 및 화학제품 제조업; 의약품 제외(세제, 화장품 및 광택제 제조업과 화학섬유 제조업은 제외한다) 4. 비금속 광물제품 제조업 5. 1차 금속 제조업 6. 금속가공제품 제조업; 기계 및 가구 제외 7. 자동차 및 트레일러 제조업 8. 기타 기계 및 장비 제조업(사무용 기계 및 장비 제조업은 제외한다) 9. 기타 운송장비 제조업(전투용 차량 제조업은 제외한다)	상시근로자 50명 이상
10. 농업 11. 어업 12. 소프트웨어 개발 및 공급업 13. 컴퓨터 프로그래밍, 시스템 통합 및 관리업 13의2. 영상·오디오물 제공 서비스업 14. 정보서비스업 15. 금융 및 보험업 16. 임대업; 부동산 제외 17. 전문, 과학 및 기술 서비스업(연구개발업은 제외한다) 18. 사업지원 서비스업 19. 사회복지 서비스업	상시근로자 300명 이상
20. 건설업	공사금액 120억원 이상 (토목공사업 150억원 이상)
21. 제1호부터 제13호까지, 제13호의2 및 제14호부터 제20호까지의 사업을 제외한 사업	상시근로자 100명 이상

🔍정답 ④

42

- 안전보건진단을 받아 안전보건개선계획을 수립할 대상

제49조(안전보건진단을 받아 안전보건개선계획을 수립할 대상) 법 제49조제1항 각 호 외의 부분 후단에서 "대통령령으로 정하는 사업장"이란 다음 각 호의 사업장을 말한다.
1. 산업재해율이 같은 업종 평균 산업재해율의 2배 이상인 사업장
2. 법 제49조제1항제2호에 해당하는 사업장
3. 직업성 질병자가 연간 2명 이상(상시근로자 1천명 이상 사업장의 경우 3명 이상) 발생한 사업장
4. 그 밖에 작업환경 불량, 화재·폭발 또는 누출 사고 등으로 사업장 주변까지 피해가 확산된 사업장으로서 고용노동부령으로 정하는 사업장

🔍정답 ⑤

43 사업장 위험성 평가에 관한 지침에 관한 설명으로 옳지 않은 것은?

① "유해·위험요인"이란 유해·위험을 일으킬 잠재적 가능성이 있는 것의 고유한 특징이나 속성을 말한다.
② "위험성"이란 유해·위험요인이 부상 또는 질병으로 이어질 수 있는 가능성(빈도)과 중대성(강도)을 조합한 것을 의미한다.
③ "위험성 감소대책 수립 및 실행"이란 위험성 결정 결과 허용 불가능한 위험성을 합리적으로 실천 가능한 범위에서 가능한 한 낮은 수준으로 감소시키기 위한 대책을 수립하고 실행하는 것을 말한다.
④ "위험성 추정"이란 유해·위험요인별로 추정한 위험성의 크기가 허용 가능한 범위인지 여부를 판단하는 것을 말한다.
⑤ "기록"이란 사업장에서 위험성평가 활동을 수행한 근거와 그 결과를 문서로 작성하여 보존하는 것을 말한다.

44 재해구성 비율에 관한 설명으로 옳지 않은 것은?

① 버드이론에서 인적상해 비율은 41/641이다.
② 버드의 재해발생비율 항목은 물적손실 무상해 항목이 있다.
③ 하인리히의 잠재된 위험이 버드의 잠재된 위험보다 낮다.
④ 버드이론에서 무상해 비율은 630/641이다.
⑤ 하인리히 이론에서 잠재위험 비율은 300/330이다.

45 다음과 같은 재해사례의 조사·분석 내용이 바르게 연결된 것은?

> 철근을 운반하던 천장 크레인의 손상된 로프가 끊어져 철근이 떨어졌다. 마침 그 밑에 작업모를 착용하고 지나가던 근로자의 머리 위로 철근이 떨어져 3개월 이상의 요양이 필요한 부상을 당하였다.

① 발생형태 - 부딪힘
② 기인물 - 철근
③ 가해물 - 크레인
④ 불안전한 상태 - 적절한 안전모 미착용
⑤ 불안전한 행동 - 위험구역 접근

43
■ 제3조(정의)
① 이 고시에서 사용하는 용어의 뜻은 다음과 같다.
　1. "유해·위험요인"이란 유해·위험을 일으킬 잠재적 가능성이 있는 것의 고유한 특징이나 속성을 말한다.
　2. "위험성"이란 유해·위험요인이 사망, 부상 또는 질병으로 이어질 수 있는 가능성과 중대성 등을 고려한 위험의 정도를 말한다.
　3. "위험성평가"란 사업주가 스스로 유해·위험요인을 파악하고 해당 유해·위험요인의 위험성 수준을 결정하여, 위험성을 낮추기 위한 적절한 조치를 마련하고 실행하는 과정을 말한다.
　4. 삭제
　5. 삭제
　6. 삭제
　7. 삭제
　8. 삭제

현행고시와 상이한 문제

44
■ 하인리히의 재해구성 비율
1: 29 : 300
① 중상 1회 1/330
② 경상 29회 29/330
③ 무상해 300회 300/330

■ 버드의 재해구성 비율
1: 10 : 30 : 600
① 중상 1회 1/641
② 경상(물적, 인적상해) 10회 10/641
③ 무상해 사고(물적손실) 30회 30/641
④ 무상해 무사고 고장(위험순간) 600회 600/641

정답 ①

45
■ 재해사례의 조사분석
1) 발생형태: 낙하, 비례
2) 기인물: 크레인(불안전한 상태에 있는 물체/환경)
3) 가해물: 철근(사람에게 직접 접촉되어 위해를 가한 물체/환경)
4) 불안전한 상태: 크레인의 손상된 로프
5) 불안전한 행동: 위험구역 접근

정답 ⑤

46 재해조사를 수행할 때 유의사항으로 옳지 않은 것은?

① 책임 추궁보다 재발방지를 우선한다.
② 조사는 신속하게 행하고 긴급 조치하여 2차 재해를 방지한다.
③ 목격자 등이 증언하는 추측을 바탕으로 재해조사를 진행한다.
④ 객관적인 입장에서 공정하게 2인 이상이 조사한다.
⑤ 사람과 기계설비 양면의 재해 요인을 모두 도출한다.

47 다음 설명을 보고 A기업의 근로자 1인이 입사부터 정년까지 경험하는 재해건수는? (단, 소숫점 아래 셋째자리에서 반올림한다.)

- A 기업에서 상시 1,200명의 근로자가 근무하고 있으나 질병·기타사유로 인하여 4%의 결근율이라고 보았을 때, 이 회사에서 연간 50건의 재해가 발생하였다.
- 근로자가 1주일에 48시간 연간 50주를 근무한다.
- 근로자 1인의 입사부터 정년까지의 근로시간은 총 100,000시간이다.

① 1.81 ② 4.34 ③ 17.36
④ 18.08 ⑤ 43.40

48 안전보건관리조직에 관한 설명으로 옳은 것은?

① 공사금액 100억원인 건설업의 사업장은 산업안전보건위원회를 설치해야한다.
② 산업안전보건위원회의 위원 중 산업보건의는 노사합의에 의해서만 선정된다.
③ 안전보건관리조직 중 라인 조직형은 권한이 직선식으로 행사되므로 200명~300명 정도의 중견 기업에 적합하다.
④ 안전보건관리조직 중 라인-스텝 복합형은 1,000명 이상의 대기업에 적합하다.
⑤ 상시근로자 100명인 자동차 및 트레일러 제조업을 하는 사업장의 산업안전보건위원회는 안전관리자나 보건관리자 중에 1명만 있으면 된다.

46

■ 재해조사 방법

재해조사 방법은 재해가 발생했을 때 그 원인과 문제점을 정확하게 파악하고, 재발을 방지하기 위한 대책을 수립하는 과정이다. 재해조사는 체계적이고 철저하게 수행되어야 하며, 다양한 조사 방법을 통해 재해의 원인과 문제점을 분석하게 된다.

1. 현장 조사 (On-site Investigation)
2. 목격자 진술 수집 (Witness Testimony) - 재해 당시 상황을 직접 목격한 사람들의 진술을 바탕으로 재해의 경위를 명확히 이해하는 것이 목적이다. 방법은 목격자와 피해자에게 재해 발생 당시의 상황을 상세히 설명하도록 요청하고, 그들의 진술을 기록한다. 필요한 경우 다른 목격자들과 교차 검증하여 사건의 정확한 경위를 파악한다. 가능한 한 여러 사람의 진술을 확보하여 다양한 시각에서 사고를 분석한다.
3. 작업자 면담 (Interview with Workers)
4. 기록 분석 (Document Review)
5. 사진 및 영상 분석 (Photo and Video Analysis)
6. 원인 분석 도구 사용 (Root Cause Analysis Tools)
7. 실험 및 재현 (Experiment and Simulation)

정답 ③

47

정년까지 경험하는 재해건수는 환산도수율을 묻는 문제

- 환산도수율 = 도수율 × 0.1

연근로시간수 = $1200(근로자수) \times 48(시간) \times 50(주) \times (1-0.04)(4\%결근율) = 2,764,800$

도수율 = $\dfrac{50}{2,764,800} \times 1,000,000 = 18.08$

환산도수율 = $18.08 \times 0.1 = 1.808 ≒ 1.81$(소수점 셋째 자리 반올림)

정답 ①

48

■ 안전보건 관리조직

① 건설업 사업장 산업안전보건위원회는 공사금액 120억 이상(토목공사업 150억 이상) 설치해야 한다.
② 산업안전보건법 시행령 제35조 2항에 의거 산업보건의는 해당 사업장에 선임되어 있는 경우에 산업안전보건위원회의 사용자위원으로 구성할 수 있다.
③ 라인형은 100명 이하의 소규모 조직에 적합하다.
⑤ 자동차 및 트레일러 제조업을 사업장의 산업안전보건위원회는 상시근로자 50명이상인 경우에 구성해야 한다.

■ 산업안전보건법 시행령 [별표 9] 〈개정 2024. 6. 25.〉

산업안전보건위원회를 구성해야 할 사업의 종류 및 사업장의 상시근로자 수(제34조 관련)

사업의 종류	사업장의 상시근로자 수
1. 토사석 광업 2. 목재 및 나무제품 제조업; 가구제외 3. 화학물질 및 화학제품 제조업; 의약품 제외(세제, 화장품 및 광택제 제조업과 화학섬유 제조업은 제외한다) 4. 비금속 광물제품 제조업 5. 1차 금속 제조업 6. 금속가공제품 제조업; 기계 및 가구 제외 7. 자동차 및 트레일러 제조업 8. 기타 기계 및 장비 제조업(사무용 기계 및 장비 제조업은 제외한다) 9. 기타 운송장비 제조업(전투용 차량 제조업은 제외한다)	상시근로자 50명 이상

정답 ④

49 무재해 시간의 계산방식으로 옳지 않은 것은?

① 무재해 시간의 산정은 실근로자의 수와 실근무시간을 곱한다.
② 3일 미만의 경미한 부상은 무재해로 간주한다.
③ 사무직은 하루 통산 8시간을 근무시간으로 산정한다.
④ 무재해 개시 후 재해가 발생하면 처음(0시간)부터 다시 시작한다.
⑤ 업무시간 외에 발생한 재해 중 작업 개시전의 작업준비 및 작업종료 후의 정리정돈 과정에서 발생한 재해도 포함한다.

50 제조물 책임법상 '결함'에 해당하는 것을 모두 고른 것은?

ㄱ. 제조상의 결함	ㄴ. 표시상의 결함	ㄷ. 설계상의 결함

① ㄱ
② ㄷ
③ ㄱ, ㄷ
④ ㄴ, ㄷ
⑤ ㄱ, ㄴ, ㄷ

49
■ 무재해 운동 시간 산정방법(산업안전공단 무재해 추진실무)

구 분	산 정 방 법	비 고
무재해 시간	실 근무시간	무재해 운동 개시보고 후부터 재해발생 전일까지의 실 근로자수에 실 근로 시간 수를 곱한 시간 수
	실 근로자수	사무직 또는 사무직 외의 근로자로서 실 근로시간의 산정이 곤란한 자의 경우에는 1일 8시간으로 산정
무재해 일수	휴업한 일수를 제외한 실 근로일수	공휴일 등 휴일에 단 1명의 근로자라도 근무한 사실이 있으면 기간에 산정
		하루 3교대 작업시라도 1일로 계산
		이미 직업병으로 판정된 자의 근로시간, 근로일수는 무재해 시간 기간산정에서 제외

무재해운동 시간 산정은 재해 발생 없이 안전한 작업 환경을 얼마나 오랫동안 유지했는지를 나타내는 지표로, 안전관리의 성과를 평가하고 안전한 작업 환경을 촉진하는 데 중요한 역할을 한다.

정답 ⑤

50
■ 제2조(정의) 이 법에서 사용하는 용어의 뜻은 다음과 같다.
1. "제조물"이란 제조되거나 가공된 동산(다른 동산이나 부동산의 일부를 구성하는 경우를 포함한다)을 말한다.
2. "결함"이란 해당 제조물에 다음 각 목의 어느 하나에 해당하는 제조상·설계상 또는 표시상의 결함이 있거나 그 밖에 통상적으로 기대할 수 있는 안전성이 결여되어 있는 것을 말한다.
    가. "제조상의 결함"이란 제조업자가 제조물에 대하여 제조상·가공상의 주의의무를 이행하였는지에 관계없이 제조물이 원래 의도한 설계와 다르게 제조·가공됨으로써 안전하지 못하게 된 경우를 말한다.
    나. "설계상의 결함"이란 제조업자가 합리적인 대체설계(代替設計)를 채용하였더라면 피해나 위험을 줄이거나 피할 수 있었음에도 대체설계를 채용하지 아니하여 해당 제조물이 안전하지 못하게 된 경우를 말한다.
    다. "표시상의 결함"이란 제조업자가 합리적인 설명·지시·경고 또는 그 밖의 표시를 하였더라면 해당 제조물에 의하여 발생할 수 있는 피해나 위험을 줄이거나 피할 수 있었음에도 이를 하지 아니한 경우를 말한다.

정답 ⑤

제04회 2014년 기출문제

26 안전교육에 관한 설명으로 옳지 않은 것은?

① 안전교육은 안전사고를 사전에 방지하기 위한 필수요소 중의 하나이다.
② 안전교육의 3요소는 강사, 수강자, 교재이다.
③ 단계별 안전교육은 '지식교육 - 기능교육 - 태도교육' 순이다.
④ 강의식 교육은 많은 인원의 수강자를 동시에 교육시킬 수 있는 장점이 있다.
⑤ 하버드학파의 5단계 교수법은 preparation(준비) - presentation(발표) - generalization(보편화) - association(조합) - application(응용)의 순서로 한다.

27 산업안전보건법령상 규정하고 있는 유해·위험방지계획서에 관한 설명 중 ㄱ, ㄴ의 내용이 옳게 연결된 것은?

건설업 중 터널건설 등의 공사를 착공하려는 사업주는 관련 절차를 준수하여 작성한 유해·위험방지계획서에 해당 서류를 첨부하여 해당 공사의 착공 (ㄱ)까지 (ㄴ)에 제출하여야 한다.

① ㄱ: 전날, ㄴ: 한국산업안전보건공단
② ㄱ: 전날, ㄴ: 관할 지방고용노동관서
③ ㄱ: 3일전, ㄴ: 한국산업안전보건공단
④ ㄱ: 3일전, ㄴ: 관할 지방고용노동관서
⑤ ㄱ: 7일전, ㄴ: 한국산업안전보건공단

26
■ 하버드 학파의 5단계 교수법
하버드 학파의 5단계 교수법은 학습자 중심의 교육을 강조하며, 학습자가 스스로 문제를 해결하고 개념을 적용할 수 있도록 돕는 구조이다.
1. 준비 (Preparation) – 학습몰입 기반 마련
2. 교시 (Presentation) – 학습 내용이나 기술을 체계적으로 전달
3. 연합 (Assodiation) – 새로운 지식이나 기술을 학습자의 기존 지식과 연결
4. 총괄 (Generalization) – 학습한 내용 종합적으로 검토하고 일반화
5. 응용 (Application) – 학습한 지식 실제상황에 적용

정답 ⑤

27
■ 유해 · 위험방지계획서 제출
산업안전보건법 시행령 제42조(유해위험방지계획서 제출 대상)
③ 법 제42조제1항제3호에서 "대통령령으로 정하는 크기 높이 등에 해당하는 건설공사"란 다음 각 호의 어느 하나에 해당하는 공사를 말한다.
  가. 지상높이가 31미터 이상인 건축물 또는 인공구조물
  나. 연면적 3만제곱미터 이상인 건축물
  다. 연면적 5천제곱미터 이상인 시설로서 다음의 어느 하나에 해당하는 시설
    1) 문화 및 집회시설(전시장 및 동물원·식물원은 제외한다)
    2) 판매시설, 운수시설(고속철도의 역사 및 집배송시설은 제외한다)
    3) 종교시설
    4) 의료시설 중 종합병원
    5) 숙박시설 중 관광숙박시설
    6) 지하도상가
    7) 냉동·냉장 창고시설
2. 연면적 5천제곱미터 이상인 냉동·냉장 창고시설의 설비공사 및 단열공사
3. 최대 지간(支間)길이(다리의 기둥과 기둥의 중심사이의 거리)가 50미터 이상인 다리의 건설등 공사
4. <u>터널의 건설등 공사</u>
5. 다목적댐, 발전용댐, 저수용량 2천만톤 이상의 용수 전용 댐 및 지방상수도 전용 댐의 건설등 공사
6. 깊이 10미터 이상인 굴착공사

산업안전보건법 시행규칙 제42조(제출서류 등)
③ 법 제42조제1항제3호에 해당하는 사업주가 유해위험방지계획서를 제출할 때에는 별지 제17호서식의 건설공사 유해위험방지계획서에 별표 10의 서류를 첨부하여 해당 공사의 착공(유해위험방지계획서 작성 대상 시설물 또는 구조물의 공사를 시작하는 것을 말하며, 대지 정리 및 가설사무소 설치 등의 공사 준비기간은 착공으로 보지 않는다) <u>전날까지 공단에 2부를 제출해야 한다.</u>

정답 ①

28 인간공학적 설계를 위하여 고려하여야 하는 작업환경 영향요소의 설명으로 옳지 않은 것은?

① 조명은 작업대의 조도기준 상 보통작업은 150럭스 이상으로 한다.
② 온도는 작업의 경중에 따라 그 기준치를 달리하며, 일반적으로 최적온도는 18 ~ 21℃이다.
③ 우리나라의 소음 노출기준은 90dB(A)에 8시간 노출을 기준으로 정하고 있으며, '5dB(A) 법칙'을 적용하지 않는다.
④ 고열, 냉습, 온도, 기류 및 환기가 적절하지 않은 경우 작업자의 건강과 정신적 스트레스 및 육체적 피로에 영향을 미친다.
⑤ 표시·조종장치는 작업정보가 정확하게 표시되고, 인간의 실수 또는 오조종으로 위험이 발생하지 않도록 보호장치 및 비상조종장치를 설치한다.

29 시스템에 관한 설명으로 옳지 않은 것은?

① 시스템의 정의는 '다수의 독립된 목적 또는 개념적 요소의 집합체가 어떤 공동의 목적을 달성하도록 상호 유기적으로 결합해 활동하도록 된 것'이다.
② 시스템은 여러 요소의 집합체로서 각 요소는 같은 기능을 수행하면서 상호 유기적인 관계를 유지하고, 공동의 목표를 지향하며 활동하는 것이다.
③ 요소의 결합이 자연적으로 된 것을 '생태시스템'이라 한다.
④ 공학시스템에는 수송 시스템, 송배전 시스템, 생산 시스템 등이 있다.
⑤ 공학시스템에서의 수송 시스템은 버스 시스템, 기차 시스템, 항공기 시스템 등으로 구성된다.

28 ■ 소음 및 진동에 의한 건강장해의 예방

5dB(A) 법칙은 주로 소음 관리와 관련된 법칙이다. 이 법칙은 작업 환경에서 소음의 허용 기준에 관한 규정으로, 소음이 일정 수준을 초과할 경우 허용 가능한 작업 시간을 제한하는 기준을 제시한다.

구체적으로는 소음이 85dB(A)인 환경에서 작업자는 8시간 동안 일할 수 있는 기준이 된다.

그러나 소음이 90dB(A)로 5dB(A) 증가하면, 작업자의 허용 작업 시간이 절반으로 줄어들어 4시간만 작업이 가능한다.

정답 ③

29 ■ 시스템 특성

시스템(system)은 서로 독립적인 목적을 가진 여러 요소들이 상호 작용하면서 공동의 목적을 달성하기 위해 유기적으로 결합된 구조를 말한다. 시스템은 단순히 독립된 요소들의 집합이 아니라, 이들 요소 간의 상호작용과 협력을 통해 더 큰 목적을 달성할 수 있다.

시스템의 주요 특성

1. 구성 요소 (Components) – 시스템은 여러 독립된 구성 요소로 이루어집다. 이 구성 요소들은 물리적인 것일 수도 있고(예: 기계 부품), 추상적인 개념일 수도 있습니다(예: 소프트웨어 모듈).
2. 상호작용 (Interaction) – 구성 요소들은 상호 의존적이고 유기적으로 결합되어 있다. 즉, 각 구성 요소가 단독으로 동작하는 것이 아니라 다른 요소들과 상호작용하여 전체 시스템이 목표를 달성할 수 있도록 한다.
3. 공동의 목적 (Common Goal) – 시스템의 구성 요소들은 각각의 개별적인 목적이 있을 수 있지만, 시스템의 핵심은 이들이 결합하여 더 큰 공동의 목적을 달성하는 데 있다. 이를 통해 시스템은 개별 요소들만으로는 달성할 수 없는 목표를 달성하게 된다.
4. 계층적 구조 (Hierarchical Structure) – 대부분의 시스템은 계층적 구조로 이루어져 있다. 즉, 시스템 안에는 하위 시스템들이 있고, 이 하위 시스템들 역시 독립적인 목적과 기능을 가지지만 전체 시스템의 목적을 달성하기 위해 역할을 수행한다.

② 시스템은 단순히 여러 요소의 집합체가 아니라, 이러한 요소들이 상호작용하여 더 큰 목적을 달성하는 데 중요한 역할을 한다는 점에서 중요하다.

정답 ②

30 안전 용어에 관한 설명으로 옳지 않은 것은?

① 재해는 시스템의 전부 또는 일부의 손실, 작업자의 상해, 관련설비 또는 하드웨어의 재산적 피해와 무상해, 무손실 사고를 모두 포함한다.
② 안전은 사망, 부상, 직업성 질병, 장비 또는 재산의 파손이나 유실, 환경의 파손 등을 가져올 수 있는 조건으로부터 벗어난 상태이다.
③ 시스템안전공학은 시스템의 위험요소를 확인하고, 이를 제거하기 위해 관련 지식, 기술 및 기능을 이용하여 과학적 및 기술적 기준을 기업 등에 적용하기 위한 시스템공학의 한 분야이다.
④ 리스크는 사고발생의 가능성 또는 불확실성이라는 의미로도 사용할 수 있다.
⑤ J. Stephenson(스테픈슨)은 리스크를 위험의 심각도와 확률을 모두 고려해 평가 되는 위험의 크기 라고 정의하였다.

31 제조물책임법에 관한 설명으로 옳은 것은?

① 제조물 결함은 소비자가 입증해야 한다.
② 제조물에는 배, 무 같은 농작물도 포함된다.
③ 제조물 책임은 제조업자와 제조물을 공급한 자, 소비자가 공동으로 져야 한다.
④ 제조자가 경고의 의무를 소홀히 한 경우라도 소비자의 과실로 인한 손실은 소비자가 책임을 져야한다.
⑤ 제조업자가 해당 제조물을 공급한 때의 과학・기술수준으로는 결함의 존재를 발견할 수 없었다는 사실을 입증하면 책임은 면제된다.

32 S기업의 상시근로자수는 100명이며, 연간 300일 근무 중 사망 재해건수 2건, 휴업일수 27일, 잔업시간 10,000시간, 조퇴시간으로 인한 손실시간이 500시간이 발생하였다. 이 기업의 재해통계로 옳은 것은? (단, 근로자의 1일 평균 근로 시간은 8시간 30분이다.)

① 도수율은 290이다.
② 연천인율은 18.75이다.
③ 강도율은 56.79이다.
④ 평균강도율은 0.196이다.
⑤ 종합재해지수는 128.33이다.

30
■ 재해
1) 재해란 안전사고로 발생하는 인명의 상해나 재산상의 손해
2) 사전에서 "재해"란 재앙으로 말미암아 받은 피해, 지진·태풍·가뭄, 해일·화해·전염병 따위에 의해 받게 되는 피해를 말한다.
3) 자연재해대책법 제2조(정의)에서 "재해"라 함은 태풍, 홍수, 호우, 폭풍, 해일, 폭설, 가뭄 또는 지진(지진해일을 포함한다) 기타 이에 준 하는 자연현상으로 인하여 발생하는 피해를 말한다.

정답 ①

31
■ 제조물책임법
① 제조물 책임법(Product Liability Law)에 따르면, 제조물 결함에 대한 입증 책임은 소비자가 아닌 제조업자에게 있다는 점 때문이다. 제조물 결함으로 인한 피해가 발생했을 때, 소비자가 피해를 입증하는 것이 아니라, 제조업자가 해당 제품에 결함이 없었음을 입증해야 한다. 이는 소비자를 보호하기 위해 마련된 법적 원칙이다.
② 제조물의 정의에 농작물(예: 배, 무)과 같은 자연 상태에서 생산된 물품은 포함되지 않기 때문이다. 제조물은 공정이나 가공을 거쳐 생산된 물품을 의미하며, 농작물처럼 자연 그대로의 상태에서 생산된 것은 제조물로 간주되지 않다.
③ 제조물 책임은 제조업자와 제조물을 공급한 자에게만 있으며, 소비자는 제조물 책임을 지지 않기 때문이다. 소비자는 제품을 사용하는 입장이며, 제조물의 결함으로 인해 피해를 입을 경우 보호받는 대상이지, 책임을 져야 할 주체가 아닙니다.
④ 제조자가 경고의 의무를 소홀히 한 경우, 그로 인해 발생한 손실에 대한 책임은 제조자에게 있다는 점 때문이다. 소비자가 어느 정도 과실이 있더라도, 제조자가 제품의 위험성에 대해 적절한 경고를 제공하지 않았다면, 제조자도 책임을 피할 수 없다.

정답 ⑤

32
① 강도율 $= \dfrac{(근로손실일수)}{연근로시간수} \times 1{,}000$ ② 도수율 $= \dfrac{(재해건수)}{연근로시간수} \times 1{,}000{,}000$

③ 연천인율 $= \dfrac{연간재해자수}{연평균 근로자수} \times 1{,}000$ ④ 종합재해지수 $= \sqrt{도수율 \times 강도율}$

⑤ 평균강도율은 근로상해 1건당 평균손실일수

평균강도율 $= \dfrac{1000 \times 강도율}{도수율}$

도수율 $= \dfrac{2}{100 \times 8.5 \times 300 + (10000 - 500)} \times 1{,}000{,}000 = 7.56$

강도율 $= \dfrac{(\quad)}{100 \times 8.5 \times 300 + (10000 - 500)} \times 1{,}000$

(근로손실일수) $=$ 사망자손실일수 $+$ 휴업일수 $\times \dfrac{근무일수}{365일}$

근로손실일수 $= 7500 \times 2 + 27 \times \dfrac{300}{365} = 15{,}022$, 강도율 $= \dfrac{15{,}022}{100 \times 8.5 \times 300 + 9500} \times 1{,}000 = 56.79$,

연천인율 $= 7.56(도수율) \times 2.4 = 18.14$

종합재해지수 $= \sqrt{7.56 \times 56.79} = 20.72$

평균강도율 $= \dfrac{1000 \times 56.79}{7.56} = 7511$

정답 ③

33 안전보건경영시스템에서 안전보건활동추진계획을 수립함에 있어 옳지 않은 것은?

① 사업장은 안전보건상의 목표를 달성하기 위한 활동 추진계획을 해당 업무별, 단위별(팀별, 부·과별)로 수립해야 한다.
② 안전보건활동추진계획의 문서화 여부는 사업주가 결정한다.
③ 조직의 전체 목표 및 부서별 세부목표와 이를 추진하고자 하는 책임자를 지정해야 한다.
④ 목표달성을 위한 안전보건활동계획의 수단·방법·일정을 결정해야 한다.
⑤ 안전보건활동추진계획은 정기적으로 검토되고, 조직의 운영변경 또는 새로운 계획의 추가사유가 발생할 때에는 수정하여야 한다.

34 고용노동부고시 사업장 위험성평가에 관한 지침의 내용으로 옳지 않은 것은?

① 안전보건관리책임자 등 해당 사업장에서 사업의 실시를 총괄 관리하는 사람에게 위험성평가의 실시를 총괄 관리하게 한다.
② 사업주는 안전보건정보를 사전에 조사하여 위험성평가에 활용하여야 한다.
③ 유해위험요인을 파악할 때 업종, 규모 등 사업장 실정에 따라 청취조사에 의한 방법 등을 사용하여야 한다.
④ 해당 작업에 종사하고 있는 근로자에게 유해·위험요인의 파악, 위험성의 추정, 위험성의 결정, 위험성 감소대책 수립 및 실행을 하게 한다.
⑤ 허용가능한 위험성이 아니라고 판단되는 경우 위험성의 크기 등을 고려하여 감소대책을 수립하고 실행하여야 한다.

33
■ 안전보건경영시스템의 개요
사업주가 자율경영방침에 안전보건정책을 반영하고, 이에대한 세부 실행지침과 기준을 규정화하여, 주기적으로 안전보건계획에 대한 실행 결과를 자체평가 후 개선토록 하는 등 재해예방과 기업손실감소 활동을 체계적으로 추진토록 하기위한 자율안전보건체계
② 사업주가 결정하는 것이 아니라 관련 법령과 규정에 따라 반드시 문서화 하여야 한다.

정답 ②

34
▶ 제7조(위험성평가의 방법)
① 사업주는 다음과 같은 방법으로 위험성평가를 실시하여야 한다.
  1. <u>안전보건관리책임자 등 해당 사업장에서 사업의 실시를 총괄 관리하는 사람에게 위험성평가의 실시를 총괄 관리하게 할 것</u>
▶ 제9조(사전준비)
③ <u>사업주는 다음 각 호의 사업장 안전보건정보를 사전에 조사하여 위험성평가에 활용하여야 한다.</u>
▶ 제10조(유해·위험요인 파악)
사업주는 사업장 내의 제5조의2에 따른 유해·위험요인을 파악하여야 한다. 이때 <u>업종, 규모 등 사업장 실정에 따라 다음 각 호의 방법 중 어느 하나 이상의 방법을 사용하되, 특별한 사정이 없으면 제1호에 의한 방법을 포함하여야 한다.</u>
  1. 사업장 순회점검에 의한 방법
  2. 근로자들의 상시적 제안에 의한 방법
  3. 설문조사·인터뷰 등 <u>청취조사에 의한 방법</u>
  4. 물질안전보건자료, 작업환경측정결과, 특수건강진단결과 등 안전보건 자료에 의한 방법
  5. 안전보건 체크리스트에 의한 방법
  6. 그 밖에 사업장의 특성에 적합한 방법
▶ 제6조(근로자 참여)
사업주는 위험성평가를 실시할 때, 법 제36조제2항에 따라 다음 각 호에 해당하는 경우 해당 작업에 종사하는 근로자를 참여시켜야 한다.
  1. 유해·위험요인의 <u>위험성 수준을 판단하는 기준을 마련하고, 유해·위험요인별로 허용 가능한 위험성 수준을 정하거나 변경하는 경우</u>
  2. 해당 사업장의 <u>유해·위험요인을 파악하는 경우</u>
  3. 유해·위험요인의 위험성이 <u>허용 가능한 수준인지 여부를 결정하는 경우</u>
  4. <u>위험성 감소대책을 수립하여 실행하는 경우</u>
  5. 위험성 감소대책 <u>실행 여부를 확인하는 경우</u>
▶ 제12조(위험성 감소대책 수립 및 실행)
① 사업주는 제11조제2항에 따라 허용 가능한 위험성이 아니라고 판단한 경우에는 **위험성의 수준**, 영향을 받는 근로자 수 및 다음 각 호의 순서를 고려하여 위험성 감소를 위한 대책을 수립하여 실행하여야 한다.

정답

현행고시 반영 답 ④ ⑤   ④, ⑤

2과목 산업안전일반

35 애드워드 아담스(Edward Adams)의 사고연쇄반응 이론을 설명한 것으로 옳은 것은?

① 연쇄이론은 기본 에러, 관리부족, 전술적 에러, 사고, 상해의 순으로 진행된다.
② 작전적 에러는 관리자의 의사결정이 그릇되거나 잘못된 행동으로 인한 것이다.
③ 기본 에러는 불안전한 행동 및 불안전한 상태를 말한다.
④ 사고의 바로 직전에는 관리구조의 부재가 존재한다.
⑤ 사고와 상해는 필연적 관계로 존재한다.

36 신뢰도함수는 평균 고장률이 0.01/시간인 지수분포에 따르고, 보전도함수는 평균수리율이 0.1/시간인 지수분포에 따르는 기계가 있다. 이 기계의 가용도(availability)는 얼마인가? (단, 소숫점 아래 셋째자리에서 반올림한다.)

① 0.91　　② 0.95　　③ 0.96
④ 0.98　　⑤ 0.99

37 시스템의 설계 단계 중 '인터페이스 설계'에 해당하는 것은?

① 시스템의 목표와 성능에 대해 결정된 요구사항의 규격에 맞추어 시스템이 실행해야 할 기능을 정의하는 단계이다.
② 시스템이 형태를 갖추기 시작하는 단계로서 주요 인간공학적 활동은 기능할당, 직무분석, 작업설계가 있다.
③ 인간-기계 시스템의 계면의 특성에 초점을 두고 인간의 능력과 한계에 부합되도록 고려한다.
④ 수용 가능한 인간성능을 도울 수 있는 자료 또는 보조물들에 대한 계획을 하게 된다.
⑤ 개발절차가 진행됨에 따라 각 단계에 따르는 평가가 수행된다.

35
■ 애드워드 아담스의 사고연쇄반응 이론

애드워드 아담스(Edward Adams)의 사고연쇄반응 이론(Accident Causation Chain Reaction Theory)은 사고가 단순한 하나의 원인으로 발생하는 것이 아니라 여러 요인들이 연쇄적으로 작용해 사고가 발생한다고 설명하는 이론이다. 이 이론은 사고 발생 과정을 체계적으로 분석하여 이를 예방하기 위한 기초 자료로 활용될 수 있다.

1단계: 관리 구조 - 조직의 관리 시스템에서의 실패가 사고의 근본 원인.
2단계: 작전적 에러 - 작업 과정에서의 절차적 오류나 부주의로 인해 위험이 증가.
3단계: 전술적 에러 - 위험을 인지하고도 적절한 대응을 하지 못하는 의사결정의 오류.
4단계: 사고 - 실제 물리적인 사고가 발생.
5단계: 상해 또는 손실 - 사고로 인해 작업자 부상이나 재산적 손실이 발생.

⑤ 사고가 발생했더라도 적절한 안전 장비나 시스템이 작동하거나, 사고가 경미하여 상해나 손실이 발생하지 않는 경우도 있기 때문에 사고와 상해가 필연적 관계로 존재하지 않는다.

정답 ②

36
■ 가용도(Availability)

가용도(Availability)는 신뢰도함수(고장률)와 보전도함수(수리율)를 이용하여 시스템이 작동 가능한 비율을 나타내는 지표이다. 시스템이 지수분포를 따를 때, 가용도는 다음과 같은 공식으로 계산된다.

$$가용도 = \frac{\mu}{\lambda + \mu} = \frac{0.1}{0.01 + 0.1} = 0.9091$$

이 기계의 가용도는 약 0.9091 또는 90.91%이다.

따라서, 이 기계는 평균적으로 90.91%의 시간 동안 정상적으로 작동하고, 나머지 9.09%의 시간 동안은 수리 중일 것으로 예상된다.

정답 ①

37
■ 인간-기계시스템 설계과정 6가지 단계

4. 인터페이스 설계 (Interface Design) - 사용자가 기계를 조작하고 정보를 확인할 수 있도록 하는 인터페이스를 설계하는 단계이다. 인터페이스는 사용자가 쉽게 이해하고 사용할 수 있도록 설계해야 하며, 시각적, 청각적, 촉각적 요소를 모두 고려한다.

주요 활동
1) 사용자와 시스템 간의 상호작용 설계
2) 디스플레이, 제어 장치, 경고 시스템 등 설계
3) 사용자 인터페이스(UI) 디자인
결과: 인터페이스 설계도, 프로토타입

③ 인간-기계 시스템에서 계면의 특성이란, 인간과 기계 간의 상호작용이 이루어지는 인터페이스(계면, Interface)의 성질과 특징을 의미한다. 이는 사용자가 시스템과 어떻게 상호작용하고, 그 과정에서 어떠한 경험을 하게 되는지를 결정하는 중요한 요소이다. 인간-기계 시스템 설계에서 계면의 특성을 고려한다는 것은 인간의 능력과 한계를 반영하여 사용자가 시스템을 쉽게 사용하고, 효율적이며 안전하게 상호작용할 수 있도록 설계하는 것을 말하며, 계면의 특성은 사용자 경험을 개선하고 시스템의 사용성과 안전성을 높이는 데 중요한 역할을 한다.

정답 ③

38 안전교육방법에 관한 설명으로 옳지 않은 것은?

① 시범법은 어떤 기능이나 작업과정을 학습시키기 위해 필요로 하는 분명한 동작을 제시하는 교육방법이다.

② 토의법은 쌍방적 의사전달 방식에 의한 교육으로 적극성·지도성·협동성을 기르는 데 유효하다.

③ 강의법은 많은 인원의 수강자를 단기간의 교육시간에 비교적 많은 교육 내용을 전수하기 위한 방법이다.

④ 사례연구법은 먼저 사례를 제시하고 문제가 되는 사실들과 그의 상호관계에 대해서 검토하며, 대책을 토의하는 방식이다.

⑤ 반복법은 학습자가 이미 학습된 지식이나 기능을 교사의 지휘나 감독 아래 직접 연습하는 교육방법이다.

39 FTA의 실시 과정에서 minimal cut set을 3개 구하였다. top 사건이 일어날 확률은 얼마인가? (단, 각 부품의 고장날 확률은 0.1 이고, minimal cut set은 {1, 4}, {1, 3, 5}, {2, 5} 이다.)

① 0.01879 ② 0.01969 ③ 0.02063
④ 0.02071 ⑤ 0.02137

38 ■ 교육훈련기법 실습법

학습자가 이미 학습된 지식이나 기능을 교사의 지휘나 감독 아래 직접 연습하는 교육 방법은 실습법(Practice Method) 또는 훈련법(Drill Method)이라고 한다. 실습법은 학습자가 이미 배운 내용을 실제로 적용하고, 반복 연습을 통해 숙련도를 높이는 데 매우 효과적인 방법이다.

정답 ⑤

39 ■ Minimal cut set

Minimal cut set은 상위 사건(Top Event)이 발생하기 위해 최소한으로 필요한 고장 요소들의 조합이다. 문제에서는 3개의 minimal cut set이 주어졌고, 각 부품의 고장 확률이 0.1로 동일하다고 가정되어 있다.

1. 주어진 정보
   고장확률 P=0.1, 3개의 minimal cut set {1,4}, {1,3,5}, {2,5}

2. 각 minimal cut set의 고장 확률 계산
   ① {1,4}의 고장 확률 $P(1,4) = P(1) \times P(4) = 0.1 \times 0.1 = 0.01$
   ② {1,3,5}의 고장 확률 $P(1,3,5) = P(1) \times P(3) \times P(5) = 0.1 \times 0.1 \times 0.1 = 0.001$
   ③ {2,5}의 고장 확률 $P(2,5) = P(2) \times P(5) = 0.1 \times 0.1 = 0.01$

3. 상위 사건(Top Event) 발생 확률 계산
   각 minimal cut set이 발생하지 않을 확률을 계산한다.
   ① $P(1,4)$고장안남 $= 1 - P(1,4) = 1 - 0.01 = 0.99$
   ② $P(1,3,5)$고장 안남 $= 1 - P(1,3,5) = 1 - 0.001 = 0.999$
   ③ $P(2,5)$고장 안남 $= 1 - P(2,5) = 1 - 0.01 = 0.99$

상위 사건이 발생하지 않을 확률은 모든 minimal cut set이 발생하지 않을 확률을 곱한 값으로
$P(\top Event \text{ 발생안함}) = 0.99 \times 0.999 \times 0.99 = 0.97901$

상위 사건이 발생할 확률은 $P(\top Event \text{ 발생}) = 1 - 0.97901 = 0.02099$

정답 ④

40 청각적 표시장치가 시각적 표시장치보다 유리한 경우를 모두 고른 것은?

> ㄱ. 화재 발생 등의 정보를 긴급히 알리고자 하는 경우
> ㄴ. 움직이면서 작업하는 근로자에게 정보를 전달하는 경우
> ㄷ. 주위가 밝은 장소에서 작업자에게 필요한 정보를 전달하고자 하는 경우
> ㄹ. 많고, 다양한 정보를 한 번에 작업자에게 전달하는 경우

① ㄱ, ㄴ　　② ㄱ, ㄷ　　③ ㄱ, ㄴ, ㄷ
④ ㄱ, ㄷ, ㄹ　　⑤ ㄱ, ㄴ, ㄷ, ㄹ

41 인간공학에 대한 설명 중 옳은 것을 모두 고른 것은?

> ㄱ. 일반적으로 공학이 기술·기능적 교육에 중점을 두고 있다면 인간공학은 시스템의 설계에 있어 인간요소를 고려한다.
> ㄴ. 인간공학의 목표는 기능적 효과와 효율, 인간가치를 향상시키는 것이다.
> ㄷ. 인간공학의 접근방법은 제품, 기구, 환경을 설계하는 과정에서 인간의 능력·한계, 특성, 행동에 관한 정보 등을 시스템 설계에 체계적으로 적용하는 것이다.
> ㄹ. 적절한 선발과정과 훈련을 통해 사람을 작업에 맞추는 개념에서 시스템을 인간에게 적합하게 설계하는 개념으로 발전하였다.

① ㄱ, ㄴ　　② ㄱ, ㄷ　　③ ㄱ, ㄴ, ㄹ
④ ㄱ, ㄷ, ㄹ　　⑤ ㄱ, ㄴ, ㄷ, ㄹ

42 안전보건교육에 관한 설명으로 옳지 않은 것은?

① 지식교육의 내용은 안전의식의 향상, 안전책임감 주입, 기초지식 주입, 전문적 기술기능 등이다.
② 안전교육에는 사고 사례 중심의 안전교육, 표준안전작업을 위한 안전교육 등이 있다.
③ 안전보건교육계획을 수립할 때에는 필요한 정보의 수집, 현장 의견의 반영, 법 규정에 의한 교육 등을 고려하여야 한다.
④ 안전보건교육계획에 포함해야 할 사항은 교육목표, 교육의 종류 및 교육대상 등이 있다.
⑤ 교육실시 계획에 포함해야 할 사항은 교육대상자의 범위 결정, 교육과정의 결정, 교육방법 및 형태의 결정 등이 있다.

40　■ 청각적 표시장치가 시각적 표시장치보다 유리한 경우

청각적 표시장치가 시각적 표시장치보다 유리한 경우는 즉각적인 주의 환기가 필요하거나, 사용자의 시각적 자원이 제한되는 상황에서 효과적이다. 청각적 정보는 사용자가 보지 않고도 즉각적으로 인지할 수 있으며, 특히 긴급 상황이나 멀티태스킹이 필요한 환경에서 유리한다.

청각적 표시장치가 유리한 상황 요약
1. 즉각적 반응: 빠른 주의 환기가 필요한 긴급 상황에서 유리함.
2. 시각적 제한: 사용자가 시각적으로 정보를 확인하기 어려운 상황에서 유리함.
3. 멀티태스킹: 시각적 자원이 이미 사용 중일 때 청각적 정보가 효율적.
4. 이동 중: 고정된 시각적 화면을 확인하기 어려운 상황에서 유리함.
5. 주의 집중 부족: 주의력이 분산되거나 떨어지는 상황에서 효과적.
6. 시각적 부담 감소: 사용자의 시각적 부담을 줄여 효율성을 높임.

정답 ①

41　■ 인간공학

인간공학(Ergonomics)은 작업 환경, 장비, 시스템 등을 설계할 때 인간의 신체적, 인지적 능력과 한계를 고려하여 안전성, 효율성, 편안함을 극대화하는 학문이다. 인간공학의 궁극적인 목표는 인간이 작업을 수행할 때 부상이나 피로를 줄이고, 작업의 효율성과 만족도를 향상시키는 데 있다. 다시 말해, 인간공학은 사람과 작업 환경 간의 상호 작용을 연구하고, 이 상호작용을 최적화하기 위해 장비, 도구, 작업 절차 등을 개선하는 학문적 접근을 의미한다. 이를 통해 작업자가 더 안전하고, 생산적이며, 스트레스 없이 작업을 수행할 수 있도록 돕는다.

인간공학의 주요목표는
1. 안전성 향상 – 작업 중 사고나 부상 위험을 줄여 작업자의 건강과 안전을 보장한다.
2. 효율성 증가 – 작업 환경과 절차를 개선하여 작업 생산성을 높이고, 에너지와 자원을 절약할 수 있게 한다.
3. 편안함 제공 – 작업자의 신체적 피로와 불편함을 최소화하여 편안하고 쾌적한 작업 환경을 제공한다.
4. 스트레스 감소 – 인지적, 심리적 부담을 줄여 작업자의 정신적 스트레스를 경감시키고, 만족도를 향상시킨다.

정답 ⑤

42　■ 안전 교육의 3단계

① 지식교육 (Knowledge Education) – 근로자들이 안전과 관련된 이론적 지식을 습득하도록 돕는 단계로 안전의 중요성과 기본 원칙, 법적 요구 사항, 위험 요소의 종류 및 관리 방법 등을 교육한다. 또한 사고 사례 분석, 안전 규정, 법률적 책임, 회사의 안전 정책 등 이론적인 부분을 포함한다.

정답 ①

43 ㉮ ~ ㉣에 해당하는 용어가 올바르게 짝지어진 것은?

㉮ 허용범위를 벗어난 일련의 인간 동작 중 하나
㉯ 계획된 목적 수행에 필요한 행동의 실행에 오류가 발생하는 것
㉰ 부적정한 계획 결과로 인해 원래의 목적수행에 실패하는 것
㉱ 작업자가 절차서의 지시를 고의로 따르지 않고, 다른 방향을 선택한 경우

	㉮	㉯	㉰	㉱
ㄱ	위반 (violation)	실패 (mistake)	가벼운 실수 (slips)	휴먼 에러 (human error)
ㄴ	실패 (mistake)	가벼운 실수 (slips)	휴먼 에러 (human error)	위반 (violation)
ㄷ	휴먼 에러 (human error)	위반 (violation)	가벼운 실수 (slips)	실패 (mistake)
ㄹ	실패 (mistake)	위반 (violation)	가벼운 실수 (slips)	휴먼 에러 (human error)
ㅁ	휴먼 에러 (human error)	가벼운 실수 (slips)	실패 (mistake)	위반 (violation)

① ㄱ　　② ㄴ　　③ ㄷ
④ ㄹ　　⑤ ㅁ

44 시스템 1, 2에 관한 설명으로 옳은 것은? (단, 화살표는 부품의 경로이며, 각 부품의 신뢰도는 0.9로 동일하다.)

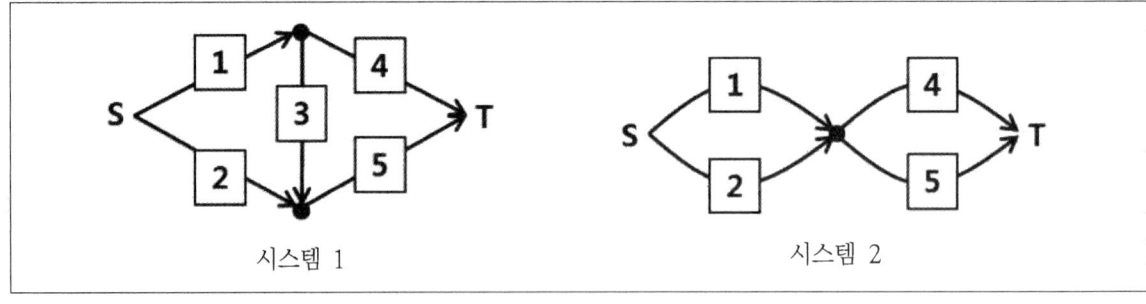

시스템 1　　시스템 2

① minimal path의 수는 두 시스템 모두 4개이다.
② 3번 부품의 신뢰도가 1 이라면 두 시스템의 신뢰도는 같다.
③ 시스템 2의 신뢰도가 시스템 1 보다 더 작다.
④ 시스템 2의 신뢰도는 0.99 보다 작다.
⑤ 시스템 1의 신뢰도는 '0.9 × (3번이 고장난 시스템의 신뢰도) + 0.1 × (시스템 2 의 신뢰도)'이다.

43
■ 휴먼에러
① 휴먼에러 – 사람이 작업을 수행하는 과정에서 발생하는 실수 또는 잘못된 행동을 의미
② 실수(Slip) – 행동의 실행 과정에서 발생하는 오류로, 목표나 의도는 올바르지만 행동 과정에서 의도치 않게 잘못된 행동이 수행되는 경우이다. 사람이 무언가를 잘못하거나, 조작 실수가 일어나는 상황이다.
예시 – 버튼을 잘못 눌러서 의도와 다른 결과가 나오는 경우.
자동차의 방향 지시등을 켜려고 했지만, 실수로 와이퍼를 작동시키는 경우.
③ 실패, 착오(Mistake) – 규칙 기반 실수: 잘못된 규칙을 적용하거나, 적절한 규칙을 잘못 사용한 경우.
지식 기반 실수: 지식 부족으로 인해 잘못된 판단을 내린 경우.
④ 위반(Violation) – 일상적 위반(Routine Violation): 일상적으로 규칙을 어기는 경우이다. 작업 효율성 등을 위해 규칙을 지속적으로 무시하는 경우.
예외적 위반(Exceptional Violation): 일반적이지 않은 상황에서 발생하는 규칙 위반이다. 비상 상황이나 특수한 상황에서 발생한다.

정답 ⑤

44
■ 신뢰도 연결구성과 계산법
① 직렬연결 $R = R_1 \times R_2 \times R_3 \times R_4 \times R_5 \ldots R^n$
② 병렬연결 $R = 1-\{(1-R_1)(1-R_2)\ldots(1-R^n)\}$
시스템 2의 신뢰도를 계산하면
$1-\{(1-0.9)(1-0.9)\} \times 1-\{(1-0.9)(1-0.9)\} = 0.99 \times 0.99 = 0.9801$

정답 ④

45 학습지도의 원리를 설명한 것으로 옳지 않은 것은?

① 학습자가 스스로 학습에 참여하는 것이 '자기활동의 원리'이다.
② 학습자의 요구와 능력에 적합한 학습활동의 기회를 제공하는 '개별화의 원리'가 있다.
③ 현실사회의 문제와 사상을 기반으로 한 학습내용을 공동 학습으로 하는 '사회화의 원리'가 있다.
④ 전문적인 지적·정의적·기능적 분야를 기술적으로 지도하는 '전문화의 원리'가 있다.
⑤ 어떤 사물의 개념을 설명함에 있어 구체적인 사물을 직접 제시·경험시키는 '직관의 원리'가 있다.

46 다음은 유해요인평가에서 근골격계 부담작업을 평가하는 기법들에 대한 설명이다. 옳은 것을 모두 고른 것은?

ㄱ. OWAS 기법은 몸통(허리), 팔, 다리, 무게, 목의 자세에 대하여 평가한다.
ㄴ. RULA 기법은 몸통(허리), 상완(윗팔), 전완(아래팔), 손목, 손목비틀림, 목, 다리의 자세에 대하여 평가하며, 근육사용 및 힘을 고려한다.
ㄷ. REBA 기법은 몸통(허리), 상완(윗팔), 전완(아래팔), 손목, 목, 다리의 자세에 대하여 평가하며, 힘 및 발의 사용을 고려한다.

① ㄱ
② ㄱ, ㄴ
③ ㄱ, ㄷ
④ ㄴ, ㄷ
⑤ ㄱ, ㄴ, ㄷ

45
■ 학습지도의 원리

④ 전문적인 지적(인지적), 정의적(감정적), 기능적(실기적) 분야를 기술적으로 지도하는 교육은 기능 교육 또는 기술적 훈련(Technical Training)에 해당한다. 이 교육은 학습자들이 특정 전문 분야에서 이론적 지식과 실기적 기술, 그리고 태도를 통합적으로 학습하여 숙련되게 적용할 수 있도록 돕는 과정이다.

정답 ④

46
■ REBA 기법(신체부위별 불편지수 평가법, Rapid Entire Body Assessment)

REBA 기법(신체부위별 불편지수 평가법, Rapid Entire Body Assessment)은 작업자가 작업 중 취하는 자세와 동작을 평가하여 근골격계 질환 위험성을 분석하는 인간공학적 평가 도구이다. REBA는 주로 작업자 전체 몸의 자세를 평가하며, 특히 작업 중 발생할 수 있는 근골격계 부상의 위험성을 평가하는 데 유용한다. 다양한 작업 환경에서 간편하고 빠르게 작업 자세의 위험도를 평가할 수 있도록 설계되었다.

REBA 기법의 적용 대상

전체적인 신체 동작이 많이 사용되는 작업에 적합한다. 특히, 물건을 들어 올리거나 내리는 작업, 비틀거나 구부린 자세로 작업을 수행하는 경우 등에서 효과적으로 사용할 수 있다.

REBA 기법 평가 단계

1. 작업 자세 평가 – REBA는 신체의 여러 부위를 두 가지 그룹으로 나누어 평가한다:
   A 그룹: 목, 몸통, 다리의 자세.
   B 그룹: 상지(팔, 손목)의 자세.
   이 두 그룹의 자세를 평가한 후, 각 신체 부위의 위치에 따른 점수를 기록한다.
2. 작업 강도 및 힘의 사용 평가 – 중량물 취급 시 들어올리는 힘의 크기 또는 작업 시 가해지는 힘의 크기도 고려하여 추가 점수를 부여한다.
3. 작업 중 비틀림 및 균형 불안정성 평가 – 작업자가 작업 중에 몸을 비틀거나 균형을 유지하기 어려운 상태인지도 평가한다.
4. 결과 계산 – 각 그룹(A 그룹과 B 그룹)의 점수를 합산하고, 힘의 크기, 비틀림, 균형 불안정성에 따른 추가 점수를 적용하여 최종 REBA 점수를 계산한다. 최종 점수는 작업 자세의 위험도를 나타내며, 0점에서 15점까지 평가된다.

정답 ②

47 재해조사에 관한 설명으로 옳지 않은 것은?

① 재해조사는 5W1H의 원칙에 입각하여 실시한다.
② FTA나 ETA 기법 등으로 재해분석을 할 수도 있다.
③ 재해조사의 근본적인 취지는 재해 발생 책임자의 규명과 적절한 처벌을 하기 위함이다.
④ 재해조사시 기본 원인을 4M에서 파악한다.
⑤ 재해조사는 '사실의 확인 - 직접원인과 문제점 확인 - 기본원인과 근본적 문제결정 - 대책수립' 순으로 한다.

48 위험성 평가기법에 관한 설명으로 옳은 것은?

① FMEA는 정성적, 연역적 평가기법으로 시스템 요소의 고장을 형태별로 분석하는 기법이다.
② HAZOP 기법은 가이드워드(guide word)와 공정의 파라메터(parameter)를 결합하여 위험요소와 운전상의 문제점을 도출한다.
③ ETA는 에너지의 흐름이 사람이나 설비에 도달하여 재해가 발생되지 않도록 장벽을 도입하는 기법이다.
④ FTA 는 기본 사상에서 top 사상으로 진행되어 간다.
⑤ Decision Tree 기법은 연역적이고, 정량적인 분석 기법이다.

47
■ 재해조사의 근본취지

재해의 발생원인과 결함을 규명하고 예방 자료를 수집하여 동종 재해 및 유사 재해의 재발 방지 대책을 강구

■ 재해조사 방법

재해조사 방법은 재해가 발생했을 때 그 원인과 문제점을 정확하게 파악하고, 재발을 방지하기 위한 대책을 수립하는 과정이다. 재해조사는 체계적이고 철저하게 수행되어야 하며, 다양한 조사 방법을 통해 재해의 원인과 문제점을 분석하게 된다.

1. 현장 조사 (On-site Investigation)
2. 목격자 진술 수집 (Witness Testimony)
3. 작업자 면담 (Interview with Workers)
4. 기록 분석 (Document Review)
5. 사진 및 영상 분석 (Photo and Video Analysis)
6. 원인 분석 도구 사용 (Root Cause Analysis Tools) - 재해의 근본적인 원인을 파악하기 위해 분석 도구를 사용 (FTA(Fault Tree Analysis), 5 Whys 기법, FMEA(Failure Mode and Effects Analysis))
7. 실험 및 재현 (Experiment and Simulation)

정답 ③

48
■ 위험성평가기법

① FMEA는 개별 부품이나 시스템 요소에서 발생할 수 있는 고장을 먼저 분석하고, 그로 인해 발생할 수 있는 영향을 평가하는 귀납적(Inductive) 방식의 기법이다.

③ ETA(Event Tree Analysis)는 사건이 발생한 이후의 다양한 결과 경로를 분석하여 시스템의 위험성을 평가하는 기법이지, 에너지 흐름을 차단하거나 장벽을 도입하는 기법이며, 장벽을 도입하여 위험을 차단하는 기법은 Barrier Analysis나 HAZOP(Hazard and Operability Study) 등의 기법에서 사용하는 방법이다.

④ FTA(Fault Tree Analysis)는 상위 사상(Top Event)에서 시작하여 기본 사상(Basic Event)으로 거슬러 올라가는 연역적(Top-down) 분석 기법이다.

⑤ Decision Tree 기법은 귀납적(Bottom-up) 기법이며, 정량적분만 아니라 정성적 분석도 가능한 기법이다.

정답 ②

49 사고조사 원인분석 방법 가운데 통계적 재해원인 분석방법의 하나인 '클로즈(close) 분석도'에 해당하는 것은?

① 사고의 유형이나 기인물 등의 분류 항목이 큰 것부터 작은 순서대로 도표화한 것이다.
② 특성과 그 요인의 관계를 도표화하여 분석하는 방법이다.
③ 재해발생 추이를 파악하여 목표관리를 행하는데 관리선을 설정하여 분석한다.
④ 2개 이상의 문제관계를 분석하는데 이용되며, 요인별 결과내역을 교차한 그림을 사용하여 분석한다.
⑤ 관리선은 상·하방관리한계 및 중심선(CL)으로 표시한다.

50 안전조직의 형태는 라인, 스탭, 라인스탭으로 크게 분류된다. 각 조직에 대한 설명으로 옳은 것은?

① 스탭 조직에서 생산부문은 안전에 대한 책임과 권한이 약하다.
② 라인 조직은 대기업에서 많이 사용된다.
③ 라인스탭 조직에서는 안전활동이 생산과 유리될 우려가 크다.
④ 라인 조직은 안전과 생산을 별개로 취급하기 쉽다.
⑤ 라인 조직은 외부의 전문적 안전정보가 빠르게 습득된다.

49
- 산업재해 통계적 원인분석 방법
3. 크로스 분석 (Cross Tabulation Analysis) - 두 개 이상의 변수(예: 작업자의 연령대와 재해 유형)를 교차 분석 표로 작성하여, 각 변수 간의 관련성을 분석한다. 변수를 교차하여 재해 발생의 패턴이나 상관관계를 찾아내 재해 발생의 경향이나 관련성을 발견할 수 있다.

정답 ④

50
- 안전보건 관리조직
② 라인 조직은 소기업에서 많이 사용된다.
③ 라인스태프 조직에서는 안전활동이 생산과 유리될 우려가 적으며, 안전활동이 활발하다.
④ 라인 조직은 안전과 생산을 동시에 취급한다.
⑤ 라인 조직은 외부의 안전정보를 습득하기 어렵다.

라인형은 책임과 권한이 명확하고 빠른 의사결정으로 장점을 갖지만, 창의적 문제해결이 어려워 유연성이 부족하고 안전보건 전문가의 실질적인 권한이 제할 될 수 있어 전문성이 부족한 단점이 있다.

정답 ①

저 자 약 력

안 우 현 (안길웅)

*안우현(안길웅) 24.8월에 개명함

건설안전기술사/건축시공기술사 · 산업안전지도사
인하공업전문대학 건축과 졸업 · 서울산업대 건축공학과 편입

- (現) 안전명장지도사 사무소 대표(세종)
- (現) 강남건축토목학원, 모든공부 건설안전 강사
- (現) 건축 및 토목현장 등 다수의 안전컨설팅 업무 수행
- (現) 건설안전기술사, 산업안전지도사 등 건설안전분야 및 국가기관, 기업 등 다수의 강의 경력(10년 이상)

4주완성 합격마스터
산업안전지도사 1차 필기 2과목 **산업안전일반**

2025년 9월 30일 초판 발행

저 자	안우현(안길웅)
발 행 인	김은영
발 행 처	오스틴북스
주 소	경기도 고양시 일산동구 백석동 1351번지
전 화	070)4123-5716
팩 스	031)902-5716
등록번호	제396-2010-000009호
e-mail	ssung7805@hanmail.net
홈페이지	www.austinbooks.co.kr
I S B N	979-11-994160-4-8 (13500)
정 가	37,000원

* 이 책은 저작권법에 따라 보호받는 저작물이므로 무단 전재와 무단 복제를 금합니다.
* 파본이나 잘못된 책은 교환해 드립니다.
※ 저자와의 협의에 따라 인지 첨부를 생략함.